解析学概論

新装版

矢野健太郎・石原 繁 共著
Kentaro Yano & Shigeru Ishihara

裳華房

本書は 1982 年発行の『解析学概論（新版）』を，より親しみやすくあらため，「新装版」として刊行するものです．

新版 まえがき

著者たちがこの「解析学概論」を書いたのは，次の動機からであった．

現在は，将来科学技術方面の学科へ向かうことを志す教養部の学生諸君に対しては，主として線形代数と微分積分学が教授されている．この線形代数と微分積分学とは，いまでは高等学校の数学の課程にかなりとり入れられてはいるが，高等学校程度の線形代数と微分積分学では，科学技術方面へ進む学生諸君がこれから学ぶ数学の基礎としてはまだ不十分であるので，その基礎を固める意味で，教養部でさらに一般な線形代数と厳密な微分積分学が教授されているわけである．

さて，科学技術方面の学生諸君は，この基礎の上に，これらの諸君がその専門に応じて必要とする数学を学んでいくわけであるが，著者たちは，これらの諸君のための教科書として，それらの殆どを含むようにと考えて，「微分方程式」，「ベクトル解析」，「複素数の関数」，「フーリエ級数・ラプラス変換」という 4 つの分科を選び出してこの「解析学概論」に収めた．

そして，学生諸君のなかには，とりあえず，自分たちが将来必要とする数学に対して大体の見通しを得たいと考えている諸君と，自分はもう専門をきめており，その専門に必要な数学もわかっているから，その数学に対してしっかりした知識を得たいと考えている諸君の二通りのあることを考えて，前者の諸君のためには，あまりに細部にわたることはこれを最後の付録に回すなどして，なるべく全体の見通しをよくするように努力した．また後者の諸君のためには，数学としては急所に当る定理などに関しては，これを付録に回して数学的に厳密な証明を与え，読者の知識を強固なものにするようにつとめた．

以上がわれわれが「解析学概論」を編んだときの意図であるが，それからもう 10 数年の年月がたっている．その間，この書物を教科書として採用して下さった教授諸氏から種々のご注意をいただき，それにしたがって本書を少しずつ改良してくることができた．これらの教授諸氏にここで改めて感謝の意を表したい.

これらの教授諸氏からいただいたご意見のなかに,「解析学概論」の趣旨と内容はこれで良いと思うが，現在は講義時数の関係から，いささか内容が多すぎると思う場合もしばしば起こる．したがって，趣旨はそのまま生かして，内容をいささか軽減した書物は編めないものかという声をかなりきいた．この要求に合うようにと著者たちは，この「解析学概論」の内容を十分に検討して,「基礎解析学」を編んだのであった.

さて，この「基礎解析学」という書物があることを頭に入れれば，本書「解析学概論」はより多くの講義時間数をもつ教授諸氏に活用していただくことになると思うが，著者たちは，これを機会に本書「解析学概論」の趣旨は生かしながら，そして細かい点に十分の検討を加えながら全面的に書き改めることを試みて出来上がったのがこの「新版」である.

この書物を教科書として採用して下さる教授諸氏からさらに忌憚ないご意見をいただいて，本書が，教授諸氏にとってますます使い易い，学生諸君にとってますますわかり易い書物に成長してくれることが，著者たちの切なる願いである.

なお，この新版の編集にあたって，裳華房編集部，とくに遠藤恭平氏，細木周治氏および橋本佳代子さんに大へんお世話になった．ここに記して厚く感謝の意を表します.

1981 年 12 月

矢野健太郎
石　原　　繁

旧版 ま え が き

現在は，かつては数学とはなんの縁もないと考えられていた行動科学の分野でさえ，かなり進んだ数学の知識が要求される時代である．ましてや，数学とともに発展してきた科学技術においては，いままで以上に，幅の広い，しかも奥の深い数学の知識が要求されるのは，誠に当然である．

この意味で，将来なんらかの形で数学を必要とすると思われる方面へ進もうと志して，また，十分の数学の知識を必要とする科学技術の方面へ進もうと志して大学へ入学された学生諸君に対しては，その教養部の段階で代数学としては複素数，多項式，高次方程式，ベクトルと行列，行列式などに関することがらが，また幾何学としては，平面解析幾何学と立体解析幾何学が教授され，さらに微分積分学としては，高等学校における直観的な微分積分学より一歩すすんで，その基礎を確立し，さらに一段高い計算技術を身につけるような内容のものが教授されている．

しかし，いやしくも科学技術の方面で数学を活用しようとする場合には，以上の数学の知識は，まだまだ基礎の基礎ともいうべきものであって，さらにその発展としての多くの数学の分科の知識を必要とするのが現状である．

このように，将来科学技術の方面へ進もうと志している学生諸君にとって，教養部の代数学，幾何学，微分積分学等につづいて必要と思われる数学の分科として著者たちがえらび出したのは，「微分方程式」，「ベクトル解析」，「複素変数の関数」，「フーリエ級数・ラプラス変換」の４つの分科である．

そして本書は，科学技術の方面へ進む志の大学生諸君が，教養部の数学にひきつづいて，さらに将来有用な数学を学習しようとする場合に，その教科書となることを望んで，以上４つの分科を解説したものである．

著者たちの意図は以上の通りであるが，著者たちは，本書を編むに当ってつぎの矛盾した要求にぶつかった．

その１つは，科学技術方面へ進む学生諸君は，教養部がすんだらすぐ専門の科目の学習へ入るのであるから，その間で数学のために費す時間が必ずしも多いとは言えない．したがって，ぜひ必要と思われる以上４つの数学の分野を，あっさりとでよいから概観できるような書物が欲しいという要求である．

もう１つは，教養部がすんでそれぞれの専門へ向う学生諸君は，もはやそれぞれの志望をきめているのであるから，学生諸君が必要とする数学の知識は，必ずしも以上4つの分野のすべてではないかもしれない．したがって，学生諸君が将来必要とすると思われる分野に関しては，概観的な説明でなく，1つ1つ基礎をふみしめていく，しっかりした説明のある書物が欲しいという要求である．

著者たちは，この矛盾した2つの要求を満すために，つぎの方法をとってみた．まず，これら4つの分野に対する概観的な説明を求めている人たちのためには，理論的には重要であっても，応用を目指す人にとっては必ずしも必要ではないと思われる細部にわたる点は，結果だけをのべて，できるだけ概観的な理解が容易になるように試みた．つぎに，以上4つの分野のうちの2つ，または3つを選んで学習する人のためには，以上の目的のために省略した部分を付録にのせて，その理解をいっそう深いものにしてもらうことを試みた．

この試みが成功して，本書がこの矛盾した2つの要求の両方を満足していることを祈るものである．

なお，本書の図版，校正などに関しては，裳華房編集部，とくに遠藤恭平氏と菅沼洋子さんに大へんお世話になった．ここに記して厚く感謝の意を表したい．

本書が，数学を利用しようとする学生諸君にとって，判り易く有用な書物であることを心から望んでいる．

1965年8月

著者　しるす

目　　次

第 I 部
微分方程式

第 1 章　微分方程式

第 2 章　1 階微分方程式

第 3 章　高階微分方程式

第 4 章　線形微分方程式

第 II 部
ベクトル解析

第１章 ベクトルの代数

第２章 ベクトルの微分と積分

第３章 曲線・曲面・運動

第４章 スカラー場・ベクトル場

第 III 部
複素数の関数

第１章 複素数の関数

第2章　正則関数

第3章　積　分

第4章　展開・特異点・留数

第5章　等角写像

第 IV 部
フーリエ級数・ラプラス変換

第1章　フーリエ級数

第2章　フーリエ積分

第３章 境界値問題

第４章 ラプラス変換

第Ｖ部
付 録

I 微分方程式

第1章　微分方程式

§1　微分方程式

独立変数 x，未知の関数 $y = y(x)$ とその導関数 $y', y'', \cdots$ を含む方程式を**微分方程式**という．たとえば

(a)　$\dfrac{dy}{dx} + 3y + 2 = 0$　　　(b)　$\dfrac{d^2y}{dx^2} + 3\dfrac{dy}{dx} + 5y = x^2$

(c)　$\dfrac{d^3y}{dx^3} + 2\left(\dfrac{d^2y}{dx^2}\right)^2 + \dfrac{dy}{dx} + 3y^2 = \cos x$

などはその例である．未知の関数 $y = y(x)$ を**未知関数**という．また，2つの独立変数 x, y の未知関数 $z = z(x, y)$ についての微分方程式もある．たとえば

(d)　$\dfrac{\partial z}{\partial x} + \dfrac{\partial z}{\partial y} + z = 0$　　　(e)　$\dfrac{\partial^2 z}{\partial x^2} + \dfrac{\partial^2 z}{\partial y^2} = 0$

がその例である．上の (d), (e) のような微分方程式を**偏微分方程式**という．これに対して，(a), (b), (c) のような微分方程式を**常微分方程式**という．この本では，主として常微分方程式だけを扱うので，単に微分方程式といったら，常微分方程式を意味するとする．

さて，微分方程式 (a), (b), (c) をそれぞれ**1階，2階，3階微分方程式**という．つまり，微分方程式の中に現れる未知関数の導関数のうちで，n 階導関数 $y^{(n)}$ が最も階数の高いものであるならば，これを $\boldsymbol{n}$ **階微分方程式**という．

微分方程式の発生源は，数学の各分野はもちろん物理学，化学等の自然科学や工学などに止まらず社会科学の各分野にも広く分布している．まず，平面上の曲線の集まり，つまり**曲線群**と微分方程式の関係について述べる．

平面上で，x 軸上に中心をもち，半径が一定の長さ r である円群を考える（I - 1 図参照）．この円群に属する円を任意にとり，その中心を，$A(c, 0)$ とすれば，この円の方程式は

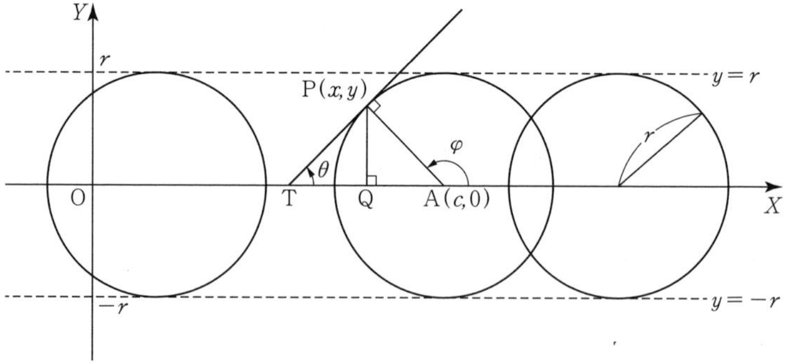

I - 1 図

(1) $$(x-c)^2 + y^2 = r^2$$

である．ここで，定数 c に種々の値を与えることによって，この円群に属するすべての円の方程式が得られる．そこで，この (1) をいま考えている円群の**方程式**という．また，定数 c には任意の値を与えることができるから，c を**任意定数**という．さて，この円群に属するすべての円が共通にもっている性質を求めるために，方程式 (1) から出発して任意定数 c を含まない関係を求めよう．そのために，(1) の両辺を x で微分すれば

(2) $$(x-c) + yy' = 0$$

が得られる．そこで，(1) と (2) から文字 c を消去すれば

(3) $$y^2\left(\frac{dy}{dx}\right)^2 + y^2 = r^2$$

が得られる．これが求めている共通性質であって，これは1階微分方程式である．さて，I - 1 図のように，点 $A(c, 0)$ を中心とする円群に属する円を考え，その上に任意の点 $P(x, y)$ をとり，点 P における接線を PT とすれば

$$PQ^2 + AQ^2 = AP^2 = r^2$$

である．ところが，PA と PT は直交するから，I - 1 図からわかるように

$$\mathrm{PQ} = y, \qquad \mathrm{AQ} = \mathrm{PQ}\cot\varphi = -\mathrm{PQ}\tan\theta = -yy' \qquad \left(\because \quad \varphi = \theta + \frac{\pi}{2}\right)$$

である．これを上式に代入すれば，上の微分方程式 (3) が得られる．したがって，微分方程式 (3) はこの円群 (1) に属するすべての円が共通にもっている性質であることが，幾何学的に確かめられた．

一般に，座標 (x, y) と任意定数 c を含む方程式

(4) $$F(x, y, c) = 0$$

は平面上で曲線の集まり，つまり**曲線群**を表す．上の (4) で c の値を固定するたびにこの曲線群に属する曲線が 1 つずつ得られる．さて，この曲線群に属するすべての曲線が共通にもっている性質を求めるために，上の円群の例にならって，(4) の両辺を x で微分すれば（y を x の関数 $y(x)$ とみなして，(4) の両辺を x で微分すれば）

(5) $$F_x(x, y, c) + F_y(x, y, c)y' = 0$$

が得られる．そこで，(4) と (5) から文字 c を消去すれば，x, y, y' を含む方程式

(6) $$f(x, y, y') = 0$$

が得られるはずである．これは 1 階微分方程式であり，これが求める共通性質である．このとき，(6) を曲線群 (4) から導かれた微分方程式，または簡単に (4) で与えられた**曲線群の微分方程式**という．まとめて

1 つの任意定数を含む曲線群は 1 階微分方程式を導く．

例題 1　次の曲線群が導く微分方程式を求めよ．

$$y^2 = 4cx \qquad (c \text{ は任意定数})$$

【解答】 与えられた方程式

$$y^2 = 4cx$$

と，その両辺を x で微分して得られる

$$yy' = 2c$$

から文字 c を消去すれば，求める 1 階微分方程式

$$2xy' - y = 0$$

が得られる．■

例題2　2つの任意定数 A, B を含む曲線群

$$y = Ae^{2x} + Be^{x}$$

が導く微分方程式を求めよ．

【解答】 与えられた方程式

$$y = Ae^{2x} + Be^{x}$$

の両辺を x で2回微分して

$$y' = 2Ae^{2x} + Be^{x}, \qquad y'' = 4Ae^{2x} + Be^{x}$$

この2つの方程式から Ae^{2x} と Be^{x} を求めれば

$$Ae^{2x} = \frac{1}{2}(y'' - y'), \qquad Be^{x} = -y'' + 2y'$$

これを最初の方程式に代入すれば，A と B が消去されて

$$y'' - 3y' + 2y = 0$$

これが求める微分方程式である．■

例題2からわかるように，一般に

2つの任意定数を含む曲線群は2階微分方程式を導く．

さらに一般に，次のことが推察される．

n 個の任意定数を含む曲線群は n 階微分方程式を導く．

問1　次の曲線群が導く微分方程式を求めよ．ただし，A, B, c は任意定数である．

(1)　$y = ce^{x}$　　　(2)　$x^2 + y^2 - 2cx = 0$

(3)　$y = x^2 + Ax + B$　　　(4)　$x^2 + y^2 + 2Ax + 2By = 0$

注意　任意定数 A, B を含む方程式 $y = Ae^{x+B}$ は，これを書き換えて，$y = Ce^{x}$ とすることができる．ここで，$C = Ae^{B}$ である．この $y = Ce^{x}$ は1つの任意定数 C しか含まない．すなわち，$y = Ae^{x+B}$ には見かけ上は，2つの任意定数 A, B があるが，実は本質的には，1つの任意定数 C $(= Ae^{B})$ しか含まない．今後は，方程式に含まれている任意定数は本質的であるものだけを考える．

例題3　曲線 $y = y(x)$ の各点における法線が常に原点を通るとする．関数 $y(x)$ はどんな微分方程式を満足するか．

【解答】　流通座標を (X, Y) とすれば，この曲線上の任意の点 (x, y) における法線の方程式は

$$Y - y = \frac{1}{y'}(X - x)$$

この法線が原点 $(0, 0)$ を通るから，上式に $X = Y = 0$ を代入すれば，求める微分方程式が次のように得られる．

$$yy' + x = 0$$

■

例題 4　1 直線上を運動する質量 m の質点が，座標が x である点では外力 $f(x)$ を受けるという．この質点が時刻 t において座標 $x = x(t)$ の位置にあるとして，右辺の関数 $x(t)$ が満足する微分方程式を求めよ．

【解答】 ニュートン（Newton）の運動方程式

$$(\text{質量}) \times (\text{加速度}) = (\text{外力})$$

を利用する．さて，この質点の加速度は $\dfrac{d^2x}{dt^2}$ であるから，上の運動方程式から，求める微分方程式が次のように得られる．

$$m\frac{d^2x}{dt^2} = f(x)$$

■

§2　微分方程式の解

まず，1 階微分方程式

(1)
$$y\frac{dy}{dx} + x = 0$$

を満足する関数 $y = y(x)$ を求めてみよう．(1) の左辺を変形すれば，次のようになる．

$$2y\frac{dy}{dx} + 2x = 0 \qquad \therefore \quad \frac{d}{dx}(y^2 + x^2) = 0$$

これは x^2+y^2 が一定であることを意味している．ところが，x^2+y^2 は負にならないから，この定数を c^2 とすることができて

(2)
$$x^2 + y^2 = c^2 \qquad \text{または} \qquad x^2 + y^2 - c^2 = 0$$

が得られる．ここで，c は任意定数である．すなわち，1 階微分方程式 (1) を満足する関数 $y = y(x)$ は上の方程式 (2) で表される．すなわち，この $y = y(x)$ は

$$y = \pm\sqrt{c^2 - x^2}$$

となる.

このように，微分方程式を満足する関数 $y=y(x)$ または $y=y(x)$ を陰関数的に表示する方程式 $F(x,y)=0$ を与えられた微分方程式の**解**という.

上で述べたように，1階微分方程式の解で最も一般的なものは，1つの任意定数 c を含む $F(x,y,c)=0$ または $y=y(x,c)$ であることが予想される．このことに関して，次の定理1が知られているが，その証明を省略する．なお，その証明については，V付録，§1（p. 295）を参照されたい.

> **定理 1**　1階微分方程式
>
> (3)　$$y'=f(x,y)$$
>
> の右辺の関数 $f(x,y)$ が，xy 平面上の点 (x_0,y_0) の付近で偏微分することができて，その偏導関数 $f_x(x,y), f_y(x,y)$ が連続であるとする．このとき，条件 $y(x_0)=y_0$ を満足する，微分方程式（3）の解 $y=y(x)$ が $x=x_0$ の付近で1つそしてただ1つ存在する.

1階微分方程式（3）の右辺の関数 $f(x,y)$ が定理1の条件を満足しているとする．ここで，点 (x_0,y_0) は点 (x_0,c) であるとする．さて，x_0 を固定し，xy 平面上の直線 $x=x_0$ 上に，任意の定数 c を y 座標にもつ点 (x_0,c) をとる．このとき，定理1によって，条件 $y(x_0)=c$ を満足する，微分方程式 (3) の解がただ1つ存在する．この解を $F(x,y,c)=0$ で表すことにする.

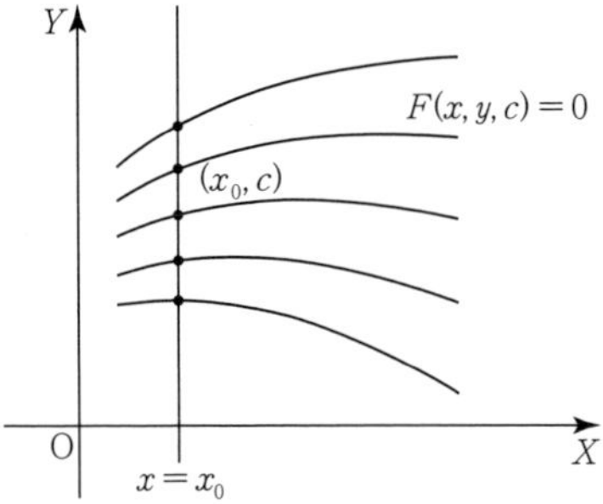

I-2図

このように，1階微分方程式は1つの任意定数を含む解をもつことがわかった．このような解を1階微分方程式（3）の**一般解**という．一般解 $F(x,y,c)=0$ に含まれている任意定数 c に特定な値 $c_1, c_2, \cdots$ を代入して得られる解 $F(x,y,c_1)=0$, $F(x,y,c_2)=0, \cdots$ を1階微分方程式（3）の**特殊解**という.

さて，§1の（3）（p. 2）で得られた微分方程式

(4)　$$y^2\left(\frac{dy}{dx}\right)^2 + y^2 = r^2$$

の一般解は，§1の（1）（p. 2）で与えられた

(5)　$$(x-c)^2 + y^2 = r^2$$

である．いま，x 軸に平行な2直線を表す $y = r$ と $y = -r$ を考えてみる．$y = r$ を（4）の左辺に代入すれば，その右辺 r^2 に等しいから，$y = r$ は微分方程式（4）の解である．同様に，$y = -r$ も微分方程式（4）の解である．しかしながら，これらの解 $y = r$ と $y = -r$ は，一般解（5）で任意定数 c にどんな値を代入しても得られない，つまり $y = r$ と $y = -r$ は特殊解でない．このような解を**特異解**という（I-1図（p. 2）参照）．微分方程式によっては，特異解をもたないことがある．1階微分方程式の問題で，その一般解と特異解をすべて求めることを，この微分方程式を**解く**という．また，微分方程式の解 $F(x, y) = 0$ が表す，xy 平面上の曲線をその**解曲線**という．

注意　上の微分方程式（4）を変形すれば，次のようになる．

$$\frac{dy}{dx} = f(x, y), \qquad f(x, y) = \pm\frac{\sqrt{r^2 - y^2}}{y}$$

右辺の関数 $f(x, y)$ は点 (x_0, r) で $f_y(x, y)$ をもたない（ここで，x_0 は任意である）．したがって，この $f(x, y)$ は点 (x_0, r) で定理1の条件を満足していない．ゆえに，この点 (x_0, r) の付近では定理1を適用できない．詳しくいえば，この微分方程式の解 $y = y(x)$ で，条件 $y(x_0) = r$ を満足するものとして，特殊解 $(x - x_0)^2 + y^2 = r^2$ と特異解 $y = r$ が発見されている．一般的にいって，微分方程式 $y' = f(x, y)$ の右辺の関数 $f(x, y)$ が点 (x_0, y_0) で定理1の条件を満足していない場合に，条件 $y(x_0) = y_0$ を満足する特異解が存在することが多い．

2階以上の階数の微分方程式についても同様のことが成り立つ．すなわち

n 階微分方程式は n 個の任意定数を含む解をもつ．

このような解を**一般解**という．一般解に含まれている，n 個の任意定数に特殊な値を代入して得られる解を**特殊解**という．さらに，上と同じように，**特異解**が考えられる．n 階微分方程式が与えられたとき，その一般解と特異解をすべて求めることを，与えられた n 階微分方程式を**解く**という．

§3　初期条件

1階微分方程式が与えられていて，その一般解を

(1)
$$F(x, y, c) = 0$$

とする．このとき，「$x = x_0$ ならば $y = y_0$」となるような特殊解を求めよう．$x = x_0$ と $y = y_0$ を一般解（1）に代入して得られる方程式

$$F(x_0, y_0, c) = 0$$

から c を求めて，$c = c_0$ が得られたとする．この $c = c_0$ を一般解 (1) に代入して得られる特殊解

(2)
$$F(x, y, c_0) = 0$$

が求めるものである．以上のようにして，特殊解（2）を求めることを，**初期条件**

$$「x = x_0,\ \ y = y_0」$$

のもとで与えられた1階微分方程式を解くという．

例題 1　1階微分方程式 $2xy' - y = 0$ の一般解は $y^2 = cx$ である．この微分方程式を初期条件「$x = 1,\ y = 4$」のもとで解け．

【解答】 一般解 $y^2 = cx$ に $x = 1,\ y = 4$ を代入すれば

$$4^2 = c \cdot 1 \qquad \therefore \quad c = 16$$

この $c = 16$ を一般解 $y^2 = cx$ に代入すれば

$$y^2 = 16x$$ ■

ある2階微分方程式の一般解が

(3)
$$y = f(x, a, b)$$

であるとする．ここで，a と b は任意定数である．このとき，条件「$x = x_0$ ならば $y = y_0,\ y' = v_0$」を満足する特殊解を次のようにして求めることができる．(3) および (3) の両辺を x で微分して得られる方程式に $x = x_0,\ y = y_0,\ y' = v_0$ を代入すれば

$$y_0 = f(x_0, a, b), \qquad v_0 = \left(\frac{d}{dx} f(x, a, b)\right)_{x = x_0}$$

となる．これらの方程式から $a = a_0,\ b = b_0$ が得られたとする．そこで，$a =$

a_0 と $b = b_0$ を一般解（3）に代入して得られる

$$y = f(x, a_0, b_0)$$

が求める特殊解である．この特殊解を求めることを，与えられた 2 階微分方程式を**初期条件**

$$「x = x_0,\ \ y = y_0,\ \ y' = v_0」$$

のもとで解くという．

例題 2　2 階微分方程式 $y'' + y = 0$ の一般解は $y = a\cos x + b\sin x$ である．ここに，a と b は任意定数である．この微分方程式を初期条件

$$「x = 0,\ \ y = 1,\ \ y' = 2」$$

のもとで解け．

【解答】 一般解

$$y = a\cos x + b\sin x$$

とその両辺を x で微分して得られる

$$y' = -a\sin x + b\cos x$$

に，初期条件「$x = 0$, $y = 1$, $y' = 2$」を代入すれば

$$a = 1,\ \ b = 2$$

が得られる．これらを一般解に代入して得られる

$$y = \cos x + 2\sin x$$

が求める解である． ■

一般に，n 階微分方程式を**初期条件**

$$「x = x_0,\ \ y = y_0,\ \ \cdots,\ \ y^{(n-1)} = w_0」$$

のもとで解いて，1 つの特殊解が得られる．

演 習 問 題 I - 1

[A]

1． 次の方程式から [ ] 内の任意定数を消去して，微分方程式を作れ．

(1) $y = \sin(x + c)$ [c]　　(2) $y = x + ax^2$ [a]

(3) $y = ax + \dfrac{b}{x}$ [a, b]　　(4) $y = ae^x + bxe^{-x}$ [a, b]

(5) $y = a\sin(x + b)$ [a, b]

2. 次の微分方程式を「　」内の初期条件のもとで解け．ただし，(　) 内に一般解を示した．

(1)　$xy' = y$　「$x = 2,\ y = 3$」　$(y = cx)$

(2)　$y'^2 + xy' - y = 0$　「$x = -1,\ y = 2$」　$(y = c(x + c))$

(3)　$y'' - y = 0$　「$x = 0,\ y = 1,\ y' = 1$」　$(y = ae^x + be^{-x})$

(4)　$y''' - 2y'' - y' + 2y = 0$　「$x = 0,\ y = 3,\ y' = 2,\ y'' = 6$」
$(y = ae^x + be^{-x} + ce^{2x})$

［**B**］

3. 次の曲線群の微分方程式を作れ．

(1)　原点を中心とする同心円の作る曲線群

(2)　放物線 $2y = x^2$ の接線の作る直線群

(3)　半径 1 の円の作る曲線群

4. 鉛直線上に，上方に向けて x 軸を設定する．この鉛直線に沿って落下する質点の時刻 t における座標を，$x = x(t)$ とし，その速度を $v = v(t)$ とすれば

$$\frac{d^2x}{dt^2} = -g, \qquad v = \frac{dx}{dt}$$

である．ここで，g は重力の加速度を表す定数である．$t = 0$ のとき $x = x_0$，$v = v_0$ であるとして，$x(t)$ と $v(t)$ を求めよ．

第2章　1階微分方程式

§4　変数分離形微分方程式

次の形の1階微分方程式は**変数分離形**であるといわれる．

(1)
$$\frac{dy}{dx}=f(x)g(y)$$

ここで，右辺は x だけの関数 $f(x)$ と y だけの関数 $g(y)$ の積である．もしも $g(y)\neq 0$ であれば，(1) の両辺を $g(y)$ で割って

$$\frac{1}{g(y)}\frac{dy}{dx}=f(x)$$

この両辺を x で積分して

$$\int\frac{1}{g(y)}\frac{dy}{dx}dx=\int f(x)dx+c$$

ただし，c は任意定数である．左辺に置換積分法の公式を適用して，これを y についての積分に直せば

(2)
$$\int\frac{1}{g(y)}dy=\int f(x)dx+c$$

これが一般解である．

もしも $g(y)=0$ を満足する $y=y_0$ (y_0 は定数) があれば，この $y=y_0$ は (1) の解である．なんとなれば

$$\frac{dy_0}{dx}=0,\qquad f(x)g(y_0)=0\qquad\therefore\quad\frac{dy_0}{dx}=f(x)g(y_0)$$

であるからである．この解 $y=y_0$ は特異解であることも，単なる特殊解であることもある．

以上の解法で一般解 (2) を求める手順を，普通は次のように書く．

$$\frac{dy}{dx}=f(x)g(y)$$

変数を分離して

$$\frac{1}{g(y)}dy = f(x)dx$$

積分して

$$\int \frac{1}{g(y)}dy = \int f(x)dx + c$$

例題 1　次の1階微分方程式を解け.

$$(1+x)\frac{dy}{dx} = 1+y$$

【解答】 この微分方程式で変数を分離すれば

$$\frac{1}{1+y}dy = \frac{1}{1+x}dx$$

積分して

$$\int \frac{1}{1+y}dy = \int \frac{1}{1+x}dx + c \qquad \therefore \quad \log(1+y) = \log(1+x) + c$$

あるいは，これを変形して

$$1+y = b(1+x) \qquad (b = e^c)$$

$$\therefore \quad y = bx + (b-1)$$

■

注意　上の例題1の解答で，任意定数の置換 $b = e^c$ を行った．以後，このように任意定数の書き換えを自由に行って，解の形を簡単にする．

注意　上の例題1の解答で，不定積分の結果現れる対数関数の取扱いについて，簡略な方法を用いた．すなわち，不定積分

$$\int \frac{1}{1+x}dx = \log(1+x), \qquad \int \frac{1}{1+y}dy = \log(1+y)$$

において，対数記号内の絶対値記号を省略した．絶対値記号を付けて，正確な計算をしても，最後の一般解の形式は，任意定数の符号を適当に調整すれば，上記の解と同一になる．このことを実際に確かめられたい．今後はいつも，この簡略な方法にしたがうことにする．

さて，1階微分方程式

$$M(x,y) + N(x,y)\frac{dy}{dx} = 0 \tag{3}$$

の両辺に dx を掛けて，$dy = \dfrac{dy}{dx}dx$ を利用すれば

(4) $$M(x, y)dx + N(x, y)dy = 0$$

となる．そこで，微分方程式 (3) を上の (4) の形で出題することがある．たとえば，例題1の1階微分方程式が

$$(1 + y)dx - (1 + x)dy = 0$$

の形で出題されることがある．

例題2　次の1階微分方程式を解け．

$$(xy^2 + y^2)dx + (x^2 + x^2y)dy = 0$$

【解答】 この微分方程式で変数を分離して

$$\frac{x+1}{x^2}dx + \frac{y+1}{y^2}dy = 0$$

積分して

$$\int \frac{x+1}{x^2}dx + \int \frac{y+1}{y^2}dy = c \qquad \therefore\ \log x - \frac{1}{x} + \log y - \frac{1}{y} = c$$

変形して $$xy = be^{\frac{1}{x}+\frac{1}{y}} \qquad (b = e^c)$$ ■

問　題

1. 次の変数分離形微分方程式を解け．

(1) $yy' + x = 0$　　(2) $y^2dx - x^3dy = 0$

(3) $(y+1)^2y' + x^3 = 0$　　(4) $(x^2 - 4x)y' + y = 0$

2. 次の微分方程式を「　」内の初期条件のもとで解け．

(1) $xy' + y = 0$　「$x = 1,\ y = 1$」

(2) $x^5y' + y^2 = 0$　「$x = 1,\ y = 1$」

§5　同次形微分方程式

次の形の1階微分方程式は**同次形**であるといわれる．

(1) $$\frac{dy}{dx} = f\left(\frac{y}{x}\right)$$

ここで，右辺は $\dfrac{y}{x}$ の関数である．次のことが成り立つ．

同次形微分方程式 (1) は，変数変換

$$\frac{y}{x} = v \qquad \text{すなわち} \qquad y = vx$$

によって，v と x についての変数分離形微分方程式となる．

［証明］ $y = vx$ とおけば，両辺を x で微分して

$$\frac{dy}{dx} = v + x\frac{dv}{dx}$$

これを (1) に代入して

$$x\frac{dv}{dx} = f(v) - v$$

となる．これは変数分離形である． □

例題 1 次の同次形微分方程式を解け．

$$xy' = y + \sqrt{x^2 + y^2}$$

【解答】 $y = vx$ とおけば，$y' = v + xv'$ である．これらを与えられた微分方程式に代入して

$$x(v + xv') = vx + \sqrt{x^2 + x^2v^2}$$

いま $x > 0$ と仮定すれば，上式を整理して

$$xv' = \sqrt{1 + v^2} \qquad \therefore \quad \frac{1}{\sqrt{1 + v^2}}dv = \frac{1}{x}dx$$

ゆえに，積分して

$$\log(v + \sqrt{1 + v^2}) = \log x + c \qquad \therefore \quad y + \sqrt{x^2 + y^2} = \frac{x^2}{a} \qquad (a = e^{-c})$$

これが求める一般解であるが，これを次のように変形する．上の右側の式の両辺の逆数を作り，分母を有理化すれば

$$y - \sqrt{x^2 + y^2} = -a$$

これを整理すれば

$$x^2 - 2ay = a^2$$

これは一般解である．なお，$x < 0$ の場合にも同じ形の一般解が得られる． ■

問 題

1. 次の同次形微分方程式を解け．

（1）　$(x+y)+(x-y)y'=0$　　　（2）　$y^2+(x^2-xy)y'=0$

§6　線形微分方程式

次の形の１階微分方程式を**線形微分方程式**という．

$$\frac{dy}{dx}+P(x)y=Q(x) \tag{1}$$

これは y と y' について１次方程式であるから，この名称が与えられている．
次の公式が成り立つ．

> 線形微分方程式（1）の一般解は次式で与えられる．
>
> $$y=e^{-\int Pdx}\left[\int Qe^{\int Pdx}dx+c\right] \tag{2}$$

［証明］（1）の両辺に $e^{\int Pdx}$ を掛ければ

$$e^{\int Pdx}\frac{dy}{dx}+Pe^{\int Pdx}y=Qe^{\int Pdx} \tag{3}$$

ところが

$$\frac{d}{dx}(e^{\int Pdx}y)=e^{\int Pdx}\frac{dy}{dx}+Pe^{\int Pdx}y$$

であるから，上の（3）は次のようになる．

$$\frac{d}{dx}(e^{\int Pdx}y)=Qe^{\int Pdx}$$

両辺を積分して

$$e^{\int Pdx}y=\int Qe^{\int Pdx}dx+c \qquad \therefore \quad y=e^{-\int Pdx}\left[\int Qe^{\int Pdx}dx+c\right]$$

□

例題１　次の線形微分方程式を解け．

$$(1+x^2)y'-xy=1$$

【解答】 この微分方程式を変形すれば

$$y'-\frac{x}{1+x^2}y=\frac{1}{1+x^2}$$

ゆえに，公式（2）によって

$$y = e^{\int \frac{x}{1+x^2}dx}\left[\int \frac{1}{1+x^2} e^{-\int \frac{x}{1+x^2}dx} dx + c\right]$$

$$= \sqrt{1+x^2}\left[\int \frac{1}{(1+x^2)\sqrt{1+x^2}} dx + c\right]$$

$$= \sqrt{1+x^2}\left[\frac{x}{\sqrt{1+x^2}} + c\right]$$

$$\therefore \quad y = x + c\sqrt{1+x^2}$$

$$\therefore \quad (y-x)^2 - c^2x^2 = c^2$$

■

ベルヌーイの微分方程式　1階微分方程式

(4) $$\frac{dy}{dx} + P(x)y = Q(x)y^n \qquad (n \neq 0, 1)$$

を**ベルヌーイ**（Bernoulli）**の微分方程式**という．さて，$n=0$ のときには，(4) は線形微分方程式であり；$n=1$ のときには，(4) は変数分離形微分方程式である．次のことが成り立つ．

> ベルヌーイの微分方程式 (4) は，$z = y^{1-n}$ とおけば，z と x についての線形微分方程式となる．

[証明] $z = y^{1-n}$ とおけば，$z' = (1-n)y^{-n}y'$ となる．微分方程式 (4) の両辺に $(1-n)y^{-n}$ を掛けてから，$z = y^{1-n}$ と $z' = (1-n)y^{-n}y'$ を代入すれば

$$z' + (1-n)Pz = (1-n)Q$$

となる．これは線形微分方程式である． □

例題2　次のベルヌーイの微分方程式を解け．

$$y' + \frac{y}{x} = x^2y^3$$

【解答】 これはベルヌーイの微分方程式である．$z = y^{1-3} = y^{-2}$ とおけば，$z' = -2y^{-3}y'$．よって，上述の方法によって，与えられた微分方程式は次のようになる．

$$z' - \frac{2}{x}z = -2x^2$$

これは線形微分方程式である．公式 (2) によって

$$z = e^{\int \frac{2}{x}dx}\left[-2\int x^2 e^{-\int \frac{2}{x}dx} dx + c\right] = x^2\left[-2\int x^2 \cdot \frac{1}{x^2} dx + c\right]$$

$$\therefore\quad z=-2x^3+cx^2$$

これに $z=y^{-2}$ を代入して整理すれば，一般解が次のように求まる．

$$-2x^3y^2+cx^2y^2=1$$

■

問　題

1. 次の線形微分方程式を解け．

(1)　$y'+2xy=4x$　　(2)　$xy'=y+x^3+3x^2-2x$

(3)　$(x-2)y'=y+2(x-2)^3$　　(4)　$y'+y\cot x=5e^{\cos x}$

2. 次のベルヌーイの微分方程式を解け．

(1)　$y'-y=xy^5$　　(2)　$y'+2xy+xy^4=0$

§7　完全微分方程式

1 階微分方程式は

(1)　$$P(x,y)dx+Q(x,y)dy=0$$

という形に書き表される．もしもこの方程式 (1) の左辺がそのまま 1 つの関数 $u(x,y)$ の全微分 du に等しければ，これを**完全微分方程式**という．もしも上の (1) が完全微分方程式であれば，$du=P\,dx+Q\,dy$ となる関数 $u(x,y)$ が存在するから，(1) は

$$du(x,y)=0$$

となる．ゆえに，明らかに次のことが成り立つ．

完全微分方程式 $P\,dx+Q\,dy=0$ において，$du(x,y)=P\,dx+Q\,dy$ であれば，その一般解は

$$u(x,y)=c$$

定理 2　$P(x,y)dx+Q(x,y)dy=0$ が完全微分方程式であるための必要十分条件は

(2)　$$\frac{\partial P}{\partial y}=\frac{\partial Q}{\partial x}$$

[証明]　まず $P\,dx+Q\,dy=0$ が完全微分方程式であるとする．このとき，

$du = P\,dx + Q\,dy$ となる関数 $u(x, y)$ が存在するから，$u_x dx + u_y dy = P\,dx + Q\,dy$．ゆえに

$$P = u_x, \qquad Q = u_y$$

$$\therefore \quad \frac{\partial P}{\partial y} = \frac{\partial^2 u}{\partial y \partial x} = \frac{\partial^2 u}{\partial x \partial y} = \frac{\partial Q}{\partial x}$$

逆に，条件（2）が成り立つと仮定する．このとき

$$F(x, y) = \int P(x, y)\,dx \qquad (y\text{ を定数とみなして }x\text{ で積分する})$$

とおけば，（2）を利用して次式が得られる．

$$(3) \qquad \frac{\partial F}{\partial x} = P \qquad \therefore \quad \frac{\partial^2 F}{\partial y \partial x} = \frac{\partial P}{\partial y} = \frac{\partial Q}{\partial x}$$

ゆえに

$$\frac{\partial}{\partial x}\left[\frac{\partial F}{\partial y} - Q\right] = 0$$

この式は $F_y - Q$ が y だけの関数 $f(y)$ であることを意味している．したがって

$$(4) \qquad \frac{\partial F}{\partial y} - Q = f(y) \qquad \therefore \quad Q = \frac{\partial F}{\partial y} - f(y)$$

ゆえに，（3）と（4）を利用すれば

$$(5) \qquad P\,dx + Q\,dy = \frac{\partial F}{\partial x}dx + \left[\frac{\partial F}{\partial y} - f(y)\right]dy = dF - f(y)dy$$

$$= d\left[F(x, y) - \int f(y)dy\right]$$

これは $P\,dx + Q\,dy = 0$ が完全微分方程式であることを意味している．　□

> $P(x, y)dx + Q(x, y)dy = 0$ が完全微分方程式であれば，その一般解は
>
> $$(6) \qquad \int P\,dx + \int\left[Q - \frac{\partial}{\partial y}\int P\,dx\right]dy = c$$

［証明］ 完全微分方程式 $P\,dx + Q\,dy = 0$ の一般解は，（5）によって

$$F(x, y) - \int f(y)dy = c$$

ここで，$F = \int P\,dx$ と $-f(y) = Q - \dfrac{\partial F}{\partial y}$ を代入すれば，この一般解は上の

(6) となる.　□

例題 1　次の 1 階微分方程式を解け.

$$(x^3 + 2xy + y)dx + (y^3 + x^2 + x)dy = 0$$

【解答】 左辺を $P\,dx + Q\,dy$ とおくと，$P = x^3 + 2xy + y$，$Q = y^3 + x^2 + x$ であるから

$$P_y = 2x + 1 = Q_x$$

したがって，これは完全微分方程式である．ゆえに，公式 (6) によって，一般解は

$$\int (x^3 + 2xy + y)dx + \int\left[(y^3 + x^2 + x) - \frac{\partial}{\partial y}\int (x^3 + 2xy + y)dx\right]dy = c$$

$$\therefore\quad \frac{1}{4}x^4 + x^2y + xy + \frac{1}{4}y^4 = c$$ ■

【別解】 与えられた微分方程式が完全微分方程式であるから，左辺がある関数の全微分であることに注意しながら，これを次のように変形する．

$$\begin{aligned}
&(x^3 + 2xy + y)dx + (y^3 + x^2 + x)dy \\
&\qquad = x^3dx + 2(xy\,dx + x^2dy) + (y\,dx + x\,dy) + y^3dy \\
&\qquad = d\left(\frac{1}{4}x^4\right) + d(x^2y) + d(xy) + d\left(\frac{1}{4}y^4\right) \\
&\qquad = d\left(\frac{1}{4}x^4 + x^2y + xy + \frac{1}{4}y^4\right)
\end{aligned}$$

ゆえに，求める一般解は

$$\frac{1}{4}x^4 + x^2y + xy + \frac{1}{4}y^4 = c$$ ■

問　　題

1. 次の 1 階微分方程式は完全微分方程式であることを示し，これを解け．

(1)　$(y + 3x)dx + x\,dy = 0$　　(2)　$(x - y)dx + \left(\dfrac{1}{y^2} - x\right)dy = 0$

(3)　$(4x^3y^3 - 2xy)dx + (3x^4y^2 - x^2)dy = 0$

(4)　$(3e^{3x}y - 2x)dx + e^{3x}dy = 0$

(5)　$(\cos y + y\cos x)dx + (\sin x - x\sin y)dy = 0$

§8　積分因数

1階微分方程式

$$(1) \qquad P(x, y)dx + Q(x, y)dy = 0$$

は完全微分方程式でないが，両辺にある関数 $\lambda(x, y)$ を掛けて得られる

$$\lambda(x, y)P(x, y)dx + \lambda(x, y)Q(x, y)dy = 0$$

が完全微分方程式になることがある．このような関数 $\lambda(x, y)$ を微分方程式(1)の**積分因数**という．

例題 1　次の1階微分方程式を解け．

$$y\,dx - x\,dy = 0$$

【解答】 これは完全微分方程式でない．そこで，両辺に $\dfrac{1}{y^2}$ を掛ければ

$$\frac{1}{y}dx - \frac{x}{y^2}dy = 0 \qquad \therefore \quad d\left(\frac{x}{y}\right) = 0$$

となり，完全微分方程式となった．すなわち，$\dfrac{1}{y^2}$ は積分因数である．ゆえに，求める一般解は

$$\frac{x}{y} = c \qquad \therefore \quad x = cy$$ ■

【別解】 与えられた微分方程式の両辺に $\dfrac{1}{xy}$ を掛ければ

$$\frac{1}{x}dx - \frac{1}{y}dy = 0 \qquad \therefore \quad d\left(\log\frac{x}{y}\right) = 0$$

となり，これは完全微分方程式である．すなわち，$\dfrac{1}{xy}$ は積分因数である．ゆえに，求める一般解は

$$\log\frac{x}{y} = b \qquad \therefore \quad x = cy \qquad (c = e^b)$$ ■

上の例題1の2種類の解法からわかるように，1つの微分方程式に対して，その積分因数は数多くある．一般に，1階微分方程式の積分因数は必ず存在するが，それはただ1つではない．また，1階微分方程式の積分因数を求めるには，いろいろと工夫する必要がある．

定理 3　1階微分方程式 $P(x, y)dx + Q(x, y)dy = 0$ の積分因数 $\lambda(x, y)$ は次の偏微分方程式の解である．

(2)
$$P\frac{\partial\lambda}{\partial y}-Q\frac{\partial\lambda}{\partial x}=\left(\frac{\partial Q}{\partial x}-\frac{\partial P}{\partial y}\right)\lambda$$

［証明］ λ が $P\,dx+Q\,dy=0$ の積分因数であるための必要十分条件は，$\lambda P\,dx+\lambda Q\,dy=0$ が完全微分方程式であることである．すなわち，この必要十分条件は（定理 2（p. 17）によって）

$$\frac{\partial(\lambda P)}{\partial y}-\frac{\partial(\lambda Q)}{\partial x}=0$$

である．これを書き直せば上の偏微分方程式（2）となる．□

定理 4　1 階微分方程式 $P\,dx+Q\,dy=0$ について

(i)　$\dfrac{Q_x-P_y}{Q}$ が x だけの関数であれば，これを $\varphi(x)$ として，$\lambda=e^{-\int\varphi(x)dx}$ は積分因数である．

(ii)　$\dfrac{Q_x-P_y}{P}$ が y だけの関数であれば，これを $\psi(y)$ として，$\lambda=e^{\int\psi(y)dy}$ は積分因数である．

［証明］ (i)　定理 3 の（2）で λ が x だけの関数であると仮定すれば，与えられた条件の下で，（2）は

$$\frac{d\lambda}{dx}=-\varphi(x)\lambda$$

となり，これの特殊解 $\lambda=e^{-\int\varphi(x)dx}$ を考えれば，これは積分因数である．

(ii)　(i) と同じようにして証明される．□

例題 2　次の 1 階微分方程式の積分因数 λ を求めて，これを解け．

$$(2x^2+3xy)dx+3x^2dy=0$$

【解答】　この微分方程式を $P\,dx+Q\,dy=0$ とすれば，$P=2x^2+3xy$，$Q=3x^2$ である．ゆえに，定理 4 によって，次のように積分因数 λ が求まる．

$$\frac{Q_x-P_y}{Q}=\frac{6x-3x}{3x^2}=\frac{1}{x}\qquad\therefore\quad\lambda=e^{-\int\frac{1}{x}dx}=\frac{1}{x}$$

与えられた微分方程式の両辺に $\lambda=\dfrac{1}{x}$ を掛ければ，次の完全微分方程式が得られる．

$$(2x+3y)dx+3x\,dy=0$$

$$\therefore\quad d(x^2+3xy)=0\qquad\therefore\quad x^2+3xy=c$$

■

積分因数を視察によって見出すのに，次の表の諸式は有用である．

(a)　$d(xy) = y\,dx + x\,dy$　　(b)　$d(x^2 \pm y^2) = 2x\,dx \pm 2y\,dy$

(c)　$d\left(\dfrac{y}{x}\right) = \dfrac{x\,dy - y\,dx}{x^2}$,　　$d\left(\dfrac{x}{y}\right) = \dfrac{y\,dx - x\,dy}{y^2}$

(d)　$d\left(\tan^{-1}\dfrac{y}{x}\right) = \dfrac{x\,dy - y\,dx}{x^2 + y^2}$,　　$d\left(\tan^{-1}\dfrac{x}{y}\right) = \dfrac{y\,dx - x\,dy}{x^2 + y^2}$

(e)　$d\left(\dfrac{x-y}{x+y}\right) = \dfrac{2y\,dx - 2x\,dy}{(x+y)^2}$,　　$d\left(\dfrac{x+y}{x-y}\right) = \dfrac{2x\,dy - 2y\,dx}{(x-y)^2}$

例題3　次の1階微分方程式を解け．

$$x\,dy - y\,dx - 2(x^2 + y^2)dx = 0$$

【解答】 上の表の（d）に注目すれば，$\lambda = \dfrac{1}{x^2 + y^2}$ は積分因数であることがわかる．このλを与えられた微分方程式の両辺に掛ければ

$$\frac{x\,dy - y\,dx}{x^2 + y^2} - 2dx = 0 \qquad \therefore \quad d\left(\tan^{-1}\frac{y}{x} - 2x\right) = 0$$

ゆえに，一般解は

$$\tan^{-1}\frac{y}{x} - 2x = c \qquad \text{または} \qquad y = x\tan(2x + c)$$ ■

問　　題

1. 次の1階微分方程式の積分因数λを求め，これを解け．

(1)　$2xy\,dx + (y^2 - x^2)dy = 0$　　(2)　$(x^2 + y^2)dx - 2xy\,dy = 0$

(3)　$(x^2 + y^2 + x)dx + xy\,dy = 0$

(4)　$(2xy^4e^y + 2xy^3 + y)dx + (x^2y^4e^y - x^2y^2 - 3x)dy = 0$

§9　1階高次微分方程式

$p = y'$ についての n 次方程式

(1)　$$p^n + P_1(x,y)p^{n-1} + \cdots + P_{n-1}(x,y)p + P_n(x,y) = 0$$

を**1階 n 次微分方程式**という．この左辺を因数分解して

(2)　$$(p - f_1(x,y))\cdots(p - f_n(x,y)) = 0$$

となったとする．左辺の各因数を0として得られる n 個の1階微分方程式

(3)　$$\frac{dy}{dx} = f_1(x, y), \quad \cdots, \quad \frac{dy}{dx} = f_n(x, y)$$

の一般解をそれぞれ

(4)　$$\varphi_1(x, y, c) = 0, \quad \cdots, \quad \varphi_n(x, y, c) = 0$$

とする．このとき，(1) の一般解は，次のようになる．

(5)　$$\varphi_1(x, y, c) \cdots \varphi_n(x, y, c) = 0$$

その理由を述べれば，次のようである．(5) が成り立てば，(4) のうちの1つ，たとえば $\varphi_i(x, y, c) = 0$ が成り立つ．このとき，(3) の微分方程式の1つ，$y' = f_i(x, y)$ が成り立つ．したがって，(2) つまり (1) が成り立つ．ゆえに，(5) は (1) の解であり，1つの任意定数 c を含むから，これは微分方程式 (1) の一般解である．

例題 1　次の1階2次微分方程式を解け．($p = y'$)

$$x^2p^2 + 3xyp + 2y^2 = 0$$

【解答】 これを因数分解すれば

$$(xp + y)(xp + 2y) = 0$$

それぞれの因数を0とおいてできる微分方程式

$$xy' + y = 0 \quad \Big| \quad xy' + 2y = 0$$

の一般解は

$$xy - c = 0 \quad \Big| \quad x^2y - c = 0$$

である．ゆえに，与えられた微分方程式の一般解は

$$(xy - c)(x^2y - c) = 0$$ ■

問　　題

1. 次の1階高次微分方程式を解け．($p = y'$)

(1)　$p^2 - p = 0$　　(2)　$a^2p^2 - y = 0$　　$(a \neq 0)$

(3)　$x^2p^2 + 5xyp + 6y^2 = 0$

(4)　$p^4 - (x + 2y + 1)p^3 + (x + 2y + 2xy)p^2 - 2xyp = 0$

§10　クレーローの微分方程式

1階微分方程式

(1)　　$$y = px + f(p) \qquad (p = y')$$

を**クレーロー**（Clairaut）**の微分方程式**という．これを解くために，(1) の両辺を x で微分すれば

$$\frac{dy}{dx} = p + x\frac{dp}{dx} + f'(p)\frac{dp}{dx}$$

ところが，$\dfrac{dy}{dx} = p$ であるから，上式から次式が得られる．

$$\frac{dp}{dx}(x + f'(p)) = 0$$

ゆえに

(2)　　$$\frac{dp}{dx} = 0 \qquad \text{または} \qquad x + f'(p) = 0$$

左側の方程式から，$p = c$．これを (1) に代入して

(3)　　$$y = cx + f(c)$$

これは**一般解**である．次に，(1) と (2) の第2式を組合わせて

(4)　　$$\begin{cases} y = px + f(p) \\ x + f'(p) = 0 \end{cases}$$

を考え，p を媒介変数とみなして，これを x と y の関係式と考えると，これは**特異解**である．

例題 1　次のクレーローの微分方程式を解け（I-3図参照）．

$$y = px \pm \sqrt{1 + p^2} \quad (p = y')$$

【解答】 一般解は，(3) によって

$$y = cx \pm \sqrt{1 + c^2}$$

特異解は，(4) によって

$$\begin{cases} y = px \pm \sqrt{1 + p^2} \\ 0 = x \pm \dfrac{p}{\sqrt{1 + p^2}} \end{cases}$$

これから文字 p を消去すれば

$$x^2 + y^2 = 1$$

となる．これは特異解である．■

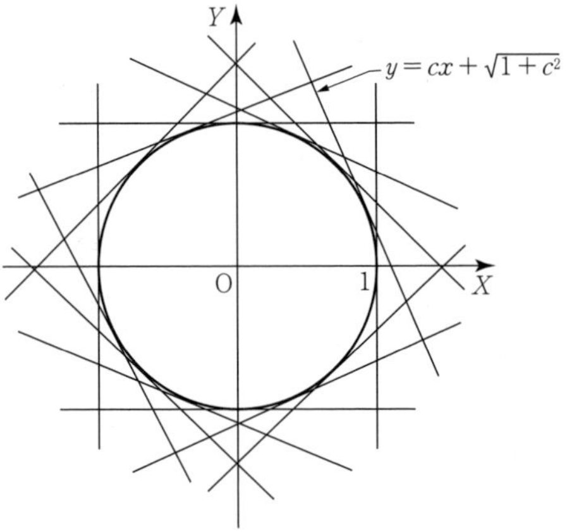

I-3図

注意 上の例題1で，一般解は特異解 $x^2+y^2=1$ が表す円の接線の作る直線群を表している．任意のクレーローの微分方程式の解について，一般解 (3) は直線群を表し，特異解 (4) はこの直線群の包絡線を表す．

問　題

1. 次のクレーローの微分方程式を解け．($p=y'$)

(1) $y=px+\dfrac{a^2}{p}$ $(a\neq 0)$　　(2) $y=px-p^2$

(3) $y=px-\log p$　　(4) $y=px-p-p^2$

§11 応 用

ある種の幾何学的問題を解決するのに，微分方程式の解法が応用されることがある．以下で，その例をあげよう．

例題 1 法線影の長さが一定 a である曲線を求めよ．また，このような曲線で原点 (0, 0) を通過するものを求めよ．ここに，曲線上の1点Pから x 軸に引いた垂線をPHとし，Pにおける法線が x 軸と交わる点をNとするとき，有向線分HNの長さをこの曲線の点Pにおける**法線影の長さ**という（I-4図参照）．

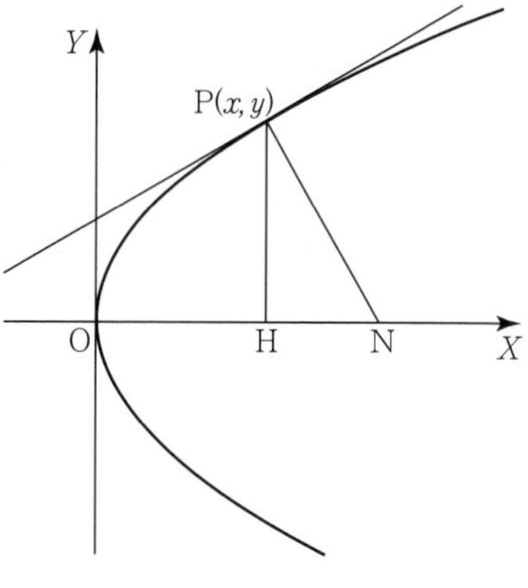

I-4図

【解答】 求める曲線の方程式を $y=y(x)$ とする．流通座標を (X, Y) とすれば，この曲線上の点 $P(x, y)$ における法線の方程式は

$$Y-y=-\frac{1}{y'}(X-x)$$

である．したがってこの法線と x 軸の交点Nの座標は $(x+yy', 0)$ である．また，$P(x, y)$ から x 軸に下した垂線をPHとすれば，点Hの座標は $(x, 0)$ である．ゆえに，法線影の長さは yy' である．したがって，題意によって，次式が成り立つ．

$$yy'=a \qquad \therefore \quad y^2=2ax+c$$

この一般解 $y^2=2ax+c$ が求める曲線の方程式である．

また，この曲線が原点 (0, 0) を通れば，初期条件「$x=0,\ y=0$」を一般解に代入し

て，$c=0$．ゆえに，この曲線の方程式は $y^2=2ax$ である． ■

曲線群 $F(x,y,c)=0$ に属するすべての曲線と直交する曲線を，その**直交截線**という．直交截線の求め方を述べよう．まず，与えられた曲線群 $F(x,y,c)=0$ の微分方程式

(1) $$f(x,y,y')=0$$

を求める．さて，与えられた曲線群に属する1つの曲線 l 上の1点 $\mathrm{P}(x,y)$ における l の接線の傾きを m とすれば，(1) によって

(2) $$f(x,y,m)=0$$

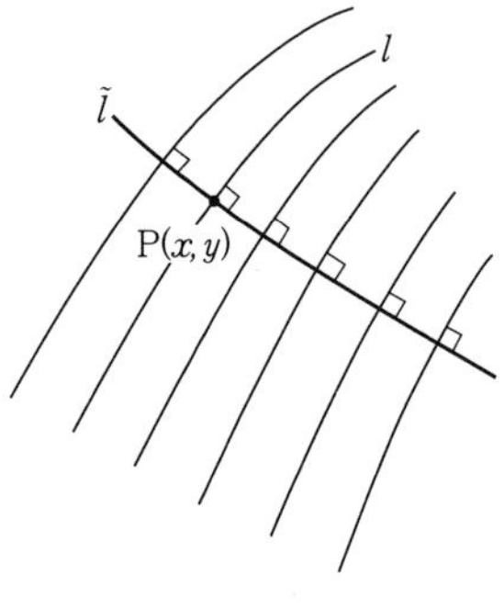

I-5図

が成り立つ．次に，点Pを通る直交截線 $\tilde{l}$ の傾きを $\widetilde{m}$ とすれば，$m\widetilde{m}=-1$ であるから，$m=-\dfrac{1}{\widetilde{m}}$ である．これを (2) に代入すれば

(3) $$f\left(x,y,-\frac{1}{\widetilde{m}}\right)=0$$

さて，点 $\mathrm{P}(x,y)$ を通る直交截線 $\tilde{l}$ の方程式を $y=y(x)$ とすれば，点Pで $y'=\widetilde{m}$ である．ゆえに，(3) に $\widetilde{m}=y'$ を代入して得られる

(4) $$f\left(x,y,-\frac{1}{y'}\right)=0$$

が成り立つ．つまり，この (4) は直交截線の微分方程式である．この微分方程式 (4) を解けば，直交截線が求まる．

例題2 方程式 $xy=c$ で表される曲線群（これは直角双曲線の群である）の直交截線で点 $(1,0)$ を通過するものを求めよ．

【解答】 曲線群 $xy=c$ の微分方程式は，その両辺を x で微分して得られる

(a) $$xy'+y=0$$

である．ゆえに，上式 (a) に y' の代りに $-\dfrac{1}{y'}$ を代入して

(b) $$-\frac{x}{y'}+y=0 \qquad \text{すなわち} \qquad yy'=x$$

これは求める直交截線の微分方程式である．この微分方程式 (b) の一般解は，b を任意定数として

(c)
$$x^2 - y^2 = b$$
である．さて，求める直交截線は点 (1, 0) を通過するから，初期条件「$x = 1,\ y = 0$」を一般解（c）に代入して，$b = 1$ が得られる．$b = 1$ を（c）に代入して
$$x^2 - y^2 = 1$$
これが求める直交截線である．これも直角双曲線である．■

問１　次の曲線を求めよ．

(1)　その法線が常に原点 (0, 0) を通り，点 (2, 3) を通過する曲線

(2)　その各点 P(x, y) における接線の，点 P と y 軸の間にある部分の長さが接線の y 切片に等しい曲線

ただし，直線 $y = mx + b$ について，b をその **y 切片**という．

問２　次の曲線群の直交截線で，右側に示した点 P を通過するものを求めよ．ただし，c は任意定数である．

(1)　$y = cx$　　P(2, 1)　　(2)　$x^2 + y^2 = c^2$　　P(1, 3)

(3)　$x^2 - y^2 = c^2$　　P(1, 1)

以下で，幾何学的応用以外の応用について例をあげる．

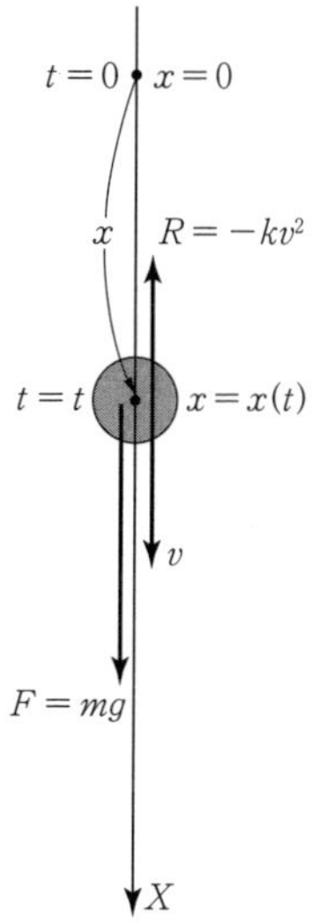

Ｉ-6図

例題３　質量 m の物体が空気の抵抗を受けながら，鉛直線上を落下する．空気抵抗は物体の速度 v の２乗に比例して，kv^2 であるとする（$k \geqq 0$ は定数）．最初の速度が０で落下しはじめるとき，その速度 v を落下距離 x の関数として表せ．なお，重力の加速度を g とする．

【解答】 物体の最初の（時刻 $t = 0$ における）位置を原点とする座標 x を，鉛直線に沿って，上から下方に向けて取る．時刻 t における物体の速度を $v = v(t)$，また時刻 t までに落下した距離を $x = x(t)$ とすれば，$v = \dfrac{dx}{dt}$．ゆえに，ニュートンの運動方程式 (質量) × (加速度) = (外力) を利用すれば，題意によって
$$m\frac{dv}{dt} = mg - kv^2$$
ここで，独立変数を x に取り換える．まず $v = \dfrac{dx}{dt}$ であるから
$$\frac{dv}{dt} = \frac{dv}{dx}\frac{dx}{dt} = v\frac{dv}{dx}$$

これを上の微分方程式に代入して

$$mv\frac{dv}{dx} = mg - kv^2 \qquad \therefore \quad \frac{mv\,dv}{mg - kv^2} = dx$$

積分して

$$-\frac{m}{2k}\log(mg - kv^2) = x + c \qquad \therefore \quad v^2 = \frac{mg}{k} - ae^{-\frac{2kx}{m}} \qquad \left(a = \frac{1}{k}e^{-\frac{2kc}{m}}\right)$$

ここで，初期条件「$x = 0,\ v = 0$」を代入すれば，$a = mg/k$ となる．したがって

$$v^2 = \frac{mg}{k}(1 - e^{-\frac{2kx}{m}})$$ ■

例題４　貯水タンクの底に穴があり，これから毎秒流出する水量はタンクの水位 h の平方根に比例していて，$k\sqrt{h}$（$k > 0$ は定数）である．水位 h の変化の状態を時間 t の関数で表せ．ただし，タンクの水平断面積は一定 A であるとする．また，時刻 $t = 0$ で $h = h_0$ であるとする．

【解答】 タンクの水平断面積は A であって，水位 h のとき，穴から毎秒流出する水量は $k\sqrt{h}$ であるから，水位 h の変化率は次式で与えられる．

$$\frac{dh}{dt} = -\frac{k}{A}\sqrt{h}$$

この微分方程式の一般解は

$$\sqrt{h} = -Kt + c \qquad \left(K = \frac{k}{2A}\right)$$

である．これに初期条件「$t = 0,\ h = h_0$」を代入すれば，$c = \sqrt{h_0}$ となる．ゆえに

$$\sqrt{h} = \sqrt{h_0} - Kt \qquad \therefore \quad h = (\sqrt{h_0} - Kt)^2$$ ■

例題５　ある都市の人口の増加率は各時点での人口に比例し，かつその飽和人口 A 人と各時点での人口との差に比例するという．この都市の人口の変化の状態を時間 t の関数で表せ．ただし，最初の（$t = 0$ における）人口を x_0 人とする．

【解答】 時刻 t における人口を $x(t)$ 人とする．題意によって，次の微分方程式が成り立つ．

$$\frac{dx}{dt} = kx(A - x) \qquad \text{すなわち} \qquad \frac{dx}{x(A - x)} = k\,dt$$

ここで，$k > 0$ は比例定数である．積分して

$$\frac{1}{A}\log\frac{x}{A-x} = kt + c \qquad \therefore \quad x = \frac{bAe^{at}}{1+be^{at}}$$

ここで，$b = e^c$，$a = kA$ とした．初期条件「$t = 0$，$x = x_0$」を一般解に代入すれば，$b = x_0/(A - x_0)$ となる． ■

演 習 問 題 I-2

[A]

1. 次の 1 階微分方程式を解け．

(1) $x^2y' + y = 0$ (2) $\sin x \sin^2 y - y' \cos^2 x = 0$

(3) $2(1 - y^2)xy\,dx + (1 + x^2)(1 + y^2)dy = 0$

(4) $x(y - 3)y' - 4y = 0$ (5) $(1 + x^2)y' + xy = 0$

2. 次の 1 階微分方程式を解け．

(1) $xy^2y' = x^3 + y^3$ (2) $x^3 - 2xy^2 + 3x^2yy' = 0$

(3) $x\cos\dfrac{y}{x}\cdot\dfrac{dy}{dx} = y\cos\dfrac{y}{x} - x$ (4) $(15x + 11y)dx + (5y + 9x)dy = 0$

(5) $(x^3 + y^3)dx - 3xy^2dy = 0$ (6) $x\,dy - y\,dx - \sqrt{x^2 - y^2}\,dx = 0$

3. 次の 1 階微分方程式を解け．

(1) $y' + \dfrac{y}{x} = 1 - x^2$ (2) $y' + y\cot x = \sec x$

(3) $xy' - y = 4x(1 + x^2)$ (4) $x^3y' + (2 - 3x^2)y = x^3$

(5) $y' - 2y\cot 2x = 1 - 2x\cot 2x - 2\,\mathrm{cosec}\,2x$

4. 次の 1 階微分方程式を解け．

(1) $y' + y = xy^3$ (2) $y' + y\sin x = y^2 \sin x$

(3) $(4 - x^2)y' + 4y = (2 + x)y^2$

5. 次の 1 階微分方程式を解け．

(1) $(1 - y)dx + (1 - x)dy = 0$ (2) $2x(ye^{x^2} - 1)dx + e^{x^2}dy = 0$

(3) $(6x^5y^3 + 4x^3y^5)dx + (3x^6y^2 + 5x^4y^4)dy = 0$

(4) $(2x^3 + 3y)dx + (3x + y - 1)dy = 0$

(5) $(y^2e^{xy^2} + 4x^3)dx + (2xye^{xy^2} - 3y^2)dy = 0$

(6) $(ax^2 + 2hxy + by^2)dx + (hx^2 + 2bxy + gy^2)dy = 0$

(7) $\dfrac{2x - y}{x^2 + y^2}dx + \dfrac{2y + x}{x^2 + y^2}dy = 0$

6. 次の1階微分方程式の積分因数 λ を求め，かつこれを解け．

(1)　$(2x^3y^2 + 4x^2y + 2xy^2 + xy^4 + 2y)dx + 2(y^3 + x^2y + x)dy = 0$

(2)　$x\,dx + y\,dy - (x^2 + y^2)dx = 0$

(3)　$2xy\,dx + (y^2 - x^2)dy = 0$

(4)　$(x^3e^xy^2 - 2x + 2y)dx + (2x^3e^xy - x)dy = 0$

7. 次の1階高次微分方程式を解け．$(p = y')$

(1)　$xyp^2 + (x^2 + xy + y^2)p + x^2 + xy = 0$

(2)　$(x^2 + x)p^2 + (x^2 + x - 2xy - y)p + y^2 - xy = 0$

(3)　$p^3 - (x + y)p^2 + xyp = 0$

8. 次の1階微分方程式を「　」内の初期条件のもとで解け．

(1)　$\sqrt{1+y} = \sqrt{1+x}\,y'$　　「$x = -1,\ y = 3$」

(2)　$x^2 - y^2 + 2xyy' = 0$　　「$x = 1,\ y = 2$」

(3)　$xy' + y = y^2 \log x$　　「$x = 1,\ y = \dfrac{1}{2}$」

(4)　$x(x^2 + 3y^2)dx + y(y^2 + 3x^2)dy = 0$　　「$x = 0,\ y = 1$」

〔B〕

9. 次の条件を満足する曲線を求めよ．

(1)　接線影の長さが一定で，k に等しい曲線

ただし，曲線上の1点Pにおける接線と x 軸の交点をT，Pから x 軸へ下した垂線をPHとするとき，有向線分HTの長さをこの曲線の点Pにおける**接線影の長さ**という．

(2)　原点からその上の1点Pにおける法線へ下した垂線の長さが点Pの y 座標に等しい曲線

10. 次の曲線群の直交截線を求めよ．ただし，c は任意定数である．

(1)　$y^2 = 4(x - c)$

(2)　$2x^2 + 3y^2 = c$

(3)　$y = cx^n$　　$(n \neq 0)$

11. 1階微分方程式

$$y' = f(ax + by + c) \qquad (b \neq 0)$$

は，変数変換 $Y = ax + by + c$ によって，x と Y についての変数分離形微分方程式になる．この事実を利用して，次の1階微分方程式を解け．

(1) $y' = x + y$

(2) $(x + 2y)y' = 1$

12. 1 階微分方程式

$$(ax + by + c)y' + (\alpha x + \beta y + \gamma) = 0$$

について次のことを証明せよ．

(1) $a\beta - b\alpha \neq 0$ の場合．連立方程式

$$a\xi + b\eta + c = 0, \quad \alpha\xi + \beta\eta + \gamma = 0$$

の解を $\xi = h$, $\eta = k$ とする．$X = x - h$, $Y = y - k$ によって変数の変換をすれば，与えられた微分方程式は，X と Y についての同次形微分方程式となる．

(2) $a\beta - b\alpha = 0$ の場合．$t = ax + by$ とおけば，与えられた微分方程式は，x と t についての変数分離形微分方程式となる．

13. 上の **12** を利用して，次の 1 階微分方程式を解け．

(1) $(2x - 5y + 3)dx - (2x + 4y - 6)dy = 0$

(2) $(x - y - 1)dx + (4y + x - 1)dy = 0$

(3) $(x + y)dx + (3x + 3y - 4)dy = 0$

14. 1 階微分方程式

$$y\,f(xy)\,dx + x\,g(xy)\,dy = 0$$

は，$z = xy$ とおけば，x と z についての変数分離形微分方程式になる．このことを証明せよ．

15. 上の **14** を利用して，次の 1 階微分方程式を解け．

(1) $y(xy + 1)dx + x(1 + xy + x^2y^2)dy = 0$

(2) $(y - xy^2)dx - (x + x^2y)dy = 0$

16. 1 階微分方程式

$$f'(y)\frac{dy}{dx} + f(y)P(x) = Q(x)$$

は，$z = f(y)$ とおけば，x と z についての線形微分方程式になる．このことを証明せよ．

17. 上の **16** を利用して，次の 1 階微分方程式を解け．

(1) $y'\sin y = \cos x(2\cos y - \sin^2 x)$ （$z = \cos y$ とおけ）

(2) $y' = 4e^{-y}\sin x - 1$ （$z = e^y$ とおけ）

(3) $y'\sin y = (1 - x\cos y)\cos y$ $\left(z = \dfrac{1}{\cos y}\text{ とおけ}\right)$

18. 完全微分方程式 $P(x, y)dx + Q(x, y)dy = 0$ について，次のことを証明せよ．

(1)　一般解は次式で与えられる．

$$\int_{x_0}^{x} P(x, y)dx + \int_{y_0}^{y} Q(x_0, y)dy = c$$

ただし，x_0 と y_0 は定数である．

(2)　初期条件「$x = x_0$,　$y = y_0$」を満たす解は次式で与えられる．

$$\int_{x_0}^{x} P(x, y)dx + \int_{y_0}^{y} Q(x_0, y)dy = 0$$

第3章　高階微分方程式

§12　微分方程式 $\boldsymbol{y}^{(n)} = \boldsymbol{f}(\boldsymbol{y}^{(n-1)})$

n 階微分方程式

(1)
$$y^{(n)} = f(y^{(n-1)})$$

は，$y^{(n-1)} = p$ とおけば，次のように変数分離形となる．

$$\frac{dp}{dx} = f(p)$$

これの解が

(2)
$$p = G(x, c) \qquad \text{すなわち} \qquad y^{(n-1)} = G(x, c)$$

であるとする．(2) の両辺を $n-1$ 回積分して，(1) の一般解が得られる．

例題 1　次の微分方程式を解け．

$$y''' = ay'' \qquad (a \neq 0 \text{ は定数})$$

【解答】 $y'' = p$ とおけば，この微分方程式は次のようになる．

$$p' = ap$$

$$\therefore \quad p = ke^{ax} \qquad (k \text{ は任意定数})$$

$$\therefore \quad \frac{d^2y}{dx^2} = ke^{ax} \qquad \therefore \quad y = Ae^{ax} + Bx + C \qquad (A = k/a^2)$$

ここに，B, C は任意定数である．■

問　　題

1．次の微分方程式を解け．

(1)　$y'' = ay'$　$(a \neq 0)$　　　(2)　$y'''y'' = 1$

§13　微分方程式 $\boldsymbol{y}^{(n)} = \boldsymbol{f}(\boldsymbol{y}^{(n-2)})$

特に，2階微分方程式

(1)
$$y'' = f(y)$$

について，次の解法がある．(1) の両辺に $2y'$ を掛ければ

$$2y'y'' = 2f(y)y' \qquad \text{すなわち} \qquad \frac{d}{dx}(y')^2 = 2f(y)\frac{dy}{dx}$$

両辺を x で積分して

$$(y')^2 = 2\int f(y)dy + c$$

(2)
$$\frac{dy}{dx} = \pm\sqrt{2\int f(y)dy + c}$$

これは変数分離形である．これを解いて微分方程式（1）の一般解が得られる．

例題 1　次の2階微分方程式を解け．

$$y'' + a^2y = 0 \qquad (a \neq 0 \text{ は定数})$$

【解答】 上の解法にしたがって，この微分方程式の両辺に $2y'$ を掛ければ

$$2y'y'' + 2a^2yy' = 0 \qquad \therefore \quad [(y')^2 + a^2y^2]' = 0$$

x で積分して

$$(y')^2 + a^2y^2 = a^2c^2$$

右辺は任意定数で負にならないから，これを a^2c^2 とおいた．上式から，定数 a の符号を適当に選べば

$$\frac{dy}{dx} = a\sqrt{c^2 - y^2} \qquad \text{すなわち} \qquad \frac{dy}{\sqrt{c^2 - y^2}} = a\,dx$$

さらに積分して

$$\sin^{-1}\frac{y}{c} = ax + b \qquad \therefore \quad y = c\sin(ax + b)$$

ここで，b と c は任意定数である．この一般解を次のように変形できる．

$$y = c_1\sin ax + c_2\cos ax$$

ここで，$c_1 = c\cos b$，$c_2 = c\sin b$ は任意定数である．この微分方程式を**振動の微分方程式**という．■

n 階微分方程式

(3)
$$y^{(n)} = f(y^{(n-2)})$$

は，$y^{(n-2)} = p$ とおけば

(4)
$$p'' = f(p)$$

となる，この（4）は（1）と同じ形をしている．ゆえに，微分方程式（1）の解法にしたがって，（4）を解いて

(5)　　$p=G(x,b,c)$　　すなわち　　$y^{(n-2)}=G(x,b,c)$

が得られたとすれば，(5) の両辺を $n-2$ 回積分して，微分方程式 (3) の一般解が得られる．

例題 2　次の 3 階微分方程式を解け．

$$y'''+a^2y'=0 \qquad (a \neq 0)$$

【解答】 $y'=p$ とおけば，この微分方程式は次のようになる．

$$p''+a^2p=0$$

例題 1 の解法によれば

$$p=c_1\sin ax+c_2\cos ax \qquad \text{すなわち} \qquad y'=c_1\sin ax+c_2\cos ax$$

両辺を積分して

$$y=A\sin ax+B\cos ax+C$$

ここで，A, B, C は任意定数である．■

例題 3　直線上を運動する質点が，座標 x の点で力 $f(x)$ を受けるとする．このとき，質点の速さを v とすれば

$$E=\frac{1}{2}mv^2+\left(-\int_a^x f(x)dx\right)$$

は，この質点の運動にともなって一定である．このことを証明せよ．ただし，m はこの質点の質量であり，a はある定数である．

【解答】 この質点の運動方程式は

$$m\frac{d^2x}{dt^2}=f(x) \qquad \text{すなわち} \qquad m\frac{dv}{dt}=f(x)$$

である．両辺に $v=\dfrac{dx}{dt}$ を掛ければ

$$\frac{d}{dt}\left(\frac{1}{2}mv^2\right)=f(x)\frac{dx}{dt} \qquad \therefore \quad \frac{d}{dx}\left(\frac{1}{2}mv^2\right)=f(x)$$

これを積分して

$$\frac{1}{2}mv^2-\int_a^x f(x)dx=c$$ ■

注意　上の例題 3 で，$\frac{1}{2}mv^2$ は質点の**運動のエネルギー**で，$-\int_a^x f(x)dx$ はその**位置エネルギー**である．例題 3 のような外力を受けて運動する質点については，この 2 種類のエネルギーの和 E は，この質点の運動にともなって常に一定であることが証明された．

問　　題

1. 次の微分方程式を解け.

(1)　$y'' - y + 6 = 0$　　($Y = y - 6$ とおけ)　　(2)　$y^{(4)} - y^{(2)} + 6 = 0$

(3)　$y''' - y' + 6 = 0$

§14　微分方程式 $f(y, y', \cdots, y^{(n)}) = 0$ と $f(x, y', \cdots, y^{(n)}) = 0$

独立変数 x を含まない微分方程式

$$f(y, y', \cdots, y^{(n)}) = 0 \tag{1}$$

を考える. いま, $y' = p$ とおけば

$$\frac{d^2y}{dx^2} = \frac{dp}{dx} = \frac{dp}{dy}\frac{dy}{dx} = p\frac{dp}{dy}$$

$$\frac{d^3y}{dx^3} = \frac{d}{dy}\left(\frac{d^2y}{dx^2}\right)\frac{dy}{dx} = p\frac{d}{dy}\left(p\frac{dp}{dy}\right) = p^2\frac{d^2p}{dy^2} + p\left(\frac{dp}{dy}\right)^2$$

$$\cdots \qquad \cdots \qquad \cdots \qquad \cdots$$

であるから, これらを (1) に代入すれば, (1) は y と p についての $n-1$ 階微分方程式となる.

例題 1　次の微分方程式を解け.

$$yy'' + (y')^2 + 1 = 0$$

【解答】 $y' = p$ とおけば

$$\frac{d^2y}{dx^2} = p\frac{dp}{dy}$$

であるから, 与えられた微分方程式にこれを代入して

$$yp\frac{dp}{dy} + p^2 + 1 = 0 \qquad \text{すなわち} \qquad \frac{dy}{y} + \frac{p}{p^2+1}dp = 0$$

これを積分して

$$y^2(p^2 + 1) = c^2$$

$$\therefore \quad p = \pm\frac{\sqrt{c^2 - y^2}}{y} \qquad \text{すなわち} \qquad \frac{dy}{dx} = \pm\frac{\sqrt{c^2 - y^2}}{y}$$

これを積分して

$$\mp\sqrt{c^2 - y^2} = x + b \qquad \therefore \quad (x + b)^2 + y^2 = c^2$$ ■

未知関数 y を含まない微分方程式

(2) $$f(x, y', y'', \cdots, y^{(n)}) = 0$$

を考える．$p = y'$ とおけば，上の (2) は

$$f(x, p, p', \cdots, p^{(n-1)}) = 0$$

となる．これは $n-1$ 階微分方程式である．

例題 2　次の微分方程式を解け．

$$xy'' + y' = 0$$

【解答】 $p = y'$ とおけば，この微分方程式は次のようになる．

$$xp' + p = 0 \qquad \therefore \quad \frac{dp}{p} + \frac{dx}{x} = 0$$

これを積分して

$$p = \frac{c}{x} \qquad \text{すなわち} \qquad \frac{dy}{dx} = \frac{c}{x}$$

さらにこれを積分すれば

$$y = c \log x + b \qquad \text{または} \qquad x = Ce^{ay}$$ ■

問　　題

1. 次の微分方程式を解け．

(1) $xy'' + y' = 4x$　　(2) $xy^{(4)} = y^{(3)}$

(3) $y'' + y'^2 = 1$　　(4) $(1 + y)y'' + (y')^2 = 0$

演 習 問 題 I - 3

［A］

1. 次の微分方程式を解け．

(1) $2y^{(4)} + 5y^{(3)} = 0$　　(2) $a^2 y^{(4)} = y^{(2)}$　$(a \neq 0)$

(3) $2y^{(3)} = xy^{(4)}$

［B］

2. $y = e^z$ とおき，次の微分方程式を，z を未知関数とする微分方程式に直して，これを解け．

$$yy'' - (y')^2 - 2y^2 = 0$$

3. $x = e^t$ とおき，次の微分方程式を t を独立変数とする微分方程式に直して，これを解け．

$$xyy'' - x(y')^2 - yy' = 0$$

4. $x = e^t$, $y = e^t z$ とおき，次の微分方程式を独立変数 t と未知関数 z についての微分方程式に直して，これを解け．

$$x^3 y'' - (y - xy')^2 = 0$$

第４章　線形微分方程式

§15　線形微分方程式

２階線形微分方程式　　未知関数 y とその導関数 y', y'' の１次方程式

$$y'' + P(x)y' + Q(x)y = R(x)$$

を**２階線形微分方程式**という．特に，$R(x) = 0$ であるとき

$$y'' + P(x)y' + Q(x)y = 0$$

を**２階線形同次微分方程式**という．上の２つの方程式の左辺が同一であるとき，第２の方程式を第１の方程式に対応する同次微分方程式という．

定理５　２階線形同次微分方程式

(1)
$$y'' + P(x)y' + Q(x)y = 0$$

について，次のことが成り立つ．

(i)　$y = y_1(x)$ と $y = y_2(x)$ が（1）の解ならば，$y = c_1y_1(x) + c_2y_2(x)$ も（1）の解である．ここで，c_1 と c_2 は任意定数である．

(ii)　$y = y_1(x)$，$y = y_2(x)$ が微分方程式（1）の解であって

$$W(y_1, y_2) = \begin{vmatrix} y_1(x) & y_2(x) \\ y_1'(x) & y_2'(x) \end{vmatrix} \neq 0$$

であれば，微分方程式（1）の任意の解 $y = y_3(x)$ は

$$y_3(x) = c_1y_1(x) + c_2y_2(x)$$

で与えられる．ここで，c_1 と c_2 はある定数である．

[証明] (i) の証明　　(1) の左辺に $y = c_1y_1(x) + c_2y_2(x)$ を代入すれば，次のようになる．

$$(c_1y_1 + c_2y_2)'' + P(c_1y_1 + c_2y_2)' + Q(c_1y_1 + c_2y_2)$$
$$= c_1(y_1'' + Py_1' + Qy_1) + c_2(y_2'' + Py_2' + Qy_2) = 0 + 0 = 0$$

ゆえに，$y = c_1y_1 + c_2y_2$ は（1）の解である．

(ii) の証明　　(1) の任意の解 $y = y_3(x)$ を考える．このとき，次の３式が成

り立つ．

(2)
$$y_1'' + Py_1' + Qy_1 = 0$$

(3)
$$y_2'' + Py_2' + Qy_2 = 0$$

(4)
$$y_3'' + Py_3' + Qy_3 = 0$$

さて（3）と（4）から Q を消去すれば

$$(y_2''y_3 - y_3''y_2) + P(y_2'y_3 - y_3'y_2) = 0$$
$$\therefore \quad (y_2'y_3 - y_3'y_2)' + P(y_2'y_3 - y_3'y_2) = 0$$

これを $z = y_2'y_3 - y_3'y_2$ を未知関数とする微分方程式とみなして，これを解けば，K_1 をある定数として

(5)
$$z = K_1 e^{-\int P dx} \qquad \therefore \quad y_2'y_3 - y_3'y_2 = K_1 e^{-\int P dx}$$

同じようにして，（2）と（4）および（2）と（3）からそれぞれ次式が得られる．K_2 と K_3 はある定数であって

(6)
$$y_3'y_1 - y_1'y_3 = K_2 e^{-\int P dx}$$

(7)
$$y_1'y_2 - y_2'y_1 = K_3 e^{-\int P dx}$$

いま，(5) $\times y_1 +$ (6) $\times y_2 +$ (7) $\times y_3$ を作れば

$$K_1 y_1 + K_2 y_2 + K_3 y_3 = 0$$

が導かれる．ところが，仮定によって，$W(y_1, y_2) = y_2'y_1 - y_1'y_2 \fallingdotseq 0$ であるから，（7）によって $K_3 \fallingdotseq 0$ である．したがって，$c_1 = -K_1/K_3$，$c_2 = -K_2/K_3$ とすれば

$$y_3 = c_1 y_1 + c_2 y_2 \qquad \square$$

上の定理5に現れた行列式

$$W(y_1, y_2) = \begin{vmatrix} y_1 & y_2 \\ y_1' & y_2' \end{vmatrix}$$

を関数 y_1 と y_2 の**ロンスキヤン**（Wronsky の行列式）という．つまり，2階線形同次微分方程式の一般解を知るためには，そのロンスキヤンが0でない2つの特殊解 y_1, y_2 を求めればよいことになる．

話題をかえる．2つの関数 $u(x), v(x)$ について，a と b が定数であって，恒等式 $au(x) + bv(x) = 0$ が成り立つならば，$a = b = 0$ でなければならないとき，

$u(x)$ と $v(x)$ は **1次独立**であるという．したがって，$u(x)$ と $v(x)$ が1次独立でないとは，同時には0でない定数 a, b が適当にあって恒等式 $au(x) + bv(x) = 0$ が成り立つこと，つまり $u(x) = Av(x)$ かまたは $v(x) = Bu(x)$ が成り立つことである（A と B は定数）．2つの関数 $u(x)$ と $v(x)$ が1次独立であれば，任意定数 c_1, c_2 を含む式 $c_1u(x) + c_2v(x)$ において，c_1 と c_2 は本質的な任意定数である．

> **定理6**　$u(x)$ と $v(x)$ が1次独立であるための必要十分条件は
> $$W(u, v) \not\equiv 0$$

［証明］ まず，$W(u, v) \not\equiv 0$ を仮定する．ある定数 a, b について，恒等式 $au(x) + bv(x) = 0$ が成り立てば

$$au(x) + bv(x) = 0, \qquad au'(x) + bv'(x) = 0$$

が成立する．さて，仮定により $W(u, v) \not\equiv 0$ であるから，この連立方程式から a と b を求めれば，$a = b = 0$．ゆえに，この場合には，$u(x)$ と $v(x)$ は1次独立である．

逆に，$W(u, v) \equiv 0$ を仮定する．ただし，u と v のうち何れかは恒等的には0でないとする．この仮定から，$u'/u = v'/v$ が得られる．この共通の値を $\varphi(x)$ とすれば

$$u' = \varphi u, \qquad v' = \varphi v$$

したがって

$$u = K_1 e^{\int \varphi dx}, \qquad v = K_2 e^{\int \varphi dx}$$

となる．ここで，K_1 と K_2 は定数である．ところが，$u \not\equiv 0$ である場合には，$K_1 \neq 0$ であり，$v \not\equiv 0$ である場合には，$K_2 \neq 0$ であり，しかも恒等式 $K_2u - K_1v = 0$ が成り立つ．ゆえに，u と v は1次独立でない．したがって，u と v が1次独立であれば，$W(u, v) \not\equiv 0$ でなければならない．　□

さて，2階線形微分方程式

(8)　$$y'' + P(x)y' + Q(x)y = R(x)$$

に対応する2階線形同次微分方程式は

(9)　$$y'' + P(x)y' + Q(x)y = 0$$

であった．定理5と定理6を利用すれば，(9) の解法を次のようにまとめることができる．

> 2階線形同次微分方程式 (9) の一般解は次のような手順で求められる．
>
> (i)　微分方程式 (9) の2つの解で，1次独立なもの $y = y_1(x)$，$y = y_2(x)$ を求める．
>
> (ii)　微分方程式 (9) の一般解は　$y = c_1 y_1(x) + c_2 y_2(x)$

次の定理が成り立つ．

> **定理7**　2階線形微分方程式 (8) の1つの特殊解を $y = Y(x)$ とする．これに対応する同次微分方程式 (9) の一般解を $y = u(x, c_1, c_2)$ とすれば，微分方程式 (8) の一般解は　$y = Y(x) + u(x, c_1, c_2)$

[証明] $y = Y + u$ を (8) の左辺に代入すれば

$$\begin{aligned} y'' + P(x)y' + Q(x)y &= (Y+u)'' + P(x)(Y+u)' + Q(x)(Y+u) \\ &= (Y'' + P(x)Y' + Q(x)Y) \\ &\qquad + (u'' + P(x)u' + Q(x)u) \\ &= R(x) + 0 = R(x) \end{aligned}$$

ゆえに，$y = Y + u$　は (8) の解である．また，$y = Y(x) + u(x, c_1, c_2)$ は2つの任意定数を含むから，これは (8) の一般解である．□

定理5，6，7から，2階線形微分方程式 (8) の解法を次のようにまとめることができる．

> 2階線形微分方程式 (8) の一般解を次の手順で求めることができる．
>
> (i)　対応する同次微分方程式 (9) の2つの解で，1次独立なもの $y = y_1(x)$，$y = y_2(x)$ を求める．
>
> (ii)　微分方程式 (8) の1つの特殊解 $y = Y(x)$ を求める．
>
> (iii)　微分方程式 (8) の一般解は　$y = Y(x) + c_1 y_1(x) + c_2 y_2(x)$

n 階線形微分方程式　2階線形微分方程式の解法に準じて，n 階線形微分方程式の解法を述べることができる．そのために，用語を準備する．

n 個の関数 $u_1(x), u_2(x), \cdots, u_n(x)$ について，定数 $c_1, c_2, \cdots, c_n$ を係数とする恒等式

$$c_1u_1(x) + c_2u_2(x) + \cdots + c_nu_n(x) = 0$$

が成り立てば，$c_1 = c_2 = \cdots = c_n = 0$ でなければならないとする．このとき，$u_1(x), u_2(x), \cdots, u_n(x)$ は **1 次独立**であるという．$u_1(x), u_2(x), \cdots, u_n(x)$ が 1 次独立ならば，任意定数 $c_1, c_2, \cdots, c_n$ を含む式 $c_1u_1(x) + c_2u_2(x) + \cdots + c_nu_n(x)$ において，任意定数 $c_1, c_2, \cdots, c_n$ は本質的である．次に

$$W(u_1, u_2, \cdots, u_n) = \begin{vmatrix} u_1 & u_2 & \cdots & u_n \\ u_1' & u_2' & \cdots & u_n' \\ \cdots & \cdots & \cdots & \cdots \\ u_1^{(n-1)} & u_2^{(n-1)} & \cdots & u_n^{(n-1)} \end{vmatrix}$$

を n 個の関数 $u_1, u_2, \cdots, u_n$ の**ロンスキヤン**という．定理 6 と同じように次の定理が成り立つが，その証明を省略する．

> **定理 6′**　n 個の関数 $u_1(x), u_2(x), \cdots, u_n(x)$ が 1 次独立であるための必要十分条件は　　$W(u_1, u_2, \cdots, u_n) \neq 0$

n 階線形微分方程式

(10)　　$y^{(n)} + P_1(x)y^{(n-1)} + \cdots + P_{n-1}(x)y' + P_n(x)y = R(x)$

に対して，微分方程式

(11)　　$y^{(n)} + P_1(x)y^{(n-1)} + \cdots + P_{n-1}(x)y' + P_n(x)y = 0$

を（10）に対応する同次微分方程式という．これらの解法を次のように述べることができるが，その証明を省略する．

> n 階線形同次微分方程式（11）の一般解は次の手順で求められる．
>
> (i)　微分方程式（11）の 1 次独立な n 個の解 $y = y_1(x)$, $y = y_2(x)$, $\cdots$, $y = y_n(x)$ を求める．
>
> (ii)　(11）の一般解は　　$y = c_1y_1(x) + c_2y_2(x) + \cdots + c_ny_n(x)$

> n 階線形微分方程式（10）の一般解は次の手順で求められる．
>
> (i)　微分方程式（10）に対応する同次微分方程式（11）の1次独立な n 個の解 $y=y_1(x)$，$y=y_2(x)$，…，$y=y_n(x)$ を求める．
>
> (ii)　微分方程式（10）の1つの特殊解 $y=Y(x)$ を求める．
>
> (iii)　微分方程式（10）の一般解は
>
> $$y=Y(x)+c_1y_1(x)+c_2y_2(x)+\cdots+c_ny_n(x)$$

例題 1　次の関数は1次独立であることを証明せよ．

(1)　x^m，x^n　$(m \neq n)$　　(2)　$\sin x$，$\cos x$

(3)　$e^{\alpha x}$，$e^{\beta x}$　$(\alpha \neq \beta)$　　(4)　1，x，…，x^n

(5)　e^x，xe^x，…，x^ne^x

【解答】(1)　恒等式 $ax^m+bx^n=0$ が成り立つと仮定する．$m \neq n$ であるから，未定係数法により，$a=b=0$．すなわち，x^m と x^n は1次独立である．

(2)　恒等式 $a\sin x+b\cos x=0$ が成り立つと仮定する．この式に $x=0$ を代入して，$b=0$．この式に $x=\dfrac{\pi}{2}$ を代入して，$a=0$．まとめて，$a=b=0$．すなわち，$\sin x$ と $\cos x$ は1次独立である．

(3)　恒等式 $ae^{\alpha x}+be^{\beta x}=0$ が成り立つと仮定する．$\alpha>\beta$ と仮定して，この両辺を $e^{\beta x}$ で割れば，$ae^{(\alpha-\beta)x}+b=0$．ゆえに，$a=0$．これを最初の恒等式に代入して，$b=0$．まとめて，$a=b=0$．したがって，$e^{\alpha x}$ と $e^{\beta x}$ は1次独立である．

(4)　恒等式 $c_1+c_2x+\cdots+c_{n+1}x^n=0$ が成り立つと仮定する．未定係数法によって，$c_1=c_2=\cdots=c_{n+1}=0$．すなわち，1，x，…，x^n は1次独立である．

(5)　恒等式 $c_1e^x+c_2xe^x+\cdots+c_{n+1}x^ne^x=0$ が成り立つと仮定する．両辺を e^x で割って，$c_1+c_2x+\cdots c_{n+1}x^n=0$．ゆえに，未定係数法によって，$c_1=c_2=\cdots=c_{n+1}=0$．したがって，$e^x$，$xe^x$，…，$x^ne^x$ は1次独立である．■

注意　定理6と定理6′を利用し，ロンスキヤンを計算することによって，例題1の各問に答えることができる．

次節§16で微分演算子について述べ，線形同次微分方程式の1次独立な解を求めることと，線形微分方程式の特殊解を求めることを考える．

§16　微分演算子

独立変数 x の任意の関数 y を微分して導関数 $\dfrac{dy}{dx}$ を導くことは，記号 $\dfrac{d}{dx}$ を1つの文字 D で表せば，「関数 y に対して関数 Dy を対応させる」ことであって，D は1つの演算規則を表している．このように，x の任意の関数 y に対して関数 Ty を対応させる規則 T が与えられているとき，T を**演算子**という．特に，演算子 D を**微分演算子**という．さて，1つの数 a を考え，任意の関数 y に対してその a 倍 ay を対応させる演算子 T が考えられる．この演算子を $T=a$ で表す．

さて，y を任意の関数とする．2つの演算子 T と U に対して，その**和** $T+U$ を

$$(T+U)y = Ty + Uy$$

となるような演算子と定義する．同様に，その**差** $T-U$ を

$$(T-U)y = Ty - Uy$$

となるような演算子と定義する．また，2つの演算子 T と U の**積** TU を

$$(TU)y = T(Uy)$$

で定義する．ここで，右辺は $y \to Uy \to T(Uy)$ の順に演算子 U と T の作用を重ねることを意味する．

微分演算子 D をもとにして，やや複雑な演算子を組立てよう．$\dfrac{d}{dx}$ を D で表したが，この書き表し方によれば

$$\frac{d^2}{dx^2}y = \frac{d}{dx}\left(\frac{d}{dx}y\right) = DDy, \qquad \frac{d^3}{dx^3}y = \frac{d}{dx}\left(\frac{d}{dx}\left(\frac{d}{dx}y\right)\right) = DDDy, \cdots$$

であるから

$$\frac{d}{dx}, \frac{d^2}{dx^2}, \frac{d^3}{dx^3}, \cdots \qquad \text{をそれぞれ} \qquad D, D^2, D^3, \cdots$$

で表すことができる．さて，以上の定義によれば，演算子

$$2D^2 + 3D - 4$$

の意味は次のようである．任意の関数 y について

$$(2D^2+3D-4)y = 2D^2y + 3Dy - 4y = 2\frac{d^2y}{dx^2} + 3\frac{dy}{dx} - 4y$$

同様に，演算子

(1) $$a_0D^n + a_1D^{n-1} + a_2D^{n-2} + \cdots + a_{n-1}D + a_n$$

が関数 y に作用すれば

$$\begin{aligned}&(a_0D^n + a_1D^{n-1} + a_2D^{n-2} + \cdots + a_{n-1}D + a_n)y\\&\quad = a_0\frac{d^ny}{dx^n} + a_1\frac{d^{n-1}y}{dx^{n-1}} + a_2\frac{d^{n-2}y}{dx^{n-2}} + \cdots + a_{n-1}\frac{dy}{dx} + a_ny\end{aligned}$$

そこで，文字 t の多項式

$$f(t) = a_0t^n + a_1t^{n-1} + a_2t^{n-2} + \cdots + a_{n-1}t + a_n$$

の t の代りに形式的に D を代入して得られる演算子 (1) を $f(D)$ で表す．すなわち

$$f(D) = a_0D^n + a_1D^{n-1} + a_2D^{n-2} + \cdots + a_{n-1}D + a_n$$

この形の演算子も**微分演算子**とよばれる．

さて，2 つの微分演算子 $D - a$ と $D - b$ の積 $(D-a)(D-b)$ について，y を任意の関数とすれば

$$\begin{aligned}(D-a)(D-b)y &= (D-a)(y'-by) = (y'-by)' - a(y'-by)\\&= y'' - (a+b)y' + aby = (D^2 - (a+b)D + ab)y\end{aligned}$$

であるから，演算子の間の等式

(2) $$(D-a)(D-b) = D^2 - (a+b)D + ab$$

が成り立つ．すなわち，D を 1 つの文字とみなして，左辺を代数的に展開すれば，右辺が得られる．この事実は，一般に

(3) $$\begin{aligned}&(D-a)(D-b)(D-c)\\&\quad = D^3 - (a+b+c)D^2 + (bc+ca+ab)D - abc\end{aligned}$$

$$\cdots\cdots\cdots\cdots\cdots$$

の形で成り立つ．また，(2) から

$$(D-a)(D-b) = (D-b)(D-a)$$

が成り立つ．すなわち，微分演算子 $D - a$ と $D - b$ は演算子の積について交換可能である．一般に，2 つの多項式 $f(t)$ と $g(t)$ について，次の可換則が成り立つ．

$$f(D)g(D) = g(D)f(D)$$

微分演算子は次の性質をもっている．多項式 $f(t)$ について

(4)	$f(D)e^{\alpha x} = f(\alpha)e^{\alpha x}$
(5)	$f(D)[e^{\alpha x}F(x)] = e^{\alpha x}f(D+\alpha)F(x)$

[証明] (4) の証明　　まず，明らかに次の関係が成り立つ．

$$De^{\alpha x} = \alpha e^{\alpha x},\ D^2e^{\alpha x} = \alpha^2e^{\alpha x},\ \cdots,\ D^ne^{\alpha x} = \alpha^ne^{\alpha x},\ \cdots$$

ゆえに，$f(t) = a_0t^n + a_1t^{n-1} + \cdots + a_{n-1}t + a_n$ とすれば

$$\begin{aligned} f(D)e^{\alpha x} &= a_0D^ne^{\alpha x} + a_1D^{n-1}e^{\alpha x} + \cdots + a_{n-1}De^{\alpha x} + a_ne^{\alpha x} \\ &= a_0\alpha^ne^{\alpha x} + a_1\alpha^{n-1}e^{\alpha x} + \cdots + a_{n-1}\alpha e^{\alpha x} + a_ne^{\alpha x} = f(\alpha)e^{\alpha x} \end{aligned}$$

(5) の証明　　まず，次の関係が成り立つ．

$$\begin{aligned} D[e^{\alpha x}F(x)] &= \alpha e^{\alpha x}F(x) + e^{\alpha x}DF(x) = e^{\alpha x}(D+\alpha)F(x) \\ D^2[e^{\alpha x}F(x)] &= D[D[e^{\alpha x}F(x)]] = D[e^{\alpha x}(D+\alpha)F(x)] \\ &= e^{\alpha x}(D+\alpha)(D+\alpha)F(x) = e^{\alpha x}(D+\alpha)^2F(x) \end{aligned}$$

$$\cdots\cdots\cdots\cdots\cdots$$

一般に，次式が成り立つ．

$$D^n[e^{\alpha x}F(x)] = e^{\alpha x}(D+\alpha)^nF(x)$$

したがって，$f(t) = a_0t^n + a_1t^{n-1} + \cdots + a_n$ とすれば

$$\begin{aligned} f(D)[e^{\alpha x}F(x)] &= a_0D^n[e^{\alpha x}F(x)] + a_1D^{n-1}[e^{\alpha x}F(x)] + \cdots \\ &\qquad + a_{n-1}D[e^{\alpha x}F(x)] + a_nD[e^{\alpha x}F(x)] \\ &= a_0e^{\alpha x}(D+\alpha)^nF(x) + a_1e^{\alpha x}(D+\alpha)^{n-1}F(x) + \cdots \\ &\qquad + a_{n-1}e^{\alpha x}(D+\alpha)F(x) + a_ne^{\alpha x}F(x) \\ &= e^{\alpha x}\{a_0(D+\alpha)^nF(x) + a_1(D+\alpha)^{n-1}F(x) + \cdots \\ &\qquad + a_{n-1}(D+\alpha)F(x) + a_nF(x)\} \\ &= e^{\alpha x}f(D+\alpha)F(x) \end{aligned}$$

□

§17　定数係数線形同次微分方程式

線形微分方程式

$$y^{(n)} + a_1y^{(n-1)} + \cdots + a_{n-1}y' + a_ny = R(x)$$

で，左辺の係数 $a_1, a_2, \cdots, a_{n-1}, a_n$ がすべて定数であるとき，これを**定数係数線形微分方程式**という．この節では，右辺が0である定数係数線形同次微分方程式

$$f(D)y = 0$$

の解法を考える．ここで，$f(t)$ は文字 t の多項式である．まず，$f(D)$ が簡単である場合について考える．そのため準備として，次の**オイラー**（Euler）**の公式**を説明する．

(1)
$$e^{ix} = \cos x + i\sin x \qquad (i = \sqrt{-1})$$
$$e^{-ix} = \cos x - i\sin x$$

[証明] $e^t = 1 + \dfrac{t}{1!} + \dfrac{t^2}{2!} + \dfrac{t^3}{3!} + \dfrac{t^4}{4!} + \dfrac{t^5}{5!} + \dfrac{t^6}{6!} + \dfrac{t^7}{7!} + \cdots$

である．両辺に $t = ix$ を代入すれば

$$\begin{aligned} e^{ix} &= 1 + \frac{ix}{1!} + \frac{(ix)^2}{2!} + \frac{(ix)^3}{3!} + \frac{(ix)^4}{4!} + \frac{(ix)^5}{5!} + \frac{(ix)^6}{6!} + \frac{(ix)^7}{7!} + \cdots \\ &= 1 + \frac{x}{1!}i - \frac{x^2}{2!} - \frac{x^3}{3!}i + \frac{x^4}{4!} + \frac{x^5}{5!}i - \frac{x^6}{6!} - \frac{x^7}{7!}i + \cdots \\ &= \left(1 - \frac{x^2}{2!} + \frac{x^4}{4!} - \frac{x^6}{6!} + \cdots\right) + i\left(\frac{x}{1!} - \frac{x^3}{3!} + \frac{x^5}{5!} - \frac{x^7}{7!} + \cdots\right) \end{aligned}$$

ところが

$$\cos x = 1 - \frac{x^2}{2!} + \frac{x^4}{4!} - \frac{x^6}{6!} + \cdots, \qquad \sin x = \frac{x}{1!} - \frac{x^3}{3!} + \frac{x^5}{5!} - \frac{x^7}{7!} + \cdots$$

である．これを上式に代入して

$$e^{ix} = \cos x + i\sin x$$

これの両辺に，x の代りに $-x$ を代入すれば

$$e^{-ix} = \cos(-x) + i\sin(-x) = \cos x - i\sin x$$ □

(i)
$$(D - \alpha)^n y = 0$$

の一般解は

$$y = (c_1 + c_2 x + \cdots + c_n x^{n-1})e^{\alpha x}$$

(ii)
$$(D^2 + aD + b)^n y = 0 \qquad (a^2 - 4b < 0)$$

の一般解は

$$y = (b_1 + b_2x + \cdots + b_nx^{n-1})e^{\lambda x}\cos\mu x + (c_1 + c_2x + \cdots + c_nx^{n-1})e^{\lambda x}\sin\mu x$$

ここで，$\alpha = \lambda + i\mu$，$\beta = \lambda - i\mu$ は2次方程式 $t^2 + at + b = 0$ の解である．

[証明]（i）の証明　特に，微分方程式

$$D^ny = 0$$

の一般解は次のようである．

$$y = c_1 + c_2x + \cdots + c_nx^{n-1}$$

さて，§16の公式（5）（p. 47）を利用すれば

$$D^n[e^{-\alpha x}y] = e^{-\alpha x}(D-\alpha)^ny$$

ゆえに，微分方程式 $(D-\alpha)^ny = 0$ は

$$D^n[e^{-\alpha x}y] = 0$$

と変形される．ゆえに

$$e^{-\alpha x}y = c_1 + c_2x + \cdots + c_nx^{n-1}$$

$$\therefore\quad y = (c_1 + c_2x + \cdots + c_nx^{n-1})e^{\alpha x}$$

（ii）の証明　$D^2 + aD + b = (D-\alpha)(D-\beta)$ であるから，与えられた微分方程式は

（2）
$$(D-\alpha)^n(D-\beta)^ny = 0$$

と変形される．さて，$(D-\beta)^ny = 0$ の解 $y = \eta(x)$ は微分方程式（2）の解である．なぜならば，$(D-\alpha)^n(D-\beta)^n\eta(x) = (D-\alpha)^n[(D-\beta)^n\eta(x)] = (D-\alpha)^n0 = 0$ であるからである．同様に，$(D-\alpha)^ny = 0$ の解は微分方程式（2）の解である．さて，上の（i）によって，微分方程式

$$(D-\alpha)^ny = 0 \quad\Big|\quad (D-\beta)^ny = 0$$

の一般解は

$$y = (a_1 + a_2x + \cdots + a_nx^{n-1})e^{\alpha x} \quad\Big|\quad y = (d_1 + d_2x + \cdots + d_nx^{n-1})e^{\beta x}$$

であるから，これらの和

（3）
$$y = (a_1 + a_2x + \cdots + a_nx^{n-1})e^{\alpha x} + (d_1 + d_2x + \cdots + d_nx^{n-1})e^{\beta x}$$

は与えられた微分方程式の解であり，$2n$ 個の任意定数 $a_1, \cdots, a_n; d_1, \cdots, d_n$ を含むから，一般解である．しかし，一般解 (3) は複素数 α と β を含んでいる．そこで，実数の関数が欲しければ，オイラーの公式 (1) を利用して，(3) を次のように変形する．$\alpha = \lambda + \mu i$, $\beta = \lambda - \mu i$ を (3) の右辺に代入して

$$\begin{aligned} y &= (a_1 + a_2x + \cdots + a_nx^{n-1})e^{\lambda x}e^{i\mu x} + (d_1 + d_2x + \cdots + d_nx^{n-1})e^{\lambda x}e^{-i\mu x} \\ &= (a_1 + a_2x + \cdots + a_nx^{n-1})e^{\lambda x}(\cos\mu x + i\sin\mu x) \\ &\qquad + (d_1 + d_2x + \cdots + d_nx^{n-1})e^{\lambda x}(\cos\mu x - i\sin\mu x) \\ &= (b_1 + b_2x + \cdots + b_nx^{n-1})e^{\lambda x}\cos\mu x \\ &\qquad + (c_1 + c_2x + \cdots + c_nx^{n-1})e^{\lambda x}\sin\mu x \end{aligned}$$

ただし，$b_j = a_j + d_j$, $c_j = i(a_j - d_j)$ $(j = 1, 2, \cdots, n)$ である． □

例題 1　次の線形微分方程式を解け．

(1) $(D+3)^4y = 0$　　(2) $(D^2 - 4D + 13)^3y = 0$

【解答】 (1) $$y = (c_1 + c_2x + c_3x^2 + c_4x^3)e^{-3x}$$

(2) 2次方程式 $t^2 - 4t + 13 = 0$ の解は $t = 2 \pm 3i$ である．ゆえに

$$y = (b_1 + b_2x + b_3x^2)e^{2x}\cos 3x + (c_1 + c_2x + c_3x^2)e^{2x}\sin 3x$$ ■

さらに一般な形の定数係数線形同次微分方程式の解法を述べよう．話を簡単にするために，次の微分方程式 (4) について解法を述べる．

定数係数線形同次微分方程式

(4)　$$D^l(D-\alpha)^m(D^2 + aD + b)^ny = 0 \qquad (a^2 - 4b < 0)$$

の一般解は

(5)　$$\begin{aligned} y &= (a_1 + a_2x + \cdots + a_lx^{l-1}) \\ &\quad + (b_1 + b_2x + \cdots + b_mx^{m-1})e^{\alpha x} \\ &\quad + [(c_1 + c_2x + \cdots + c_nx^{n-1})e^{\lambda x}\cos\mu x \\ &\qquad + (d_1 + d_2x + \cdots + d_nx^{n-1})e^{\lambda x}\sin\mu x] \end{aligned}$$

ただし，2次方程式 $t^2 + at + b = 0$ の解を $t = \lambda \pm \mu i$ とする．

定数係数線形微分方程式

$$f(D)y = R(x)$$

に対して，代数方程式 $f(t)=0$ をその**補助方程式**という．たとえば，上の解法で取扱った微分方程式（4）の補助方程式は

$$t^l(t-\alpha)^m(t^2+at+b)^n=0$$

である．上述の解法のように，定数係数線形同次微分方程式 $f(D)y=0$ の一般解は，その補助方程式 $f(t)=0$ の解の重複度，その虚実にしたがって，その形が決まる．

特に，2階定数係数線形同次微分方程式の解法は次のようである．

> 微分方程式　$y''+ay'+by=0$
>
> の一般解は，その補助方程式 $t^2+at+b=0$ の解が
>
> (i)　実根 α, β $(\alpha \neq \beta)$ の場合　$y=c_1e^{\alpha x}+c_2e^{\beta x}$
>
> (ii)　実根 α（重根）の場合　$y=(c_1+c_2x)e^{\alpha x}$
>
> (iii)　虚根 $\lambda \pm \mu i$ の場合　$y=c_1e^{\lambda x}\cos\mu x+c_2e^{\lambda x}\sin\mu x$

例題 2　次の微分方程式を解け．

（1）　$y''-3y'+2y=0$　　（2）　$y''-3y'=0$

（3）　$y''+4y'+4y=0$　　（4）　$y'''-y=0$

【解答】（1）　補助方程式 $t^2-3t+2=0$ の解は $t=1,2$．ゆえに

$$y=c_1e^x+c_2e^{2x}$$

（2）　補助方程式 $t^2-3t=0$ の解は $t=0,3$．ゆえに

$$y=c_1+c_2e^{3x}$$

（3）　補助方程式 $t^2+4t+4=0$ の解は $t=-2$（重根）．ゆえに

$$y=(c_1+c_2x)e^{-2x}$$

（4）　補助方程式 $t^3-1=0$ の解は $t=1,-\dfrac{1}{2}\pm\dfrac{\sqrt{3}}{2}i$．ゆえに

$$y=c_1e^x+c_2e^{-\frac{x}{2}}\cos\frac{\sqrt{3x}}{2}+c_3e^{-\frac{x}{2}}\sin\frac{\sqrt{3x}}{2}$$ ■

定数係数線形微分方程式の解法を応用する例題をあげよう．

例題 3　直線上を運動する質量 m の質点が，座標 x の位置で原点からの距離に比例する引力 $F=-kx$（$k>0$ は定数）を受けるとする．この質点の各時刻 t における位置 x を t の関数で表せ．

【解答】 この質点の運動方程式は

$$m\frac{d^2x}{dt^2} = -kx \qquad \text{すなわち} \qquad x'' + \frac{k}{m}x = 0$$

この定数関数線形同次微分方程式の補助方程式 $t^2 + \dfrac{k}{m} = 0$ の解は $t = \pm\sqrt{\dfrac{k}{m}}\,i$ であるから，この微分方程式の一般解は

$$x = c_1 \cos\sqrt{\frac{k}{m}}\,t + c_2 \sin\sqrt{\frac{k}{m}}\,t \qquad \text{または} \qquad x = A\sin\left(\sqrt{\frac{k}{m}}\,t + a\right)$$

ここで，c_1, c_2, A, a は任意定数である．この質点は振動数 $\dfrac{1}{2\pi}\sqrt{\dfrac{k}{m}}$ の単振動をする．（§13，例題1（p. 34）参照） ■

問　題

1．次の微分方程式を解け．

(1)　$(D^2 + 2D - 15)y = 0$　　(2)　$(D^3 + D^2 - 2D)y = 0$

(3)　$(D^2 + 6D + 9)y = 0$　　(4)　$(D^4 - 6D^3 + 12D^2 - 8D)y = 0$

(5)　$(D^2 + 25)y = 0$

§18　逆演算子

ある演算子 T が関数 y に作用して，関数 z ができれば

$$Ty = z$$

である．逆に関数 z が与えられたとき，上式を満足する関数 y を

$$y = \frac{1}{T}z \qquad \text{または} \qquad y = T^{-1}z$$

と書いて，z にほどこせば y を与える演算子を $\dfrac{1}{T} = T^{-1}$ で表し，これを演算子 T の**逆演算子**という．したがって，定数係数線形微分方程式

(1)　$$f(D)y = F(x)$$

が与えられたとき，演算子 $f(D)$ の逆演算子 $\dfrac{1}{f(D)}$ を上の方程式の両辺に作用させれば

$$y = \frac{1}{f(D)}F(x)$$

となって，これは微分方程式 (1) の1つの解である．定数係数線形微分方程式

(1) の特殊解を求めるのに，このように $f(D)$ の逆演算子 $\dfrac{1}{f(D)}$ を用いると便利である．以下で，微分演算子の逆演算子について述べる．まず，明らかに，次式が成り立つ．

(2)
$$\frac{1}{D}F(x) = \int F(x)dx$$

つまり，D^{-1} は x で積分することを意味する．この事実を出発点として，いろいろな演算子の意味を明らかにしていこう．

(3)
$$\frac{1}{f(D)}e^{\alpha x} = \frac{1}{f(\alpha)}e^{\alpha x} \qquad (f(\alpha) \neq 0)$$

(4)
$$\frac{1}{f(D)}F(x) = e^{\alpha x}\frac{1}{f(D+\alpha)}[e^{-\alpha x}F(x)]$$

[証明] (3) の証明　　§16 の公式 (4) (p. 47) によって

$$f(D)e^{\alpha x} = f(\alpha)e^{\alpha x}$$

$$\therefore \quad f(D)\left[\frac{1}{f(\alpha)}e^{\alpha x}\right] = e^{\alpha x} \qquad \therefore \quad \frac{1}{f(D)}e^{\alpha x} = \frac{1}{f(\alpha)}e^{\alpha x}$$

(4) の証明　　§16 の公式 (5) (p. 47) によって

$$f(D)\left[e^{\alpha x}\frac{1}{f(D+\alpha)}[e^{-\alpha x}F(x)]\right] = e^{\alpha x}f(D+\alpha)\frac{1}{f(D+\alpha)}[e^{-\alpha x}F(x)]$$
$$= e^{\alpha x}e^{-\alpha x}F(x) = F(x)$$

$$\therefore \quad \frac{1}{f(D)}F(x) = e^{\alpha x}\frac{1}{f(D+\alpha)}[e^{-\alpha x}F(x)]$$ □

(5)
$$\frac{1}{D-\alpha}F(x) = e^{\alpha x}\int e^{-\alpha x}F(x)dx$$
$$\frac{1}{(D-\alpha)^n}F(x) = e^{\alpha x}\int\cdots\int e^{-\alpha x}F(x)dx\cdots dx$$

第 2 式の右辺にある積分記号は n 回積分を重ねることを表す．

[証明] 上の公式 (4) と (2) を利用すれば

$$\frac{1}{D-\alpha}F(x) = e^{\alpha x}\frac{1}{(D+\alpha)-\alpha}[e^{-\alpha x}F(x)]$$
$$= e^{\alpha x}\frac{1}{D}[e^{-\alpha x}F(x)] = e^{\alpha x}\int e^{-\alpha x}F(x)dx$$

第1式を n 回利用すれば，第2式が得られる．　□

多項式 $f(t)$ の逆数を部分分数に分解して

$$\frac{1}{f(t)} = \frac{A_1}{(t-\alpha_1)^{m_1}} + \frac{A_2}{(t-\alpha_2)^{m_2}} + \cdots + \frac{A_k}{(t-\alpha_k)^{m_k}}$$

が得られれば

(6)　$$\frac{1}{f(D)} = \frac{A_1}{(D-\alpha_1)^{m_1}} + \frac{A_2}{(D-\alpha_2)^{m_2}} + \cdots + \frac{A_k}{(D-\alpha_k)^{m_k}}$$

[証明] $f(t) = (t-3)(t-1)$ の場合に証明する．この場合には

$$\frac{1}{f(t)} = \frac{1}{2}\frac{1}{t-3} - \frac{1}{2}\frac{1}{t-1}$$

任意の関数 $F(x)$ に対して

$$f(D)\left(\frac{1}{2}\frac{1}{D-3} - \frac{1}{2}\frac{1}{D-1}\right)F(x)$$
$$= \frac{1}{2}(D-1)(D-3)\frac{1}{D-3}F(x) - \frac{1}{2}(D-3)(D-1)\frac{1}{D-1}F(x)$$
$$= \frac{1}{2}(D-1)F(x) - \frac{1}{2}(D-3)F(x) = F(x)$$
$$\therefore\quad \frac{1}{f(D)} = \frac{1}{2}\frac{1}{D-3} - \frac{1}{2}\frac{1}{D-1}$$

つまり，$f(t) = (t-3)(t-1)$ について (6) が証明された．任意の多項式 $f(t)$ についても同様に，(6) を証明できる．　□

§19　定数係数線形微分方程式

定数係数線形微分方程式

$$f(D)y = F(x)$$

の特殊解

$$y = \frac{1}{f(D)}F(x)$$

の求め方を述べる．そのために，上の微分方程式の右辺の関数 $F(x)$ の形によって，場合をわけて，A，B，C，D，E の 5 つの場合を考える．

A. $\boldsymbol{F(x)}$ が多項式の場合　微分方程式 $f(D)y = F(x)$ で，右辺の関数 $F(x)$ が r 次の多項式であるとする．また，$f(t) = t^p g(t)$，$g(0) \neq 0$ であるとする．

まず話を簡単にするために

$$f(t) = t^p(2t^2 + t + 1)$$

$$g(t) = 2t^2 + t + 1$$

$$
\begin{array}{r}
1 - t - t^2 \\
1 + t + 2t^2 \,\big)\, 1 \qquad\qquad\qquad \\
\underline{1 + t + 2t^2} \qquad\qquad \\
- t - 2t^2 \qquad\qquad \\
\underline{- t - t^2 - 2t^3} \qquad \\
- t^2 + 2t^3 \qquad \\
\underline{- t^2 - t^3 - 2t^4} \\
3t^3 + 2t^4
\end{array}
$$

であるとしよう．1 を $g(t)$ で割って，右に示した計算をし，割算を 3 回目まで実行して途中で中止すれば，次式が得られる．

$$1 = g(t)(1 - t - t^2) + (2t + 3)t^3$$

さて，一般の $g(t)$ についても，1 を $g(t)$ で割って，計算を $r + 1$ 回目まで実行して途中で中止すれば

(1)　$$1 = g(t)(b_0 + b_1 t + \cdots + b_r t^r) + h(t)t^{r+1}$$

となり

(2)　$$\frac{1}{g(t)} = b_0 + b_1 t + \cdots + b_r t^r + \frac{h(t)}{g(t)}t^{r+1}$$

ここで，$h(t)$ はある多項式である．なお，(2) の右辺の最初の $r + 1$ 項は $1/g(t)$ のマクローリン展開の最初の $r + 1$ 項と一致している．また，(1) と (2) で r を多項式 $F(x)$ の次数に等しくとる．

上の (1) で t の代りに D を代入すれば

(3)　$$1 = g(D)(b_0 + b_1 D + \cdots + b_r D^r) + h(D)D^{r+1}$$

ところが，$F(x)$ は r 次の多項式であるから，$D^{r+1}F(x) = 0$ である．ゆえに，(3) の両辺を $F(x)$ に作用させて

$$F(x) = g(D)(b_0 + b_1 D + \cdots + b_r D^r)F(x)$$

(4)　$$\therefore\quad \frac{1}{g(D)}F(x) = (b_0 + b_1D + \cdots + b_rD^r)F(x)$$

いま，$f(D) = D^pg(D)$ であることに注意すれば，(4) を利用して

(5)　$$\frac{1}{f(D)}F(x) = \frac{1}{D^p}(b_0 + b_1D + \cdots + b_rD^r)F(x)$$

さて，$F(x)$ が r 次の多項式であるから，(5) の右辺はある r 次多項式を p 回積分して得られる．すなわち，(5) の右辺は $x^pP(x)$ という形をしていて，$P(x)$ は r 次の多項式である．まとめて，次の定理が得られる．

> **定理 8**　微分方程式 $f(D)y = F(x)$ で，右辺の関数 $F(x)$ が r 次の多項式であり，$f(t) = t^pg(t)$, $g(0) \neq 0$ であれば，この微分方程式は $x^pP(x)$ という形の特殊解をもつ．ここで，$P(x)$ はある r 次の多項式である．なお，$f(0) \neq 0$ のときは，もちろん $p = 0$ である．

例題 1　次の微分方程式の特殊解を求めよ．

$$(D^3 - 3D^2 + 2D)y = x^2$$

【解答】 上の定理 8 を利用する．この微分方程式は $y = x(px^2 + qx + r)$ という形の解をもつ．これを与えられた微分方程式に代入して

$$6p - 3(6px + 2q) + (3px^2 + 2qx + r) = x^2$$

$$\therefore\quad 6p = 1,\ 4q - 18p = 0,\ 6p - 6q + 2r = 0$$

$$\therefore\quad p = \frac{1}{6},\ q = \frac{3}{4},\ r = \frac{7}{4}$$

したがって，次の特殊解が得られた．

$$y = \frac{1}{6}x^3 + \frac{3}{4}x^2 + \frac{7}{4}x$$ ■

【別解 1】 §18 の公式 (5) (p. 53) と公式 (6) (p. 54) を利用する．

$$y = \frac{1}{D(D^2 - 3D + 2)}x^2 = \frac{1}{D(D-1)(D-2)}x^2$$

$$= \frac{1}{D}\left(\frac{1}{D-2} - \frac{1}{D-1}\right)x^2 = \frac{1}{D}\left(\frac{1}{D-2}x^2 - \frac{1}{D-1}x^2\right)$$

$$= \frac{1}{D}\left(e^{2x}\int e^{-2x}x^2dx - e^x\int e^{-x}x^2dx\right) = \frac{1}{D}\left(\frac{1}{2}x^2 + \frac{3}{2}x + \frac{7}{4}\right)$$

$$= \frac{1}{6}x^3 + \frac{3}{4}x^2 + \frac{7}{4}x \qquad ■$$

【別解 2】 逆演算子の級数展開を利用する．

$$y = \frac{1}{D(D^2 - 3D + 2)}x^2 = \frac{1}{2}\frac{1}{D}\frac{1}{1-D}\frac{1}{1-\dfrac{D}{2}}x^2$$

$$= \frac{1}{2}\frac{1}{D}(1 + D + D^2 + \cdots)\left(1 + \frac{D}{2} + \frac{D^2}{4} + \cdots\right)x^2$$

$$= \frac{1}{2}\frac{1}{D}\left(1 + \frac{3}{2}D + \frac{7}{4}D^2 + \cdots\right)x^2 \qquad \text{（級数の掛算を実行する）}$$

$$= \frac{1}{2}\frac{1}{D}\left(x^2 + 3x + \frac{7}{2}\right) = \frac{1}{6}x^3 + \frac{3}{4}x^2 + \frac{7}{4}x \qquad ■$$

問 1　次の微分方程式の特殊解を求めよ．

(1)　$(D^2 - 2D + 1)y = x$　　(2)　$(D^2 - D - 2)y = x + 1$

(3)　$(D^3 + 5D^2 + 6D)y = x$

問 2　次の微分方程式の一般解を求めよ（§15（p. 42〜44）参照）．

(1)　$(D^3 + D^2 - 4D - 4)y = x$　　(2)　$(D - 1)y = x^3$

(3)　$(D^3 + 1)y = x^2 + x$

B.　$\boldsymbol{F(x) = ke^{\alpha x}}$ の場合　　微分方程式 $f(D)y = ke^{\alpha x}$ について，多項式 $f(t)$ が $f(t) = (t - \alpha)^p g(t)$, $g(\alpha) \neq 0$ であるとする．このとき，この微分方程式は

$$(D - \alpha)^p g(D)y = ke^{\alpha x} \qquad (g(\alpha) \neq 0)$$

である．§18 の公式（3）と（5）（p. 53）を利用すれば

$$y = k\frac{1}{(D-\alpha)^p}\left[\frac{1}{g(D)}e^{\alpha x}\right] = k\frac{1}{(D-\alpha)^p}\frac{1}{g(\alpha)}e^{\alpha x}$$

$$= \frac{k}{g(\alpha)}\frac{1}{(D-\alpha)^p}e^{\alpha x}$$

$$\therefore \quad y = \frac{k}{g(\alpha)}e^{\alpha x}\int\cdots\int dx\cdots dx \qquad \therefore \quad y = \frac{k}{g(\alpha)}x^p e^{\alpha x}$$

ゆえに，次の定理が得られる．

定理 9　定数係数線形微分方程式 $f(D)y = ke^{\alpha x}$ について，$f(t) =$

$(t-\alpha)^p g(t)$，$g(\alpha) \neq 0$ であれば，この微分方程式は $y = Ax^p e^{\alpha x}$ という形の特殊解をもつ．なお，$f(\alpha) \neq 0$ のときは，$p=0$ である．

例題2　次の微分方程式の特殊解を求めよ．

$$(D^3 - 6D^2 + 11D - 6)y = e^x$$

【解答】 上の定理9を利用する．この微分方程式を $f(D)y = e^x$ とすれば，$f(t) = (t-1)(t^2-5t+6)$ であるから，この微分方程式は $y = Axe^x$ という形の解をもつ．これを与えられた微分方程式に代入して

$$e^x = f(D)[Axe^x] = Ae^x f(D+1)x$$
$$= Ae^x D(D-1)(D-2)x = 2Ae^x \qquad \therefore \quad A = \frac{1}{2}$$

ゆえに，次の特殊解が得られた．　$y = \dfrac{1}{2}xe^x$ ■

【別解】

$$(D-1)(D-2)(D-3)y = e^x$$

$$\therefore \quad y = \frac{1}{D-1}\frac{1}{(D-2)(D-3)}e^x = \frac{1}{D-1}\left[\frac{1}{(1-2)(1-3)}e^x\right] = \frac{1}{2}\frac{1}{D-1}e^x$$
$$= \frac{1}{2}e^x \int e^{-x}e^x dx = \frac{1}{2}e^x \int dx = \frac{1}{2}xe^x$$ ■

問3　次の微分方程式の一般解を求めよ（§15（p.42〜44）参照）．

(1)　$(D^2 - 3D + 2)y = e^{3x}$　　(2)　$(D^2 - 3D - 10)y = e^x$

問4　次の微分方程式の特殊解を求めよ．

(1)　$(D^2 - 2D - 8)y = e^{2x}$　　(2)　$(D^2 - 7D + 6)y = e^{6x}$

(3)　$(D^2 + 6D + 25)y = 104e^{3x}$　　(4)　$(D^4 + 2D^2 + 1)y = 4e^x$

C.　$f(D)y = k\cos ax + h\sin ax$ の場合　　微分方程式

$$f(D)y = k\cos(ax+b) \qquad \text{または} \qquad f(D)y = k\sin(ax+b)$$

の特殊解を求めるのに，次の事実は有用である．

微分方程式　　$f(D)Y = ke^{i(ax+b)}$

の解 $Y = \varphi(x) + i\psi(x)$ の

実部　$y = \varphi(x)$　｜　虚部　$y = \psi(x)$

は，次の微分方程式の解である．

$f(D)y = k\cos(ax+b)$　｜　$f(D)y = k\sin(ax+b)$

[証明]
$$f(D)(\varphi + i\psi) = ke^{i(ax+b)}$$
$$f(D)\varphi + if(D)\psi = k\cos(ax+b) + ik\sin(ax+b)$$
$$\therefore\quad f(D)\varphi = k\cos(ax+b),\qquad f(D)\psi = k\sin(ax+b)$$ □

> **定理 10**　微分方程式 $f(D)y = k\cos ax + h\sin ax$ について，$f(t) = (t^2+a^2)^p g(t)$，$g(ai) \neq 0$ であれば，この微分方程式は $y = x^p(A\cos ax + B\sin ax)$ という形の特殊解をもつ．なお，$f(ai) \neq 0$ のときは，もちろん $p = 0$ である．

[証明]　微分方程式

(6)　$$f(D)Y = Ke^{iax} = K\cos ax + iK\sin ax \qquad (K\ は実数)$$

は，定理 9 によって
$$Y = (C + Di)x^p e^{iax}$$
という形の解をもつ．この右辺を整理すれば

(7)　$$Y = x^p(b_1\cos ax + c_1\sin ax) + ix^p(b_2\cos ax + c_2\sin ax)$$

となる．(6) と (7) から，次のことがわかる．微分方程式
$$f(D)y = K\cos ax \quad\Big|\quad f(D)y = K\sin ax$$
は
$$y = x^p(b_1\cos ax + c_1\sin ax) \quad\Big|\quad y = x^p(b_2\cos ax + c_2\sin ax)$$
という形の特殊解をもつ．ゆえに，微分方程式
$$f(D)y = k\cos ax + h\sin ax$$
は
$$\begin{aligned} y &= x^p(\tilde{b}_1\cos ax + \tilde{c}_1\sin ax) + x^p(\tilde{b}_2\cos ax + \tilde{c}_2\sin ax) \\ &= x^p(A\cos ax + B\sin ax) \qquad (A = \tilde{b}_1 + \tilde{b}_2,\ B = \tilde{c}_1 + \tilde{c}_2) \end{aligned}$$
という形の特殊解をもつ．　□

定理 10 を次のように述べることができる．微分方程式
$$f(D)y = k\cos(ax+b) + h\sin(ax+b)$$
について，$f(t)$ が定理 10 の条件を満足していれば，この微分方程式は
$$y = x^p(A\cos(ax+b) + B\sin(ax+b))$$

という形の特殊解をもつ.

例題3 次の微分方程式の特殊解を求めよ.

(1) $(D^2 - D - 2)y = \sin x$ (2) $(D^2 + 1)y = \cos x$

【解答】 定理10を利用する.

(1) $f(t) = t^2 - t - 2$ は $t = i$ という解をもたないから，この微分方程式は $y = A\cos x + B\sin x$ という形の解をもつ．これを与えられた微分方程式に代入して

$$\sin x = (D^2 - D - 2)[A\cos x + B\sin x] = -(3A + B)\cos x + (A - 3B)\sin x$$

$$\therefore \quad 3A + B = 0, \quad A - 3B = 1$$

$$\therefore \quad A = \frac{1}{10}, \ B = -\frac{3}{10}$$

ゆえに，次の特殊解が得られた. $y = \dfrac{1}{10}\cos x - \dfrac{3}{10}\sin x$

(2) $f(t) = t^2 + 1 = (t - i)(t + i)$ であるから，与えられた微分方程式は $y = x(A\cos x + B\sin x)$ という形の解をもつ．これを与えられた微分方程式に代入して

$$\cos x = (D^2 + 1)[x(A\cos x + B\sin x)] = -2A\sin x + 2B\cos x$$

$$\therefore \quad -2A = 0, \ 2B = 1 \qquad \therefore \quad A = 0, \ B = \frac{1}{2}$$

ゆえに，次の特殊解が得られた. $y = \dfrac{1}{2}x\sin x$ ■

【別解】 (1) $$(D^2 - D - 2)Y = e^{ix}$$

の特殊解を求める.

$$Y = \frac{1}{D^2 - D - 2}e^{ix} = \frac{1}{i^2 - i - 2}e^{ix} = -\frac{1}{3 + i}(\cos x + i\sin x)$$

$$= -\frac{1}{10}(3\cos x + \sin x) + i\frac{1}{10}(\cos x - 3\sin x)$$

ゆえに，上の解 Y の虚部をとって，次の特殊解が得られる. $y = \dfrac{1}{10}(\cos x - 3\sin x)$

(2) $$(D^2 + 1)Y = e^{ix}$$

の特殊解を求める.

$$Y = \frac{1}{D^2 + 1}e^{ix} = \frac{1}{D - i}\frac{1}{D + i}e^{ix} = \frac{1}{D - i}\left[\frac{1}{i + i}e^{ix}\right] = -\frac{i}{2}\frac{1}{D - i}e^{ix}$$

$$= -\frac{i}{2}e^{ix}\int e^{-ix}e^{ix}dx = -\frac{i}{2}e^{ix}\int dx = -\frac{i}{2}xe^{ix}$$

$$= \frac{1}{2}x\sin x - \frac{i}{2}x\cos x$$

ゆえに，上の解 Y の実部をとって，次の特殊解が得られる. $y = \dfrac{1}{2}x\sin x$ ■

問5　次の微分方程式の一般解を求めよ（§15（p.42～44）参照）．

(1)　$(D^2+3D+2)y=\cos 2x$　　(2)　$(D^2-3D+2)y=\cos x$

問6　次の微分方程式の特殊解を求めよ．

(1)　$(D^2-5D+4)y=10\sin 2x$　　(2)　$(D^2+4)y=\sin 2x$

D.　$\boldsymbol{f(D)y=e^{\alpha x}P(x)}$ の場合　　§18 の公式 (4)（p.53）を利用する．微分方程式 $f(D)y=e^{\alpha x}P(x)$ から

$$y=\frac{1}{f(D)}[e^{\alpha x}P(x)]=e^{\alpha x}\frac{1}{f(D+\alpha)}[e^{-\alpha x}e^{\alpha x}P(x)]$$
$$=e^{\alpha x}\frac{1}{f(D+\alpha)}P(x)$$

したがって，$P(x)$ が多項式であるか，$k\cos ax+h\sin ax$ であれば，A と C で述べた方法で，$\dfrac{1}{f(D+\alpha)}P(x)$ を求めることができて，与えられた微分方程式の 1 つの特殊解を求めることができる．

例題4　次の微分方程式の特殊解を求めよ．

(1)　$(D^2-2D+1)y=e^{3x}x^2$　　(2)　$(D^2+2D+2)y=2e^x\cos x$

【解答】 (1)　$(D^2-2D+1)y=e^{3x}x^2$　　$\therefore\ (D-1)^2y=e^{3x}x^2$

$$\therefore\quad y=\frac{1}{(D-1)^2}[e^{3x}x^2]=e^{3x}\frac{1}{((D+3)-1)^2}x^2=e^{3x}\frac{1}{(D+2)^2}x^2$$
$$=\frac{1}{4}e^{3x}\frac{1}{\left(1+\dfrac{D}{2}\right)^2}x^2=\frac{1}{4}e^{3x}\left(1-\frac{D}{2}+\frac{D^2}{4}-\cdots\right)^2x^2$$
$$=\frac{1}{4}e^{3x}\left(1-D+\frac{3}{4}D^2-\cdots\right)x^2=\frac{1}{4}e^{3x}\left(x^2-2x+\frac{3}{2}\right)$$
$$\therefore\quad y=\frac{1}{8}e^{3x}(2x^2-4x+3)$$

(2)　$$y=\frac{1}{D^2+2D+2}[2e^x\cos x]=2e^x\frac{1}{(D+1)^2+2(D+1)+2}\cos x$$
$$=2e^x\frac{1}{D^2+4D+5}\cos x$$

さて　$$Y=\frac{1}{D^2+4D+5}e^{ix}=\frac{1}{i^2+4i+5}e^{ix}$$
$$=\frac{1}{8}(\cos x+\sin x)+i\frac{1}{8}(\sin x-\cos x)$$

これの実部を利用して，次の特殊解が得られる．

$$y = 2e^x \frac{1}{D^2+4D+5}\cos x = 2e^x \frac{1}{8}(\cos x + \sin x)$$

$$\therefore \quad y = \frac{1}{4}e^x(\cos x + \sin x)$$ ■

問7　次の微分方程式の特殊解を求めよ．

(1)　$(D^2+2D+2)y = xe^{-2x}$　　(2)　$(D^2-3D+2)y = e^{4x}\sin x$

E.　$F(x)$ が複雑な形である場合　　微分方程式

$$f(D)y = F_1(x) + F_2(x) + \cdots + F_r(x)$$

の特殊解は

$$y = \frac{1}{f(D)}F_1(x) + \frac{1}{f(D)}F_2(x) + \cdots + \frac{1}{f(D)}F_r(x)$$

である．上式の右辺の各項を別々に計算して，その結果の和を作れば，この特殊解を求めることができる．

問8　次の微分方程式の特殊解を求めよ．

(1)　$(D^2-1)y = xe^{2x} + e^x$　　(2)　$(D^3-D)y = e^x + e^{-x}$

§20　定数係数線形連立微分方程式

この節では独立変数を t とする．2つの未知関数 $x = x(t)$ と $y = y(t)$ について，2つの定数係数線形微分方程式，たとえば

$$\frac{dx}{dt} + ax + by = F(t), \qquad \frac{dy}{dt} + lx + my = G(t)$$

の組を**定数係数線形連立微分方程式**という．ただしここで，a, b, l, m は定数である．同様に3つの未知関数 $x = x(t)$，$y = y(t)$，$z = z(t)$ について，3つの定数係数線形微分方程式の組を考えることができる．一般に，n 個の未知関数について，n 個の定数係数線形微分方程式の組を考えることができる．これらを定数係数線形連立微分方程式，あるいは簡単に連立微分方程式という．

さて，この節では

$$D = \frac{d}{dt}$$

とおくことにする．$f_1(D), f_2(D), g_1(D), g_2(D)$ を文字 D の多項式とし，定数係数線形連立微分方程式

$$(1)\qquad \begin{cases} f_1(D)x + g_1(D)y = h_1(t) \\ f_2(D)x + g_2(D)y = h_2(t) \end{cases}$$

を考える．いま，行列式

$$\Delta(D) = \begin{vmatrix} f_1(D) & g_1(D) \\ f_2(D) & g_2(D) \end{vmatrix}$$

を作る．ここで

多項式 $\Delta(D)$ の次数が r であれば，連立微分方程式（1）は r 個の任意定数 $c_1, c_2, \cdots, c_r$ を含む解

$$x = x(t, c_1, c_2, \cdots, c_r), \qquad y = y(t, c_1, c_2, \cdots, c_r)$$

をもつ

ことが知られている．この解を連立微分方程式 (1) の**一般解**という．このことは n 個の未知関数についての（n 個の微分方程式から成り立っている）定数係数線形連立微分方程式についても成り立つ．例をあげて定数係数線形連立微分方程式の解法を説明する．

例題 1　次の連立微分方程式を解け．

$$\begin{cases} 2Dx + Dy - 4x - y = e^t \\ Dx + 3x + y = 0 \end{cases}$$

【解答】 この連立微分方程式を書き換えて

$$2(D-2)x + (D-1)y = e^t \qquad ①$$

$$(D+3)x + y = 0 \qquad ②$$

まず，①と②から y を消去しよう．$-①+(D-1)\cdot②$ を作れば

$$\{(D-1)(D+3) - 2(D-2)\}x = -e^t \qquad \therefore \quad (D^2+1)x = -e^t \qquad ③$$

この微分方程式③を解いて

$$x = c_1 \cos t + c_2 \sin t - \frac{1}{2}e^t \qquad ④$$

この④を②に代入して，y を求めれば

$$y = -(3c_1 + c_2)\cos t + (c_1 - 3c_2)\sin t + 2e^t \qquad ⑤$$

この④と⑤を組にすれば，一般解が得られる．■

注意　上の解法では，まず y を消去して，x だけの微分方程式を作り，これを解いて x を求めた．続いて，この求めた x を与えられた微分方程式の何れか一方に代入して，y を求めた．

【別解】 ①と②から

y	x

を消去するために

① $-(D-1)\cdot$②	$(D+3)\cdot$① $-2(D-2)\cdot$②

を作れば

$\begin{vmatrix} 2(D-2) & D-1 \\ D+3 & 1 \end{vmatrix} x = \begin{vmatrix} e^t & D-1 \\ 0 & 1 \end{vmatrix}$	$\begin{vmatrix} 2(D-2) & D-1 \\ D+3 & 1 \end{vmatrix} y = \begin{vmatrix} 2(D-2) & e^t \\ D+3 & 0 \end{vmatrix}$

となる．ゆえに

$(D^2+1)x = -e^t$	$(D^2+1)y = 4e^t$

これを解いて

$x = c_1 \cos t + c_2 \sin t - \dfrac{1}{2}e^t$	$y = c_3 \cos t + c_4 \sin t + 2e^t$

ここで求まった x と y をこのまま組にすれば，任意定数 c_1, c_2, c_3, c_4 が含まれていて，その個数が多過ぎる．そこで，上で求まった x と y を②に代入してみれば，次の恒等式が得られる．

$$(c_2 + 3c_1 + c_3)\cos t + (3c_2 - c_1 + c_4)\sin t = 0$$

$$\therefore \quad c_2 + 3c_1 + c_3 = 0, \qquad 3c_2 - c_1 + c_4 = 0$$

$$\therefore \quad c_3 = -(3c_1 + c_2), \qquad c_4 = c_1 - 3c_2$$

これを上で求めた y に代入して，x と組にすれば

$$x = c_1 \cos t + c_2 \sin t - \frac{1}{2}e^t, \qquad y = -(3c_1 + c_2)\cos t + (c_1 - 3c_2)\sin t + 2e^t$$

■

例題 2　次の連立微分方程式を解け．

$$\begin{cases} (D^2 - 2)x - 3y = e^{2t} & ① \\ (D^2 + 2)y + x = 0 & ② \end{cases}$$

【解答】 ①と②から y を消去すれば

$$\begin{vmatrix} D^2-2 & -3 \\ 1 & D^2+2 \end{vmatrix} x = \begin{vmatrix} e^{2t} & -3 \\ 0 & D^2+2 \end{vmatrix}$$

$$\therefore \quad (D^4-1)x = 6e^{2t}$$

これを解いて

$$x = c_1e^t + c_2e^{-t} + c_3\cos t + c_4\sin t + \frac{6}{15}e^{2t} \qquad ③$$

この③を①に代入して y を求めれば

$$y = -\frac{c_1}{3}e^t - \frac{c_2}{3}e^{-t} - c_3\cos t - c_4\sin t - \frac{1}{15}e^{2t} \qquad ④$$

③と④を組にすれば，求める一般解が得られる． ■

問　　題

1． 次の連立微分方程式を解け．

$$(D+2)x + 3y = 0, \qquad 3x + (D+2)y = 2e^{2t}$$

演 習 問 題 I‐4

［A］

1． 次の微分方程式を解け．

(1)　$(D^2+D-6)y=0$　　(2)　$(D^3-D^2-12D)y=0$

(3)　$(D^3+2D^2-5D-6)y=0$　　(4)　$(D^3-3D^2+3D-1)y=0$

(5)　$(D^4+6D^3+5D^2-24D-36)y=0$

(6)　$(D^4-D^3-9D^2-11D-4)y=0$

(7)　$(D^2-2D+10)y=0$　　(8)　$(D^3+4D)y=0$

(9)　$(D^2+2D+3)(D^2-D+1)y=0$　　(10)　$(D^4+5D^2-36)y=0$

(11)　$(D^2-2D+5)^2y=0$

2． 次の微分方程式を解け．

(1)　$(D^2-3D+2)y=e^x$　　(2)　$(D^3+3D^2-4)y=xe^{-2x}$

(3)　$(D^2-3D+2)y=e^{5x}$　　(4)　$(D^2+5D+4)y=3-2x$

(5)　$(D^3-5D^2+8D-4)y=e^{2x}$　　(6)　$(D^2-1)y=4xe^x$

(7)　$(D^2+4)y=2\cos x\cos 3x$　($2\cos x\cos 3x=\cos 2x+\cos 4x$ を利用せよ)

(8)　$(D^2-1)y=\sin^2 x$　$\left(\sin^2 x=\dfrac{1}{2}(1-\cos 2x)\right.$ を利用せよ$\left.\right)$

3. 次の計算をせよ．

(1) $\dfrac{1}{D^3-2D^2-5D+6}(e^{2x}+3)^2$

(2) $\dfrac{1}{D^3-5D^2+8D-4}[e^{2x}+2e^{x}+3e^{-x}]$

(3) $\dfrac{1}{2D^2+2D+3}[x^2+2x-1]$

[**B**]

4. 次の連立微分方程式を解け．ただし，未知関数は $x=x(t)$，$y=y(t)$，$z=z(t)$ であり，$D=d/dt$ とする．

(1) $\begin{cases}(D-3)x+2(D+2)y=2\sin t\\2(D+1)x+(D-1)y=\cos t\end{cases}$ (2) $\begin{cases}(D^2+4)x-3Dy=0\\3Dx+(D^2+4)y=0\end{cases}$

(3) $\begin{cases}Dx+(D+1)y=1\\(D+2)x-(D-1)z=1\\(D+1)y+(D+2)z=0\end{cases}$

5. 次式を証明せよ．ただし，$f(-a^2)\neq 0$ とする．

$$\frac{1}{f(D^2)}\cos(ax+b)=\frac{1}{f(-a^2)}\cos(ax+b)$$

$$\frac{1}{f(D^2)}\sin(ax+b)=\frac{1}{f(-a^2)}\sin(ax+b)$$

6. 次式を証明せよ．$(a\neq 0)$

$$\frac{1}{D^2+a^2}\cos(ax+b)=\frac{1}{2a}x\sin(ax+b)$$

$$\frac{1}{D^2+a^2}\sin(ax+b)=-\frac{1}{2a}x\cos(ax+b)$$

7. (1) 次式を証明せよ．

$$\frac{1}{(D-\alpha)(D-\beta)(D-\gamma)}F(x)=e^{\alpha x}\int e^{(\beta-\alpha)x}\int e^{(\gamma-\beta)x}\int e^{-\gamma x}F(x)dxdxdx$$

(2) 上の (1) を利用して，次の計算をせよ．

$$\frac{1}{(D-1)(D-2)(D-3)}[6x^3-33x^2+30x-6]$$

8. 次式を証明せよ．

(1) $D[xF(x)]=x(DF(x))+F(x)$

$D^2[xF(x)]=x(D^2F(x))+2DF(x)$, $\cdots$,

$$D^n[xF(x)] = x(D^nF(x)) + nD^{n-1}F(x), \ \cdots$$

(2) $f(D)[xF(x)] = x(f(D)F(x)) + f'(D)F(x)$

(3) $\dfrac{1}{f(D)}[xF(x)] = x\left(\dfrac{1}{f(D)}F(x)\right) - \dfrac{f'(D)}{\{f(D)\}^2}F(x)$

9. 上の **8** を利用して，次の計算をせよ．

(1) $\dfrac{1}{D^2 + 3D + 2}[x \sin 2x]$

(2) $\dfrac{1}{D^3 - 3D^2 - 6D + 8}[xe^{-3x}]$

10. 次の微分方程式を解け．$x = e^t$ とおいて，独立変数を t に換えよ．

(1) $x^2y'' + xy' - 4y = 0$

(2) $x^2y'' - 4xy' + 6y = 0$

(3) $x^3y''' + 2x^2y'' - 6xy' = 0$

II ベクトル解析

第1章　ベクトルの代数

§1　ベクトル

物理学，幾何学などに現れる量に，単位さえ定めれば，1つの数値で完全に表されるものがある．たとえば，質量，エネルギー，時間，長さ，面積などはその例である．このような量を**スカラー量**または**スカラー**という．これに対して，大きさを表す1つの数値だけでなく，その向きをも指定しなければ，完全に表示されない量がある．たとえば，速度，加速度，力などがその例である．このような量を**ベクトル量**という．正確にいえば，ベクトル量とは次に説明する**ベクトル**で表される量のことである．

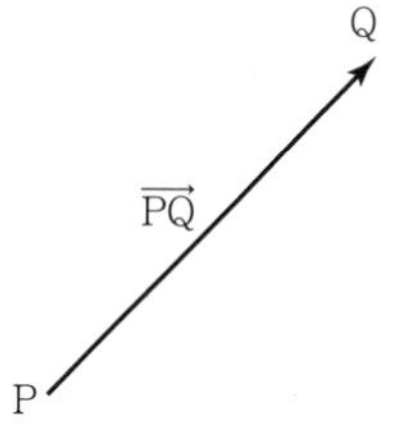

II－1図

空間に2点P, Qがあるとき，PからQに至る有向線分を**ベクトル**といい，記号 $\overrightarrow{\mathrm{PQ}}$ で表し，II－1図のように矢印をもった線分で表示する．ベクトルを表すのに肉太の文字 $\boldsymbol{A}, \boldsymbol{B}, \cdots, \boldsymbol{X}, \boldsymbol{Y}, \boldsymbol{Z}, \boldsymbol{a}, \boldsymbol{b}, \cdots, \boldsymbol{x}, \boldsymbol{y}, \boldsymbol{z}$ などを用いる．これに対して，スカラーを表すのに肉細の文字 $A, B, \cdots, X, Y, Z, a, b, \cdots, x, y, z$ などを用いる．

ベクトル $\boldsymbol{A}$ の始点がP，終点がQであるとき，線分PQの長さをベクトル $\boldsymbol{A}$ の**大きさ**または**長さ**といい，記号 $|\boldsymbol{A}|$ で表す．

ベクトルの相等　2つのベクトル $\boldsymbol{A}$ と $\boldsymbol{B}$ がそれぞれ有向線分 $\overrightarrow{\mathrm{PQ}}$ と $\overrightarrow{\mathrm{RS}}$ で表されているとする．ある適当な平行移動で $\overrightarrow{\mathrm{PQ}}$ を移動したとき，これが $\overrightarrow{\mathrm{RS}}$ と完全に重り合うとき，2つのベクトル $\boldsymbol{A}$ と $\boldsymbol{B}$ は等しいといい，この事実を等式

$$\boldsymbol{A} = \boldsymbol{B}$$

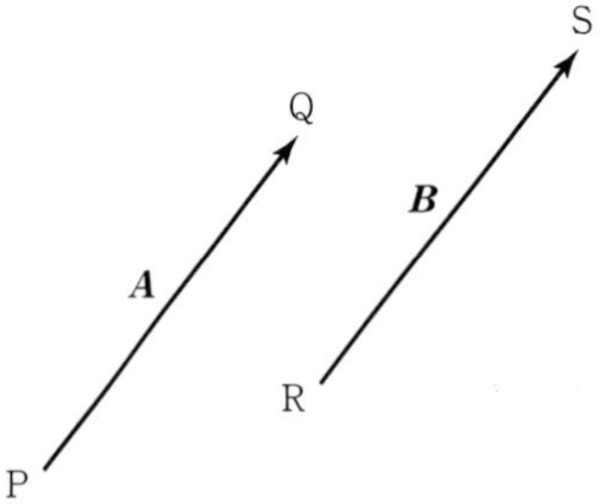

Ⅱ-2図

で表す．いいかえれば，$\boldsymbol{A}$ と $\boldsymbol{B}$ の大きさが等しくて，その向きが一致しているとき，$\boldsymbol{A}$ と $\boldsymbol{B}$ は等しいという．明らかに

$$\boldsymbol{A} = \boldsymbol{B} \quad \text{ならば} \quad |\boldsymbol{A}| = |\boldsymbol{B}|$$

大きさが1に等しいベクトルを**単位ベクトル**という．また，ベクトル $\boldsymbol{A}$ の始点と終点が一致しているとき，$\boldsymbol{A}$ を**零ベクトル**といい，これを記号 $\boldsymbol{0}$ で表す．零ベクトル $\boldsymbol{0}$ の大きさは0であり，その向きは定まらない．

ベクトルの加法・減法　2つのベクトル $\boldsymbol{A}$ と $\boldsymbol{B}$ を同一の始点Oからえがいたとき，$\boldsymbol{A} = \overrightarrow{\mathrm{OP}}$, $\boldsymbol{B} = \overrightarrow{\mathrm{OR}}$ であるとする．このとき，OP と OR を2辺とする平行四辺形 OPQR を作り，対角線 $\overrightarrow{\mathrm{OQ}}$ で表されるベクトル $\boldsymbol{C}$ を $\boldsymbol{A}$ と $\boldsymbol{B}$ の**和**といい

$$\boldsymbol{C} = \boldsymbol{A} + \boldsymbol{B}$$

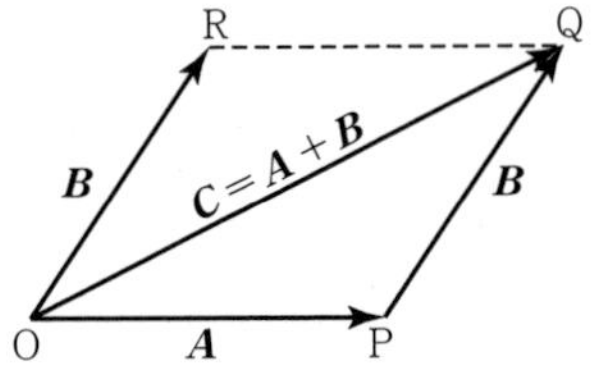

Ⅱ-3図

と表す．また，$\overrightarrow{\mathrm{PQ}} = \overrightarrow{\mathrm{OR}} = \boldsymbol{B}$ であることに注目すれば，三角形 OPQ の2辺が $\boldsymbol{A} = \overrightarrow{\mathrm{OP}}$, $\boldsymbol{B} = \overrightarrow{\mathrm{PQ}}$ であって，その**和**は第3辺は $\overrightarrow{\mathrm{OQ}} = \boldsymbol{A} + \boldsymbol{B}$ であることになる（Ⅱ-3図参照）．次の演算法則が成り立つ．任意のベクトル $\boldsymbol{A}, \boldsymbol{B}, \boldsymbol{C}$ について

$$\text{(1)} \quad \begin{gathered} \boldsymbol{A} + \boldsymbol{B} = \boldsymbol{B} + \boldsymbol{A}, \quad \boldsymbol{A} + (\boldsymbol{B} + \boldsymbol{C}) = (\boldsymbol{A} + \boldsymbol{B}) + \boldsymbol{C} \\ \boldsymbol{A} + \boldsymbol{0} = \boldsymbol{0} + \boldsymbol{A} = \boldsymbol{A} \end{gathered}$$

これらの演算法則は，ベクトルの加法の定める作図法にしたがって，左右両辺を別々に作図して，比較することによって確認される．

2つのベクトル $\boldsymbol{A}$ と $\boldsymbol{B}$ が与えられたとき

$$\boldsymbol{X} + \boldsymbol{B} = \boldsymbol{A}$$

を満たすベクトル $\boldsymbol{X}$ を $\boldsymbol{A}$ と $\boldsymbol{B}$ の**差**といい，これを

$$\boldsymbol{X} = \boldsymbol{A} - \boldsymbol{B}$$

で表す．特に，$\boldsymbol{A}=\boldsymbol{0}$ とすれば，$\boldsymbol{X}=\boldsymbol{0}-\boldsymbol{B}$ となり，これは $\boldsymbol{B}$ と同じ長さをもち，$\boldsymbol{B}$ と正反対の向きをもつ．この $\boldsymbol{0}-\boldsymbol{B}$ を記号 $-\boldsymbol{B}$ で表す．明らかに，次式が成り立つ．

$$\boldsymbol{A}-\boldsymbol{B}=\boldsymbol{A}+(-\boldsymbol{B}) \tag{2}$$

スカラー乗法　数 a とベクトル $\boldsymbol{A}$ の積 $a\boldsymbol{A}$ を次のように定義する．場合を3つに分けて，$a>0$ の場合，$a<0$ の場合，$a=0$ の場合とする．まず，$a>0$ の場合には，$a\boldsymbol{A}$ の大きさは $|\boldsymbol{A}|$ の a 倍 $a|\boldsymbol{A}|$ で，その向きは $\boldsymbol{A}$ の向きと同一である．$a<0$ の場合には，$a\boldsymbol{A}$ の大きさは $|\boldsymbol{A}|$ の $|a|$ 倍 $|a||\boldsymbol{A}|$ で，その向きは $\boldsymbol{A}$ と正反対である（II－4図参照）．$a=0$ の場合には，どんな $\boldsymbol{A}$ に対しても，$0\boldsymbol{A}=\boldsymbol{0}$ である．このとき，次の演算法則が成り立つ．任意の数 a, b と任意のベクトル $\boldsymbol{A}, \boldsymbol{B}$ について

$$\begin{gathered}(a+b)\boldsymbol{A}=a\boldsymbol{A}+b\boldsymbol{A}, \quad a(\boldsymbol{A}+\boldsymbol{B})=a\boldsymbol{A}+a\boldsymbol{B} \\ a(b\boldsymbol{A})=(ab)\boldsymbol{A}, \quad 1\boldsymbol{A}=\boldsymbol{A}, \quad (-1)\boldsymbol{A}=-\boldsymbol{A}, \quad 0\boldsymbol{A}=\boldsymbol{0}\end{gathered} \tag{3}$$

これらの法則は，その左右両辺を定義にしたがって作図して比較すれば，確かめられる．

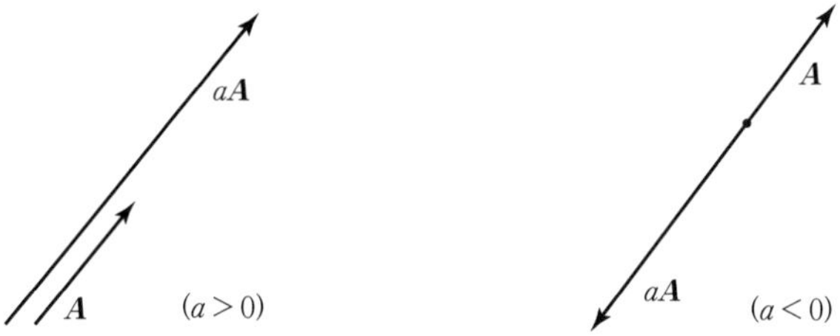

II－4図

問 1　三角形 ABC について $\overrightarrow{\mathrm{AB}}+\overrightarrow{\mathrm{BC}}+\overrightarrow{\mathrm{CA}}=\boldsymbol{0}$ を証明せよ．

問 2　平行四辺形 ABCD の対角線の中点を P とすれば，$\overrightarrow{\mathrm{AP}}=\frac{1}{2}(\overrightarrow{\mathrm{AB}}+\overrightarrow{\mathrm{AD}})$ であることを証明せよ．

問 3　任意のベクトル $\boldsymbol{A}, \boldsymbol{B}, \boldsymbol{C}$ について，次式を証明せよ．（三角形の2辺の長さの和および差と第三辺の長さの関係を利用せよ）

(1)　$|\boldsymbol{A}+\boldsymbol{B}| \leqq |\boldsymbol{A}|+|\boldsymbol{B}|$　　(2)　$|\boldsymbol{A}-\boldsymbol{B}| \geqq |\boldsymbol{A}|-|\boldsymbol{B}|$

(3)　$|\boldsymbol{A}+\boldsymbol{B}+\boldsymbol{C}| \leqq |\boldsymbol{A}|+|\boldsymbol{B}|+|\boldsymbol{C}|$

ベクトルの成分　　空間に直交座標系 O-XYZ を設定する．x 軸，y 軸，z 軸上で正の向きをもつ単位ベクトルをそれぞれ $\boldsymbol{i}, \boldsymbol{j}, \boldsymbol{k}$ とし，これらを**基本ベクトル**という．さて，ベクトル $\boldsymbol{A} \neq \boldsymbol{0}$ を任意にとる．$\boldsymbol{A}$ と x 軸，y 軸，z 軸の正の向きとの作る角をそれぞれ α, β, γ とすれば，$\boldsymbol{A}$ の各軸への正射影はそれぞれ

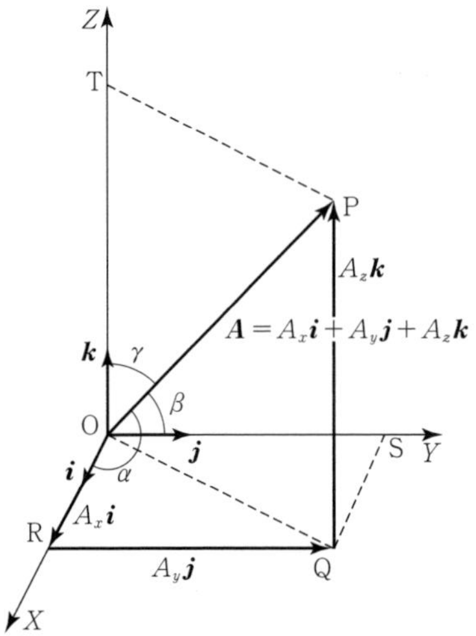

Ⅱ-5図

$$(4)\qquad \begin{aligned} A_x &= |\boldsymbol{A}|\cos\alpha \\ A_y &= |\boldsymbol{A}|\cos\beta \\ A_z &= |\boldsymbol{A}|\cos\gamma \end{aligned}$$

である．これらをそれぞれベクトル $\boldsymbol{A}$ の **x 成分**，**y 成分**，**z 成分**といい，これらを順に並べた (A_x, A_y, A_z) をベクトル $\boldsymbol{A}$ の**成分**という．なお，零ベクトル $\boldsymbol{0}$ の成分は $(0, 0, 0)$ である．さて，Ⅱ-5図で

$$|\boldsymbol{A}|^2 = \overline{\mathrm{OP}}^2 = \overline{\mathrm{OQ}}^2 + \overline{\mathrm{QP}}^2 = \overline{\mathrm{OR}}^2 + \overline{\mathrm{RQ}}^2 + \overline{\mathrm{QP}}^2 = A_x{}^2 + A_y{}^2 + A_z{}^2$$

であるから，ベクトル $\boldsymbol{A}$ の大きさをその成分で表せば

$$(5)\qquad |\boldsymbol{A}| = \sqrt{A_x{}^2 + A_y{}^2 + A_z{}^2}$$

また，$\boldsymbol{A} \neq \boldsymbol{0}$ のとき，$l = \cos\alpha$，$m = \cos\beta$，$n = \cos\gamma$ とおき，(l, m, n) をベクトル $\boldsymbol{A}$ の**方向余弦**といい，$\boldsymbol{A}$ の向きを表示するのに用いられる．Ⅱ-5図の記号にしたがって，次式が得られる．

$$(6)\qquad \begin{gathered} l = \frac{A_x}{|\boldsymbol{A}|} = \frac{A_x}{\sqrt{A_x{}^2 + A_y{}^2 + A_z{}^2}}, \qquad m = \frac{A_y}{\sqrt{A_x{}^2 + A_y{}^2 + A_z{}^2}} \\ n = \frac{A_z}{\sqrt{A_x{}^2 + A_y{}^2 + A_z{}^2}} \end{gathered}$$

この (6) からわかるように，ベクトル $\boldsymbol{A} \neq \boldsymbol{0}$ の方向余弦 (l, m, n) は次の恒等式

$$(7)\qquad l^2 + m^2 + n^2 = 1$$

を満足する．なお，$\boldsymbol{A} \neq \boldsymbol{0}$ のとき，$\boldsymbol{A}$ と同じ向きをもつ単位ベクトル $\boldsymbol{e} =$

$\boldsymbol{A}/|\boldsymbol{A}|$ の成分は $\boldsymbol{A}$ の方向余弦 (l, m, n) である.

さて，II-5図で

$$\overrightarrow{\mathrm{OR}} = A_x\boldsymbol{i}, \quad \overrightarrow{\mathrm{OS}} = \overrightarrow{\mathrm{RQ}} = A_y\boldsymbol{j}, \quad \overrightarrow{\mathrm{OT}} = \overrightarrow{\mathrm{QP}} = A_z\boldsymbol{k}$$

であり，$\boldsymbol{A} = \overrightarrow{\mathrm{OR}} + \overrightarrow{\mathrm{OS}} + \overrightarrow{\mathrm{OT}}$ であるから

(8) $$\boldsymbol{A} = A_x\boldsymbol{i} + A_y\boldsymbol{j} + A_z\boldsymbol{k}$$

が得られる.

2つのベクトル $\boldsymbol{A} = A_x\boldsymbol{i} + A_y\boldsymbol{j} + A_z\boldsymbol{k}$, $\boldsymbol{B} = B_x\boldsymbol{i} + B_y\boldsymbol{j} + B_z\boldsymbol{k}$ をとれば

$$\begin{aligned}\boldsymbol{A} \pm \boldsymbol{B} &= (A_x\boldsymbol{i} + A_y\boldsymbol{j} + A_z\boldsymbol{k}) \pm (B_x\boldsymbol{i} + B_y\boldsymbol{j} + B_z\boldsymbol{k}) \\ &= (A_x \pm B_x)\boldsymbol{i} + (A_y \pm B_y)\boldsymbol{j} + (A_z \pm B_z)\boldsymbol{k}\end{aligned}$$

$$a\boldsymbol{A} = a(A_x\boldsymbol{i} + A_y\boldsymbol{j} + A_z\boldsymbol{k}) = (aA_x)\boldsymbol{i} + (aA_y)\boldsymbol{j} + (aA_z)\boldsymbol{k}$$

である．したがって，$\boldsymbol{A}$ と $\boldsymbol{B}$ の成分がそれぞれ (A_x, A_y, A_z) と (B_x, B_y, B_z) ならば

$$\boldsymbol{A} \pm \boldsymbol{B} \quad \text{の成分は} \quad (A_x \pm B_x, A_y \pm B_y, A_z \pm B_z)$$

$$a\boldsymbol{A} \quad \text{の成分は} \quad (aA_x, aA_y, aA_z)$$

である．さらに

$$a\boldsymbol{A} + b\boldsymbol{B} \quad \text{の成分は} \quad (aA_x + bB_x, aA_y + bB_y, aA_z + bB_z)$$

である.

位置ベクトル　2つのベクトルが等しくても，一般にそれがかかれている位置は異なる．しかし，剛体に作用する力の効果などを論ずるときのように，その作用点の位置によって，その効果が異なることがある．そこで，ベクトルの始点の位置を，1点に，1つの直線上に，あるいは1つの面上に拘束して考えなければならない場合がある．このように考えたベクトルを**束縛ベクトル**という．これに反して，その位置を問題にしない，普通の考え方にしたがったベクトルを**自由ベクトル**ということがある．その始点が原点Oに束縛されたベクトル $\boldsymbol{r} = \overrightarrow{\mathrm{OP}}$ はその終点Pを表示するのに用いられ，この種の束縛ベクトルを点Pの**位置ベクトル**という．点Pの座標が (x, y, z) ならば，点Pの位置ベクトル $\boldsymbol{r} = \overrightarrow{\mathrm{OP}}$ の成分は (x, y, z) であり

$$\boldsymbol{r} = x\boldsymbol{i} + y\boldsymbol{j} + z\boldsymbol{k}$$

例題 1 $\boldsymbol{A} = 6\boldsymbol{i} - 4\boldsymbol{j} + 10\boldsymbol{k}$, $\boldsymbol{B} = -6\boldsymbol{i} + 4\boldsymbol{j} - 10\boldsymbol{k}$, $\boldsymbol{C} = 4\boldsymbol{i} - 6\boldsymbol{j} - 10\boldsymbol{k}$, $\boldsymbol{D} = 10\boldsymbol{j} + 4\boldsymbol{k}$ とする．次のものを求めよ．

(1) $\boldsymbol{A} + \boldsymbol{B} + \boldsymbol{C} + \boldsymbol{D}$　　(2) $|\boldsymbol{A} + \boldsymbol{B} + \boldsymbol{C} + \boldsymbol{D}|$

【解答】 (1)

$$\begin{aligned}\boldsymbol{A} + \boldsymbol{B} + \boldsymbol{C} + \boldsymbol{D} &= (6\boldsymbol{i} - 4\boldsymbol{j} + 10\boldsymbol{k}) + (-6\boldsymbol{i} + 4\boldsymbol{j} - 10\boldsymbol{k}) \\ &\quad + (4\boldsymbol{i} - 6\boldsymbol{j} - 10\boldsymbol{k}) + (10\boldsymbol{j} + 4\boldsymbol{k}) \\ &= (6 - 6 + 4)\boldsymbol{i} + (-4 + 4 - 6 + 10)\boldsymbol{j} \\ &\quad + (10 - 10 - 10 + 4)\boldsymbol{k} \\ &= 4\boldsymbol{i} + 4\boldsymbol{j} - 6\boldsymbol{k}\end{aligned}$$

(2)

$$|\boldsymbol{A} + \boldsymbol{B} + \boldsymbol{C} + \boldsymbol{D}|^2 = 4^2 + 4^2 + (-6)^2 = 68$$

$$\therefore \quad |\boldsymbol{A} + \boldsymbol{B} + \boldsymbol{C} + \boldsymbol{D}| = \sqrt{68} = 2\sqrt{17}$$ ■

問　題

1. $\boldsymbol{A} = 3\boldsymbol{i} - \boldsymbol{j} - 4\boldsymbol{k}$, $\boldsymbol{B} = -2\boldsymbol{i} + 4\boldsymbol{j} - 3\boldsymbol{k}$, $\boldsymbol{C} = \boldsymbol{i} + 2\boldsymbol{j} - \boldsymbol{k}$ とする．次のものを求めよ．

(1) $2\boldsymbol{A} - \boldsymbol{B} + 3\boldsymbol{C}$　　(2) $|\boldsymbol{A} + \boldsymbol{B} + \boldsymbol{C}|$

(3) $\boldsymbol{A} + \boldsymbol{B}$ の方向余弦 (l, m, n)

2. 2点 $\mathrm{P}(x_1, y_1, z_1)$, $\mathrm{Q}(x_2, y_2, z_2)$ がある．ベクトル $\overrightarrow{\mathrm{PQ}}$ の成分を求めよ．

§2 内　積

2つのベクトル $\boldsymbol{A}$ と $\boldsymbol{B}$ を同一の始点Oからかいたとき，$\boldsymbol{A}$ と $\boldsymbol{B}$ の交角を θ $(0 \leqq \theta \leqq \pi)$ とする．さて，スカラー

(1) $$\boldsymbol{A}\cdot\boldsymbol{B} = |\boldsymbol{A}||\boldsymbol{B}|\cos\theta$$

を $\boldsymbol{A}$ と $\boldsymbol{B}$ の**内積**または**スカラー積**といい，左辺の記号で表す．しかし，$\boldsymbol{A} = \boldsymbol{0}$ であるかまたは $\boldsymbol{B} = \boldsymbol{0}$ であれば，II-6図を作図できない．そこで，$\boldsymbol{A} = \boldsymbol{0}$ または $\boldsymbol{B} = \boldsymbol{0}$ のときには，内積 $\boldsymbol{A}\cdot\boldsymbol{B}$ は0であると定義する．さて，内積の定義 (1) を変形すれば

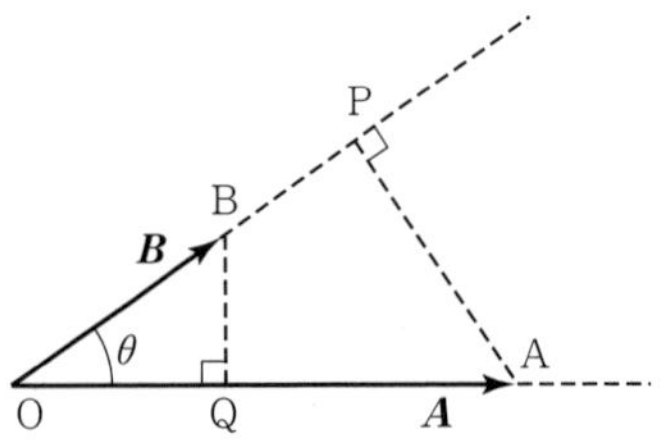

II-6図

$$\boldsymbol{A}\cdot\boldsymbol{B} = |\boldsymbol{A}|(|\boldsymbol{B}|\cos\theta) = |\boldsymbol{B}|(|\boldsymbol{A}|\cos\theta)$$

となるから

内積 $\boldsymbol{A}\cdot\boldsymbol{B}$ は $|\boldsymbol{A}|$ と $\boldsymbol{B}$ の $\boldsymbol{A}$ 上への正射影の積に等しい.

内積 $\boldsymbol{A}\cdot\boldsymbol{B}$ は $|\boldsymbol{B}|$ と $\boldsymbol{A}$ の $\boldsymbol{B}$ 上への正射影の積に等しい.

内積について，次の演算法則が成り立つ．任意のベクトル $\boldsymbol{A}, \boldsymbol{B}, \boldsymbol{C}$ と任意の数 a について

(2) $$\boldsymbol{A}\cdot\boldsymbol{B} = \boldsymbol{B}\cdot\boldsymbol{A}$$

(3) $$(\boldsymbol{A}+\boldsymbol{B})\cdot\boldsymbol{C} = \boldsymbol{A}\cdot\boldsymbol{C} + \boldsymbol{B}\cdot\boldsymbol{C}$$

(4) $$(a\boldsymbol{A})\cdot\boldsymbol{B} = \boldsymbol{A}\cdot(a\boldsymbol{B}) = a(\boldsymbol{A}\cdot\boldsymbol{B})$$

[証明] 上の (2) と (4) は，内積の定義を利用して，その各辺の値を比較すれば，確かめられる.

(3) の証明　II-7 図で直線 l はベクトル $\boldsymbol{C}$ に平行である．$\boldsymbol{A} = \overrightarrow{\mathrm{OP}}$, $\boldsymbol{B} = \overrightarrow{\mathrm{PQ}}$ とし，3 点 O, P, Q から直線 l にそれぞれ垂直 OO′, PP′, QQ′ を引く．このとき，直線 l 上の有向線分 O′P′, P′Q′, O′Q′ の間に

$$\mathrm{O'Q'} = \mathrm{O'P'} + \mathrm{P'Q'}$$

が成立する．ゆえに，この両辺に $|\boldsymbol{C}|$ を掛ければ

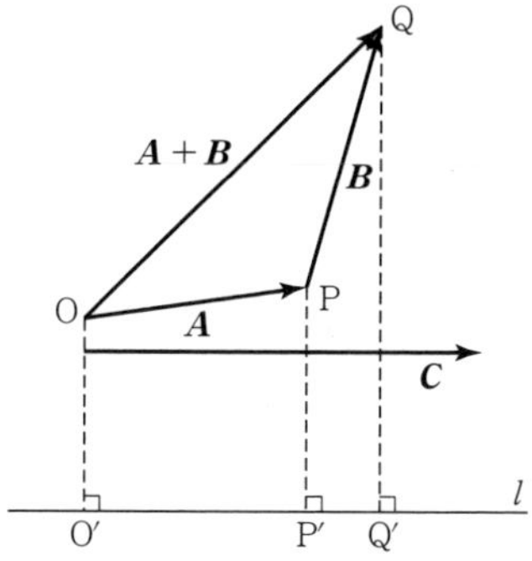

II-7 図

$$\mathrm{O'Q'}|\boldsymbol{C}| = \mathrm{O'P'}|\boldsymbol{C}| + \mathrm{P'Q'}|\boldsymbol{C}|$$

ところが

$$\mathrm{O'Q'}|\boldsymbol{C}| = (\boldsymbol{A}+\boldsymbol{B})\cdot\boldsymbol{C}, \qquad \mathrm{O'P'}|\boldsymbol{C}| = \boldsymbol{A}\cdot\boldsymbol{C}$$
$$\mathrm{P'Q'}|\boldsymbol{C}| = \boldsymbol{B}\cdot\boldsymbol{C}$$

であるから，(3) が得られる. □

さて，上の (1) で $\boldsymbol{B} = \boldsymbol{A}$ とおけば，$\theta = 0$ であるから，$\boldsymbol{A}\cdot\boldsymbol{A} = |\boldsymbol{A}|^2$ が得られる．ゆえに

(5) $$|\boldsymbol{A}| = \sqrt{\boldsymbol{A}\cdot\boldsymbol{A}}$$

内積の定義 (1) から，$\boldsymbol{A} \neq \boldsymbol{0}$, $\boldsymbol{B} \neq \boldsymbol{0}$ ならば

(6) $$\cos\theta = \frac{\boldsymbol{A}\cdot\boldsymbol{B}}{|\boldsymbol{A}||\boldsymbol{B}|}$$

が得られる．これは2つのベクトルの交角を求めるのに利用される．この (6) から次のことがわかる．$\boldsymbol{A} \neq \boldsymbol{0}$, $\boldsymbol{B} \neq \boldsymbol{0}$ であれば

$\boldsymbol{A}, \boldsymbol{B}$ の交角が直角であるための必要十分条件は　　$\boldsymbol{A}\cdot\boldsymbol{B} = 0$

$\boldsymbol{A}, \boldsymbol{B}$ の交角が鋭角であるための必要十分条件は　　$\boldsymbol{A}\cdot\boldsymbol{B} > 0$

$\boldsymbol{A}, \boldsymbol{B}$ の交角が鈍角であるための必要十分条件は　　$\boldsymbol{A}\cdot\boldsymbol{B} < 0$

一般に，$\boldsymbol{A}$ または $\boldsymbol{B}$ が $\boldsymbol{0}$ である場合でも，$\boldsymbol{A}\cdot\boldsymbol{B} = 0$ であれば，$\boldsymbol{A}$ と $\boldsymbol{B}$ は互いに**垂直**であるという．

基本ベクトル $\boldsymbol{i}, \boldsymbol{j}, \boldsymbol{k}$ は互いに直交する単位ベクトルであるから，次の公式が成り立つ．

$$(7)\qquad \begin{aligned} &\boldsymbol{i}\cdot\boldsymbol{i} = 1, \quad \boldsymbol{j}\cdot\boldsymbol{j} = 1, \quad \boldsymbol{k}\cdot\boldsymbol{k} = 1 \\ &\boldsymbol{i}\cdot\boldsymbol{j} = 0, \quad \boldsymbol{j}\cdot\boldsymbol{k} = 0, \quad \boldsymbol{k}\cdot\boldsymbol{i} = 0 \end{aligned}$$

内積をベクトルの成分で書き表す公式を作ろう．$\boldsymbol{A}$ と $\boldsymbol{B}$ の成分をそれぞれ (A_x, A_y, A_z) と (B_x, B_y, B_z) とすれば，演算法則 (2), (3), (4) を利用して，次の計算をすることができる．

$$\begin{aligned} \boldsymbol{A}\cdot\boldsymbol{B} &= (A_x\boldsymbol{i} + A_y\boldsymbol{j} + A_z\boldsymbol{k})\cdot(B_x\boldsymbol{i} + B_y\boldsymbol{j} + B_z\boldsymbol{k}) \\ &= A_xB_x\boldsymbol{i}\cdot\boldsymbol{i} + A_xB_y\boldsymbol{i}\cdot\boldsymbol{j} + A_xB_z\boldsymbol{i}\cdot\boldsymbol{k} \\ &\qquad + A_yB_x\boldsymbol{j}\cdot\boldsymbol{i} + A_yB_y\boldsymbol{j}\cdot\boldsymbol{j} + A_yB_z\boldsymbol{j}\cdot\boldsymbol{k} \\ &\qquad\qquad + A_zB_x\boldsymbol{k}\cdot\boldsymbol{i} + A_zB_y\boldsymbol{k}\cdot\boldsymbol{j} + A_zB_z\boldsymbol{k}\cdot\boldsymbol{k} \end{aligned}$$

ここで，公式 (7) を利用して，次式が得られる．

$$(8)\qquad \boldsymbol{A}\cdot\boldsymbol{B} = A_xB_x + A_yB_y + A_zB_z$$

これが求める公式である．ゆえに

$\boldsymbol{A}$ と $\boldsymbol{B}$ が互いに垂直であるための必要十分条件は

$$(9)\qquad A_xB_x + A_yB_y + A_zB_z = 0$$

問 1　公式 (6) は次のようになることを証明せよ．

$$\cos\theta = \frac{A_xB_x + A_yB_y + A_zB_z}{\sqrt{A_x{}^2 + A_y{}^2 + A_z{}^2}\sqrt{B_x{}^2 + B_y{}^2 + B_z{}^2}}$$

例題 1　$\boldsymbol{A} = \boldsymbol{i} + 3\boldsymbol{j} - 2\boldsymbol{k}$, $\boldsymbol{B} = 4\boldsymbol{i} - 2\boldsymbol{j} + 4\boldsymbol{k}$ とする．次のものを計算せよ．

(1) $\boldsymbol{A}\cdot\boldsymbol{B}$　　(2) $(2\boldsymbol{A}+\boldsymbol{B})\cdot(\boldsymbol{A}-2\boldsymbol{B})$

(3) $\boldsymbol{A}$と$\boldsymbol{B}$の交角θの余弦$\cos\theta$

【解答】 (1) $\boldsymbol{A}\cdot\boldsymbol{B}=1\cdot4+3\cdot(-2)+(-2)\cdot4=-10$

(2)
$$|\boldsymbol{A}|^2=\boldsymbol{A}\cdot\boldsymbol{A}=1^2+3^2+(-2)^2=14$$
$$|\boldsymbol{B}|^2=\boldsymbol{B}\cdot\boldsymbol{B}=4^2+(-2)^2+4^2=36$$
$$(2\boldsymbol{A}+\boldsymbol{B})\cdot(\boldsymbol{A}-2\boldsymbol{B})=2\boldsymbol{A}\cdot\boldsymbol{A}+\boldsymbol{B}\cdot\boldsymbol{A}-4\boldsymbol{A}\cdot\boldsymbol{B}-2\boldsymbol{B}\cdot\boldsymbol{B}$$
$$=2\boldsymbol{A}\cdot\boldsymbol{A}-3\boldsymbol{A}\cdot\boldsymbol{B}-2\boldsymbol{B}\cdot\boldsymbol{B}$$

これに$\boldsymbol{A}\cdot\boldsymbol{A}=14$, $\boldsymbol{B}\cdot\boldsymbol{B}=36$, $\boldsymbol{A}\cdot\boldsymbol{B}=-10$を代入して
$$(2\boldsymbol{A}+\boldsymbol{B})\cdot(\boldsymbol{A}-2\boldsymbol{B})=2\cdot14-3\cdot(-10)-2\cdot36=-14$$

(3)
$$\cos\theta=\frac{\boldsymbol{A}\cdot\boldsymbol{B}}{|\boldsymbol{A}||\boldsymbol{B}|}=\frac{-10}{\sqrt{14}\sqrt{36}}=-\frac{5}{3\sqrt{14}}$$ ■

問　題

1. $\boldsymbol{A}=2\boldsymbol{i}+2\boldsymbol{j}-\boldsymbol{k}$, $\boldsymbol{B}=6\boldsymbol{i}-3\boldsymbol{j}+2\boldsymbol{k}$とする．次のものを求めよ．
   (1) $\boldsymbol{A}\cdot\boldsymbol{B}$　(2) $|\boldsymbol{A}|, |\boldsymbol{B}|$　(3) $\boldsymbol{A}$と$\boldsymbol{B}$の交角θの余弦$\cos\theta$
2. $\boldsymbol{A}=2\boldsymbol{i}+a\boldsymbol{j}-\boldsymbol{k}$と$\boldsymbol{B}=4\boldsymbol{i}-2\boldsymbol{j}-2\boldsymbol{k}$が直交するように$a$を定めよ．

§3 外　積

2つのベクトル$\boldsymbol{A},\boldsymbol{B}$の交角を$\theta$ $(0<\theta<\pi)$とする．もちろん，$\boldsymbol{A}\neq\boldsymbol{0}$, $\boldsymbol{B}\neq\boldsymbol{0}$とする．$\boldsymbol{A}$と$\boldsymbol{B}$を同一の始点Oからかき，$\boldsymbol{A}$を180°以内回転させて$\boldsymbol{B}$に重ねるとき，この回転にともなって右ねじの軸の進む向きをもつ単位ベクトルを$\boldsymbol{e}$とする．なお，この$\boldsymbol{e}$は$\boldsymbol{A}$と$\boldsymbol{B}$が決定する平面に垂直である．さて，ベクトル

(1)
$$\boldsymbol{A}\times\boldsymbol{B}=(|\boldsymbol{A}||\boldsymbol{B}|\sin\theta)\boldsymbol{e}$$

を$\boldsymbol{A}$と$\boldsymbol{B}$の**外積**または**ベクトル積**といい，左辺の記号で表す（II-8図参照）．$\boldsymbol{A}\times\boldsymbol{B}$は$\boldsymbol{A}$と$\boldsymbol{B}$に垂直である．また，その大きさは

(2)
$$|\boldsymbol{A}\times\boldsymbol{B}|=|\boldsymbol{A}||\boldsymbol{B}|\sin\theta$$

であり，これは$\boldsymbol{A}$と$\boldsymbol{B}$を2辺とする平行四辺形

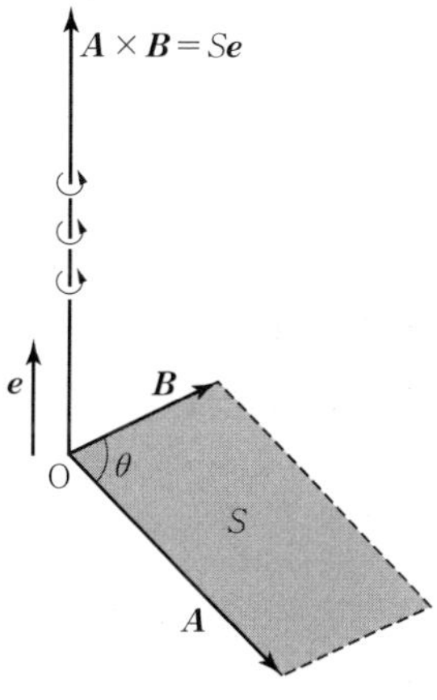

II-8図

の面積 S に等しい．さて，$\boldsymbol{A}$ と $\boldsymbol{B}$ が平行であるとき（$\theta = 0$ または $\theta = \pi$ のとき），その外積を $\boldsymbol{A} \times \boldsymbol{B} = \boldsymbol{0}$ と定義する．また，$\boldsymbol{A} = \boldsymbol{0}$ または $\boldsymbol{B} = \boldsymbol{0}$ のとき，その外積を $\boldsymbol{A} \times \boldsymbol{B} = \boldsymbol{0}$ と定義する．したがって，特に

$$\boldsymbol{A} \times \boldsymbol{A} = \boldsymbol{0} \tag{3}$$

外積についての次の演算法則が成り立つ．任意の数 a と任意のベクトル $\boldsymbol{A}, \boldsymbol{B}, \boldsymbol{C}$ について

$$\boldsymbol{A} \times \boldsymbol{B} = -\boldsymbol{B} \times \boldsymbol{A} \tag{4}$$

$$(\boldsymbol{A} + \boldsymbol{B}) \times \boldsymbol{C} = \boldsymbol{A} \times \boldsymbol{C} + \boldsymbol{B} \times \boldsymbol{C} \tag{5}$$

$$(a\boldsymbol{A}) \times \boldsymbol{B} = \boldsymbol{A} \times (a\boldsymbol{B}) = a(\boldsymbol{A} \times \boldsymbol{B}) \tag{6}$$

［証明］（4）の証明

$$\boldsymbol{A} \times \boldsymbol{B} = (|\boldsymbol{A}||\boldsymbol{B}|\sin\theta)\boldsymbol{e}, \quad \boldsymbol{B} \times \boldsymbol{A} = (|\boldsymbol{B}||\boldsymbol{A}|\sin\theta)\boldsymbol{e}'$$

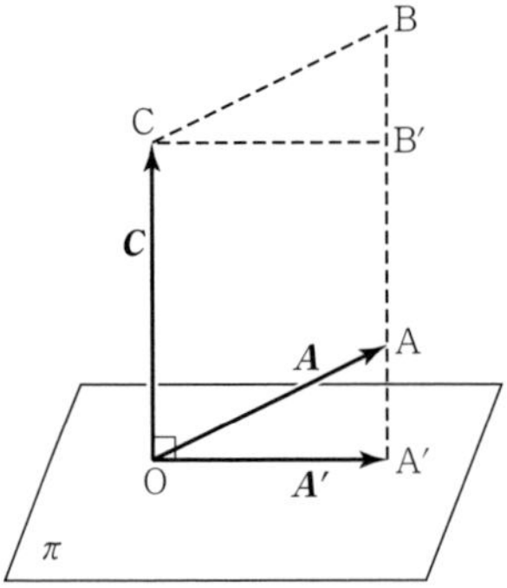

II - 9 図

とすれば，外積の定義によって，$\boldsymbol{e}' = -\boldsymbol{e}$ である．ゆえに

$$\boldsymbol{A} \times \boldsymbol{B} = -\boldsymbol{B} \times \boldsymbol{A}$$

（6）の証明　　各辺を定義にしたがって作図し比較することによって，これを確かめることができる．

（5）の証明　　ベクトル $\boldsymbol{A}$ と $\boldsymbol{B}$ をベクトル $\boldsymbol{C}$ に垂直な平面 π 上へ正射影して，それぞれ $\boldsymbol{A}'$ と $\boldsymbol{B}'$ が得られたとする．このとき，II - 9 図から明らかなように，$\boldsymbol{A}$ と $\boldsymbol{C}$ を 2 辺とする平行四辺形の面積は $\boldsymbol{A}'$ と $\boldsymbol{C}$ を 2 辺とする平行四辺形の面積に等しく，$\boldsymbol{A} \times \boldsymbol{C}$ と $\boldsymbol{A}' \times \boldsymbol{C}$ は同一の向きをもっている．ゆえに，$\boldsymbol{A} \times \boldsymbol{C} = \boldsymbol{A}' \times \boldsymbol{C}$．全く同様にして，次の等式（7）の第 2 式と第 3 式も成り立つ．

$$\begin{aligned} \boldsymbol{A} \times \boldsymbol{C} = \boldsymbol{A}' \times \boldsymbol{C}, \quad \boldsymbol{B} \times \boldsymbol{C} = \boldsymbol{B}' \times \boldsymbol{C} \\ (\boldsymbol{A} + \boldsymbol{B}) \times \boldsymbol{C} = (\boldsymbol{A}' + \boldsymbol{B}') \times \boldsymbol{C} \end{aligned} \tag{7}$$

さて，外積の定義によれば，$\boldsymbol{A}'$，$\boldsymbol{B}'$，$\boldsymbol{A}' + \boldsymbol{B}'$ を平面 π の中で 90° 回転し，$|\boldsymbol{C}|$ 倍すれば，それぞれ $\boldsymbol{A}' \times \boldsymbol{C}$，$\boldsymbol{B}' \times \boldsymbol{C}$，$(\boldsymbol{A}' + \boldsymbol{B}') \times \boldsymbol{C}$ が得られる．ゆえに，$(\boldsymbol{A}' + \boldsymbol{B}') \times \boldsymbol{C}$ は $\boldsymbol{A}' \times \boldsymbol{C}$ と $\boldsymbol{B}' \times \boldsymbol{C}$ を 2 辺とする平行四辺形の対角線で

表される．したがって

$$(\boldsymbol{A}' + \boldsymbol{B}') \times \boldsymbol{C} = \boldsymbol{A}' \times \boldsymbol{C} + \boldsymbol{B}' \times \boldsymbol{C}$$

この等式に（7）の３つの等式を代入すれば，（5）が得られる． □

基本ベクトル $\boldsymbol{i}, \boldsymbol{j}, \boldsymbol{k}$ は互いに直交する単位ベクトルで，これらの向きはII - 10図のようになっているから，次の公式が得られる．

$$\text{(8)}\qquad \begin{array}{lll} \boldsymbol{i} \times \boldsymbol{i} = \boldsymbol{0}, & \boldsymbol{j} \times \boldsymbol{j} = \boldsymbol{0}, & \boldsymbol{k} \times \boldsymbol{k} = \boldsymbol{0} \\ \boldsymbol{j} \times \boldsymbol{k} = \boldsymbol{i}, & \boldsymbol{k} \times \boldsymbol{i} = \boldsymbol{j}, & \boldsymbol{i} \times \boldsymbol{j} = \boldsymbol{k} \\ \boldsymbol{k} \times \boldsymbol{j} = -\boldsymbol{i}, & \boldsymbol{i} \times \boldsymbol{k} = -\boldsymbol{j}, & \boldsymbol{j} \times \boldsymbol{i} = -\boldsymbol{k} \end{array}$$

ここで，公式（5），（6）を利用すれば，次の計算をすることができる．ベクトル $\boldsymbol{A} = A_x\boldsymbol{i} + A_y\boldsymbol{j} + A_z\boldsymbol{k}$, $\boldsymbol{B} = B_x\boldsymbol{i} + B_y\boldsymbol{j} + B_z\boldsymbol{k}$ について

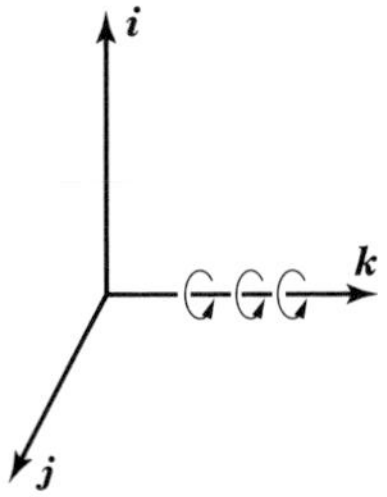

II - 10 図

$$\begin{aligned} \boldsymbol{A} \times \boldsymbol{B} &= (A_x\boldsymbol{i} + A_y\boldsymbol{j} + A_z\boldsymbol{k}) \times (B_x\boldsymbol{i} + B_y\boldsymbol{j} + B_z\boldsymbol{k}) \\ &= A_xB_x\boldsymbol{i} \times \boldsymbol{i} + A_xB_y\boldsymbol{i} \times \boldsymbol{j} + A_xB_z\boldsymbol{i} \times \boldsymbol{k} \\ &\quad + A_yB_x\boldsymbol{j} \times \boldsymbol{i} + A_yB_y\boldsymbol{j} \times \boldsymbol{j} \\ &\quad + A_yB_z\boldsymbol{j} \times \boldsymbol{k} \\ &\quad + A_zB_x\boldsymbol{k} \times \boldsymbol{i} + A_zB_y\boldsymbol{k} \times \boldsymbol{j} + A_zB_z\boldsymbol{k} \times \boldsymbol{k} \end{aligned}$$

さらに，公式（8）を利用して，次式が得られる．

$$\text{(9)}\qquad \begin{aligned} \boldsymbol{A} \times \boldsymbol{B} &= (A_yB_z - A_zB_y)\boldsymbol{i} - (A_xB_z - A_zB_x)\boldsymbol{j} + (A_xB_y - A_yB_x)\boldsymbol{k} \\ &= \begin{vmatrix} \boldsymbol{i} & \boldsymbol{j} & \boldsymbol{k} \\ A_x & A_y & A_z \\ B_x & B_y & B_z \end{vmatrix} \end{aligned}$$

これは，$\boldsymbol{A} \times \boldsymbol{B}$ を $\boldsymbol{A}$ と $\boldsymbol{B}$ の成分を用いて書き表す公式である．上の公式（9）から，次のことがわかる．

$\boldsymbol{A}$ と $\boldsymbol{B}$ を２辺とする平行四辺形の面積 S は

$$\text{(10)}\qquad S = \sqrt{(A_yB_z - A_zB_y)^2 + (A_xB_z - A_zB_x)^2 + (A_xB_y - A_yB_x)^2}$$

外積の応用例を述べる．点 O を通る直線 l のまわりに回転している剛体内の１点 P の速度ベクトルを $\boldsymbol{v}$ とすれば

$$\boldsymbol{v} = \boldsymbol{\omega} \times \boldsymbol{r}$$

ただし，$\boldsymbol{r} = \overrightarrow{\mathrm{OP}}$ であり，$\boldsymbol{\omega}$ はこの剛体の角速度ベクトルである．

例題 1　$\boldsymbol{A} = 2\boldsymbol{i} - 3\boldsymbol{j} - \boldsymbol{k}$, $\boldsymbol{B} = \boldsymbol{i} + 4\boldsymbol{j} - 2\boldsymbol{k}$ とする．次のものを求めよ．

(1)　$\boldsymbol{A} \times \boldsymbol{B}$

(2)　$(\boldsymbol{A} + \boldsymbol{B}) \times (\boldsymbol{A} - \boldsymbol{B})$

【解答】 (1)

$$\boldsymbol{A} \times \boldsymbol{B} = \begin{vmatrix} \boldsymbol{i} & \boldsymbol{j} & \boldsymbol{k} \\ 2 & -3 & -1 \\ 1 & 4 & -2 \end{vmatrix} = 10\boldsymbol{i} + 3\boldsymbol{j} + 11\boldsymbol{k}$$

(2)

$$\begin{aligned}(\boldsymbol{A} + \boldsymbol{B}) \times (\boldsymbol{A} - \boldsymbol{B}) &= \boldsymbol{A} \times \boldsymbol{A} + \boldsymbol{B} \times \boldsymbol{A} - \boldsymbol{A} \times \boldsymbol{B} - \boldsymbol{B} \times \boldsymbol{B} \\ &= \boldsymbol{0} - \boldsymbol{A} \times \boldsymbol{B} - \boldsymbol{A} \times \boldsymbol{B} - \boldsymbol{0} = -2\boldsymbol{A} \times \boldsymbol{B} \\ &= -2(10\boldsymbol{i} + 3\boldsymbol{j} + 11\boldsymbol{k}) \\ &= -20\boldsymbol{i} - 6\boldsymbol{j} - 22\boldsymbol{k}\end{aligned}$$

■

面積ベクトル　1つの平面について，その裏と表を考えたとき，これを**有向平面**という．この平面に垂直で，裏から表へ向かう単位ベクトル $\boldsymbol{n}$ をこの有向平面の**法単位ベクトル**という．$\boldsymbol{n} = l\boldsymbol{i} + m\boldsymbol{j} + n\boldsymbol{k}$ であるとき，(l, m, n) をこの有向平面の**方向余弦**という．有向平面の向きを表示するのに，II-11 図のように，この平面に回転の向きを付けて表すことがある．すなわち，右ねじにこの回転を与えれば，ねじの軸は $\boldsymbol{n}$ の向きに進行する．

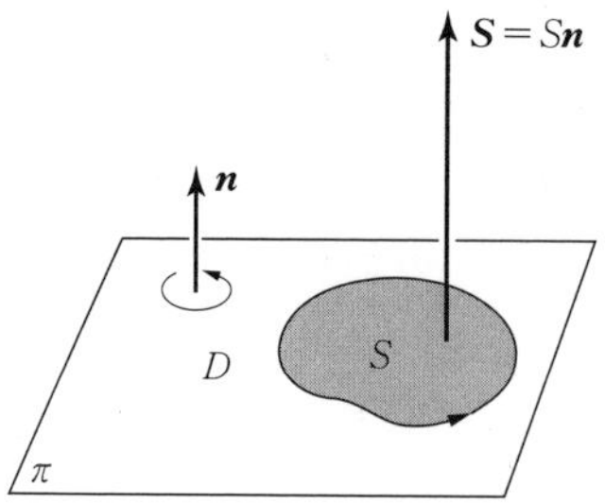

II-11 図

有向平面 π 上で面積が S の図形 D を考え，この図形に π と同じ裏と表を与える．このように，向きを与えられた面分を**有向面分**という．有向面分 D の境界線に有向平面 π と同じ回転の向きを付けて，D の向きを表す．有向面分 D の面積を S とし，その法単位ベクトルを $\boldsymbol{n}$ として

$$\boldsymbol{S} = S\boldsymbol{n}$$

を有向面分 D の**面積ベクトル**という．$\boldsymbol{S}$ は有向面分 D の面積と空間でのその向きを表示するのに用いられる．たとえば，2つのベクトル $\boldsymbol{A}, \boldsymbol{B}$ を2辺とする平行四辺形に適当に向きを与えれば，その面積ベクトルは $\boldsymbol{A} \times \boldsymbol{B}$ である．

有向面分 D と有向平面 π がある．$\boldsymbol{S}$ を D の面積ベクトルとし，$\boldsymbol{n}$ を π の法単位ベクトルとする．D を平面 π 上に正射影して得られる図形を D' とすれば，D' の面積 D' は

$$D' = |S'|, \quad S' = \boldsymbol{S}\cdot\boldsymbol{n} \tag{11}$$

で与えられる．

[証明] まず，II－12図のように，D は長方形であって，その1辺が π と D を含む平面 P の交線 l に平行であるとする．さらに，平面 π と平面 P の作る角（すなわち，ベクトル $\boldsymbol{S}$ と $\boldsymbol{n}$ の作る角）を θ とし，これが鋭角であると仮定する．このとき，II－12図の記号を用いて

$$\overline{A'B'} = \overline{AB}, \qquad \overline{B'C'} = \overline{BC}\cos\theta$$

ゆえに，D' の面積は

$$D' = \overline{A'B'}\,\overline{B'C'} = \overline{AB}\,\overline{BC}\cos\theta$$
$$= |\boldsymbol{S}|\cos\theta = \boldsymbol{S}\cdot\boldsymbol{n}$$

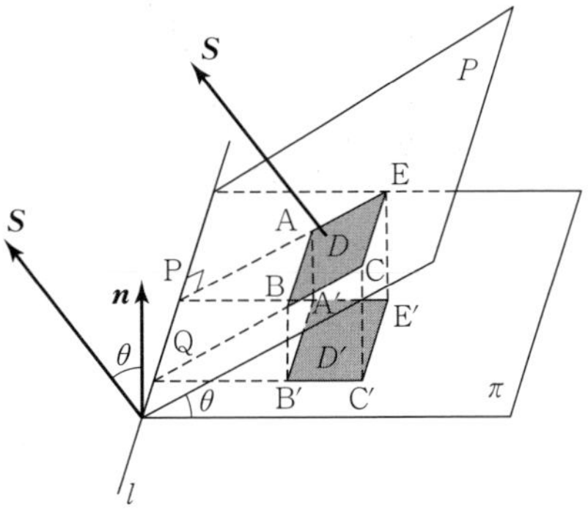

II－12図

したがって，交角 θ が鋭角の場合に（11）が証明された．交角 θ が鈍角の場合には，$\cos\theta < 0$ であるから，$\boldsymbol{S}\cdot\boldsymbol{n} < 0$ となり，$D' = -\boldsymbol{S}\cdot\boldsymbol{n} = |\boldsymbol{S}\cdot\boldsymbol{n}|$ が成り立つ．

さて，図形 D の形状が複雑な場合には，D を上で考えたような形状の微小長方形に分割して．二重積分の考えにしたがって，公式（11）が成り立つことを推論できる． □

体積　有向面分 D を底面とし，ベクトル $\boldsymbol{A}$ を母線にもつ柱体の体積 V を求める．まず，II－13図のように，ベクトル $\boldsymbol{A}$ と D の面積ベクトル $\boldsymbol{S}$ との作る角 θ が鋭角であるとしよう．このとき，この柱体の高さを h とすれば，$h = |\boldsymbol{A}|\cos\theta$．ゆえに

$$V = h|\boldsymbol{S}| = |\boldsymbol{A}||\boldsymbol{S}|\cos\theta$$
$$\therefore \quad V = \boldsymbol{A}\cdot\boldsymbol{S} \tag{12}$$

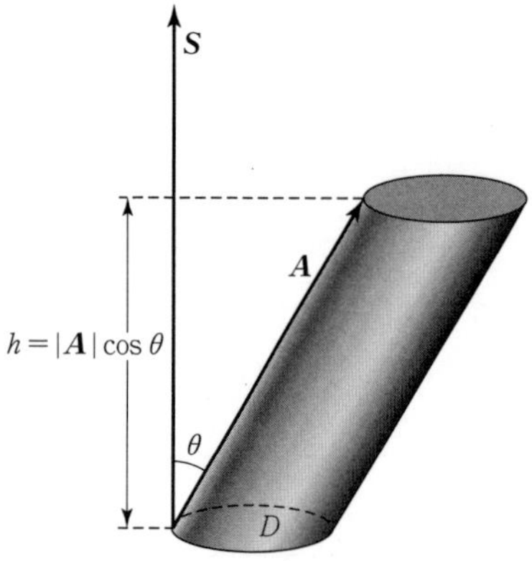

II-13 図

これがこの柱体の体積を与える公式である．さて，$\boldsymbol{A}$ と $\boldsymbol{S}$ の交角 θ が鈍角の場合には，$\boldsymbol{A}\cdot\boldsymbol{S}<0$ であるから，(12) の代りに $V=|\boldsymbol{A}\cdot\boldsymbol{S}|$ が成り立つ．そこで，内積 $\boldsymbol{S}\cdot\boldsymbol{A}$ をこの柱体の**有向体積**ということがある．

なお，一様な水の流れの速度ベクトルを $\boldsymbol{A}$ とし，この流れの中に有向面分 D があり，その面積ベクトルを $\boldsymbol{S}$ とする．このとき，内積 $\boldsymbol{A}\cdot\boldsymbol{S}$ は，有向面分 D を貫いて，単位時間内に，裏から表へ通過する水の体積を表す．

問　　題

1. $\boldsymbol{A}=3\boldsymbol{i}-\boldsymbol{j}-2\boldsymbol{k}$, $\boldsymbol{B}=2\boldsymbol{i}-3\boldsymbol{j}+\boldsymbol{k}$ とする．次のものを求めよ．

(1)　$\boldsymbol{A}\times\boldsymbol{B}$

(2)　$(\boldsymbol{A}+2\boldsymbol{B})\times(2\boldsymbol{A}-\boldsymbol{B})$

2. 3点 P(3, −1, 2), Q(1, −1, 2), R(4, −3, 4) がある．△PQR の面積を求めよ．

演 習 問 題 II-1

［A］

1. $\boldsymbol{A}=\boldsymbol{i}+\boldsymbol{j}-\boldsymbol{k}$, $\boldsymbol{B}=4\boldsymbol{i}-\boldsymbol{j}+4\boldsymbol{k}$ とする．次のものを求めよ．

(1)　$\boldsymbol{A}\cdot\boldsymbol{B}$

(2)　$|\boldsymbol{A}|$, $|\boldsymbol{B}|$

(3)　$(\boldsymbol{A}+\boldsymbol{B})\cdot(\boldsymbol{A}-\boldsymbol{B})$

2. $\boldsymbol{A}=2\boldsymbol{i}-6\boldsymbol{j}-3\boldsymbol{k}$, $\boldsymbol{B}=4\boldsymbol{i}+3\boldsymbol{j}-\boldsymbol{k}$ とする．次のものを求めよ．

(1)　$\boldsymbol{A}\times\boldsymbol{B}$

(2)　$|\boldsymbol{A}\times\boldsymbol{B}|$

(3)　$\boldsymbol{A}$ と $\boldsymbol{B}$ に垂直な単位ベクトル

3. $\boldsymbol{A}=a\boldsymbol{i}-2\boldsymbol{j}+\boldsymbol{k}$, $\boldsymbol{B}=2a\boldsymbol{i}+a\boldsymbol{j}-4\boldsymbol{k}$ が互いに垂直になるように，a を定めよ．

4. 3 つのベクトル

$$\boldsymbol{A} = 3\boldsymbol{i} - 2\boldsymbol{j} + \boldsymbol{k}, \quad \boldsymbol{B} = \boldsymbol{i} - 3\boldsymbol{j} + 5\boldsymbol{k}, \quad \boldsymbol{C} = 2\boldsymbol{i} + \boldsymbol{j} - 4\boldsymbol{k}$$

が 1 つの直角三角形の 3 辺となることを証明せよ．

5. 任意のベクトル $\boldsymbol{A}, \boldsymbol{B}$ について，次式を証明せよ．

(1) $(\boldsymbol{A} + \boldsymbol{B})\cdot(\boldsymbol{A} - \boldsymbol{B}) = \boldsymbol{A}\cdot\boldsymbol{A} - \boldsymbol{B}\cdot\boldsymbol{B}$

(2) $\boldsymbol{A}\cdot(\boldsymbol{A} \times \boldsymbol{B}) = 0$

(3) $(\boldsymbol{A} + \boldsymbol{B}) \times (\boldsymbol{A} - \boldsymbol{B}) = -2\boldsymbol{A} \times \boldsymbol{B}$

[B]

6. 3 つのベクトル $\boldsymbol{A}, \boldsymbol{B}, \boldsymbol{C}$ を 3 辺とする平行六面体の体積は $|\boldsymbol{A}\cdot(\boldsymbol{B} \times \boldsymbol{C})|$ に等しいことを証明せよ．

7. 3 つのベクトル

$$\boldsymbol{A} = A_x\boldsymbol{i} + A_y\boldsymbol{j} + A_z\boldsymbol{k}, \quad \boldsymbol{B} = B_x\boldsymbol{i} + B_y\boldsymbol{j} + B_z\boldsymbol{k}, \quad \boldsymbol{C} = C_x\boldsymbol{i} + C_y\boldsymbol{j} + C_z\boldsymbol{k}$$

について，次式を証明せよ．

(1)
$$\boldsymbol{A}\cdot(\boldsymbol{B} \times \boldsymbol{C}) = \begin{vmatrix} A_x & A_y & A_z \\ B_x & B_y & B_z \\ C_x & C_y & C_z \end{vmatrix}$$

(2) $\boldsymbol{A}\cdot(\boldsymbol{B} \times \boldsymbol{C}) = \boldsymbol{B}\cdot(\boldsymbol{C} \times \boldsymbol{A}) = \boldsymbol{C}\cdot(\boldsymbol{A} \times \boldsymbol{B})$

(3) $(\boldsymbol{A} + \boldsymbol{B})\cdot\{(\boldsymbol{B} + \boldsymbol{C}) \times (\boldsymbol{C} + \boldsymbol{A})\} = 2\boldsymbol{A}\cdot(\boldsymbol{B} \times \boldsymbol{C})$

8. 任意のベクトル $\boldsymbol{A}, \boldsymbol{B}, \boldsymbol{C}$ について，次式を証明せよ．

$$\boldsymbol{A} \times (\boldsymbol{B} \times \boldsymbol{C}) = (\boldsymbol{A}\cdot\boldsymbol{C})\boldsymbol{B} - (\boldsymbol{A}\cdot\boldsymbol{B})\boldsymbol{C}$$

（両辺の各成分を計算して，比較せよ）

9. 三角形 OAB において，$\overrightarrow{\mathrm{OA}} = \boldsymbol{A}$，$\overrightarrow{\mathrm{OB}} = \boldsymbol{B}$，$\angle\mathrm{AOB} = \theta$ とする．この三角形に余弦法則を適用して

$$|\boldsymbol{A} - \boldsymbol{B}|^2 = |\boldsymbol{A}|^2 + |\boldsymbol{B}|^2 - 2|\boldsymbol{A}||\boldsymbol{B}|\cos\theta$$

が得られる．これを利用し，さらに，§2 の公式 (8) (p. 76) を利用して，次式を証明せよ．

$$\cos\theta = \frac{\boldsymbol{A}\cdot\boldsymbol{B}}{|\boldsymbol{A}||\boldsymbol{B}|} = \frac{A_xB_x + A_yB_y + A_zB_z}{\sqrt{A_x{}^2 + A_y{}^2 + A_z{}^2}\sqrt{B_x{}^2 + B_y{}^2 + B_z{}^2}}$$

ただし，$\boldsymbol{A} = A_x\boldsymbol{i} + A_y\boldsymbol{j} + A_z\boldsymbol{k}$，$\boldsymbol{B} = B_x\boldsymbol{i} + B_y\boldsymbol{j} + B_z\boldsymbol{k}$ とする．

第２章　ベクトルの微分と積分

§4　ベクトルの微分

独立変数 u の変動にともなって変化するベクトル $\boldsymbol{A}$ を**ベクトル関数**といい，これを $\boldsymbol{A}(u)$ と書き表すことがある．$\boldsymbol{A}(u)$ の向きと大きさが，u の変動にともなって連続的に変化するとき，ベクトル関数 $\boldsymbol{A}(u)$ は連続であるという．$\boldsymbol{A}(u)$ の各成分 $A_x(u), A_y(u), A_z(u)$ は独立変数 u の関数であって

$$\boldsymbol{A}(u) = A_x(u)\boldsymbol{i} + A_y(u)\boldsymbol{j} + A_z(u)\boldsymbol{k}$$

と書ける．もちろん，$\boldsymbol{A}(u)$ が連続であるための必要十分条件はその各成分 $A_x(u), A_y(u), A_z(u)$ が連続であることである．

独立変数 u の増分 Δu にともなう $\boldsymbol{A}(u)$ の増分は $\Delta\boldsymbol{A} = \boldsymbol{A}(u+\Delta u) - \boldsymbol{A}(u)$ である．そこで，極限

$$(1)\qquad \frac{d\boldsymbol{A}(u)}{du} = \lim_{\Delta u\to 0}\frac{\Delta\boldsymbol{A}}{\Delta u} = \lim_{\Delta u\to 0}\frac{\boldsymbol{A}(u+\Delta u) - \boldsymbol{A}(u)}{\Delta u}$$

が存在するとき，これをベクトル関数 $\boldsymbol{A}(u)$ の点 u における**微分係数**といい，左辺の記号で表す（II－14 図参照）．おのおのの u の値に対する微分係数は１つのベクトル関数を定める．これを $\boldsymbol{A}(u)$ の**導関数**といい，記号 $\dfrac{d\boldsymbol{A}}{du}$ または $\boldsymbol{A}'(u)$ で表す．その他の用語，記号は普通の関数の微分法に準じることにする．

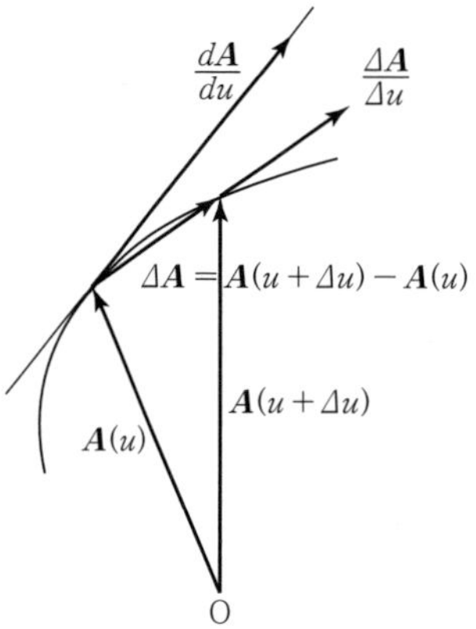

II－14 図

ベクトル関数 $\boldsymbol{A}(u) = A_x(u)\boldsymbol{i} + A_y(u)\boldsymbol{j} + A_z(u)\boldsymbol{k}$ の導関数は次のようになる．

$$\frac{d\boldsymbol{A}(u)}{du} = \frac{dA_x(u)}{du}\boldsymbol{i} + \frac{dA_y(u)}{du}\boldsymbol{j} + \frac{dA_z(u)}{du}\boldsymbol{k}$$

ベクトル関数 $\boldsymbol{A}(u)$ の始点を定点Ｏに固定すると，$\boldsymbol{A}(u)$ の終点Ｐは１つの空間曲線をかく．この曲線を $\boldsymbol{A}(u)$ の**ホドグラフ**という．$\boldsymbol{A}(u)$ のホドグラフ上の各点で導関数 $\boldsymbol{A}'(u)$ はこのホドグラフに接する．次の演算法則が成り立つ．任意のベ

クトル関数 $\boldsymbol{A}$ と $\boldsymbol{B}$ および任意のスカラー関数（普通の関数）m，定数 k，定ベクトル $\boldsymbol{K}$ について

(a)　$\dfrac{d\boldsymbol{K}}{du} = \boldsymbol{0}$　　(b)　$\dfrac{d}{du}(\boldsymbol{A} + \boldsymbol{B}) = \dfrac{d\boldsymbol{A}}{du} + \dfrac{d\boldsymbol{B}}{du}$

(c)　$\dfrac{d}{du}(k\boldsymbol{A}) = k\dfrac{d\boldsymbol{A}}{du}$　　(d)　$\dfrac{d}{du}(\boldsymbol{K}\cdot\boldsymbol{A}) = \boldsymbol{K}\cdot\dfrac{d\boldsymbol{A}}{du}$

(e)　$\dfrac{d}{du}(\boldsymbol{K} \times \boldsymbol{A}) = \boldsymbol{K} \times \dfrac{d\boldsymbol{A}}{du}$　　(f)　$\dfrac{d}{du}(\boldsymbol{A}\cdot\boldsymbol{A}) = 2\boldsymbol{A}\cdot\dfrac{d\boldsymbol{A}}{du}$

(g)　$\dfrac{d}{du}(m\boldsymbol{A}) = \dfrac{dm}{du}\boldsymbol{A} + m\dfrac{d\boldsymbol{A}}{du}$

(h)　$\dfrac{d}{du}(\boldsymbol{A}\cdot\boldsymbol{B}) = \dfrac{d\boldsymbol{A}}{du}\cdot\boldsymbol{B} + \boldsymbol{A}\cdot\dfrac{d\boldsymbol{B}}{du}$

(i)　$\dfrac{d}{du}(\boldsymbol{A} \times \boldsymbol{B}) = \dfrac{d\boldsymbol{A}}{du} \times \boldsymbol{B} + \boldsymbol{A} \times \dfrac{d\boldsymbol{B}}{du}$

注意　上の（e）と（i）では，両辺にある外積の順序を保つことが必要である．

[証明]　$\boldsymbol{A} = A_x\boldsymbol{i} + A_y\boldsymbol{j} + A_z\boldsymbol{k}$，$\boldsymbol{B} = B_x\boldsymbol{i} + B_y\boldsymbol{j} + B_z\boldsymbol{k}$ とする．さて，（a）と（b）は明らかに成り立つ．

（g）の証明

$$\begin{aligned}(m\boldsymbol{A})' &= (mA_x)'\boldsymbol{i} + (mA_y)'\boldsymbol{j} + (mA_z)'\boldsymbol{k} \\ &= m'(A_x\boldsymbol{i} + A_y\boldsymbol{j} + A_z\boldsymbol{k}) + m(A_x'\boldsymbol{i} + A_y'\boldsymbol{j} + A_z'\boldsymbol{k}) = m'\boldsymbol{A} + m\boldsymbol{A}'\end{aligned}$$

（h）の証明

$$\begin{aligned}(\boldsymbol{A}\cdot\boldsymbol{B})' &= (A_xB_x + A_yB_y + A_zB_z)' \\ &= (A_x'B_x + A_y'B_y + A_z'B_z) + (A_xB_x' + A_yB_y' + A_zB_z') \\ &= \boldsymbol{A}'\cdot\boldsymbol{B} + \boldsymbol{A}\cdot\boldsymbol{B}'\end{aligned}$$

（i）の証明

$$\begin{aligned}(\boldsymbol{A} \times \boldsymbol{B})' &= (A_yB_z - A_zB_y)'\boldsymbol{i} - (A_xB_z - A_zB_x)'\boldsymbol{j} + (A_xB_y - A_yB_x)'\boldsymbol{k} \\ &= (A_y'B_z - A_z'B_y)\boldsymbol{i} - (A_x'B_z - A_z'B_x)\boldsymbol{j} + (A_x'B_y - A_y'B_x)\boldsymbol{k} \\ &\quad + (A_yB_z' - A_zB_y')\boldsymbol{i} - (A_xB_z' - A_zB_x')\boldsymbol{j} + (A_xB_y' - A_yB_x')\boldsymbol{k} \\ &= \boldsymbol{A}' \times \boldsymbol{B} + \boldsymbol{A} \times \boldsymbol{B}'\end{aligned}$$

さて，公式（c），(d)，(e）はそれぞれ公式（g），(h)，(i）の特別な場合である．

公式 (h) で $\boldsymbol{B} = \boldsymbol{A}$ とおけば，公式 (f) が得られる．　□

例題 1　次のベクトル関数 $\boldsymbol{A}(u)$ を微分せよ．

(1)　$\boldsymbol{A} = a\cos u\,\boldsymbol{i} + a\sin u\,\boldsymbol{j} + bu\boldsymbol{k}$

(2)　$\boldsymbol{A} = 2u\boldsymbol{i} + (5u+3)\boldsymbol{j} + 2u^2\boldsymbol{k}$

【解答】

(1)　$\boldsymbol{A}' = (a\cos u)'\boldsymbol{i} + (a\sin u)'\boldsymbol{j} + (bu)'\boldsymbol{k} = -a\sin u\,\boldsymbol{i} + a\cos u\,\boldsymbol{j} + b\boldsymbol{k}$

(2)　$\boldsymbol{A}' = (2u)'\boldsymbol{i} + (5u+3)'\boldsymbol{j} + (2u^2)'\boldsymbol{k} = 2\boldsymbol{i} + 5\boldsymbol{j} + 4u\boldsymbol{k}$　■

例題 2　次のことを証明せよ．

(1)　$\boldsymbol{A}(u)$ の長さが一定ならば，　$\boldsymbol{A}'\cdot\boldsymbol{A} = 0$

(2)　$\boldsymbol{A}(u)$ の長さは一定であるとする．II - 15 図のように，独立変数 u の増分 Δu にともなう $\boldsymbol{A}(u)$ の回転角を $\Delta\theta$ とし

$$\frac{d\theta}{du} = \lim_{\Delta u\to 0}\frac{\Delta\theta}{\Delta u}$$

とおけば

$$\left|\frac{d\boldsymbol{A}}{du}\right| = |\boldsymbol{A}|\frac{d\theta}{du}$$

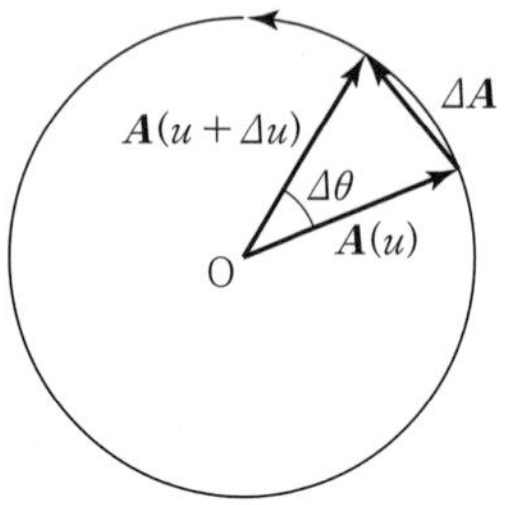

II - 15 図

(3)　$\boldsymbol{A}(u)$ の向きが一定ならば，　$\boldsymbol{A}' \times \boldsymbol{A} = \boldsymbol{0}$

【解答】 (1)　$\boldsymbol{A}(u)$ の長さが一定であるから，$\boldsymbol{A}\cdot\boldsymbol{A} = |\boldsymbol{A}|^2$ は一定である．ゆえに

$$0 = (\boldsymbol{A}\cdot\boldsymbol{A})' = 2\boldsymbol{A}'\cdot\boldsymbol{A} \qquad \therefore \quad \boldsymbol{A}'\cdot\boldsymbol{A} = 0$$

(2)　II - 15 図において

$$|\Delta\boldsymbol{A}| = 2|\boldsymbol{A}|\sin\frac{\Delta\theta}{2} \fallingdotseq 2|\boldsymbol{A}|\frac{\Delta\theta}{2} = |\boldsymbol{A}|\Delta\theta \qquad \therefore \quad \left|\frac{\Delta\boldsymbol{A}}{\Delta u}\right| \fallingdotseq |\boldsymbol{A}|\frac{\Delta\theta}{\Delta u}$$

ここで，$\Delta u \to 0$ とすれば

$$\left|\frac{d\boldsymbol{A}}{du}\right| = |\boldsymbol{A}|\frac{d\theta}{du}$$

(3)　$\boldsymbol{A}(u)$ の向きは一定であるから，$\boldsymbol{A}(u) = f(u)\boldsymbol{e}$ と書ける．ここで，$f(u)$ はスカラー関数で，$\boldsymbol{e}$ は一定な単位ベクトルである．ゆえに

$$\boldsymbol{A}' = f'\boldsymbol{e} \qquad \therefore \quad \boldsymbol{A}' \times \boldsymbol{A} = (f'\boldsymbol{e}) \times (f\boldsymbol{e}) = f'f\,\boldsymbol{e}\times\boldsymbol{e} = \boldsymbol{0}$$　■

ベクトル関数 $\boldsymbol{A}(u)$ の 2 階，3 階，…，n 階，… 導関数を，普通の関数の場合と同じように定義し，それぞれを

$$\frac{d^2\boldsymbol{A}}{du^2},\ \frac{d^3\boldsymbol{A}}{du^3},\ \cdots,\ \frac{d^n\boldsymbol{A}}{du^n},\ \cdots$$

または

$$\boldsymbol{A}'',\ \boldsymbol{A}''',\ \cdots,\ \boldsymbol{A}^{(n)},\ \cdots$$

で表す．$\boldsymbol{A} = A_x\boldsymbol{i} + A_y\boldsymbol{j} + A_z\boldsymbol{k}$ のとき，次式が成り立つ．

$$\frac{d^n\boldsymbol{A}}{du^n} = \frac{d^nA_x}{du^n}\boldsymbol{i} + \frac{d^nA_y}{du^n}\boldsymbol{j} + \frac{d^nA_z}{du^n}\boldsymbol{k}$$

2 つ以上の独立変数をもつベクトル関数を考える．話を簡単にするために，2 変数 u, v のベクトル関数 $\boldsymbol{A} = \boldsymbol{A}(u, v)$ について述べる．$\boldsymbol{A} = \boldsymbol{A}(u, v)$ の**偏導関数**と**高階偏導関数**を普通の関数の場合と同じように定義し，それぞれを次の記号で表す．

1 階偏導関数	$\dfrac{\partial\boldsymbol{A}}{\partial u},\ \dfrac{\partial\boldsymbol{A}}{\partial v}$
2 階偏導関数	$\dfrac{\partial^2\boldsymbol{A}}{\partial u^2},\ \dfrac{\partial^2\boldsymbol{A}}{\partial u\partial v},\ \dfrac{\partial^2\boldsymbol{A}}{\partial v\partial u},\ \dfrac{\partial^2\boldsymbol{A}}{\partial v^2}$
……	……………

ベクトル関数 $\boldsymbol{A} = \boldsymbol{A}(u, v)$ について，$\dfrac{\partial^2\boldsymbol{A}}{\partial u\partial v}$ と $\dfrac{\partial^2\boldsymbol{A}}{\partial v\partial u}$ が連続ならば，次式が成り立つ．

$$\frac{\partial^2\boldsymbol{A}}{\partial u\partial v} = \frac{\partial^2\boldsymbol{A}}{\partial v\partial u}$$

ベクトル関数 $\boldsymbol{A} = \boldsymbol{A}(u, v)$ の**全微分**を

$$d\boldsymbol{A} = \frac{\partial\boldsymbol{A}}{\partial u}du + \frac{\partial\boldsymbol{A}}{\partial u}dv$$

で定義する．これは独立変数 (u, v) の微小増分 (du, dv) にともなう $\boldsymbol{A} = \boldsymbol{A}(u, v)$ の増分を近似する．$\boldsymbol{A} = A_x\boldsymbol{i} + A_y\boldsymbol{j} + A_z\boldsymbol{k}$ のとき

$$d\boldsymbol{A} = dA_x\boldsymbol{i} + dA_y\boldsymbol{j} + dA_z\boldsymbol{k}$$

問　　題

1. $\boldsymbol{A} = 5u^2\boldsymbol{i} + u\boldsymbol{j} - u^3\boldsymbol{k}$, $\boldsymbol{B} = \sin u\,\boldsymbol{i} - \cos u\,\boldsymbol{j}$ のとき，次のものを求めよ．

(1) $\boldsymbol{A}'$, $\boldsymbol{B}'$　(2) $(\boldsymbol{A}\cdot\boldsymbol{B})'$　(3) $(\boldsymbol{A}\times\boldsymbol{B})'$　(4) $(\boldsymbol{A}\cdot\boldsymbol{A})'$

2. $\boldsymbol{r} = \boldsymbol{r}(u)$ をベクトル関数とし，$r = |\boldsymbol{r}(u)|$ とする．$\boldsymbol{a}$ と $\boldsymbol{b}$ を定ベクトルとする．次の関数を微分せよ．

(1) $r^2\boldsymbol{r} + (\boldsymbol{a}\cdot\boldsymbol{r})\boldsymbol{b}$　(2) $\boldsymbol{r}\cdot\boldsymbol{r} + \dfrac{1}{\boldsymbol{r}\cdot\boldsymbol{r}}$　(3) $\dfrac{\boldsymbol{r}+\boldsymbol{a}}{\boldsymbol{r}\cdot\boldsymbol{r}+\boldsymbol{a}\cdot\boldsymbol{a}}$

3. 次のベクトル関数 $\boldsymbol{A}$ が右側の微分方程式を満足することを証明せよ．ただし，$\boldsymbol{D}$ と $\boldsymbol{E}$ は定ベクトルである．

(1) $\boldsymbol{A} = \boldsymbol{D}\cos u + \boldsymbol{E}\sin u$　　$\boldsymbol{A}'' + \boldsymbol{A} = \boldsymbol{0}$

(2) $\boldsymbol{A} = \boldsymbol{D}e^{-u}\cos u + \boldsymbol{E}e^{-u}\sin u$　　$\boldsymbol{A}'' + 2\boldsymbol{A}' + 2\boldsymbol{A} = \boldsymbol{0}$

§5　ベクトル関数の積分

ベクトル関数 $\boldsymbol{A}(u)$ が $\boldsymbol{D}(u)$ の導関数であるとき，$\boldsymbol{D}(u)$ を $\boldsymbol{A}(u)$ の**不定積分**といい

$$\boldsymbol{D}(u) = \int \boldsymbol{A}(u)du$$

で表す．ベクトル関数 $\boldsymbol{A}(u)$ の不定積分は無限に多くあるが，$\boldsymbol{A}(u)$ の2つの不定積分の差は定ベクトルである．さて，$\boldsymbol{A} = A_x\boldsymbol{i} + A_y\boldsymbol{j} + A_z\boldsymbol{k}$ であれば

$$\int \boldsymbol{A}\,du = \int A_x du\,\boldsymbol{i} + \int A_y du\,\boldsymbol{j} + \int A_z du\,\boldsymbol{k} \tag{1}$$

$\boldsymbol{A}$ と $\boldsymbol{B}$ をベクトル関数，k を定数，$\boldsymbol{K}$ を定ベクトルとすれば，次の演算法則が成り立つ．

(a) $\displaystyle\int(\boldsymbol{A}+\boldsymbol{B})du = \int\boldsymbol{A}\,du + \int\boldsymbol{B}\,du$　(b) $\displaystyle\int k\boldsymbol{A}\,du = k\int\boldsymbol{A}\,du$

(c) $\displaystyle\int\boldsymbol{K}\cdot\boldsymbol{A}\,du = \boldsymbol{K}\cdot\int\boldsymbol{A}\,du$　(d) $\displaystyle\int\boldsymbol{K}\times\boldsymbol{A}\,du = \boldsymbol{K}\times\int\boldsymbol{A}\,du$

ベクトル関数 $\boldsymbol{A}(u)$ が閉区間 $[a, b]$ で連続であるとする．この区間 $[a, b]$ を小区間 $I_1, I_2, \cdots, I_k$ に分割し，おのおのの小区間 I_n 内にそれぞれ1つずつ数 u_n を任意にとる（$n = 1, 2, \cdots, k$）．また，各小区間 I_n の長さを $\varDelta u_n$ とする（$n = 1, 2, \cdots, k$）．次の和を作る．

$$\boldsymbol{S}_k = \sum_{n=1}^{k} \boldsymbol{A}(u_n)\varDelta u_n = \boldsymbol{A}(u_1)\varDelta u_1 + \boldsymbol{A}(u_2)\varDelta u_2 + \cdots + \boldsymbol{A}(u_k)\varDelta u_k$$

この分割を任意の仕方で限りなく細かくしたとき，$u_1, u_2, \cdots, u_k$ の選び方に無関係に，上の和 $\boldsymbol{S}_k$ は確定したベクトル $\boldsymbol{S}$ に収束する．この極限 $\boldsymbol{S}$ を

$$\boldsymbol{S} = \int_a^b \boldsymbol{A}(u)du$$

で表し，ベクトル関数 $\boldsymbol{A} = \boldsymbol{A}(u)$ の a から b までの**定積分**という．さて，$\boldsymbol{A} = A_x\boldsymbol{i} + A_y\boldsymbol{j} + A_z\boldsymbol{k}$ ならば

(2)
$$\int_a^b \boldsymbol{A}\,du = \int_a^b A_x du\,\boldsymbol{i} + \int_a^b A_y du\,\boldsymbol{j} + \int_a^b A_z du\,\boldsymbol{k}$$

定積分と不定積分の間に次の関係がある．

$$\int_a^b \boldsymbol{A}\,du = \Big[\boldsymbol{D}(u)\Big]_a^b = \boldsymbol{D}(b) - \boldsymbol{D}(a)$$

ただし

$$\boldsymbol{D}(u) = \int \boldsymbol{A}(u)du$$

2つ以上の独立変数を含むベクトル関数の多重積分を普通の関数の場合と同じように定義する．

問　　題

1．次の積分を計算せよ．ただし，$\boldsymbol{p}$ と $\boldsymbol{q}$ は定ベクトルである．

(1) $\displaystyle\int(\boldsymbol{i} + 2u\boldsymbol{j} + 3u^2\boldsymbol{k})du$　　(2) $\displaystyle\int(\cos u\,\boldsymbol{p} + \sec^2 u\,\boldsymbol{q})du$

(3) $\displaystyle\int_0^{\frac{\pi}{2}}(3\sin u\,\boldsymbol{i} + 2\cos u\,\boldsymbol{j})du$　　(4) $\displaystyle\int_0^1\left(\frac{1}{1+u^2}\boldsymbol{p} + \frac{1}{\sqrt{1-u^2}}\boldsymbol{q}\right)du$

演 習 問 題 II - 2

［A］

1．次のベクトル関数 $\boldsymbol{A}(u, v)$ の1階，2階偏導関数を求めよ．

(1) $\boldsymbol{A} = u\boldsymbol{i} + v\boldsymbol{j} + (u^2 + v^2)\boldsymbol{k}$

(2) $\boldsymbol{A} = \cos uv\,\boldsymbol{i} + (3uv - 2u^2)\boldsymbol{j} - (3u + 2v)\boldsymbol{k}$

2．$\boldsymbol{A} = u^2\boldsymbol{i} - u\boldsymbol{j} + (2u+1)\boldsymbol{k}$，$\boldsymbol{B} = (2u-3)\boldsymbol{i} + \boldsymbol{j} - u\boldsymbol{k}$ とする．次の定積分を計

算せよ．

(1) $\displaystyle\int_0^1 \boldsymbol{A}\,du$　　(2) $\displaystyle\int_0^1 \boldsymbol{A}\cdot\boldsymbol{B}\,du$

(3) $\displaystyle\int_0^1 \boldsymbol{A}\times\boldsymbol{B}\,du$

3. 任意のベクトル関数 $\boldsymbol{A}$ について次式を証明せよ．

(1) $\displaystyle\frac{d^2\boldsymbol{A}\cdot\boldsymbol{A}}{du^2} = 2\frac{d\boldsymbol{A}}{du}\cdot\frac{d\boldsymbol{A}}{du} + 2\boldsymbol{A}\cdot\frac{d^2\boldsymbol{A}}{du^2}$

(2) $\displaystyle\frac{d}{du}\left(\boldsymbol{A}\times\frac{d\boldsymbol{A}}{du}\right) = \boldsymbol{A}\times\frac{d^2\boldsymbol{A}}{du^2}$

4. 時間を t で表す．運動する粒子の位置ベクトルが $\boldsymbol{r}=\boldsymbol{r}(t)$ であれば，その速度ベクトルは $\boldsymbol{v}=\dfrac{d\boldsymbol{r}}{dt}$，加速度ベクトルは $\boldsymbol{a}=\dfrac{d^2\boldsymbol{r}}{dt^2}$ である．いま，粒子の加速度ベクトルが

$$\boldsymbol{a} = 12\cos 2t\,\boldsymbol{i} - 8\sin 2t\,\boldsymbol{j} + 16t\boldsymbol{k}$$

であるとき，粒子の位置ベクトル $\boldsymbol{r}=\boldsymbol{r}(t)$ を求めよ．ただし，$\boldsymbol{r}(0)=\boldsymbol{0}$，$\boldsymbol{v}(0)=\boldsymbol{0}$ とする．

[B]

5. $\boldsymbol{A}$ と $\boldsymbol{B}$ をベクトル関数，f をスカラー関数（普通の関数）とする．次の部分積分の公式を証明せよ．

(1) $\displaystyle\int f\boldsymbol{A}'du = f\boldsymbol{A} - \int f'\boldsymbol{A}\,du$

(2) $\displaystyle\int f'\boldsymbol{A}\,du = f\boldsymbol{A} - \int f\boldsymbol{A}'du$

(3) $\displaystyle\int \boldsymbol{A}\cdot\boldsymbol{B}'du = \boldsymbol{A}\cdot\boldsymbol{B} - \int \boldsymbol{A}'\cdot\boldsymbol{B}\,du$

(4) $\displaystyle\int \boldsymbol{A}\times\boldsymbol{B}'du = \boldsymbol{A}\times\boldsymbol{B} - \int \boldsymbol{A}'\times\boldsymbol{B}\,du$

6. $\boldsymbol{r}=\boldsymbol{r}(t)$ をベクトル関数とし，$r=|\boldsymbol{r}(t)|$ とする．次の関係を証明せよ．ただし，k は定数，$\boldsymbol{K}$ は定ベクトルである．

(1) $\displaystyle 2\int \boldsymbol{r}'\cdot\boldsymbol{r}''du = \boldsymbol{r}'\cdot\boldsymbol{r}' + k$

(2) $\displaystyle\int\left(\frac{\boldsymbol{r}'}{r} - \frac{r'\boldsymbol{r}}{r^2}\right)du = \frac{\boldsymbol{r}}{r} + \boldsymbol{K}$

7. 任意のベクトル関数 $\boldsymbol{A}, \boldsymbol{B}, \boldsymbol{C}$ について，次式を証明せよ．ただし，$\boldsymbol{K}$ は定ベクトルである．

(1)　$\displaystyle\int \boldsymbol{A} \times \boldsymbol{A}'' du = \boldsymbol{A} \times \boldsymbol{A}' + \boldsymbol{K}$

(2)　$\{\boldsymbol{A}\cdot(\boldsymbol{B} \times \boldsymbol{C})\}' = \boldsymbol{A}'\cdot(\boldsymbol{B} \times \boldsymbol{C}) + \boldsymbol{A}\cdot(\boldsymbol{B}' \times \boldsymbol{C}) + \boldsymbol{A}\cdot(\boldsymbol{B} \times \boldsymbol{C}')$

(3)　$\{\boldsymbol{A} \times (\boldsymbol{B} \times \boldsymbol{C})\}' = \boldsymbol{A}' \times (\boldsymbol{B} \times \boldsymbol{C}) + \boldsymbol{A} \times (\boldsymbol{B}' \times \boldsymbol{C}) + \boldsymbol{A} \times (\boldsymbol{B} \times \boldsymbol{C}')$

8. 次のことを証明せよ．

(1)　$\boldsymbol{A}\cdot\boldsymbol{A}' = 0$　ならば，$|\boldsymbol{A}|$ は一定である．

(2)　$\boldsymbol{A} \times \boldsymbol{A}' = \boldsymbol{0}$　ならば，$\dfrac{\boldsymbol{A}}{|\boldsymbol{A}|}$ は一定である．　$(\boldsymbol{A} \neq \boldsymbol{0})$

9. 時間を t で表す．運動する質量 m の質点 P の位置ベクトル $\overrightarrow{\mathrm{OP}}$ を $\boldsymbol{r} = \boldsymbol{r}(t)$ とする．この質点が位置ベクトル $\boldsymbol{r}$ の点において定点 O に向かう力 $f(r)\boldsymbol{r}$ の作用を受けながら運動するとき（$r = |\boldsymbol{r}(t)|$ とする），その運動方程式は

$$m\frac{d^2\boldsymbol{r}}{dt^2} = f(r)\boldsymbol{r}$$

である．次のことを証明せよ．

(1)　$\boldsymbol{r} \times \dfrac{d\boldsymbol{r}}{dt} = \boldsymbol{K}$ は定ベクトルである．

(2)　$\boldsymbol{r}\cdot\boldsymbol{K} = 0$ である．$\boldsymbol{K} \neq \boldsymbol{0}$ ならば，この質点 P はベクトル $\boldsymbol{K}$ に垂直で，定点 O を通る平面上で運動する．$\boldsymbol{K} = \boldsymbol{0}$ ならば，この質点 P は定点 O を通る 1 つの直線上を運動する．

第３章　曲線・曲面・運動

§6　空間曲線

空間で点 $\mathrm{P}(t) = \mathrm{P}(x(t), y(t), z(t))$ が変数 t の変動にともなって運動すれば，この点 $\mathrm{P}(t)$ は１つの空間曲線 C をえがく．このとき，点 $\mathrm{P}(t)$ の位置ベクトル $\boldsymbol{r}(t) = x(t)\boldsymbol{i} + y(t)\boldsymbol{j} + z(t)\boldsymbol{k}$ は変数 t のベクトル関数である．このとき，方程式

$$\boldsymbol{r} = \boldsymbol{r}(t)$$

をこの曲線 C の**ベクトル方程式**または簡単に**方程式**といい，t を媒介変数という（II - 16 図参照）．この節では，$\boldsymbol{r} = \boldsymbol{r}(t)$ は２回以上微分できて，$\boldsymbol{r}'(t) \neq \boldsymbol{0}$ であると仮定する．

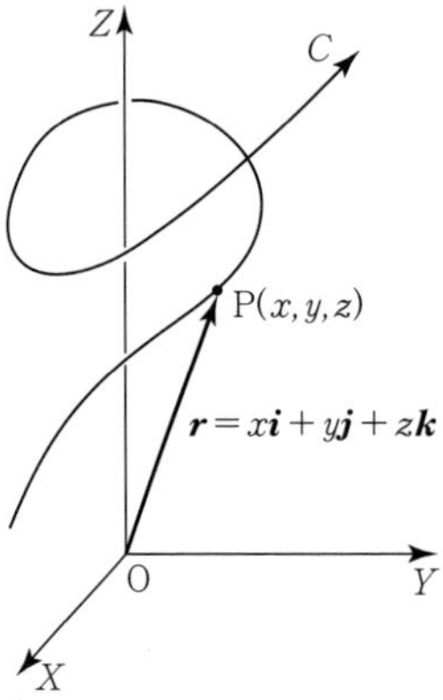

II - 16 図

弧長　　曲線 C の方程式を $\boldsymbol{r} = \boldsymbol{r}(t)$ とする．区間 $[a, b]$ に対応する C 上の弧を $\overset{\frown}{\mathrm{AB}}$ とし，$\mathrm{A} = \mathrm{P}(a)$，$\mathrm{B} = \mathrm{P}(b)$ であるとする．II - 17 図のように，$\overset{\frown}{\mathrm{AB}}$ を小さい弧に分割して，その分点を $\mathrm{A} = \mathrm{P}_0, \mathrm{P}_1, \mathrm{P}_2, \cdots, \mathrm{P}_{n-1}, \mathrm{P}_n = \mathrm{B}$ とし，点 P_i で $t = t_i$ とする（$i = 0, 1, \cdots, n$）．さて，折線 $\mathrm{P}_0\mathrm{P}_1\mathrm{P}_2\cdots\mathrm{P}_{n-1}\mathrm{P}_n$ の長さは

$$s_n = \sum_{i=1}^{n} \overline{\mathrm{P}_{i-1}\mathrm{P}_i}$$
$$= \overline{\mathrm{P}_0\mathrm{P}_1} + \overline{\mathrm{P}_1\mathrm{P}_2} + \cdots + \overline{\mathrm{P}_{n-1}\mathrm{P}_n}$$

である．弧 $\overset{\frown}{\mathrm{AB}}$ の分割を任意の仕方で限りなく細かくしたとき，この折線の長さ s_n が確定した値 s に収束するとき，この極限値 s を弧 $\overset{\frown}{\mathrm{AB}}$ の**弧長**という．

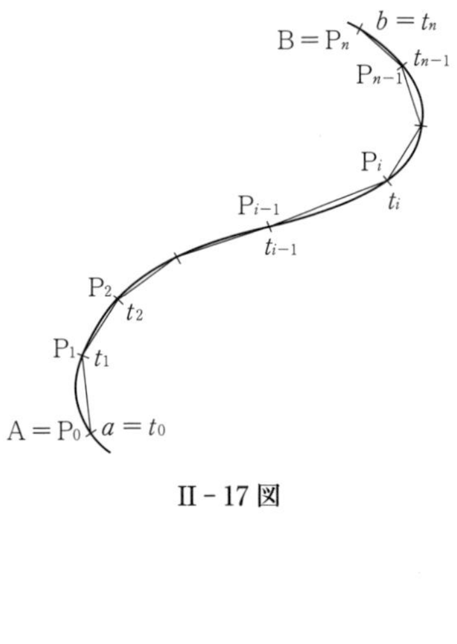

II - 17 図

いま，弧 $\overset{\frown}{\mathrm{AB}}$ 上で $\boldsymbol{r}'(t)$ が連続であるとき，弧 $\overset{\frown}{\mathrm{AB}}$ を**滑らかな弧**という．滑らかな弧は常に弧長をもち，その弧長は次の公式で与えられるが，その証明を省略する．

(1)　$$s=\int_a^b\sqrt{\left(\frac{dx}{dt}\right)^2+\left(\frac{dy}{dt}\right)^2+\left(\frac{dz}{dt}\right)^2}\,dt=\int_a^b\left|\frac{d\boldsymbol{r}}{dt}\right|dt$$

注意　上の公式 (1) を次のように説明できる．まず，II－17 図の折線の長さ s_n は次のように表される．

$$s_n=\sum_{i=1}^{n}\sqrt{(\varDelta x_i)^2+(\varDelta y_i)^2+(\varDelta z_i)^2}=\sum_{i=1}^{n}\sqrt{\left(\frac{\varDelta x_i}{\varDelta t_i}\right)^2+\left(\frac{\varDelta y_i}{\varDelta t_i}\right)^2+\left(\frac{\varDelta z_i}{\varDelta t_i}\right)^2}\,\varDelta t_i$$

ここで，$\mathrm{P}_i(x_i, y_i, z_i)$，$\varDelta x_i=x_i-x_{i-1}$，$\varDelta y_i=y_i-y_{i-1}$，$\varDelta z_i=z_i-z_{i-1}$ であり，$\mathrm{P}_i=\mathrm{P}(t_i)$，$\varDelta t_i=t_i-t_{i-1}$ である．さて，この分割を限りなく細かくしたときの極限において，上の s_n は (1) の積分に収束することが推察されよう．

さらに，いくつかの滑らかな弧 $\overset{\frown}{\mathrm{A_1A_2}}$, $\overset{\frown}{\mathrm{A_2A_3}}$, $\overset{\frown}{\mathrm{A_3A_4}}$, $\overset{\frown}{\mathrm{A_4A_5}}$ を連結してできている弧 $\overset{\frown}{\mathrm{A_1A_5}}$ のような曲線を**区分的に滑らかな曲線**という．このような弧を構成している滑らかな弧の長さの和を，この弧の弧長という．今後は，区分的に滑らかな弧だけを考えることにする．

さて，弧長を与える公式 (1) の積分で，その上限 b を t で置き換えれば，s は t の関数になり

(2)　$$s(t)=\int_a^t\left|\frac{d\boldsymbol{r}}{dt}\right|dt$$

となる．この $s(t)$ は定点 $\mathrm{A}=\mathrm{P}(a)$ から点 $\mathrm{P}(t)$ までの弧長を表す．また，$s(t)$ は増加関数である．なぜならば，仮定によって，$\dfrac{d\boldsymbol{r}}{dt}\neq\boldsymbol{0}$ であるから，(2) の両辺を t で微分して

(3)　$$\frac{ds(t)}{dt}=\left|\frac{d\boldsymbol{r}}{dt}\right|>0$$

となるからである．ゆえに，$s=s(t)$ の逆関数 $t=t(s)$ が存在する．この逆関数を曲線の方程式 $\boldsymbol{r}=\boldsymbol{r}(t)$ に代入して，$\boldsymbol{r}=\boldsymbol{r}(t(s))$ が得られる．すなわち，上の (2) で定義された変数 s を曲線の媒介変数とみなせる．この媒介変数 s を曲線 C の**弧長**という．さて

$$\frac{d\boldsymbol{r}}{ds} = \frac{d\boldsymbol{r}}{dt}\frac{dt}{ds}$$

であるから，上の（3）を利用すれば

$$\left|\frac{d\boldsymbol{r}}{ds}\right| = \left|\frac{d\boldsymbol{r}}{dt}\right|\frac{dt}{ds} = \frac{ds}{dt}\frac{dt}{ds} = 1$$

が得られる．ゆえに，$\boldsymbol{t} = \dfrac{d\boldsymbol{r}}{ds}$ は単位ベクトルであり，これは曲線 C の各点で C に接している．そこで，$\boldsymbol{t}$ を曲線 C の**接線単位ベクトル**という．まとめて，接線単位ベクトルは

（4）
$$\boldsymbol{t} = \frac{d\boldsymbol{r}}{ds}, \qquad \boldsymbol{t} = \frac{d\boldsymbol{r}}{dt}\bigg/\left|\frac{d\boldsymbol{r}}{dt}\right|$$

例題 1　次の曲線の弧長 s と接線単位ベクトル $\boldsymbol{t}$ を求めよ．$(-\infty < t < \infty,\ a > 0)$

$$\boldsymbol{r} = a\cos t\,\boldsymbol{i} + a\sin t\,\boldsymbol{j} + bt\boldsymbol{k} \qquad \text{（常螺線（じょうらせん））}$$

【解答】 公式（2）と（4）を利用する．

$$\boldsymbol{r}' = -a\sin t\,\boldsymbol{i} + a\cos t\,\boldsymbol{j} + b\boldsymbol{k}$$

$$\therefore\quad |\boldsymbol{r}'| = \sqrt{(-a\sin t)^2 + (a\cos t)^2 + b^2} = \sqrt{a^2 + b^2}$$

ゆえに

$$s = \int_0^t |\boldsymbol{r}'|\,dt = \int_0^t \sqrt{a^2 + b^2}\,dt = \sqrt{a^2 + b^2}\,t$$

$$\boldsymbol{t} = \frac{\boldsymbol{r}'}{|\boldsymbol{r}'|} = -\frac{a}{\sqrt{a^2 + b^2}}\sin t\,\boldsymbol{i} + \frac{a}{\sqrt{a^2 + b^2}}\cos t\,\boldsymbol{j} + \frac{b}{\sqrt{a^2 + b^2}}\boldsymbol{k}$$ ■

曲線 C の媒介変数が弧長 s であるとし，その方程式を

$$\boldsymbol{r} = \boldsymbol{r}(s)$$

とする．このとき，（4）によって，接線単位ベクトルは

$$\boldsymbol{t} = \frac{d\boldsymbol{r}}{ds}$$

である．C 上の点 $\mathrm{P}(s)$ における弧長 s の増分 Δs にともなう $\boldsymbol{t}$ の増分を $\Delta\boldsymbol{t}$ とし，$\boldsymbol{t}$ と $\boldsymbol{t} + \Delta\boldsymbol{t}$ の作る角を $\Delta\theta$ とする．II－18 図の右下の図からわかるように，近似式 $\Delta\theta \fallingdotseq |\Delta\boldsymbol{t}|$ が成り立つ．ゆえに

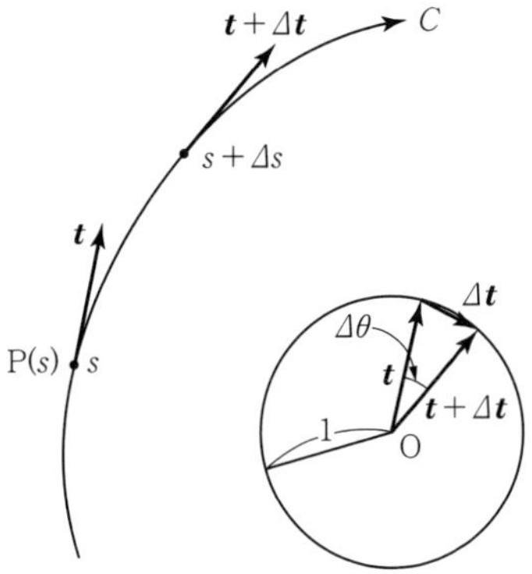

II - 18 図

$$\lim_{\Delta s \to 0} \frac{\Delta\theta}{\Delta s} = \lim_{\Delta s \to 0} \left| \frac{\Delta \boldsymbol{t}}{\Delta s} \right|$$

ここで，左辺は弧長 s の増加にともなう接線単位ベクトル $\boldsymbol{t}$ の回転率であるから，これを曲線 C の**曲率**といい，記号 κ で表す．したがって，曲率は次式で与えられる．

(5)　$$\kappa = \left| \frac{d\boldsymbol{t}}{ds} \right| = \left| \frac{d^2\boldsymbol{r}}{ds^2} \right|$$

また，$\kappa \fallingdotseq 0$ のとき

(6)　$$\rho = \frac{1}{\kappa}$$

を曲線 C の**曲率半径**という．また，$\kappa = 0$ の場合，曲率半径 ρ は ∞ であるといい，$\rho = \infty$ と書き表すことがある．

さて，$\boldsymbol{t}$ は単位ベクトルであるから，$\boldsymbol{t} \cdot \boldsymbol{t} = 1$ である．この両辺を s で微分して

$$\boldsymbol{t} \cdot \frac{d\boldsymbol{t}}{ds} = 0$$

すなわち，$\dfrac{d\boldsymbol{t}}{ds}$ は $\boldsymbol{t}$ に垂直である，そこで，$\kappa \fallingdotseq 0$ と仮定して（$d\boldsymbol{t}/ds \fallingdotseq \boldsymbol{0}$ と仮定して），単位ベクトル $\boldsymbol{n}$ を

(7)　$$\boldsymbol{n} = \frac{d\boldsymbol{t}}{ds} \Big/ \left| \frac{d\boldsymbol{t}}{ds} \right| = \frac{1}{\kappa}\frac{d\boldsymbol{t}}{ds} = \frac{1}{\kappa}\frac{d^2\boldsymbol{r}}{ds^2}$$

で定義し，これを曲線 C の**主法線単位ベクトル**という．曲線 C 上の点 P を通り，点 P における接線単位ベクトル $\boldsymbol{t}$ と主法線単位ベクトル $\boldsymbol{n}$ を含む平面を，曲線 C の点 P における**接触平面**という．

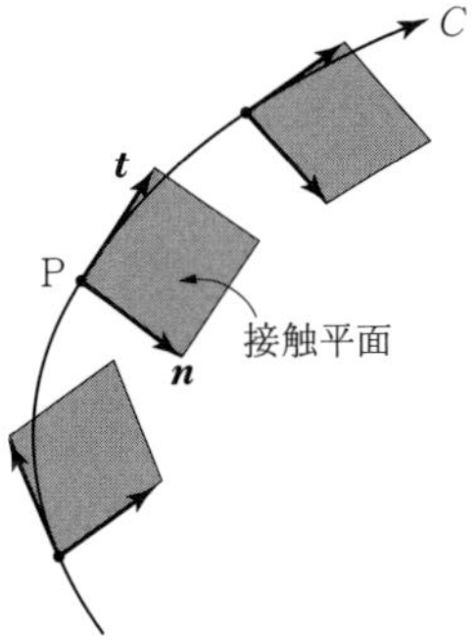

II - 19 図

$\kappa = 0$ となる点では，(7) によって，主法線単位ベクトル $\boldsymbol{n}$ を決定することができない．そこで，話を簡単にするために，曲線 C のすべての点で $\kappa = 0$ であると仮定すれば，(5) によって

$$\frac{d^2\boldsymbol{r}}{ds^2}=\boldsymbol{0} \qquad \therefore \quad \boldsymbol{r}=s\boldsymbol{a}+\boldsymbol{b}$$

ここで，$\boldsymbol{a}$ と $\boldsymbol{b}$ は定ベクトルである．すなわち，$\kappa=0$ が曲線 C のすべての点で成り立てば，C は直線であるか，またはその一部である．

例題 2　常螺線 $\boldsymbol{r}=a\cos t\,\boldsymbol{i}+a\sin t\,\boldsymbol{j}+bt\boldsymbol{k}$ の曲率 κ と主法線単位ベクトル $\boldsymbol{n}$ を求めよ．$(a>0)$

【解答】　例題1の問（1）によって，$s=\sqrt{a^2+b^2}\,t$ である．ゆえに，この曲線の方程式は次のようになる．

$$\boldsymbol{r}=a\cos\frac{s}{\sqrt{a^2+b^2}}\boldsymbol{i}+a\sin\frac{s}{\sqrt{a^2+b^2}}\boldsymbol{j}+\frac{bs}{\sqrt{a^2+b^2}}\boldsymbol{k}$$

$$\therefore \quad \frac{d^2\boldsymbol{r}}{ds^2}=-\frac{a}{a^2+b^2}\cos\frac{s}{\sqrt{a^2+b^2}}\boldsymbol{i}-\frac{a}{a^2+b^2}\sin\frac{s}{\sqrt{a^2+b^2}}\boldsymbol{j}$$

したがって，公式（5）によって

$$\kappa=\left|\frac{d^2\boldsymbol{r}}{ds^2}\right|=\frac{a}{a^2+b^2}$$

であり，曲率 κ は一定である．また，公式（7）によって

$$\boldsymbol{n}=\frac{1}{\kappa}\frac{d^2\boldsymbol{r}}{ds^2}=-\cos t\,\boldsymbol{i}-\sin t\,\boldsymbol{j}$$ ■

問　　題

1．次の曲線の $\boldsymbol{t}$ と $\boldsymbol{n}$ を求めよ．

$$\boldsymbol{r}=\left(t-\frac{t^3}{3}\right)\boldsymbol{i}+t^2\boldsymbol{j}+\left(t+\frac{t^3}{3}\right)\boldsymbol{k}$$

§7　点の運動

動点 P が時間 t の経過にともなって運動すれば，その位置ベクトルは時間 t のベクトル関数 $\boldsymbol{r}=\boldsymbol{r}(t)$ である．さて，方程式

（1）$$\boldsymbol{r}=\boldsymbol{r}(t)$$

で表される空間曲線 C は動点 P の軌道である．この曲線 C の（媒介変数としての）弧長を $s=s(t)$ で表す．動点 P の速度ベクトルは

（2）$$\boldsymbol{v}=\frac{d\boldsymbol{r}}{dt}$$

である．速度ベクトル $\boldsymbol{v}$ の大きさを $v=|\boldsymbol{v}|$ で表せば，§6 の（3）と（4）（p. 93〜94）によって

（3）$$\boldsymbol{v}=v\boldsymbol{t},\qquad |\boldsymbol{v}|=v=\frac{ds}{dt}$$

である．ここで，$\boldsymbol{t}$ は軌道 C の接線単位ベクトルである．動点 P の加速度ベクトル $\boldsymbol{a}$ は

（4）$$\boldsymbol{a}=\frac{d\boldsymbol{v}}{dt}=\frac{d^2\boldsymbol{r}}{dt^2}$$

である．ところが，上の（3）の第 1 式を t で微分すれば

$$\boldsymbol{a}=\frac{d\boldsymbol{v}}{dt}=\frac{dv}{dt}\boldsymbol{t}+v\frac{d\boldsymbol{t}}{ds}\frac{ds}{dt}$$

ここで，§6 の公式（7）（p. 95）と上の（3）を利用すれば

$$\frac{d\boldsymbol{t}}{ds}=\frac{1}{\rho}\boldsymbol{n},\qquad \frac{ds}{dt}=v$$

が得られるから

（5）$$\boldsymbol{a}=\frac{dv}{dt}\boldsymbol{t}+\frac{v^2}{\rho}\boldsymbol{n}$$

$$v=\frac{ds}{dt},\qquad \frac{dv}{dt}=\frac{d^2s}{dt^2}$$

が得られる．ここで，$\boldsymbol{n}$ は軌道 C の主法線単位ベクトルであり，ρ は C の曲率半径である．したがって

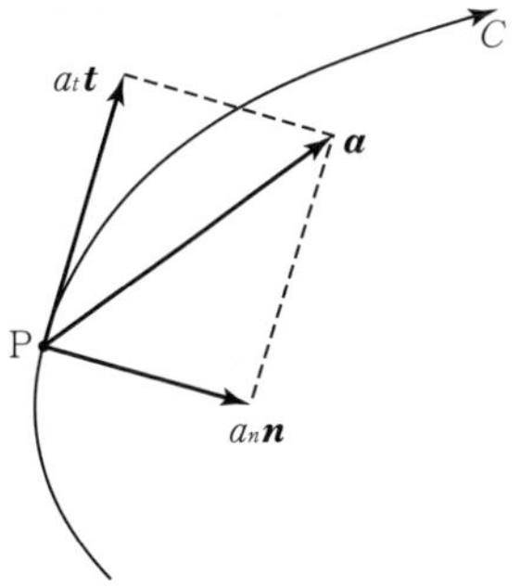

II - 20 図

　　加速度ベクトルは軌道の接触平面内にある．

いま

（6）$$a_t=\frac{dv}{dt}=\frac{d^2s}{dt^2},\qquad a_n=\frac{v^2}{\rho}=\frac{1}{\rho}\left(\frac{ds}{dt}\right)^2$$

とおいて，これらをそれぞれ**加速度の接線成分**，**法線成分**ということにすれば，（5）は次のようになる（II - 20 図参照）．

（7）$$\boldsymbol{a}=a_t\,\boldsymbol{t}+a_n\,\boldsymbol{n}$$

　質量 m の質点が力 $\boldsymbol{F}$ の作用を受けながら運動する場合に，その**運動方程式**

は

(8)
$$m\boldsymbol{a} = \boldsymbol{F}$$

である．これに（7）を代入すれば，次式が得られる．

(9)
$$ma_t = F_t, \qquad ma_n = F_n$$

すなわち，運動方程式を

(10)
$$m\frac{d^2s}{dt^2} = F_t, \qquad \frac{m}{\rho}\left(\frac{ds}{dt}\right)^2 = F_n$$

と書き表すことができる．ここで，$F_t = \boldsymbol{F}\cdot\boldsymbol{t}$，$F_n = \boldsymbol{F}\cdot\boldsymbol{n}$ であり，これらをそれぞれ**力 $\boldsymbol{F}$ の接線成分**，**法線成分**という．

例題 1　運動 $\boldsymbol{r} = (t^3 - 4t)\boldsymbol{i} + (t^2 + 4t)\boldsymbol{j} + (8t^2 - 3t^3)\boldsymbol{k}$ について，次のものを求めよ．

（1）速度ベクトル $\boldsymbol{v}$　　（2）加速度ベクトル $\boldsymbol{a}$

（3）時刻 $t = 0$ における加速度の接線成分 a_t と法線成分 a_n

【解答】（1）$\boldsymbol{v} = \dfrac{d\boldsymbol{r}}{dt} = (3t^2 - 4)\boldsymbol{i} + (2t + 4)\boldsymbol{j} + (16t - 9t^2)\boldsymbol{k}$

（2）$\boldsymbol{a} = \dfrac{d\boldsymbol{v}}{dt} = 6t\boldsymbol{i} + 2\boldsymbol{j} + (16 - 18t)\boldsymbol{k}$

（3）$t = 0$ において，$\boldsymbol{v} = -4\boldsymbol{i} + 4\boldsymbol{j}$，$a = 2\boldsymbol{j} + 16\boldsymbol{k}$．ゆえに，$t = 0$ において

$$\left|\frac{d\boldsymbol{r}}{dt}\right| = |\boldsymbol{v}| = \sqrt{(-4)^2 + 4^2} = 4\sqrt{2}$$

$$\therefore\quad \boldsymbol{t} = \frac{d\boldsymbol{r}}{dt}\Big/\left|\frac{d\boldsymbol{r}}{dt}\right| = \frac{1}{4\sqrt{2}}(-4\boldsymbol{i} + 4\boldsymbol{j}) = -\frac{1}{\sqrt{2}}\boldsymbol{i} + \frac{1}{\sqrt{2}}\boldsymbol{j}$$

ゆえに，$t = 0$ において

$$a_t = \boldsymbol{a}\cdot\boldsymbol{t} = (2\boldsymbol{j} + 16\boldsymbol{k})\cdot\left(-\frac{1}{\sqrt{2}}\boldsymbol{i} + \frac{1}{\sqrt{2}}\boldsymbol{j}\right) = \sqrt{2}$$

$$a_n = |a_n\boldsymbol{n}| = |\boldsymbol{a} - a_t\boldsymbol{t}| = \left|(2\boldsymbol{j} + 16\boldsymbol{k}) - \sqrt{2}\left(-\frac{1}{\sqrt{2}}\boldsymbol{i} + \frac{1}{\sqrt{2}}\boldsymbol{j}\right)\right|$$
$$= |\boldsymbol{i} + \boldsymbol{j} + 16\boldsymbol{k}| = \sqrt{258}$$

■

例題 2　II－21 図のように，鉛直面内の滑らかな，半径 a の円周に束縛されている質量 m の質点 P が重力の作用を受けて運動するとき，その運動は方程式

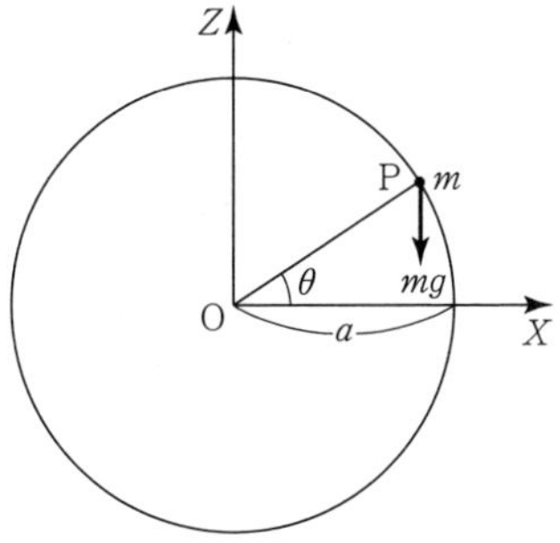

II - 21 図

$$\boldsymbol{r} = a\cos\theta(t)\boldsymbol{i} + a\sin\theta(t)\boldsymbol{k}$$

で表される．このとき，関数 $\theta(t)$ は次の微分方程式を満足することを証明せよ．

$$a\frac{d^2\theta}{dt^2} = -g\cos\theta$$

ただし，g は重力の加速度である．

【解答】 質点 P に作用する重力は $\boldsymbol{F} = -mg\boldsymbol{k}$ である．軌道である円周の接線単位ベクトルを $\boldsymbol{t}$ とすれば

$$\frac{d\boldsymbol{r}}{dt} = -a\frac{d\theta}{dt}\sin\theta\,\boldsymbol{i} + a\frac{d\theta}{dt}\cos\theta\,\boldsymbol{k}$$

$$\therefore \quad \boldsymbol{t} = \frac{d\boldsymbol{r}}{dt}\Big/\left|\frac{d\boldsymbol{r}}{dt}\right| = -\sin\theta\,\boldsymbol{i} + \cos\theta\,\boldsymbol{k}$$

ゆえに，重力 $\boldsymbol{F}$ の接線成分 F_t は

$$F_t = \boldsymbol{F}\cdot\boldsymbol{t} = (-mg\boldsymbol{k})\cdot(-\sin\theta\,\boldsymbol{i} + \cos\theta\,\boldsymbol{k}) = -mg\cos\theta$$

次に，$v = \left|\dfrac{d\boldsymbol{r}}{dt}\right| = a\dfrac{d\theta}{dt}$ であるから，(6) と (9) によって

$$a\frac{d^2\theta}{dt^2} = -g\cos\theta$$ ■

問　　題

1. 円運動 $\boldsymbol{r} = a\cos\theta(t)\boldsymbol{i} + a\sin\theta(t)\boldsymbol{j}$ $(a > 0)$ の速度ベクトル $\boldsymbol{v}$，加速度ベクトル $\boldsymbol{a}$，加速度の接線成分 a_t，加速度の法線成分 a_n を求めよ．
2. 運動 $\boldsymbol{r} = e^{-t}\boldsymbol{i} + 2\cos t\,\boldsymbol{j} + 2\sin t\,\boldsymbol{k}$ について，時刻 $t = 0$ における速度ベクトル $\boldsymbol{v}$，加速度ベクトル $\boldsymbol{a}$，加速度の接線成分 a_t，加速度の法線成分 a_n を求めよ．

§8 曲　面

点 P の位置ベクトルが 2 変数 u, v のベクトル関数 $\boldsymbol{r} = \boldsymbol{r}(u, v)$ であれば，u と v の変動にともなって，点 P は一般に 1 つの曲面 S をえがく．方程式

(1) $$\boldsymbol{r} = \boldsymbol{r}(u, v)$$

をこの曲面 S の**ベクトル方程式**または単に**方程式**といい，u と v をその**媒介変**

数という．媒介変数 (u,v) に対応する点を $\mathrm{P}(u,v)$ で表すこともある（II - 22 図と II - 23 図参照）．曲面について常に

$$\frac{\partial \boldsymbol{r}}{\partial u} \times \frac{\partial \boldsymbol{r}}{\partial v} \neq \boldsymbol{0} \tag{2}$$

が成り立つと仮定する．この節ではベクトル関数 $\boldsymbol{r}=\boldsymbol{r}(u,v)$ は偏微分できて，その偏導関数は連続であるとする．

さて，変数 v の値を固定して，u だけ変動させるとき，点 $\mathrm{P}(u,v)$ は曲面 S 上で 1 つの曲線をかく．この曲線を ***u* 曲線**という．曲面 S の各点を通って u 曲線はただ 1 つ存在する．同じように，***v* 曲線**を定義すれば，曲面 S 上の各点を通って v 曲線はただ 1 つ存在する．このように，曲面 S 上に u 曲線で作られた網ができる．偏微分係数 $\dfrac{\partial \boldsymbol{r}}{\partial u}$ と $\dfrac{\partial \boldsymbol{r}}{\partial v}$ は曲面 S の各点でそれぞれ u 曲線と v 曲線に接している．なお，条件 (2) は $\dfrac{\partial \boldsymbol{r}}{\partial u}$ と $\dfrac{\partial \boldsymbol{r}}{\partial v}$ が平行でないことを意味していて，u 曲線と v 曲線が曲面 S 上の各点で 0 でも 180° でもない角を作って交わることを意味している．したがって，条件 (2) が仮定されているから，曲面 S 上の各点 P を通って，P での $\dfrac{\partial \boldsymbol{r}}{\partial u}$ と $\dfrac{\partial \boldsymbol{r}}{\partial v}$ を含む平面が決定される．この平面を曲面 S の点 P における**接平面**という．接平面はベクトル積

$$\frac{\partial \boldsymbol{r}}{\partial u} \times \frac{\partial \boldsymbol{r}}{\partial v} \neq \boldsymbol{0}$$

に垂直である．よって単位ベクトル

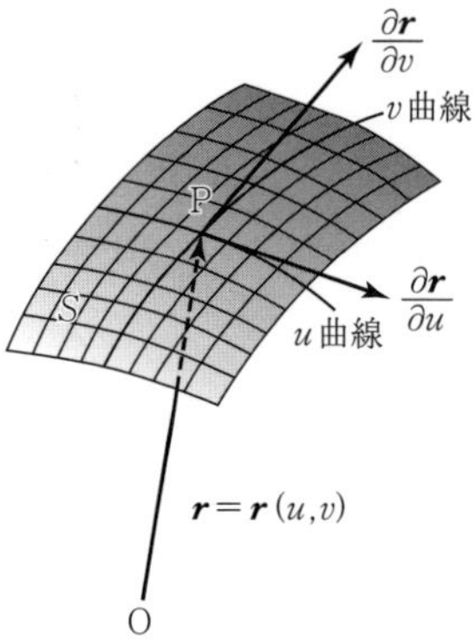

II - 22 図

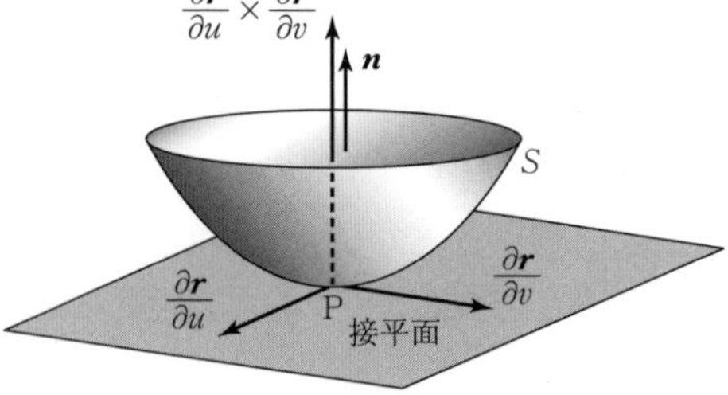

II - 23 図

(3)　$\boldsymbol{n}=\dfrac{\partial \boldsymbol{r}}{\partial u}\times\dfrac{\partial \boldsymbol{r}}{\partial v}\Big/\left|\dfrac{\partial \boldsymbol{r}}{\partial u}\times\dfrac{\partial \boldsymbol{r}}{\partial v}\right|$

は接平面に垂直であるから，$\boldsymbol{n}$ を曲面 S の**法単位ベクトル**という．さて，曲面 S の各点でその接平面に垂直な単位ベクトルの選び方は二通りあるが，特に断わらない限り，法単位ベクトル $\boldsymbol{n}$ を (3) のように作る．

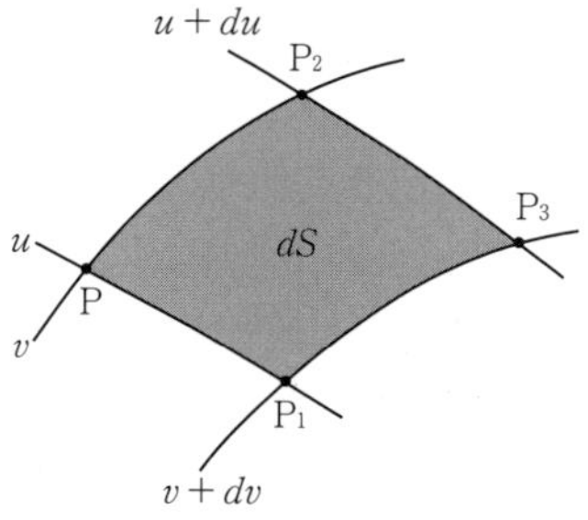

II - 24 図

さて，II - 24 図のように，曲面 S 上に互いに近い 4 点 $\mathrm{P}(u,v)$, $\mathrm{P}_1(u+du,v)$, $\mathrm{P}_2(u,v+dv)$, $\mathrm{P}_3(u+du,v+dv)$ を頂点にもち，u 曲線と v 曲線で囲まれた，微小面分 $\mathrm{PP_1P_3P_2}$ の面積 ΔS は

$$\overrightarrow{\mathrm{PP_1}}\fallingdotseq\frac{\partial \boldsymbol{r}}{\partial u}du,\qquad \overrightarrow{\mathrm{PP_2}}\fallingdotseq\frac{\partial \boldsymbol{r}}{\partial v}dv$$

であるから

$$\Delta S\fallingdotseq|\overrightarrow{\mathrm{PP_1}}\times\overrightarrow{\mathrm{PP_2}}|\fallingdotseq\left|\frac{\partial \boldsymbol{r}}{\partial u}\times\frac{\partial \boldsymbol{r}}{\partial v}\right|dudv$$

と近似される．したがって

(4)　$$dS=\left|\frac{\partial \boldsymbol{r}}{\partial u}\times\frac{\partial \boldsymbol{r}}{\partial v}\right|dudv$$

で ΔS は近似される．ゆえに，曲面 S 上のある面分 D の面積 D は

(5)　$$D=\iint_D\left|\frac{\partial \boldsymbol{r}}{\partial u}\times\frac{\partial \boldsymbol{r}}{\partial v}\right|dudv$$

で表される．上の (4) で与えた dS を曲面 S の**面積素**という．また，曲面 S 上の微小面分 $\mathrm{PP_1P_3P_2}$ を近似的に，点 P での接平面上の平行四辺形で，$\dfrac{\partial \boldsymbol{r}}{\partial u}du$ と $\dfrac{\partial \boldsymbol{r}}{\partial v}dv$ を 2 辺とするものであるとみなし，その面積ベクトル

(6)　$$d\boldsymbol{S}=dS\boldsymbol{n}=\frac{\partial \boldsymbol{r}}{\partial u}\times\frac{\partial \boldsymbol{r}}{\partial v}dudv$$

を考え，これを曲面 S の**ベクトル面積素**という．

例題 1　(1)　曲面 $z=f(x,y)$ $((x,y)\in D)$ の法単位ベクトル $\boldsymbol{n}$ と面積 S は次式で与えられることを証明せよ．ただし，D は xy 平面上の領域である．

$$\boldsymbol{n} = \frac{-f_x\boldsymbol{i} - f_y\boldsymbol{j} + \boldsymbol{k}}{\sqrt{1 + {f_x}^2 + {f_y}^2}}, \qquad S = \iint_D \sqrt{1 + {f_x}^2 + {f_y}^2}\,dxdy$$

(2)　曲面 $z = xy$ $(x^2 + y^2 \leqq 1)$ について，法単位ベクトル $\boldsymbol{n}$ とその面積 S を求めよ．

【解答】 (1)　曲面 $z = f(x, y)$ $((x, y) \in D)$ を次のように媒介変数表示できる．x と y を媒介変数として

$$\boldsymbol{r} = x\boldsymbol{i} + y\boldsymbol{j} + f(x, y)\boldsymbol{k}, \qquad (x, y) \in D$$

$$\therefore\quad \frac{\partial \boldsymbol{r}}{\partial x} = \boldsymbol{i} + f_x\boldsymbol{k}, \qquad \frac{\partial \boldsymbol{r}}{\partial y} = \boldsymbol{j} + f_y\boldsymbol{k}$$

$$\therefore\quad \frac{\partial \boldsymbol{r}}{\partial x} \times \frac{\partial \boldsymbol{r}}{\partial y} = -f_x\boldsymbol{i} - f_y\boldsymbol{j} + \boldsymbol{k}, \qquad \left|\frac{\partial \boldsymbol{r}}{\partial x} \times \frac{\partial \boldsymbol{r}}{\partial y}\right| = \sqrt{1 + {f_x}^2 + {f_y}^2}$$

ゆえに

$$\boldsymbol{n} = \frac{-f_x\boldsymbol{i} - f_y\boldsymbol{j} + \boldsymbol{k}}{\sqrt{1 + {f_x}^2 + {f_y}^2}}, \qquad S = \iint_D \sqrt{1 + {f_x}^2 + {f_y}^2}\,dxdy$$

(2)　$z = f(x, y) = xy$ であるから，$f_x = y$，$f_y = x$ である．これを問 (1) の結果に代入して

$$\boldsymbol{n} = \frac{-y\boldsymbol{i} - x\boldsymbol{j} + \boldsymbol{k}}{\sqrt{1 + x^2 + y^2}}$$

$$\begin{aligned} S &= \iint_{x^2+y^2 \leqq 1} \sqrt{1 + x^2 + y^2}\,dxdy \\ &= \int_0^{2\pi}\int_0^1 \sqrt{1 + r^2}\,r\,drd\theta \quad (x = r\cos\theta,\ y = r\sin\theta) \\ &= 2\pi\left[\frac{1}{3}(1 + r^2)^{\frac{3}{2}}\right]_0^1 = \frac{2\pi(2\sqrt{2} - 1)}{3} \end{aligned}$$

■

演 習 問 題 II - 3

［A］

1. 次の曲線の接線単位ベクトル $\boldsymbol{t}$ と主法線単位ベクトル $\boldsymbol{n}$ を求めよ．

$$\boldsymbol{r} = t\boldsymbol{i} + t^2\boldsymbol{j} + \frac{2}{3}t^3\boldsymbol{k}$$

2. 次の曲線の点 $t = 0$ から点 $t = b$ までの間の弧長を求めよ．

$$\boldsymbol{r} = 2a(\sin^{-1}t + t\sqrt{1 - t^2})\boldsymbol{i} + 2at^2\boldsymbol{j} + 4at\boldsymbol{k} \qquad (a, b > 0)$$

3. 次の曲面の法単位ベクトル $\boldsymbol{n}$ と面積素 dS を求めよ．

(1)　$\boldsymbol{r} = u\boldsymbol{i} + v\boldsymbol{j} + (u^2 + v^2)\boldsymbol{k}$

(2)　$\boldsymbol{r} = u\cos v\,\boldsymbol{i} + u\sin v\,\boldsymbol{j} + \varphi(v)\boldsymbol{k}$

4. 曲線 $\boldsymbol{r} = \cos t\,\boldsymbol{i} + \sin t\,\boldsymbol{j} + \varphi(t)\boldsymbol{k}$ の主法線単位ベクトル $\boldsymbol{n}$ が xy 平面に平行になるように関数 $\varphi(t)$ を定めよ．

5. 右の II - 25 図のように，点 O を中心とし，半径 k の円周上を一定の角速度 ω で運動している粒子 P の加速度ベクトル $\boldsymbol{a}$ はベクトル $\overrightarrow{\mathrm{OP}}$ に平行であり，$|\boldsymbol{a}| = \omega^2 k$ である．以上のことを証明せよ．

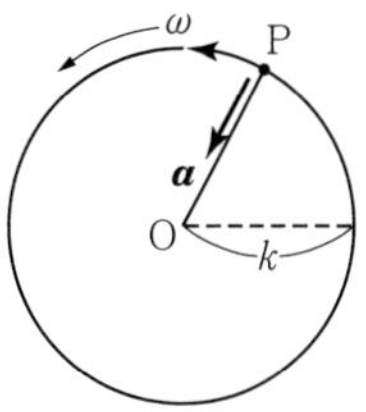

II - 25 図

［B］

6. 動点の速度ベクトルを $\boldsymbol{v}$，加速度ベクトルを $\boldsymbol{a}$ とすれば，その軌道の曲率半径は $\rho = \dfrac{|\boldsymbol{v}|^3}{|\boldsymbol{v} \times \boldsymbol{a}|}$ であることを証明せよ．

7. 次の微分方程式と初期条件を満足する運動 $\boldsymbol{r} = \boldsymbol{r}(t)$ を求めよ．ただし，ω は定数で，$\boldsymbol{a}, \boldsymbol{b}, \boldsymbol{r}_0, \boldsymbol{v}_0$ は定ベクトルである．

(1)　$\dfrac{d^2\boldsymbol{r}}{dt^2} = -g\boldsymbol{k}$,　　$\boldsymbol{r}(0) = \boldsymbol{r}_0$,　$\left(\dfrac{d\boldsymbol{r}}{dt}\right)_{t=0} = \boldsymbol{v}_0$

(2)　$\dfrac{d^2\boldsymbol{r}}{dt^2} + \omega^2\boldsymbol{r} = \boldsymbol{0}$,　　$\boldsymbol{r}(0) = \boldsymbol{a}$,　$\left(\dfrac{d\boldsymbol{r}}{dt}\right)_{t=0} = \omega\boldsymbol{b}$

$\boldsymbol{r} = x\boldsymbol{i} + y\boldsymbol{j} + z\boldsymbol{k}$ として，x, y, z のそれぞれについての微分方程式を作れ．

8. xy 平面内に，原点を極とし，x 軸を始線にもつ極座標系 (ρ, φ) を設定する．xy 平面上の動点 P の運動を方程式 $\rho = \rho(t)$，$\varphi = \varphi(t)$ で表す．ただし，t は時間を表す．次のことを証明せよ．

(1)　P の速度ベクトル $\boldsymbol{v}$ は

$$\boldsymbol{v} = (\dot\rho\cos\varphi - \rho\dot\varphi\sin\varphi)\boldsymbol{i} + (\dot\rho\sin\varphi + \rho\dot\varphi\cos\varphi)\boldsymbol{j}$$

(2)　P の加速度ベクトル $\boldsymbol{a}$ は

$$\boldsymbol{a} = \{(\ddot\rho - \rho\dot\varphi^2)\cos\varphi - (\rho\ddot\varphi + 2\dot\rho\dot\varphi)\sin\varphi\}\boldsymbol{i} + \{(\ddot\rho - \rho\dot\varphi^2)\sin\varphi + (\rho\ddot\varphi + 2\dot\rho\dot\varphi)\cos\varphi\}\boldsymbol{j}$$

(3)　加速度の動径方向（$\cos\varphi\,\boldsymbol{i} + \sin\varphi\,\boldsymbol{j}$ の方向）への成分は

$$a_\rho = \ddot\rho - \rho\dot\varphi^2$$

であり，加速度の動径に垂直な方向（$-\sin\varphi\,\boldsymbol{i} + \cos\varphi\,\boldsymbol{j}$ の方向）への成分は

$$a_\varphi = \rho\ddot\varphi + \dot\rho\dot\varphi$$

ただし

$$\dot{\rho} = \frac{d\rho}{dt}, \ \ddot{\rho} = \frac{d^2\rho}{dt^2}, \ \dot{\varphi} = \frac{d\varphi}{dt}, \ \ddot{\varphi} = \frac{d^2\varphi}{dt^2}$$

9. 曲面 $F(x, y, z) = 0$ の法単位ベクトル $\boldsymbol{n}$ は次式で与えられることを証明せよ.

$$\boldsymbol{n} = \frac{1}{\sqrt{{F_x}^2 + {F_y}^2 + {F_z}^2}}(F_x\boldsymbol{i} + F_y\boldsymbol{j} + F_z\boldsymbol{k})$$

10. 曲線 $F(x, y, z) = 0, \ G(x, y, z) = 0$ の接線単位ベクトル $\boldsymbol{t}$ は次式で与えられることを証明せよ.

$$\boldsymbol{t} = \frac{1}{\sqrt{(F_yG_z - F_zG_y)^2 + (F_xG_z - F_zG_x)^2 + (F_xG_y - F_yG_x)^2}} \begin{vmatrix} \boldsymbol{i} & \boldsymbol{j} & \boldsymbol{k} \\ F_x & F_y & F_z \\ G_x & G_y & G_z \end{vmatrix}$$

第4章　スカラー場・ベクトル場

§9　スカラー場・ベクトル場

空間の全域または空間のある領域（領域については，III，第1章，§4 (p. 147) 参照）にスカラー φ が分布しているとき，各点 $\mathrm{P}(x, y, z)$ での φ の値は (x, y, z) の関数 $\varphi(x, y, z)$ である．この関数 $\varphi = \varphi(x, y, z)$ が定義されている領域，あるいはこの領域と関数 φ とを合わせた概念を**スカラー場**といい，これをスカラー場 φ と書き表す．温度分布，質量の分布を表す質量密度，電位などがその例である．また，重力場，電気力の場，流体内の速度分布などのように，ベクトル $\boldsymbol{A}$ が分布していて，各点 $\mathrm{P}(x, y, z)$ での $\boldsymbol{A}$ の値が (x, y, z) のベクトル関数 $\boldsymbol{A}(x, y, z)$ であるとき，この $\boldsymbol{A}(x, y, z)$ が定義されている領域，あるいはこの領域とベクトル関数 $\boldsymbol{A}(x, y, z)$ とを合わせた概念を**ベクトル場**といい，これをベクトル場 $\boldsymbol{A}$ と書き表す．

スカラー場 φ について，方程式

$$\varphi(x, y, z) = c \qquad (c \text{ は定数})$$

で表される図形は，一般に曲面であり，この曲面を**等位面**という．上の方程式で右辺の定数 c の値を変化させると，等位面の群ができる．これを**等位面群**という．

ベクトル場 $\boldsymbol{A}$ に対して，曲線 C をベクトル場の中で考え，その上の各点 $\mathrm{P}(x, y, z)$ でベクトル $\boldsymbol{A}(x, y, z)$ が C に接しているとする．このとき，C をベクトル場 $\boldsymbol{A}$ の**流線**という．ベクトル場 $\boldsymbol{A}(x, y, z) = A_x(x, y, z)\boldsymbol{i} + A_y(x, y, z)\boldsymbol{j} + A_z(x, y, z)\boldsymbol{k}$ の流線の方程式を $x = x(t)$，$y = y(t)$，$z = z(t)$ とすれば，媒介変数 t を適当に選んで，関数 $x = x(t)$，$y = y(t)$，$z = z(t)$ は微分方程式

$$\frac{dx}{dt} = A_x(x, y, z), \qquad \frac{dy}{dt} = A_y(x, y, z), \qquad \frac{dz}{dt} = A_z(x, y, z)$$

の解である．ベクトル場内の各点を通る，流線は必ずあって，ただ1つある．また，2つの流線は交わらない．ただし，$\boldsymbol{A}(x, y, z) = \boldsymbol{0}$ となる点は例外であり，

このような点では多くの流線が交わることがある．

今後，スカラー場とベクトル場は何回でも微分できるものとする．

§10　スカラー場の勾配

スカラー場 φ 内の各点でベクトル

$$\text{(1)} \qquad \operatorname{grad}\varphi = \boldsymbol{i}\frac{\partial\varphi}{\partial x} + \boldsymbol{j}\frac{\partial\varphi}{\partial y} + \boldsymbol{k}\frac{\partial\varphi}{\partial z}$$

を考えれば，1つのベクトル場が得られる．このベクトル場をスカラー場 φ の**勾配**または**グラジエント**（gradient）といい，左辺の記号で表す．なお，記号 grad は勾配を意味する gradient の略である．φ の勾配は φ の空間における変化率を表すと考えられている．

記号的にベクトル演算子

$$\text{(2)} \qquad \nabla = \boldsymbol{i}\frac{\partial}{\partial x} + \boldsymbol{j}\frac{\partial}{\partial y} + \boldsymbol{k}\frac{\partial}{\partial z}$$

を考えれば

$$\nabla\varphi = \left(\boldsymbol{i}\frac{\partial}{\partial x} + \boldsymbol{j}\frac{\partial}{\partial y} + \boldsymbol{k}\frac{\partial}{\partial z}\right)\varphi = \boldsymbol{i}\frac{\partial\varphi}{\partial x} + \boldsymbol{j}\frac{\partial\varphi}{\partial y} + \boldsymbol{k}\frac{\partial\varphi}{\partial z}$$

となるから，(1) は

$$\operatorname{grad}\varphi = \nabla\varphi$$

となる．演算子 ∇ を**ナブラ**（nabla）と読む．今後，記号 $\nabla\varphi$ を $\operatorname{grad}\varphi$ の代りに用いることが多い．次の定理が成り立つ．

> **定理 1**　スカラー場 φ は連結であるとし，そのすべての点で条件 $\nabla\varphi = \mathbf{0}$ を満足すれば，φ は一定である．また，逆も成り立つ．

[証明] $\nabla\varphi = \mathbf{0}$ が恒等的に成り立てば，$\varphi_x = \varphi_y = \varphi_z = 0$ が恒等的に成り立つ．したがって，φ は一定である．逆に，φ が一定であれば，明らかに $\nabla\varphi = \mathbf{0}$ である．□

スカラー場 φ 内の1点 $\mathrm{P}(x, y, z)$ で単位ベクトル $\boldsymbol{u} = u_x\boldsymbol{i} + u_y\boldsymbol{j} + u_z\boldsymbol{k}$ が与えられたとき，極限値

(3)
$$\frac{d\varphi}{du} = \lim_{t \to 0} \frac{\varphi(x + u_x t, y + u_y t, z + u_z t) - \varphi(x, y, z)}{t}$$
$$= \left[\frac{d}{dt} \varphi(x + u_x t, y + u_y t, z + u_z t) \right]_{t=0}$$

をスカラー場 φ の点Pにおける単位ベクトル $\boldsymbol{u}$ の方向への**方向微分係数**または**方向微分**といい，左辺の記号で表す（II - 26 図参照）．上の定義式 (3) から

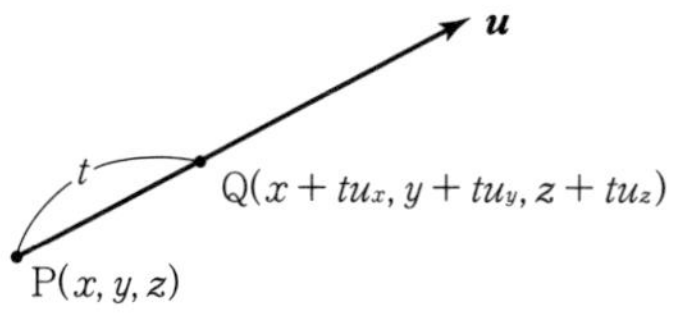

II - 26 図

$$\frac{d\varphi}{du} = u_x \frac{\partial \varphi}{\partial x} + u_y \frac{\partial \varphi}{\partial y} + u_z \frac{\partial \varphi}{\partial z}$$

(4)
$$\therefore \quad \frac{d\varphi}{du} = \boldsymbol{u} \cdot \nabla \varphi$$

となる．ただし，上式の右辺で $\nabla \varphi$ は点Pにおけるその値を表す．

さて，点Pで $\nabla \varphi$ と $\boldsymbol{u}$ の作る角を θ とすれば，上の (4) から

(5)
$$\frac{d\varphi}{du} = |\nabla \varphi| \cos \theta$$

が得られる（II - 27 図参照）．

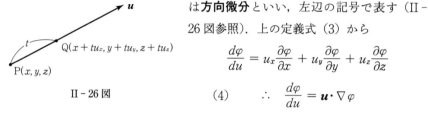

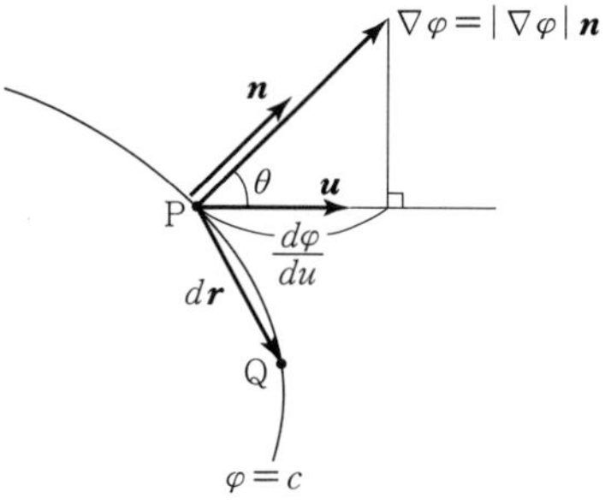

II - 27 図

また，空間での微小変位 $d\boldsymbol{r} = dx\,\boldsymbol{i} + dy\,\boldsymbol{j} + dz\,\boldsymbol{k}$ に対する φ の全微分 $d\varphi = \varphi_x dx + \varphi_y dy + \varphi_z dz$ は次のようになる．

(6)
$$d\varphi = d\boldsymbol{r} \cdot \nabla \varphi$$

次のことが成り立つ．

$\nabla \varphi$ は各点Pで，Pを通る φ の等位面に垂直である．

[証明] 点 $\mathrm{P}(x, y, z)$ を通る等位面の方程式を $\varphi(x, y, z) = c$ とし，その上に点Pに接近して点 $\mathrm{Q}(x + dx, y + dy, z + dz)$ をとれば，点PからQに至る微小変位 $\overrightarrow{\mathrm{PQ}}$ は $d\boldsymbol{r} = dx\,\boldsymbol{i} + dy\,\boldsymbol{j} + dz\,\boldsymbol{k}$ であって，この $d\boldsymbol{r}$ にともなう φ の全微分 $d\varphi$ は，$d\varphi \fallingdotseq \varphi(\mathrm{Q}) - \varphi(\mathrm{P}) = c - c = 0$ である．したがって

$$d\varphi = d\boldsymbol{r} \cdot \nabla \varphi = 0$$

つまり，点Pにおける $\nabla \varphi$ は $d\boldsymbol{r} \fallingdotseq \overrightarrow{\mathrm{PQ}}$ に垂直である．ところが，この $d\boldsymbol{r}$ の向きは，点Qを点Pに接近させたとき，曲面 $\varphi(x, y, z) = c$ の点Pにおける1つ

の接線の向きを近似する．したがって，点 P における $\nabla\varphi$ はこの接線に垂直である．ところが，点 Q を曲面 $\varphi(x, y, z) = c$ 上に点 P に接近して任意に選べるから，点 P で $\nabla\varphi$ は等位面 $\varphi(x, y, z) = c$ の任意の接線に垂直である．いいかえれば，点 P で $\nabla\varphi$ は等位面 $\varphi(x, y, z) = c$ に垂直である．　□

上の命題から；スカラー場 φ の各点 P で

$$\nabla\varphi = |\nabla\varphi|\boldsymbol{n}$$

と書き表せる．ここで，$\boldsymbol{n}$ は点 P における等位面 $\varphi = c$ の法単位ベクトルであって，φ が増加する向きに向いているとする．上式の両辺と $\boldsymbol{n}$ の内積を作れば，次式が得られる．

$$\nabla\varphi = \frac{d\varphi}{dn}\boldsymbol{n}, \qquad |\nabla\varphi| = \frac{d\varphi}{dn}$$

以上のことをまとめて，次の定理が得られる．

定理 2　スカラー場 φ 内で，勾配 $\nabla\varphi$ が $\mathbf{0}$ でない点 P では，$\nabla\varphi$ は点 P を通過する等位面に垂直である．また，この点 P を通る等位面の法単位ベクトル $\boldsymbol{n}$ を φ が増加する向きにとれば，次式が成り立つ．

(7)　$$\nabla\varphi = \frac{d\varphi}{dn}\boldsymbol{n}, \qquad |\nabla\varphi| = \frac{d\varphi}{dn}$$

上の (7) から次のことがわかる．等位面群が密集している場所では $\nabla\varphi$ の大きさは大きく，等位面群が疎な場所では $\nabla\varphi$ の大きさは小さい（II - 28 図参照）．

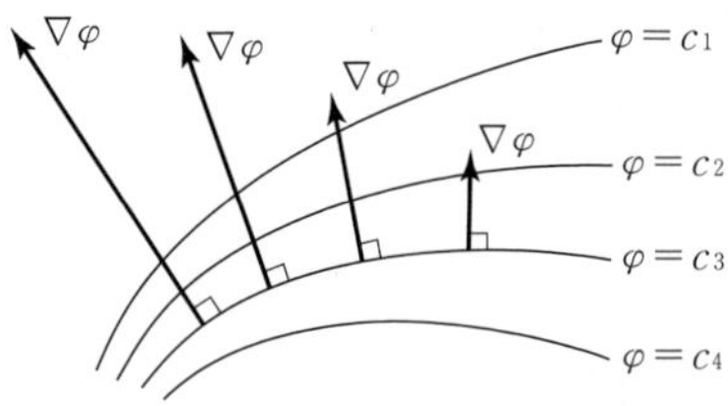

II - 28 図

例題 1　スカラー場 $\varphi = 3x^2y - y^3z^2$ について次のものを求めよ．

(1)　$\nabla\varphi$

(2)　点 P(1, −2, −1) における単位ベクトル $\boldsymbol{u} = \dfrac{1}{\sqrt{3}}(\boldsymbol{i} + \boldsymbol{j} + \boldsymbol{k})$ の方向への方向微分 $\dfrac{d\varphi}{du}$

【解答】 (1)

$$\nabla\varphi = \boldsymbol{i}\frac{\partial}{\partial x}(3x^2y - y^3z^2) + \boldsymbol{j}\frac{\partial}{\partial y}(3x^2y - y^3z^2) + \boldsymbol{k}\frac{\partial}{\partial z}(3x^2y - y^3z^2)$$
$$= 6xy\boldsymbol{i} + 3(x^2 - y^2z^2)\boldsymbol{j} - 2y^3z\boldsymbol{k}$$

(2)　点Pでは

$$(\nabla\varphi)_{\mathrm{P}} = 6\cdot 1\cdot(-2)\boldsymbol{i} + 3(1^2 - (-2)^2(-1)^2)\boldsymbol{j} - 2(-2)^3(-1)\boldsymbol{k}$$
$$= -12\boldsymbol{i} - 9\boldsymbol{j} - 16\boldsymbol{k}$$

ゆえに，点Pにおいて

$$\frac{d\varphi}{du} = \boldsymbol{u}\cdot(\nabla\varphi)_{\mathrm{P}} = \frac{1}{\sqrt{3}}(\boldsymbol{i} + \boldsymbol{j} + \boldsymbol{k})\cdot(-12\boldsymbol{i} - 9\boldsymbol{j} - 16\boldsymbol{k})$$
$$= -\frac{37}{\sqrt{3}}$$

■

任意のスカラー場 φ, ψ と任意の関数 $f(t)$ について，次式が成り立つ．

(8)
$$\nabla(\varphi + \psi) = \nabla\varphi + \nabla\psi, \qquad \nabla(\varphi\psi) = \psi(\nabla\varphi) + \varphi(\nabla\psi)$$
$$\nabla\left(\frac{\varphi}{\psi}\right) = \frac{\psi(\nabla\varphi) - \varphi(\nabla\psi)}{\psi^2}, \qquad \nabla f(\varphi) = \frac{df}{d\varphi}\nabla\varphi$$

問　　題

1. スカラー場 $\varphi = x^2yz + 4xz^3$ について次のものを求めよ．

(1)　$\nabla\varphi$

(2)　点 P(1, −2, 1) における単位ベクトル $\boldsymbol{u} = \frac{1}{3}(2\boldsymbol{i} - \boldsymbol{j} - 2\boldsymbol{k})$ の方向への方向微分 $\frac{d\varphi}{du}$

2. 上の公式 (8) を証明せよ．

3. $\boldsymbol{r} = x\boldsymbol{i} + y\boldsymbol{j} + z\boldsymbol{k}$，$r = |\boldsymbol{r}| = \sqrt{x^2 + y^2 + z^2}$ とする．$r \neq 0$ として，次式を証明せよ．

(1)　$\nabla r = \dfrac{\boldsymbol{r}}{r}$　　(2)　$\nabla\left(\dfrac{1}{r}\right) = -\dfrac{\boldsymbol{r}}{r^3}$　　(3)　$\nabla(\log r) = \dfrac{\boldsymbol{r}}{r^2}$

§11　ベクトル場の発散

ベクトル場 $\boldsymbol{A} = A_x\boldsymbol{i} + A_y\boldsymbol{j} + A_z\boldsymbol{k}$ に対して，スカラー場

(1)
$$\mathrm{div}\,\boldsymbol{A} = \frac{\partial A_x}{\partial x} + \frac{\partial A_y}{\partial y} + \frac{\partial A_z}{\partial z}$$

をその**発散**または**ダイバージェンス**（divergence）といい，左辺の記号で表す．なお，記号 div は発散を意味する divergence の略である．演算子 ∇ と $\boldsymbol{A}$ の形式的内積を作れば

$$\nabla\cdot\boldsymbol{A}=\left(\boldsymbol{i}\frac{\partial}{\partial x}+\boldsymbol{j}\frac{\partial}{\partial y}+\boldsymbol{k}\frac{\partial}{\partial z}\right)\cdot(A_x\boldsymbol{i}+A_y\boldsymbol{j}+A_z\boldsymbol{k})$$

$$=\frac{\partial}{\partial x}A_x+\frac{\partial}{\partial y}A_y+\frac{\partial}{\partial z}A_z$$

となるから，$\mathrm{div}\,\boldsymbol{A}$ を

(2)　　$$\mathrm{div}\,\boldsymbol{A}=\nabla\cdot\boldsymbol{A}$$

と書き表せる．そこで，記号 $\mathrm{div}\,\boldsymbol{A}$ の代りに $\nabla\cdot\boldsymbol{A}$ を用いることが多い．

II - 29 図のように，点 $\mathrm{P}(x,y,z)$ を中心にもち，各座標軸に平行な辺をもつ微小平行六面体をベクトル場 $\boldsymbol{A}$ の中に考える．この微小平行六面体の各辺の長さをそれぞれ $\varDelta x,\varDelta y,\varDelta z$ とする．この平行六面体の 6 個の面 ABCD, EFGH, …, ABHG のそれぞれに，外側に向く法単位ベクトルをもつように，向きを与える．このとき，各面の面積ベクトルをそれぞれ $\varDelta\boldsymbol{S}_1,\varDelta\boldsymbol{S}_2,\cdots,\varDelta\boldsymbol{S}_6$ とし，各面の中心をそれぞれ $\mathrm{P}_1,\mathrm{P}_2,\cdots,\mathrm{P}_6$ とすれば，次の関係が成り立つ．

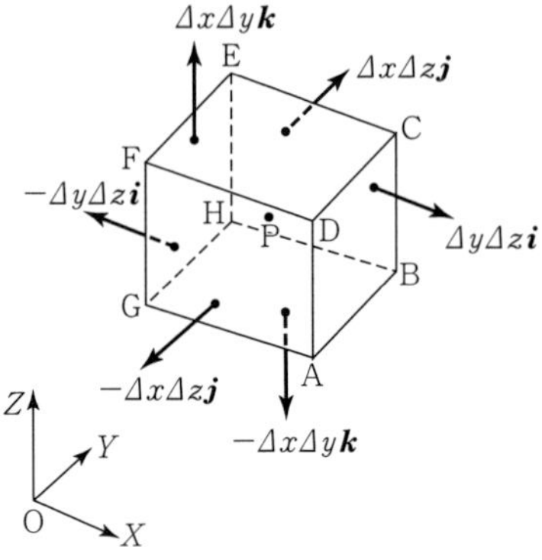

II - 29 図

(3)　　$$(\mathrm{div}\,\boldsymbol{A})_{\mathrm{P}}=\lim_{\varDelta x,\varDelta y,\varDelta z\to 0}\frac{\boldsymbol{A}(\mathrm{P}_1)\cdot\varDelta\boldsymbol{S}_1+\cdots+\boldsymbol{A}(\mathrm{P}_6)\cdot\varDelta\boldsymbol{S}_6}{\varDelta x\varDelta y\varDelta z}$$

[証明] II - 29 図で，次のことが成り立つ．

$$\mathrm{P}_1\left(x+\frac{1}{2}\varDelta x,y,z\right),\quad \mathrm{P}_3\left(x,y+\frac{1}{2}\varDelta y,z\right),\quad \mathrm{P}_5\left(x,y,z+\frac{1}{2}\varDelta z\right)$$

$$\mathrm{P}_2\left(x-\frac{1}{2}\varDelta x,y,z\right),\quad \mathrm{P}_4\left(x,y-\frac{1}{2}\varDelta y,z\right),\quad \mathrm{P}_6\left(x,y,z-\frac{1}{2}\varDelta z\right)$$

$$\varDelta\boldsymbol{S}_1=\varDelta y\varDelta z\boldsymbol{i},\qquad \varDelta\boldsymbol{S}_3=\varDelta x\varDelta z\boldsymbol{j},\qquad \varDelta\boldsymbol{S}_5=\varDelta x\varDelta y\boldsymbol{k}$$

$$\varDelta\boldsymbol{S}_2=-\varDelta y\varDelta z\boldsymbol{i},\qquad \varDelta\boldsymbol{S}_4=-\varDelta x\varDelta z\boldsymbol{j},\qquad \varDelta\boldsymbol{S}_6=-\varDelta x\varDelta y\boldsymbol{k}$$

ゆえに，ベクトル場 $\boldsymbol{A}$ の点 P における値を $\boldsymbol{A}$ で表し，$\dfrac{\partial \boldsymbol{A}}{\partial x}, \dfrac{\partial \boldsymbol{A}}{\partial y}, \dfrac{\partial \boldsymbol{A}}{\partial z}$ の点 P における値をそれぞれ同じ記号で表せば，次の近似式が成り立つ．

$$\boldsymbol{A}(\mathrm{P}_1) \fallingdotseq \boldsymbol{A} + \frac{1}{2}\frac{\partial \boldsymbol{A}}{\partial x}\Delta x,\ \boldsymbol{A}(\mathrm{P}_3) \fallingdotseq \boldsymbol{A} + \frac{1}{2}\frac{\partial \boldsymbol{A}}{\partial y}\Delta y,\ \boldsymbol{A}(\mathrm{P}_5) \fallingdotseq \boldsymbol{A} + \frac{1}{2}\frac{\partial \boldsymbol{A}}{\partial z}\Delta z$$

$$\boldsymbol{A}(\mathrm{P}_2) \fallingdotseq \boldsymbol{A} - \frac{1}{2}\frac{\partial \boldsymbol{A}}{\partial x}\Delta x,\ \boldsymbol{A}(\mathrm{P}_4) \fallingdotseq \boldsymbol{A} - \frac{1}{2}\frac{\partial \boldsymbol{A}}{\partial y}\Delta y,\ \boldsymbol{A}(\mathrm{P}_6) \fallingdotseq \boldsymbol{A} - \frac{1}{2}\frac{\partial \boldsymbol{A}}{\partial z}\Delta z$$

したがって

$$\begin{aligned}
&\boldsymbol{A}(\mathrm{P}_1)\cdot\Delta\boldsymbol{S}_1 + \boldsymbol{A}(\mathrm{P}_2)\cdot\Delta\boldsymbol{S}_2 + \cdots + \boldsymbol{A}(\mathrm{P}_6)\cdot\Delta\boldsymbol{S}_6 \\
&\qquad \fallingdotseq \left(\frac{\partial \boldsymbol{A}}{\partial x}\cdot\boldsymbol{i} + \frac{\partial \boldsymbol{A}}{\partial y}\cdot\boldsymbol{j} + \frac{\partial \boldsymbol{A}}{\partial z}\cdot\boldsymbol{k}\right)\Delta x\Delta y\Delta z \\
&\qquad = \left(\frac{\partial A_x}{\partial x} + \frac{\partial A_y}{\partial y} + \frac{\partial A_z}{\partial z}\right)_{\mathrm{P}}\Delta x\Delta y\Delta z = (\mathrm{div}\,\boldsymbol{A})_{\mathrm{P}}\Delta x\Delta y\Delta z
\end{aligned}$$

ゆえに，この両辺を $\Delta x\Delta y\Delta z$ で割って，極限 $\Delta x \to 0,\ \Delta y \to 0,\ \Delta z \to 0$ をとれば，求める公式 (3) が得られる．□

さて，上の (3) が何を意味しているかを考える．ベクトル場 $\boldsymbol{A}$ が非圧縮性流体の速度ベクトルを表しているとしよう．このとき，(3) の右辺の分子にある 6 個の内積 $\boldsymbol{A}(\mathrm{P}_1)\cdot\Delta\boldsymbol{S}_1, \boldsymbol{A}(\mathrm{P}_2)\cdot\Delta\boldsymbol{S}_2, \cdots, \boldsymbol{A}(\mathrm{P}_6)\cdot\Delta\boldsymbol{S}_6$ は微小平行六面体の面 $\Delta S_1, \Delta S_2, \cdots, \Delta S_6$ のそれぞれを貫いて，単位時間内に，各面の裏から表へ，つまり微小平行六面体の内部から外部へ，流出する流体の体積を表している (II，第 1 章，§3 (p. 82) 参照)．つまり，(3) の右辺の分子は，微小平行六面体の内部で単位時間内に湧き出る流体の体積を表す．ゆえに，(3) は次のことを表していると考えられる．div $\boldsymbol{A}$ の点 P における値は，単位時間内に湧出する流体の体積の，点 P における空間密度である．なお，div $\boldsymbol{A}$ の意味付けについて，§14 (p. 125) でふたたびふれる．

例題 1　ベクトル場 $\boldsymbol{A} = x^2z\boldsymbol{i} - 2y^3z\boldsymbol{j} + xy^2z\boldsymbol{k}$ について，div $\boldsymbol{A}$ を求めよ．

【解答】

$$\begin{aligned}
\mathrm{div}\,\boldsymbol{A} &= \frac{\partial}{\partial x}(x^2z) + \frac{\partial}{\partial y}(-2y^3z) + \frac{\partial}{\partial z}(xy^2z) \\
&= 2xz - 6y^2z + xy^2
\end{aligned}$$

■

例題 2　スカラー場 φ について次式を証明せよ．

$$\mathrm{div}(\mathrm{grad}\,\varphi) = \frac{\partial^2 \varphi}{\partial x^2} + \frac{\partial^2 \varphi}{\partial y^2} + \frac{\partial^2 \varphi}{\partial z^2}$$

【解答】

$$\mathrm{grad}\,\varphi = \frac{\partial \varphi}{\partial x}\boldsymbol{i} + \frac{\partial \varphi}{\partial y}\boldsymbol{j} + \frac{\partial \varphi}{\partial z}\boldsymbol{k}$$

$$\therefore\quad \mathrm{div}(\mathrm{grad}\,\varphi) = \frac{\partial}{\partial x}\left(\frac{\partial \varphi}{\partial x}\right) + \frac{\partial}{\partial y}\left(\frac{\partial \varphi}{\partial y}\right) + \frac{\partial}{\partial z}\left(\frac{\partial \varphi}{\partial z}\right)$$

$$= \frac{\partial^2 \varphi}{\partial x^2} + \frac{\partial^2 \varphi}{\partial y^2} + \frac{\partial^2 \varphi}{\partial z^2}$$

■

演算子 ∇ を2回繰り返して得られる演算子

$$\nabla^2 = \nabla\cdot\nabla = \left(\boldsymbol{i}\frac{\partial}{\partial x} + \boldsymbol{j}\frac{\partial}{\partial y} + \boldsymbol{k}\frac{\partial}{\partial z}\right)\cdot\left(\boldsymbol{i}\frac{\partial}{\partial x} + \boldsymbol{j}\frac{\partial}{\partial y} + \boldsymbol{k}\frac{\partial}{\partial z}\right)$$

$$= \frac{\partial^2}{\partial x^2} + \frac{\partial^2}{\partial y^2} + \frac{\partial^2}{\partial z^2}$$

を**ラプラス**(Laplace)**の演算子**または**ラプラシアン**といい，これを記号 ∇^2 または Δ で表す．上の例題2でわかるように

(4) $$\nabla^2\varphi = \mathrm{div}(\mathrm{grad}\,\varphi)$$

例題3 スカラー場 $\varphi = 3x^2y - y^3z^2$ について $\nabla^2\varphi$ を求めよ．

【解答】

$$\nabla^2\varphi = \frac{\partial^2}{\partial x^2}(3x^2y - y^3z^2) + \frac{\partial^2}{\partial y^2}(3x^2y - y^3z^2) + \frac{\partial^2}{\partial z^2}(3x^2y - y^3z^2)$$

$$= 6y + (-6yz^2) + (-2y^3)$$

$$= 6y - 6yz^2 - 2y^3$$

■

任意のスカラー場 φ と任意のベクトル場 $\boldsymbol{A}, \boldsymbol{B}$ について次式が成り立つ．

(5) $\nabla\cdot(\boldsymbol{A} + \boldsymbol{B}) = \nabla\cdot\boldsymbol{A} + \nabla\cdot\boldsymbol{B}, \qquad \nabla\cdot(\varphi\boldsymbol{A}) = \varphi\nabla\cdot\boldsymbol{A} + (\nabla\varphi)\cdot\boldsymbol{A}$

問　　題

1． 次のものを求めよ．

(1) $\nabla\cdot\boldsymbol{A}$ 　　$\boldsymbol{A} = 2x^2z\boldsymbol{i} - xy^2z\boldsymbol{j} + 3yz^2\boldsymbol{k}$

(2) $\nabla^2\varphi$ 　　$\varphi = 3x^2z - y^2z^3 + 4x^2y + 2x - 3y - 5$

(3) $\nabla(\nabla\cdot\boldsymbol{A})$ 　　$\boldsymbol{A} = (3x^2y - z)\boldsymbol{i} + (xz^2 + y^4)\boldsymbol{j} - 2x^3z^2\boldsymbol{k}$

2. 上の公式（5）を証明せよ．

3. $\boldsymbol{r} = x\boldsymbol{i} + y\boldsymbol{j} + z\boldsymbol{k}$, $r = |\boldsymbol{r}| = \sqrt{x^2 + y^2 + z^2}$ とする．次式を証明せよ．

(1) $\nabla \cdot \boldsymbol{r} = 3$　(2) $\nabla \cdot \left(\dfrac{\boldsymbol{r}}{r^3}\right) = 0$ $(r \neq 0)$　(3) $\nabla^2\left(\dfrac{1}{r}\right) = 0$ $(r \neq 0)$

§12　ベクトル場の回転

ベクトル場 $\boldsymbol{A} = A_x\boldsymbol{i} + A_y\boldsymbol{j} + A_z\boldsymbol{k}$ に対して，ベクトル場

(1)
$$\begin{aligned}
\mathrm{rot}\,\boldsymbol{A} &= \left(\frac{\partial A_z}{\partial y} - \frac{\partial A_y}{\partial z}\right)\boldsymbol{i} - \left(\frac{\partial A_z}{\partial x} - \frac{\partial A_x}{\partial z}\right)\boldsymbol{j} + \left(\frac{\partial A_y}{\partial x} - \frac{\partial A_x}{\partial y}\right)\boldsymbol{k} \\
&= \boldsymbol{i}\begin{vmatrix} \dfrac{\partial}{\partial y} & \dfrac{\partial}{\partial z} \\ A_y & A_z \end{vmatrix} - \boldsymbol{j}\begin{vmatrix} \dfrac{\partial}{\partial x} & \dfrac{\partial}{\partial z} \\ A_x & A_z \end{vmatrix} + \boldsymbol{k}\begin{vmatrix} \dfrac{\partial}{\partial y} & \dfrac{\partial}{\partial y} \\ A_x & A_y \end{vmatrix} \\
&= \begin{vmatrix} \boldsymbol{i} & \boldsymbol{j} & \boldsymbol{k} \\ \dfrac{\partial}{\partial x} & \dfrac{\partial}{\partial y} & \dfrac{\partial}{\partial z} \\ A_x & A_y & A_z \end{vmatrix}
\end{aligned}$$

をその**回転**または**ローテイション**（rotation）といい，左辺の記号で表す．なお，記号 rot は回転を意味する rotation の略である．演算子 ∇ と $\boldsymbol{A}$ の形式的外積を作れば，上の（1）によって，$\mathrm{rot}\,\boldsymbol{A}$ を

(2)
$$\mathrm{rot}\,\boldsymbol{A} = \nabla \times \boldsymbol{A}$$

と書き表せる．したがって，記号 $\mathrm{rot}\,\boldsymbol{A}$ の代りに $\nabla \times \boldsymbol{A}$ を用いることが多い．なお，$\mathrm{rot}\,\boldsymbol{A}$ の意味付けについては§15（p. 130）で述べる．

例題 1　ベクトル場 $\boldsymbol{A} = xz^3\boldsymbol{i} - 2x^2yz\boldsymbol{j} + 2yz^4\boldsymbol{k}$ について，$\mathrm{rot}\,\boldsymbol{A}$ を求めよ．

【解答】 定義式（1）を利用する．

$$\begin{aligned}
\mathrm{rot}\,\boldsymbol{A} &= \begin{vmatrix} \boldsymbol{i} & \boldsymbol{j} & \boldsymbol{k} \\ \dfrac{\partial}{\partial x} & \dfrac{\partial}{\partial y} & \dfrac{\partial}{\partial z} \\ xz^3 & -2x^2yz & 2yz^4 \end{vmatrix} \\
&= \left[\frac{\partial}{\partial y}(2yz^4) - \frac{\partial}{\partial z}(-2x^2yz)\right]\boldsymbol{i} - \left[\frac{\partial}{\partial x}(2yz^4) - \frac{\partial}{\partial z}(xz^3)\right]\boldsymbol{j} \\
&\qquad + \left[\frac{\partial}{\partial x}(-2x^2yz) - \frac{\partial}{\partial y}(xz^3)\right]\boldsymbol{k}
\end{aligned}$$

$$= (2z^4 + 2x^2y)\boldsymbol{i} + 3xz^2\boldsymbol{j} - 4xyz\boldsymbol{k}$$ ■

任意のスカラー場 φ と任意のベクトル場 $\boldsymbol{A}, \boldsymbol{B}$ について，次式が成り立つ．

(3)
$$\nabla \times (\boldsymbol{A} + \boldsymbol{B}) = \nabla \times \boldsymbol{A} + \nabla \times \boldsymbol{B}$$
$$\nabla \times (\varphi \boldsymbol{A}) = \varphi \nabla \times \boldsymbol{A} + (\nabla \varphi) \times \boldsymbol{A}$$

次の恒等式が成り立つ．任意のスカラー場 φ と任意のベクトル場 $\boldsymbol{A}$ について

(4)
$$\nabla \times (\nabla \varphi) = \boldsymbol{0}$$

(5)
$$\nabla \cdot (\nabla \times \boldsymbol{A}) = 0$$

[証明]（4）の証明

$$\nabla \times (\nabla \varphi) = \left[\frac{\partial}{\partial y}\left(\frac{\partial \varphi}{\partial z}\right) - \frac{\partial}{\partial z}\left(\frac{\partial \varphi}{\partial y}\right)\right]\boldsymbol{i} - \left[\frac{\partial}{\partial x}\left(\frac{\partial \varphi}{\partial z}\right) - \frac{\partial}{\partial z}\left(\frac{\partial \varphi}{\partial x}\right)\right]\boldsymbol{j}$$
$$+ \left[\frac{\partial}{\partial x}\left(\frac{\partial \varphi}{\partial y}\right) - \frac{\partial}{\partial y}\left(\frac{\partial \varphi}{\partial x}\right)\right]\boldsymbol{k}$$
$$= \left(\frac{\partial^2 \varphi}{\partial y \partial z} - \frac{\partial^2 \varphi}{\partial z \partial y}\right)\boldsymbol{i} - \left(\frac{\partial^2 \varphi}{\partial x \partial z} - \frac{\partial^2 \varphi}{\partial z \partial x}\right)\boldsymbol{j}$$
$$+ \left(\frac{\partial^2 \varphi}{\partial x \partial y} - \frac{\partial^2 \varphi}{\partial y \partial x}\right)\boldsymbol{k} = \boldsymbol{0}$$

（5）の証明

$$\nabla \cdot (\nabla \times \boldsymbol{A}) = \frac{\partial}{\partial x}\left(\frac{\partial A_z}{\partial y} - \frac{\partial A_y}{\partial z}\right) - \frac{\partial}{\partial y}\left(\frac{\partial A_z}{\partial x} - \frac{\partial A_x}{\partial z}\right) + \frac{\partial}{\partial z}\left(\frac{\partial A_y}{\partial x} - \frac{\partial A_x}{\partial y}\right)$$
$$= \frac{\partial^2 A_z}{\partial x \partial y} - \frac{\partial^2 A_y}{\partial x \partial z} - \frac{\partial^2 A_z}{\partial y \partial x} + \frac{\partial^2 A_x}{\partial y \partial z} + \frac{\partial^2 A_y}{\partial z \partial x} - \frac{\partial^2 A_x}{\partial z \partial y} = 0$$ □

上の公式（4）と（5）の逆に相当する，次の2つのことが成り立つ．

ベクトル場 $\boldsymbol{A}$ が全空間で定義されていて，$\nabla \times \boldsymbol{A} = \boldsymbol{0}$ ならば，スカラー場 φ が存在して $\boldsymbol{A} = \nabla \varphi$ となる．

ベクトル場 $\boldsymbol{A}$ が全空間で定義されていて，$\nabla \cdot \boldsymbol{A} = 0$ ならば，ベクトル場 $\boldsymbol{B}$ が存在して，$\boldsymbol{A} = \nabla \times \boldsymbol{B}$ となる．

さて，$\boldsymbol{A} = \nabla \varphi$ となるスカラー場 φ をベクトル場 $\boldsymbol{A}$ の**ポテンシャル**（potential）という．また，$\boldsymbol{A} = \nabla \times \boldsymbol{B}$ となるベクトル場 $\boldsymbol{B}$ をベクトル場 $\boldsymbol{A}$ の**ベク**

トル・ポテンシャル（vector potential）という．上の２つの事実の証明については，演習問題 II－4，**10**，**11**（p. 132）を参照されたい．

注意　φ がベクトル場 $\boldsymbol{A}$ のポテンシャルであれば，$\varphi+c$ も $\boldsymbol{A}$ のポテンシャルである．ここで，c は任意定数である．$\boldsymbol{B}$ がベクトル場 $\boldsymbol{A}$ のベクトル・ポテンシャルであれば，$\boldsymbol{B}+\nabla f$ も $\boldsymbol{A}$ のベクトル・ポテンシャルである．ここで，f は任意のスカラー場である．

問　　題

1. ベクトル場 $\boldsymbol{A} = xz\boldsymbol{i} - 2x^2y\boldsymbol{j} + 2yz\boldsymbol{k}$ について，次のものを求めよ．

(1)　$\nabla \times \boldsymbol{A}$　　　(2)　$\nabla \times (\nabla \times \boldsymbol{A})$

2. $\boldsymbol{r} = x\boldsymbol{i} + y\boldsymbol{j} + z\boldsymbol{k}$，$r = |\boldsymbol{r}| = \sqrt{x^2+y^2+z^2}$ とする．次式を証明せよ．

(1)　$\nabla \times \boldsymbol{r} = \boldsymbol{0}$　　　(2)　$\nabla \times (r^2\boldsymbol{r}) = \boldsymbol{0}$

§13　線積分・面積分

スカラーの線積分　　スカラー場 $f = f(x, y, z)$ 内で，２点 A, B を結ぶ曲線 C があって，その方程式を $\boldsymbol{r} = \boldsymbol{r}(t) = x(t)\boldsymbol{i} + y(t)\boldsymbol{j} + z(t)\boldsymbol{k}$（$a \leqq t \leqq b$）とし，点 A で $t = a$，点 B で $t = b$ であるとする．このとき，定積分

$$\int_a^b f(x(t), y(t), z(t))dt \tag{1}$$

を曲線 C に沿っての f の**線積分**といい，これを記号

$$\int_C f\,dt, \quad \int_{\mathrm{AB}} f\,dt, \quad \int_{\widehat{\mathrm{AB}}} f\,dt$$

などで表す．特に，曲線 C の媒介変数がその各点の x 座標 x であって，C の方程式が $\boldsymbol{r} = x\boldsymbol{i} + y(x)\boldsymbol{j} + z(x)\boldsymbol{k}$（$\alpha \leqq x \leqq \beta$）であるとき，線積分

$$\int_\alpha^\beta f(x, y(x), z(x))dx \tag{2}$$

を記号

$$\int_C f\,dx$$

で表す．全く同様に，線積分

$$\int_C f\,dy, \quad \int_C f\,dz$$

を定義することができる．

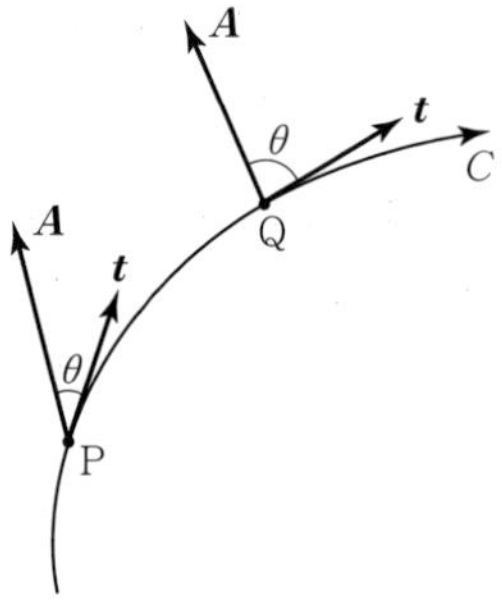

II－30図

ベクトルの線積分　ベクトル場 $\boldsymbol{A} = \boldsymbol{A}(x, y, z)$ 内で曲線 C を考え，その方程式を $\boldsymbol{r} = \boldsymbol{r}(s) = x(s)\boldsymbol{i} + y(s)\boldsymbol{j} + z(s)\boldsymbol{k}$ $(a \leqq s \leqq b)$ とし，媒介変数 s はその弧長であるとする．曲線 C の接線単位ベクトルは $\boldsymbol{t} = \boldsymbol{r}'$ である（§6（p. 94）参照）．このとき，$\boldsymbol{A} = A_x\boldsymbol{i} + A_y\boldsymbol{j} + A_z\boldsymbol{k}$ とし，定積分

(3)
$$\int_a^b \boldsymbol{A}(x(s), y(s), z(s)) \cdot \frac{d\boldsymbol{r}(s)}{ds} ds$$
$$= \int_a^b \left(A_x(x(s), y(s), z(s)) \frac{dx(s)}{ds} + A_y(x(s), y(s), z(s)) \frac{dy(s)}{ds} + A_z(x(s), y(s), z(s)) \frac{dz(s)}{ds} \right) ds$$

をベクトル場 $\boldsymbol{A}$ の曲線 C に沿っての**線積分**といい，これを記号

$$\int_C \boldsymbol{A} \cdot \boldsymbol{t}\, ds \qquad \text{または} \qquad \int_C \boldsymbol{A} \cdot d\boldsymbol{r}$$

で表す．ここで，$\boldsymbol{t}\, ds = \dfrac{d\boldsymbol{r}}{ds} ds = d\boldsymbol{r}$ を利用すれば，上の2つの積分は互いに等しいことがわかる．

曲線 C の各点で $\boldsymbol{A}$ とその点での接線（接線単位ベクトル $\boldsymbol{t}$）とが作る角を $\theta = \theta(s)$ とすれば（II－30図参照），$\boldsymbol{A} \cdot \boldsymbol{r}' = \boldsymbol{A} \cdot \boldsymbol{t} = |\boldsymbol{A}| \cos\theta$ であるから

(4)
$$\int_C \boldsymbol{A} \cdot d\boldsymbol{r} = \int_C |\boldsymbol{A}| \cos\theta\, ds$$

である．また，$dx = \dfrac{dx}{ds} ds$，$dy = \dfrac{dy}{ds} ds$，$dz = \dfrac{dz}{ds} ds$ であるから，上の(3)に注目すれば，次式が得られる．

$$\int_C \boldsymbol{A} \cdot d\boldsymbol{r} = \int_C A_x dx + \int_C A_y dy + \int_C A_z dz$$

なお，上式の右辺を次のように簡単に書き表す．

(5)
$$\int_C \boldsymbol{A} \cdot d\boldsymbol{r} = \int_C (A_x dx + A_y dy + A_z dz)$$

さて，曲線 C が任意の媒介変数 t で表されていて，その方程式を $\boldsymbol{r} = \boldsymbol{r}(t)$

$(a \leqq t \leqq b)$ とすれば

(6)
$$\int_C \boldsymbol{A}\cdot d\boldsymbol{r} = \int_a^b \boldsymbol{A}\cdot\frac{d\boldsymbol{r}}{dt}dt$$

となる$\left(d\boldsymbol{r} = \dfrac{d\boldsymbol{r}}{dt}dt \text{ を利用する}\right)$.

線積分の定義は，その基本に帰れば，次のように述べられる．点Aから点Bに至る曲線Cを分割して，その分点を$\mathrm{P}_0 = \mathrm{A}, \mathrm{P}_1, \mathrm{P}_2, \cdots, \mathrm{P}_{n-1}, \mathrm{P}_n = \mathrm{B}$とする．媒介変数$t$が各分点$\mathrm{P}_0, \mathrm{P}_1, \cdots, \mathrm{P}_{n-1}, \mathrm{P}_n$でそれぞれ$t_0 = a, t_1, \cdots, t_{n-1}, t_n = b$であるとし，$\Delta t_i = t_i - t_{i-1}$ $(i = 1, 2, \cdots, n)$ とする．また，微小な弧$\overparen{\mathrm{P}_0\mathrm{P}_1}, \overparen{\mathrm{P}_1\mathrm{P}_2}, \cdots, \overparen{\mathrm{P}_{n-1}\mathrm{P}_n}$上に任意の点$\mathrm{Q}_1, \mathrm{Q}_2, \cdots, \mathrm{Q}_n$をそれぞれとる（II－31図参照）．さて，スカラー場fに対して

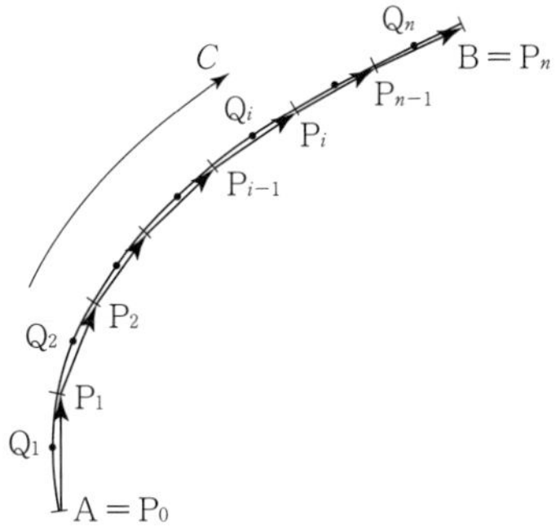

II－31図

(7)
$$\int_C f\,dt = \lim\sum_{i=1}^{n} f(\mathrm{Q}_i)\Delta t_i$$

である．ただし，右辺の極限は，曲線Cの分割を任意の仕方で限りなく細かくしたときの極限である．

次に，微小ベクトル$\overrightarrow{\mathrm{P}_0\mathrm{P}_1}, \overrightarrow{\mathrm{P}_1\mathrm{P}_2}, \cdots, \overrightarrow{\mathrm{P}_{n-1}\mathrm{P}_n}$をそれぞれ$\Delta\boldsymbol{r}_1, \Delta\boldsymbol{r}_2, \cdots, \Delta\boldsymbol{r}_n$としたとき，ベクトル場$\boldsymbol{A}$に対して

(8)
$$\int_C \boldsymbol{A}\cdot d\boldsymbol{r} = \lim\sum_{i=1}^{n} \boldsymbol{A}(\mathrm{Q}_i)\cdot\Delta\boldsymbol{r}_i$$

ここで，右辺の極限は (7) の右辺の極限と同様の状態のもとで考える．

例題 1　ベクトル場 $\boldsymbol{A} = (3x^2 + 6y)\boldsymbol{i} - 14yz\boldsymbol{j} + 20xz^2\boldsymbol{k}$ について，次の曲線Cに沿っての線積分を求めよ．

(1)　$C : \boldsymbol{r} = t\boldsymbol{i} + t^2\boldsymbol{j} + t^3\boldsymbol{k}$　　$(0 \leqq t \leqq 1)$

(2)　$C : \boldsymbol{r} = t\boldsymbol{i} + t\boldsymbol{j} + t\boldsymbol{k}$　　$(0 \leqq t \leqq 1)$

【解答】 (1)　$d\boldsymbol{r} = (\boldsymbol{i} + 2t\boldsymbol{j} + 3t^2\boldsymbol{k})dt$，$x = t$，$y = t^2$，$z = t^3$ であるから

$$\int_C \boldsymbol{A}\cdot d\boldsymbol{r} = \int_0^1 ((3t^2+6t^2)\boldsymbol{i} - 14t^2t^3\boldsymbol{j} + 20t(t^3)^2\boldsymbol{k})\cdot(\boldsymbol{i}+2t\boldsymbol{j}+3t^2\boldsymbol{k})dt$$
$$= \int_0^1 (9t^2 - 28t^6 + 60t^9)dt = 5$$

(2)　$d\boldsymbol{r} = (\boldsymbol{i}+\boldsymbol{j}+\boldsymbol{k})dt,\ x=y=z=t$ であるから

$$\int_C \boldsymbol{A}\cdot d\boldsymbol{r} = \int_0^1 ((3t^2+6t)\boldsymbol{i} - 14tt\boldsymbol{j} + 20tt^2\boldsymbol{k})\cdot(\boldsymbol{i}+\boldsymbol{j}+\boldsymbol{k})dt$$
$$= \int_0^1 (20t^3 - 11t^2 + 6t)dt = \frac{13}{3}$$
■

例題 2　ベクトル場 $\boldsymbol{A} = \nabla\varphi$ の定義域が全空間であるとする．点 A から点 B に至る曲線 C を任意にとれば

$$\int_C \boldsymbol{A}\cdot d\boldsymbol{r} = \varphi(\mathrm{B}) - \varphi(\mathrm{A})$$

であることを証明せよ．

【解答】 曲線 C の方程式を $\boldsymbol{r} = x(t)\boldsymbol{i} + y(t)\boldsymbol{j} + z(t)\boldsymbol{k}$ $(a \leqq t \leqq b)$ とし，点 A で $t=a$，点 B で $t=b$ とすれば

$$\int_C \boldsymbol{A}\cdot d\boldsymbol{r} = \int_C (\nabla\varphi)\cdot d\boldsymbol{r} = \int_a^b \left(\frac{\partial\varphi}{\partial x}\frac{dx}{dt} + \frac{\partial\varphi}{\partial y}\frac{dy}{dt} + \frac{\partial\varphi}{\partial z}\frac{dz}{dt}\right)dt$$
$$= \int_a^b \frac{d\varphi(x(t), y(t), z(t))}{dt}dt = \Big[\varphi(x(t), y(t), z(t))\Big]_a^b$$
$$= \varphi(\mathrm{B}) - \varphi(\mathrm{A})$$
■

面積分　曲面 S の方程式を $\boldsymbol{r} = \boldsymbol{r}(u, v)$ $((u, v) \in D)$ とする．ここで，D は uv 平面の領域である．曲面 S 上で定義された関数 f が与えられたとし，S 上の点 $\mathrm{P}(u, v)$ における f の値 $f(\mathrm{P})$ を $f(u, v)$ とすれば，f は (u, v) の関数 $f(u, v)$ で表せる．二重積分

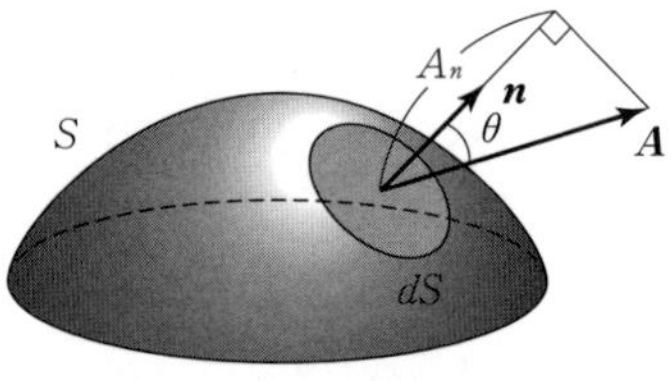

II - 32 図

(9)　$$\int_S f\,dS = \iint_D f(u, v)\left|\frac{\partial\boldsymbol{r}}{\partial u} \times \frac{\partial\boldsymbol{r}}{\partial v}\right| dudv$$

を関数 f の S 上での**面積分**といい，これを左辺の記号で表す．上の (9) で左辺にある dS は曲面 S の面積素

$$dS = \left| \frac{\partial \boldsymbol{r}}{\partial u} \times \frac{\partial \boldsymbol{r}}{\partial v} \right| dudv$$

を表す．

ベクトル場 $\boldsymbol{A} = A_x \boldsymbol{i} + A_y \boldsymbol{j} + A_z \boldsymbol{k}$ の中に曲面 S があるとする．曲面 S の各点でその法単位ベクトルを $\boldsymbol{n}$ とし，$A_n = \boldsymbol{A} \cdot \boldsymbol{n}$ を作れば，A_n は曲面 S 上で定義された関数である（前のページのII－32図参照）．面積分

$$\int_S A_n dS$$

をベクトル場 $\boldsymbol{A}$ の曲面 S 上での**面積分**といい，これを次のように表す．

(10)
$$\int_S \boldsymbol{A} \cdot d\boldsymbol{S} = \int_S \boldsymbol{A} \cdot \boldsymbol{n}\, dS = \int_S |\boldsymbol{A}| \cos\theta\, dS$$

ここで

$$d\boldsymbol{S} = \frac{\partial \boldsymbol{r}}{\partial u} \times \frac{\partial \boldsymbol{r}}{\partial v} dudv = \boldsymbol{n}\, dS$$

は曲面 S のベクトル面積素であり，角 θ は S 上の各点で $\boldsymbol{A}$ と $\boldsymbol{n}$ の作る角である．さて，S 上の各点で法単位ベクトル $\boldsymbol{n}$ の成分を $(\cos\alpha, \cos\beta, \cos\gamma)$ とすれば（$\boldsymbol{n}$ と x 軸，y 軸，z 軸の正の向きとの作る角をそれぞれ α, β, γ とすれば），面積分（10）は次のようになる．

(11)
$$\int_S \boldsymbol{A} \cdot d\boldsymbol{S} = \int_S (A_x \cos\alpha + A_y \cos\beta + A_z \cos\gamma) dS$$

ベクトル場 $\boldsymbol{A}$ の面積分の定義は，その基本に帰れば，次のように述べられる．たとえば，II－33図のように，曲面 S を微小面分 $\varDelta S_1, \varDelta S_2, \cdots, \varDelta S_n$ に分割し，これらの $\varDelta S_1, \varDelta S_2, \cdots, \varDelta S_n$ 内にそれぞれ1点 $\mathrm{Q}_1, \mathrm{Q}_2, \cdots, \mathrm{Q}_n$ を任意にとる．このとき，$\boldsymbol{A}$ の曲面 S 上での面積分は

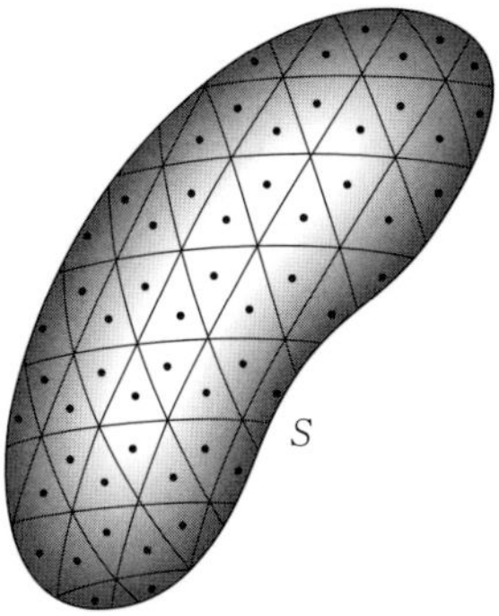

II－33図

(12)
$$\int_S \boldsymbol{A} \cdot \boldsymbol{n}\, dS = \lim \sum_{i=1}^{n} \boldsymbol{A}(\mathrm{Q}_i) \cdot \boldsymbol{n}(\mathrm{Q}_i) \varDelta S_i$$

となる．ここで，右辺の極限は，曲面 S の分割を任意の仕方で限りなく細かくしたときの極限を表す．

例題3　原点を中心とし，任意の半径の球面を考え，これを S とする．また，$\boldsymbol{r} = x\boldsymbol{i} + y\boldsymbol{j} + z\boldsymbol{k}$，$r = |\boldsymbol{r}|$ とする．次式を証明せよ．ただし，球面 S の法単位ベクトル $\boldsymbol{n}$ は S の外側に向くようにとる．

$$\int_S \frac{\boldsymbol{r}}{r^3}\cdot\boldsymbol{n}\,dS = 4\pi$$

【解答】 球面 S の半径を a とする．球面上の任意の点Pの位置ベクトルを $\boldsymbol{r}$ とすれば，この点Pで $\boldsymbol{n} = \dfrac{\boldsymbol{r}}{a}$ である．また，$r = |\boldsymbol{r}| = a$ である．ゆえに

$$\int_S \frac{\boldsymbol{r}}{r^3}\cdot\boldsymbol{n}\,dS = \int_S \frac{\boldsymbol{r}}{a^3}\cdot\frac{\boldsymbol{r}}{a}dS = \int_S \frac{r^2}{a^4}dS$$
$$= \frac{1}{a^2}\int_S dS = \frac{1}{a^2}4\pi a^2 = 4\pi$$ ■

§14　発散定理

発散定理とよばれる基本定理を証明するために，まず準備をする．空間で定義された関数 $f = f(x, y, z)$ と空間の有界な領域 V が与えられたとする．領域 V の境界面である閉じた曲面を S とし，曲面 S の法単位ベクトル $\boldsymbol{n}$ を S の外側に向くようにとる．$\boldsymbol{n}$ の成分を $(\cos\alpha, \cos\beta, \cos\gamma)$ とすれば（$\boldsymbol{n}$ と x 軸，y 軸，z 軸との作る角をそれぞれ α, β, γ とすれば），$\boldsymbol{n} = \cos\alpha\,\boldsymbol{i} + \cos\beta\,\boldsymbol{j} + \cos\gamma\,\boldsymbol{k}$ である．このとき，次の公式が成り立つ．

(1)
$$\iiint_V \frac{\partial f}{\partial x}dxdydz = \int_S f\cos\alpha\,dS$$
$$\iiint_V \frac{\partial f}{\partial y}dxdydz = \int_S f\cos\beta\,dS$$
$$\iiint_V \frac{\partial f}{\partial z}dxdydz = \int_S f\cos\gamma\,dS$$

［証明］ まず，第3式を証明する．与えられた領域 V がII－34図のような形状をしているとする．すなわち，z 軸に平行な直線と境界面 S とは多くとも2点で交わるとする．領域 V を xy 平面上に平射影して得られる領域を D とする．境界面 S に z 軸の正の向きから平行光線を当てたとき，S の上半分 S_2 は

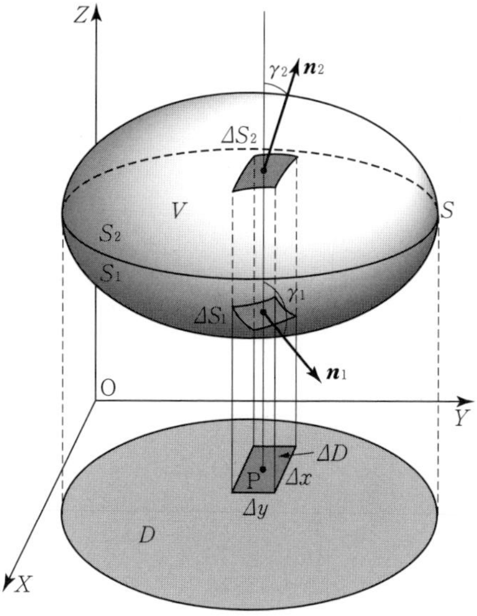

II－34 図

明るく，下半分 S_1 は暗くなる．xy 平面上の領域 D を x 軸に平行な直線群と y 軸に平行な直線群とで分割する．このとき得られる微小長方形の 1 つをとり，これを ΔD とする．この長方形 ΔD の 2 辺の長さを，II－34 図のように，Δx と Δy とする．長方形 ΔD を底面とし，z 軸に平行な母線をもつ柱体を作り，これと S_1 および S_2 の交わりである微小面分をそれぞれ ΔS_1 および ΔS_2 とする．また，長方形 ΔD の中心を P とし，P を通り z 軸に平行な直線と ΔS_1 および ΔS_2 の交点をそれぞれ P_1 および P_2 とする．さらに，微小面分 ΔS_2 と ΔS_1 をそれぞれ上底と下底とし，z 軸に平行な母線をもつ細長い柱体を ΔV とする．さて，点 P の座標を $(x, y, 0)$ とすれば，点 P_1 と P_2 の座標はそれぞれ (x, y, z_1) と (x, y, z_2) であって，z_1 と z_2 は (x, y) の関数である（曲面 S_1 と S_2 の方程式はそれぞれ $z = z_1(x, y)$ と $z = z_2(x, y)$ である）．

さて，細長い柱体 ΔV にわたって，次の三重積分を考え，これを近似的に変形すれば，次のようになる．

$$(2)\qquad \iiint_{\Delta V} \frac{\partial f}{\partial z} dxdydz \fallingdotseq \int_{z_1}^{z_2} \frac{\partial f}{\partial z} dx\, \Delta x \Delta y = \Big[f(x, y, z) \Big]_{z=z_1}^{z=z_2} \Delta x \Delta y$$
$$= (f(x, y, z_2) - f(x, y, z_1)) \Delta x \Delta y$$
$$= (f(\mathrm{P}_2) - f(\mathrm{P}_1)) \Delta x \Delta y$$

次に，微小面分 ΔS_1 と ΔS_2 の面積をそれぞれ同じ記号 ΔS_1 と ΔS_2 で表せば，これらの面積ベクトルはそれぞれ $\Delta S_1 \boldsymbol{n}_1$ と $\Delta S_2 \boldsymbol{n}_2$ で近似される．ただし，$\boldsymbol{n}_1$ と $\boldsymbol{n}_2$ はそれぞれ P_1 と P_2 における境界面 S の法単位ベクトル $\boldsymbol{n}$ である．また，微小面分 ΔS_1 と ΔS_2 の xy 平面上への正射影は同一であって，底面 ΔD である．

ところが，底面 ΔD の面積は $\Delta x \Delta y$ であって，その法単位ベクトルは $\boldsymbol{k}$ である．ゆえに，II，第 1 章 § 3 の公式（11）（p. 81）によって，次式が成り立つ．

$$\text{(3)}\quad \begin{aligned} \Delta x \Delta y &= -(\Delta \boldsymbol{S}_1)\cdot\boldsymbol{k} = -\Delta S_1 \boldsymbol{n}_1\cdot\boldsymbol{k}, \\ &= -\cos\gamma_1 \Delta S_1, \end{aligned} \qquad \begin{aligned} \Delta x \Delta y &= (\Delta \boldsymbol{S}_2)\cdot\boldsymbol{k} = \Delta S_2 \boldsymbol{n}_2\cdot\boldsymbol{k} \\ &= \cos\gamma_2 \Delta S_2 \end{aligned}$$

ここで

$$\boldsymbol{n}_1 = \cos\alpha_1 \boldsymbol{i} + \cos\beta_1 \boldsymbol{j} + \cos\gamma_1 \boldsymbol{k}, \qquad \boldsymbol{n}_2 = \cos\alpha_2 \boldsymbol{i} + \cos\beta_2 \boldsymbol{j} + \cos\gamma_2 \boldsymbol{k}$$

とした．また，(3) の左側の式の右辺に負号が付いているのは，$\Delta x \Delta y > 0$, $\Delta S_1 > 0$ であり，II - 34 図からわかるように，$\boldsymbol{n}_1$ が下に向いていて，$\cos\gamma_1 \leqq 0$ であるからである．(3) の 2 つの式を利用して (2) を変形すれば

$$\text{(4)}\qquad \iiint_{\Delta V} \frac{\partial f}{\partial z} dxdydz \fallingdotseq f(\mathrm{P}_2)\cos\gamma_2 \Delta S_2 + f(\mathrm{P}_1)\cos\gamma_1 \Delta S_1$$

ところが

$$\iiint_V \frac{\partial f}{\partial z} dxdydz = \sum \iiint_{\Delta V} \frac{\partial f}{\partial z} dxdydz$$

である．ここで，右辺の総和は xy 平面上の領域 D の分割にともなって現れたすべての ΔV についての和を作ることを意味する．したがって．(4) を利用して，次の近似式が得られる．

$$\iiint_V \frac{\partial f}{\partial z} dxdydz \fallingdotseq \sum f(\mathrm{P}_2)\cos\gamma_2 \Delta S_2 + \sum f(\mathrm{P}_1)\cos\gamma_1 \Delta S_1$$

ゆえに，xy 平面上の領域 D の分割を限りなく細かくした極限において

$$\iiint_V \frac{\partial f}{\partial z} dxdydz = \int_{S_2} f\cos\gamma\, dS + \int_{S_1} f\cos\gamma\, dS = \int_S f\cos\gamma\, dS$$

が成り立つ．これが証明しようとした，(1) の第 3 式である．領域 V が複雑な形状をしているときには，これをいくつかの簡単な領域に分割して，公式を証明する．なお，(1) の第 1，第 2 式も同様に証明される．　□

空間の領域 V にわたっての関数 $f = f(x, y, z)$ の三重積分を次のように簡単に表すことがある．

$$\iiint_V f\, dxdydz = \int_V f\, dV, \qquad dV = dxdydz$$

ここで，$dV = dxdydz$ を**体積要素**という．

> **定理 3**（**発散定理**）　ベクトル場 $\boldsymbol{A}$ 内にある有界な領域 V について，V の境界である閉じた曲面を S とし，S の法単位ベクトル $\boldsymbol{n}$ を S の外側に向けてとれば
>
> $$\int_V \nabla\cdot\boldsymbol{A}dV = \int_S \boldsymbol{A}\cdot\boldsymbol{n}\,dS$$

[証明] $\boldsymbol{A} = A_x\boldsymbol{i} + A_y\boldsymbol{j} + A_z\boldsymbol{k}$ とする．上で証明した公式 (1) の第 1，第 2 および第 3 式において，それぞれ $f = A_x$，$f = A_y$ および $f = A_z$ とおけば，それぞれ次式が得られる．

$$\int_V \frac{\partial A_x}{\partial x}dV = \int_S A_x \cos\alpha\,dS, \qquad \int_V \frac{\partial A_y}{\partial y}dV = \int_S A_y \cos\beta\,dS$$

$$\int_V \frac{\partial A_z}{\partial z}dV = \int_S A_2 \cos\gamma\,dS$$

この 3 つの式を辺々加え合わせれば

$$\int_V \left(\frac{\partial A_x}{\partial x} + \frac{\partial A_y}{\partial y} + \frac{\partial A_z}{\partial z}\right)dV = \int_S (A_x\cos\alpha + A_y\cos\beta + A_z\cos\gamma)dS$$

ところが，$\boldsymbol{n} = \cos\alpha\,\boldsymbol{i} + \cos\beta\,\boldsymbol{j} + \cos\gamma\,\boldsymbol{k}$ であるから

$$\boldsymbol{A}\cdot\boldsymbol{n} = A_x\cos\alpha + A_y\cos\beta + A_z\cos\gamma$$

である．ゆえに，上式は証明しようとした等式である．　□

例題 1　$\boldsymbol{r} = x\boldsymbol{i} + y\boldsymbol{j} + z\boldsymbol{k}$，$r = |\boldsymbol{r}|$ とする．有界な領域 V の境界面を S とする．次式を証明せよ．

(1)　原点 O が境界面 S の外部にあれば　$\displaystyle\int_S \frac{\boldsymbol{r}}{r^3}\cdot\boldsymbol{n}\,dS = 0$

(2)　原点 O が境界面 S の内部にあれば　$\displaystyle\int_S \frac{\boldsymbol{r}}{r^3}\cdot\boldsymbol{n}\,dS = 4\pi$

【解答】 (1)　原点 O が S の外部にあれば，S の内部 V の各点では $r \neq 0$ である．ゆえに，§11 問題 **3** (p. 113) によって

$$\nabla\cdot\left(\frac{\boldsymbol{r}}{r^3}\right) = 0 \qquad (r \neq 0)$$

ここで，発散定理を利用すれば，

$$\int_S \frac{\boldsymbol{r}}{r^3}\cdot\boldsymbol{n}\,dS = \int_V \nabla\cdot\left(\frac{\boldsymbol{r}}{r^3}\right)dV = \int_V 0\,dV = 0$$

(2)　原点 O が S の内部 V にあれば，O を中心とした十分小さい半径の球面 S' をかけば，球面 S' とその内部 V' は V に含まれる．V から V' を除去して得られる領域を V'' とすれば，原点 O は V'' の外部にある．V'' の境界面 S'' は S と S' の 2 つの部分から成り立っている．さて，曲面 S'' の法単位ベクトル $\boldsymbol{n}$ を S'' の外側に向くようにとれば，球面 S' 上で $\boldsymbol{n}$ は $\boldsymbol{n} = -\bar{\boldsymbol{n}}$ となる．ここで，$\bar{\boldsymbol{n}}$ は球面 S' の法単位ベクトルで，球面 S' の外側に向いている．さて，V'' について問 (1) が成り立つから

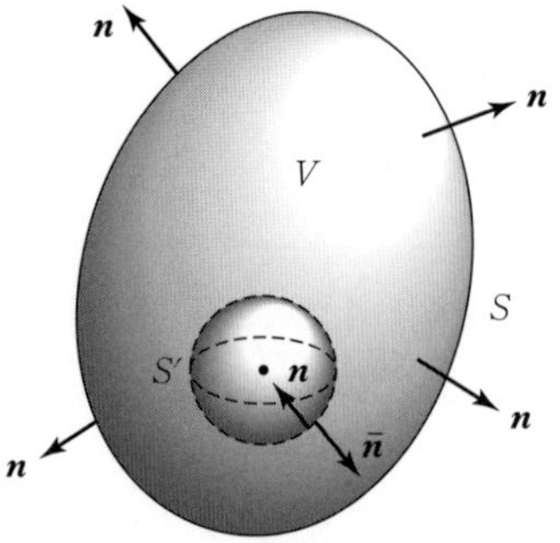

II-35 図

$$\int_{S''} \frac{\boldsymbol{r}}{r^3}\cdot\boldsymbol{n}\,dS = 0$$

$$\therefore\quad \int_S \frac{\boldsymbol{r}}{r^3}\cdot\boldsymbol{n}\,dS + \int_{S'} \frac{\boldsymbol{r}}{r^3}\cdot\boldsymbol{n}\,dS = 0$$

$$\int_S \frac{\boldsymbol{r}}{r^3}\cdot\boldsymbol{n}\,dS = -\int_{S'} \frac{\boldsymbol{r}}{r^3}\cdot\boldsymbol{n}\,dS = \int_{S'} \frac{\boldsymbol{r}}{r^3}\cdot\bar{\boldsymbol{n}}\,dS \qquad (\because\quad \boldsymbol{n} = -\bar{\boldsymbol{n}})$$

ところが，§13，例題 3（p. 120）によって

$$\int_{S'} \frac{\boldsymbol{r}}{r^3}\cdot\bar{\boldsymbol{n}}\,dS = 4\pi \qquad \therefore\quad \int_S \frac{\boldsymbol{r}}{r^3}\cdot\boldsymbol{n}\,dS = 4\pi$$

■

例題 2　次のことを証明せよ．

(1) スカラー場 f 内の任意の有界領域 V について

$$\int_V f\,dV = 0$$

ならば，$f = 0$ である．

(2)　同じ定義域をもつベクトル場 $\boldsymbol{A}$ とスカラー場 σ 内の任意の有界領域 V の境界面 S について

$$\int_S \boldsymbol{A}\cdot\boldsymbol{n}\,dS = \int_V \sigma\,dV$$

ならば，$\nabla\cdot\boldsymbol{A}=\sigma$ である．

【解答】(1)　任意に1点Pをとる．Pを中心として微小な半径 ε の球面とその内部を V とする．仮定によって

$$\int_V f\,dV = 0$$

ところが，左辺の積分は近似的に $\dfrac{4\pi}{3}\varepsilon^3 f(\mathrm{P})$ に等しい．ゆえに

$$\frac{4\pi}{3}\varepsilon^3 f(\mathrm{P}) + o(\varepsilon^3) = 0, \qquad \lim_{\varepsilon\to 0}\frac{o(\varepsilon^3)}{\varepsilon^3} = 0$$

ここで，上式の両辺を ε^3 で割って，$\varepsilon\to 0$ とすれば，$f(\mathrm{P})=0$ となることがわかる．ゆえに，点Pを任意にとったから，$f=0$.

(2)　任意の有界領域 V とその境界面 S について，仮定によって，発散定理を利用すれば，次式が得られる．

$$\int_S \boldsymbol{A}\cdot\boldsymbol{n}\,dS = \int_V \sigma\,dV \qquad \therefore\ \int_V \nabla\cdot\boldsymbol{A}\,dV = \int_V \sigma\,dV \qquad \therefore\ \int_V (\nabla\cdot\boldsymbol{A}-\sigma)\,dV = 0$$

したがって，領域 V を任意にとれるから，問 (1) によって

$$\nabla\cdot\boldsymbol{A}-\sigma = 0$$
$$\therefore\quad \nabla\cdot\boldsymbol{A} = \sigma$$

■

上の例題2での推論は，電気磁気学や流体力学などの各分野で，しばしば利用される．

発散定理において，ベクトル場 $\boldsymbol{A}$ が完全流体の定常流の速度ベクトルを表すとすれば，右辺 $\int_S \boldsymbol{A}\cdot\boldsymbol{n}\,dS$ は単位時間内に境界面 S を通過して，S の内部から外部に流出する流体の体積を表す．したがって，左辺 $\int_V \nabla\cdot\boldsymbol{A}\,dV$ からわかるように，$\boldsymbol{A}$ の発散 $\nabla\cdot\boldsymbol{A}$ は各点において単位時間内に湧出する流体の体積の空間的密度を表す．もちろん，$\nabla\cdot\boldsymbol{A}>0$ の場合には，流体は実際に湧き出していて，$\nabla\cdot\boldsymbol{A}<0$ の場合には，流体は実際には吸収されていると考えられる(§11 (p. 111) 参照)．

§15　ストークスの定理

ストークスの定理とよばれる基本定理を証明するために，まず準備をする．次の**グリーン**（Green）**の定理**が成り立つ．

定理４　xy 平面で，単一閉曲線 C（自分自身とふたたび交わることのない閉曲線）C で囲まれた領域を R とする．２つの関数 $M(x,y), N(x,y)$ が C と R を含む領域で連続な偏導関数をもっているとする．また，閉曲線 C には，II‐36図のように，向きを付ける．このとき，次式が成り立つ．

$$\int_C (M\,dx + N\,dy) = \iint_R \left(\frac{\partial N}{\partial x} - \frac{\partial M}{\partial y}\right) dxdy$$

［証明］　まず，II‐36図のように，閉曲線 C と各座標軸に平行な直線とが，多くとも２点で交わる場合に，この定理を証明する．II‐36図の記号にしたがって，閉曲線 C を２つの部分 AEB と AFB に分けて考え，これらの曲線弧の方程式をそれぞれ

$$y = Y_1(x), \qquad y = Y_2(x) \qquad (a \leqq x \leqq b)$$

とする．さて

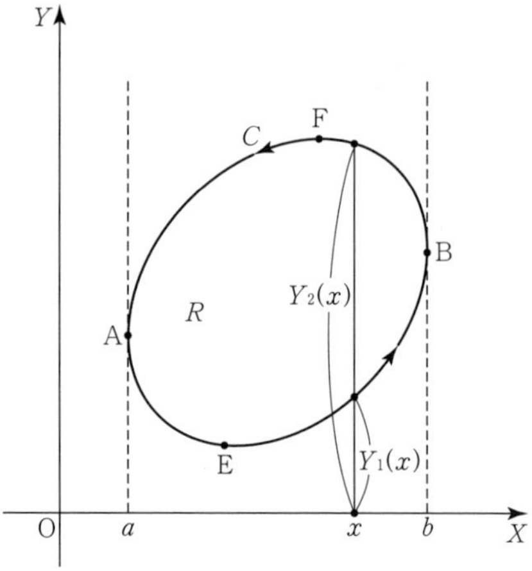

II‐36図

$$\iint_R \frac{\partial M}{\partial y} dxdy$$
$$= \int_a^b \int_{Y_1(x)}^{Y_2(x)} \frac{\partial M}{\partial y} dydx$$
$$= \int_a^b \Big[M(x,y)\Big]_{y=Y_1(x)}^{y=Y_2(x)} dx = \int_a^b M(x, Y_2(x))dx - \int_a^b M(x, Y_1(x))dx$$

また，線積分の定義（p.115）によって

$$\int_a^b M(x, Y_1(x))dx = \int_{\mathrm{AEB}} M\,dx$$
$$\int_a^b M(x, Y_2(x))dx = -\int_{\mathrm{BFA}} M\,dx$$

であるから，上の式は次のようになる．

$$-\iint_R \frac{\partial M}{\partial y} dxdy = \int_{\mathrm{BFA}} M\,dx + \int_{\mathrm{AEB}} M\,dx = \int_C M\,dx$$

全く同じようにして，次式を証明することができる．

$$\iint_R \frac{\partial N}{\partial x}dxdy = \int_C N\,dy$$

上で得られた2つの式を辺々加え合わせれば，求めている等式が得られる．

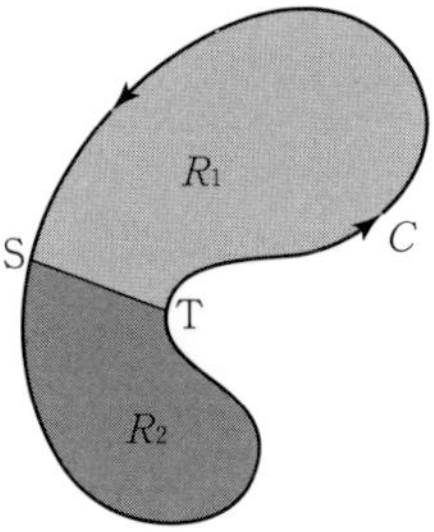

II－37図

領域 R の形状が複雑である場合，たとえばII－37図のような場合には，適当な曲線STで領域 R を分割して上の条件を満足する2つの領域 R_1 と R_2 に分けて，そのおのおのの部分で定理の等式を証明し，その結果の両辺の和を作ればよい．　□

空間で，曲面 S があり，その境界線を C とする．曲面 S の法単位ベクトル $\boldsymbol{n} = \cos\alpha\,\boldsymbol{i} + \cos\beta\,\boldsymbol{j} + \cos\gamma\,\boldsymbol{k}$ の向きと曲線 C の向きをII－38図のように付ける．このとき，任意のスカラー場 f について次の等式が成り立つ．

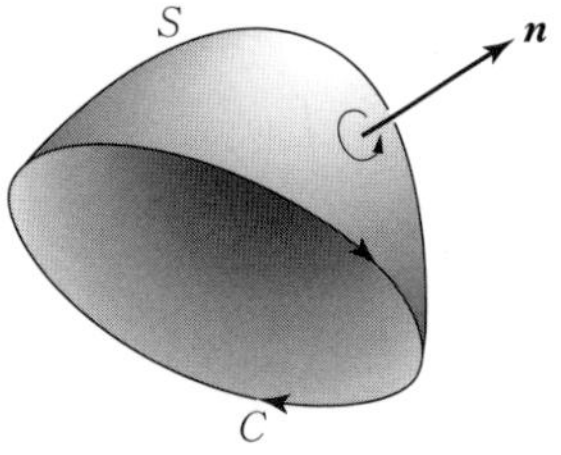

II－38図

$$\int_S \left(\frac{\partial f}{\partial z}\cos\beta - \frac{\partial f}{\partial y}\cos\gamma\right)dS = \int_C f\,dx$$

$$(1)\quad \int_S \left(\frac{\partial f}{\partial x}\cos\gamma - \frac{\partial f}{\partial z}\cos\alpha\right)dS = \int_C f\,dy$$

$$\int_S \left(\frac{\partial f}{\partial y}\cos\alpha - \frac{\partial f}{\partial x}\cos\beta\right)dS = \int_C f\,dz$$

［証明］ まず，(1) の第1式を証明する．曲面 S の方程式を $z = g(x, y)$ $((x, y) \in R)$ とする．ここで，R は曲面 S の xy 平面上への正射影である．曲面 S 上の各点でベクトル $\nabla(z - g(x, y)) = -p\boldsymbol{i} - q\boldsymbol{j} + \boldsymbol{k}$ は S に垂直である．ここで，$p = g_x$, $q = g_y$ である．ゆえに

$$(2)\qquad \boldsymbol{n} = \frac{-p}{\sqrt{1+p^2+q^2}}\boldsymbol{i} + \frac{-q}{\sqrt{1+p^2+q^2}}\boldsymbol{j} + \frac{1}{\sqrt{1+p^2+q^2}}\boldsymbol{k}$$

は曲面 S の法単位ベクトルである．さて，§14の (3) (p. 122) と全く同じようにして，曲面 S の面積要素 dS は

$$dxdy = |\boldsymbol{n}\cdot\boldsymbol{k}|\,dS = \frac{1}{\sqrt{1+p^2+q^2}}dS$$

で与えられる．ゆえに

$$(3)\qquad dS = \sqrt{1+p^2+q^2}\,dxdy$$

また，$\boldsymbol{n} = \cos\alpha\,\boldsymbol{i} + \cos\beta\,\boldsymbol{j} + \cos\gamma\,\boldsymbol{k}$ であるから，(2) を利用して

$$(4)\qquad \cos\beta = \frac{-q}{\sqrt{1+p^2+q^2}},\qquad \cos\gamma = \frac{1}{\sqrt{1+p^2+q^2}}$$

が得られる．

さて，上の (3) と (4) を利用して，次式が得られる．

$$(5)\qquad \int_S\left(\frac{\partial f}{\partial z}\cos\beta - \frac{\partial f}{\partial y}\cos\gamma\right)dS = \iint_R -\left(\frac{\partial f}{\partial z}\frac{\partial g}{\partial y} + \frac{\partial f}{\partial y}\right)dxdy$$

ところが，曲面 S 上で $f = f(x, y, g(x, y))$ であるから，$F(x, y) = f(x, y, g(x, y))$ とおけば，曲面 S 上で

$$\frac{\partial F}{\partial y} = \frac{\partial f}{\partial z}\frac{\partial g}{\partial y} + \frac{\partial f}{\partial y}$$

が成り立つ．ゆえに，上式を (5) の右辺に代入して，グリーンの定理を利用すれば，次の計算をすることができる．

$$\int_S\left(\frac{\partial f}{\partial z}\cos\beta - \frac{\partial f}{\partial y}\cos\gamma\right)dS = -\iint_R \frac{\partial F}{\partial y}dxdy = \int_C F\,dx$$

ところが，曲線 C 上で $f = F$ であるから，上式から

$$\int_S\left(\frac{\partial f}{\partial z}\cos\beta - \frac{\partial f}{\partial y}\cos\gamma\right)dS = \int_C f\,dx$$

が得られる．これが求める等式である．

(1) の第2，第3式も同様にして得られる．　□

上の公式 (1) を利用して，次の**ストークス** (Stokes) **の定理**を証明することができる．

定理 5　ベクトル場 $\boldsymbol{A}$ 内で，曲面 S の境界線である閉曲線を C とすれば

$$\int_C \boldsymbol{A}\cdot d\boldsymbol{r} = \int_S (\nabla\times\boldsymbol{A})\cdot\boldsymbol{n}\,dS$$

ここで，曲面 S の法単位ベクトル $\boldsymbol{n}$ の向きと閉曲線 C の向きを前のページの II - 38 図のように付けるとする．

[証明]　$\boldsymbol{A} = A_x\boldsymbol{i} + A_y\boldsymbol{j} + A_z\boldsymbol{k}$ とする．公式 (1) の第1式，第2式および

第３式で，それぞれ $f = A_x$，$f = A_y$ および $f = A_z$ とおけば，それぞれ次式が得られる．

$$\int_S \left(\frac{\partial A_x}{\partial z}\cos\beta - \frac{\partial A_x}{\partial y}\cos\gamma\right)dS = \int_C A_x dx$$

$$\int_S \left(\frac{\partial A_y}{\partial x}\cos\gamma - \frac{\partial A_y}{\partial z}\cos\alpha\right)dS = \int_C A_y dy$$

$$\int_S \left(\frac{\partial A_z}{\partial y}\cos\alpha - \frac{\partial A_z}{\partial x}\cos\beta\right)dS = \int_C A_z dz$$

この３つの式を辺々加え合わせれば

$$\int_S \left[\left(\frac{\partial A_z}{\partial y} - \frac{\partial A_y}{\partial z}\right)\cos\alpha - \left(\frac{\partial A_z}{\partial x} - \frac{\partial A_x}{\partial z}\right)\cos\beta + \left(\frac{\partial A_y}{\partial x} - \frac{\partial A_x}{\partial y}\right)\cos\gamma\right]dS$$
$$= \int_C (A_x dx + A_y dy + A_z dz)$$

となって，§12 (1)（p. 113）と§13 (5)（p. 116）に注目すれば，上式が求める等式であることがわかる．　□

例題２　次のことを証明せよ．

(1)　ベクトル場 $\boldsymbol{A}$ 内の任意の曲面 S について

$$\int_S \boldsymbol{A}\cdot\boldsymbol{n}\,dS = 0$$

ならば，$\boldsymbol{A} = \boldsymbol{0}$ である．

(2)　同じ領域で定義されているベクトル場 $\boldsymbol{A}, \boldsymbol{B}$ 内の任意の曲面 S とその境界線 C について

$$\int_S \boldsymbol{A}\cdot\boldsymbol{n}\,dS = \int_C \boldsymbol{B}\cdot d\boldsymbol{r}$$

ならば，$\nabla\times\boldsymbol{B} = \boldsymbol{A}$ である．

【解答】 (1)　点 P を任意にとり，P を通る有向平面 π を任意にとる．点 P を中心とし，微小半径 ε の円 C を π 上にかき，その内部の円板を S とする．有向平面 π の法単位ベクトルを $\boldsymbol{n}$ とすれば，仮定によって

$$0 = \int_S \boldsymbol{A}\cdot\boldsymbol{n}\,dS \fallingdotseq \boldsymbol{A}(\mathrm{P})\cdot\boldsymbol{n}\pi\varepsilon^2$$

$$\therefore\quad \boldsymbol{A}(\mathrm{P})\cdot\boldsymbol{n}\pi\varepsilon^2 + o(\varepsilon^2) = 0,\qquad \lim_{\varepsilon\to 0}\frac{o(\varepsilon^2)}{\varepsilon^2} = 0$$

ここで，上式の両辺を ε^2 で割って，$\varepsilon \to 0$ とすれば，$\boldsymbol{A}(\mathrm{P})\cdot\boldsymbol{n} = 0$ であることがわかる．さて，有向平面 π の向きを任意に選べるから，単位ベクトル $\boldsymbol{n}$ を任意に選んで

$$\boldsymbol{A}(\mathrm{P})\cdot\boldsymbol{n} = 0$$

が成り立つ．したがって，$\boldsymbol{A}(\mathrm{P}) = \boldsymbol{0}$ でなければならない．ところが，点 P は任意であるから，$\boldsymbol{A} = \boldsymbol{0}$.

(2)　仮定とストークスの定理によって

$$\int_S \boldsymbol{A}\cdot\boldsymbol{n}\,dS = \int_C \boldsymbol{B}\cdot d\boldsymbol{r} = \int_S (\nabla \times \boldsymbol{B})\cdot\boldsymbol{n}\,dS$$

$$\therefore\quad \int_S (\nabla \times \boldsymbol{B} - \boldsymbol{A})\cdot\boldsymbol{n}\,dS = 0$$

ところが，曲面 S を任意にとれるから，問 (1) によって

$$\nabla \times \boldsymbol{B} - \boldsymbol{A} = \boldsymbol{0} \qquad \therefore\quad \nabla \times \boldsymbol{B} = \boldsymbol{A}$$ ■

上の例題1での推論は，電気磁気学や流体力学などの分野でしばしば用いられる．

さて，ベクトル場 $\boldsymbol{A}$ 内に任意の点 P をとり，P を通る有向平面 π を任意にとって，その法単位ベクトルを $\boldsymbol{n}$ とする．π 上に点 P を中心として微小半径 ε の円 C をえがき，その内部の面分を S とする．このとき，次の近似式が成り立つ．

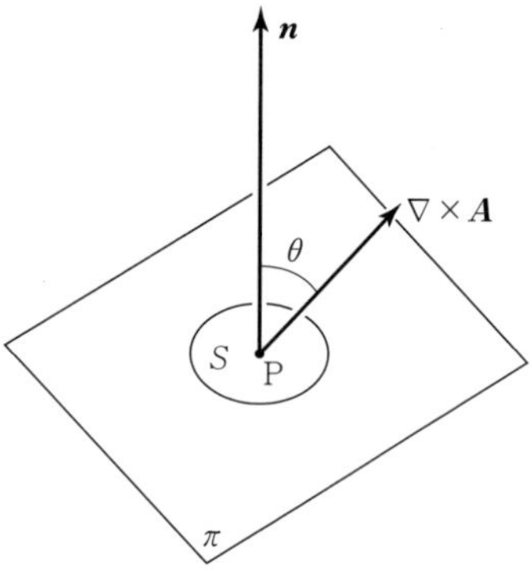

II-39 図

$$(\nabla \times \boldsymbol{A})_{\mathrm{P}}\cdot\boldsymbol{n}\pi\varepsilon^2 \fallingdotseq \int_S (\nabla \times \boldsymbol{A})\cdot\boldsymbol{n}\,dS$$
$$= \int_C \boldsymbol{A}\cdot d\boldsymbol{r}$$

$$\therefore\quad (\nabla \times \boldsymbol{A})_{\mathrm{P}}\cdot\boldsymbol{n} \fallingdotseq \frac{1}{\pi\varepsilon^2}\int_C \boldsymbol{A}\cdot d\boldsymbol{r}$$

ここで，点 P を任意に固定し，P を含む有向平面 π の向き（$\boldsymbol{n}$ の向き）を変化させたとき

(6)
$$\frac{1}{\pi\varepsilon^2}\int_C \boldsymbol{A}\cdot d\boldsymbol{r}$$

が最大になるような平面 π_0 に $(\nabla \times \boldsymbol{A})_{\mathrm{P}}$ は垂直（π_0 の法単位ベクトル $\boldsymbol{n}_0$ に

$(\nabla \times \boldsymbol{A})_{\mathrm{P}}$ は平行）である．他方において，(6) の最大値 $|\nabla \times \boldsymbol{A}|_{\mathrm{P}}$ はベクトル場の**渦の強さ**を表していると考えられている．したがって，ベクトル場 $\nabla \times \boldsymbol{A}$ は各点でベクトル場 $\boldsymbol{A}$ の渦の強さと向きを表していると考えられる．

演 習 問 題 II-4

［A］

1. スカラー場 $\varphi = 4xz^3 - 3x^2yz$ について，次のものを求めよ．

(1) $\nabla\varphi$　　(2) $\nabla^2\varphi$

2. ベクトル場 $\boldsymbol{A} = 3xyz^2\boldsymbol{i} + 2xy^3\boldsymbol{j} - x^2yz\boldsymbol{k}$，スカラー場 $\varphi = 3x^2 - yz$ について，次のものを求めよ．

(1) $\nabla\cdot\boldsymbol{A}$　　(2) $\nabla\varphi$　　(3) $\nabla\cdot(\varphi\boldsymbol{A})$　　(4) $\boldsymbol{A}\cdot\nabla\varphi$

3. ベクトル場 $\boldsymbol{A} = 2xz^2\boldsymbol{i} - yz\boldsymbol{j} + 3xz^3\boldsymbol{k}$，スカラー場 $\varphi = x^2yz$ について，次のものを求めよ．

(1) $\nabla\times\boldsymbol{A}$　　(2) $\nabla\times(\varphi\boldsymbol{A})$　　(3) $\nabla\times(\nabla\times\boldsymbol{A})$

4. $\boldsymbol{r} = x\boldsymbol{i} + y\boldsymbol{j} + z\boldsymbol{k}$，$r = |\boldsymbol{r}|$ とする．次のものを求めよ．

(1) ∇r^3　　(2) $\nabla(r^2e^{-r})$

5. 任意のスカラー場 φ, ψ について，次式を証明せよ．

(1) $\nabla^2(\varphi\psi) = \psi\nabla^2\varphi + 2(\nabla\varphi)\cdot(\nabla\psi) + \varphi\nabla^2\psi$

(2) $\nabla\cdot(\varphi\nabla\psi) = (\nabla\varphi)\cdot(\nabla\psi) + \varphi\nabla^2\psi$

(3) $\nabla\cdot(\varphi\nabla\psi - \psi\nabla\varphi) = \varphi\nabla^2\psi - \psi\nabla^2\varphi$

［B］

6. ベクトル場 $\boldsymbol{A}$ について，次のことを証明せよ．

(1) $\boldsymbol{A} = \nabla\times\boldsymbol{B}$ となるベクトル場 $\boldsymbol{B}$ が存在すれば，ベクトル場 $\boldsymbol{A}$ 内の任意の領域 V の境界面 S について

$$\int_S \boldsymbol{A}\cdot\boldsymbol{n}\,dS = 0$$

(2) $\boldsymbol{A} = \nabla\varphi$ となるスカラー場 φ が存在すれば，ベクトル場 $\boldsymbol{A}$ 内の任意の曲面 S の境界線 C について

$$\int_C \boldsymbol{A}\cdot d\boldsymbol{r} = 0$$

7. スカラー場 φ について，次式を証明せよ．

$$\int_V \nabla^2\varphi\,dV = \int_S \frac{d\varphi}{dn}dS$$

ここで，V はスカラー場 φ 内の任意の領域で，S は V の境界面であり，$\dfrac{d}{dn}$ は S 上の各点で S の外側に向く法単位ベクトル $\boldsymbol{n}$ の向きへの方向微分を表す．

8. 同じ定義域をもつスカラー場 φ, ψ について，次式を証明せよ．ただし，$V, S, \boldsymbol{n}$ は上の **7** と同一であるとする．演習問題 **5** を利用せよ．

(1)
$$\int_S \varphi \frac{d\psi}{dn} dS = \int_V [\varphi \nabla^2 \psi + (\nabla \varphi)\cdot(\nabla \psi)] dV$$

(2)
$$\int_S \left(\varphi \frac{d\psi}{dn} - \psi \frac{d\varphi}{dn}\right) dS = \int_V [\varphi \nabla^2 \psi - \psi \nabla^2 \varphi] dV$$

9. 任意のベクトル場 $\boldsymbol{A}, \boldsymbol{B}$ について，次式を証明せよ．左右両辺を $\boldsymbol{A}$ と $\boldsymbol{B}$ の成分で書き表し比較せよ．

(1)　$\nabla\cdot(\boldsymbol{A} \times \boldsymbol{B}) = \boldsymbol{B}\cdot(\nabla \times \boldsymbol{A}) - \boldsymbol{A}\cdot(\nabla \times \boldsymbol{B})$

(2)　$\nabla \times (\nabla \times \boldsymbol{A}) = \nabla(\nabla\cdot\boldsymbol{A}) - \nabla^2 \boldsymbol{A}$

(3)　$\nabla \times (\boldsymbol{A} \times \boldsymbol{B}) = (\boldsymbol{B}\cdot\nabla)\boldsymbol{A} - (\boldsymbol{A}\cdot\nabla)\boldsymbol{B} + (\nabla\cdot\boldsymbol{B})\boldsymbol{A} - (\nabla\cdot\boldsymbol{A})\boldsymbol{B}$

ここで
$$\nabla^2 \boldsymbol{A} = \frac{\partial^2 \boldsymbol{A}}{\partial x^2} + \frac{\partial^2 \boldsymbol{A}}{\partial y^2} + \frac{\partial^2 \boldsymbol{A}}{\partial z^2}$$
$$(\boldsymbol{B}\cdot\nabla)\boldsymbol{A} = B_x \frac{\partial \boldsymbol{A}}{\partial x} + B_y \frac{\partial \boldsymbol{A}}{\partial y} + B_z \frac{\partial \boldsymbol{A}}{\partial z}$$
である．ただし，$\boldsymbol{B} = B_x \boldsymbol{i} + B_y \boldsymbol{j} + B_z \boldsymbol{k}$ とした．

10. 全空間で定義されたベクトル場 $\boldsymbol{A} = A_x \boldsymbol{i} + A_y \boldsymbol{j} + A_z \boldsymbol{k}$ が $\nabla \times \boldsymbol{A} = \boldsymbol{0}$ を満足しているとする．点 $\mathrm{P}_0(x_0, y_0, z_0)$ を固定し
$$\varphi(x, y, z) = \int_{x_0}^{x} A_x(x, y, z) dx + \int_{y_0}^{y} A_y(x_0, y, z) dy + \int_{z_0}^{z} A_z(x_0, y_0, z) dz$$
とおけば
$$\boldsymbol{A} = \nabla \varphi$$
が成り立つ．このことを証明せよ．

11. 全空間で定義されたベクトル場 $\boldsymbol{A} = A_x \boldsymbol{i} + A_y \boldsymbol{j} + A_z \boldsymbol{k}$ が $\nabla\cdot\boldsymbol{A} = 0$ を満足しているとする．点 $\mathrm{P}_0(x_0, y_0, z_0)$ を固定し
$$B_x = \int_{z_0}^{z} A_y(x, y, z) dz, \qquad B_y = -\int_{z_0}^{z} A_x(x, y, z) dz + \int_{x_0}^{x} A_z(x, y, z_0) dx$$
とおき，$\boldsymbol{B} = B_x \boldsymbol{i} + B_y \boldsymbol{j}$ とすれば
$$\boldsymbol{A} = \nabla \times \boldsymbol{B}$$
が成り立つ．このことを証明せよ．

III 複素数の関数

第１章　複素数の関数

§1　複素数

-1 の平方根 $\sqrt{-1}$ を新種の数と考え，これを記号 i で表し，i を**虚数単位**という．すなわち

$$i = \sqrt{-1}, \qquad i^2 = -1$$

２つの実数 a と b に対して，a および b と i の積 bi の和の形をしている新種の数

$$\alpha = a + bi$$

を考え，これを**複素数**という．この複素数を $\alpha = a + ib$ と書き表すこともある．複素数 $\alpha = a + bi$ に対して，a と b をそれぞれ α の**実部**と**虚部**といい，それぞれを記号

$$\alpha \text{ の実部} \quad \mathrm{Re}(\alpha) = a, \qquad \alpha \text{ の虚部} \quad \mathrm{Im}(\alpha) = b$$

で表す．特に，複素数 $\alpha = a + bi$ で $b = 0$ であるとき，すなわち $\alpha = a + 0i$ であるとき，α を実数 a と同じものとみなして，$\alpha = a$ と書き表す．すなわち，実数は複素数の特別なものであるとみなす．複素数 $\alpha = a + bi$ で $a = 0$ であるとき，すなわち $\alpha = 0 + bi$ であるとき，これを $\alpha = bi$ と書き表し，α を**純虚数**という．特に，複素数 $\alpha = 0 + 0i$ は実数の零と同一であって，これを $0 + 0i = 0$ と書き表す．

複素数の演算について，次の規約 (i)，(ii) を設ける．

(i)　２つの複素数 $\alpha = a + bi$ と $\beta = c + di$ が**等しい**のは，すなわち，$a + bi = c + di$ となるのは，$a = c$ かつ $b = d$ であるときに限る．特に，$a + bi = 0$ となるのは，$a = b = 0$ のときに限る．

(ii)　複素数の四則は実数の四則と同一であるが，$i^2 = -1$ とする．すなわち，複素数の四則演算をするときには，i を1つの文字とみなして普通の代数演算をし，その結果に $i^2 = -1$ を代入すればよい．詳しくいえば，2つの複素数 $\alpha = a + bi$, $\beta = c + di$ について

(1)　$\alpha + \beta = (a + c) + (b + d)i, \qquad \alpha - \beta = (a - c) + (b - d)i$

(2)　$\alpha\beta = (a + bi)(c + di) = (ac - bd) + (ad + bc)i$

(3)
$$\frac{\alpha}{\beta} = \frac{a + bi}{c + di} = \frac{(a + bi)(c - di)}{(c + di)(c - di)} = \frac{ac + bd}{c^2 + d^2} + \frac{bc - ad}{c^2 + d^2}i \qquad (\beta \neq 0)$$

しかし，複素数の間には大小関係はない．

問 1　次の複素数を $a + bi$ の形に書け．

(1)　$(1 + 2i)(3 - 4i)$　　(2)　$(5 - 6i) - (7 + 8i)$　　(3)　$(7 + 5i)(3 - i)$

(4)　$\dfrac{4 - 2i}{3 + i}$　　(5)　i^3, i^4, i^5, i^6

問 2　2つの複素数 α, β について，$\alpha\beta = 0$ ならば，$\alpha = 0$ かまたは $\beta = 0$ である（$\alpha\beta = 0$ かつ $\alpha \neq 0$ ならば，$\beta = 0$ である）．このことを証明せよ．

共役複素数　　複素数 $\alpha = a + bi$ に対して複素数

$$\bar{\alpha} = a - bi$$

を α の**共役複素数**または簡単に**共役数**といい，これを $\bar{\alpha}$ で表す．明らかに，次の法則が成り立つ．

(4)
$$\bar{\bar{\alpha}} = \alpha$$

(5)
$$\overline{\alpha + \beta} = \bar{\alpha} + \bar{\beta}, \qquad \overline{\alpha - \beta} = \bar{\alpha} - \bar{\beta}$$
$$\overline{\alpha\beta} = \bar{\alpha}\bar{\beta}, \qquad \overline{\left(\frac{\alpha}{\beta}\right)} = \frac{\bar{\alpha}}{\bar{\beta}} \qquad (\beta \neq 0)$$

問 3　上の (5) を証明せよ．

問 4　複素数 α について次のことを証明せよ．

(1)　α が実数であるための必要十分条件は　$\bar{\alpha} = \alpha$

(2)　α が純虚数であるための必要十分条件は　$\bar{\alpha} = -\alpha$

(3)　$\mathrm{Re}(\alpha) = \dfrac{1}{2}(\alpha + \overline{\alpha}), \quad \mathrm{Im}(\alpha) = \dfrac{1}{2i}(\alpha - \overline{\alpha})$

(4)　$\alpha = a + bi$ ならば　$\alpha\overline{\alpha} = a^2 + b^2$

問 5　任意の複素数 α, β について，次の複素数は実数であるか純虚数であるかを調べよ．

(1)　$\alpha^2 - \overline{\alpha}^2$　　(2)　$\alpha\overline{\beta} - \overline{\alpha}\beta$　　(3)　$\dfrac{\overline{\alpha}\overline{\beta} - \alpha\beta}{\alpha\overline{\alpha} - 1}$

複素数平面　平面上に直交座標系を設定する．複素数 $z = x + yi$ に対して，平面上の点 $\mathrm{P}(x, y)$ を対応させれば，この対応は1対1である．すべての複素数には平面上の1点が対応し，逆も成り立つ（III - 1図参照）．そこで，点 $\mathrm{P}(x, y)$ で複素数 $z = x + yi$ を表示することができる．このように，その上の点が複素数を表している平面を**複素数平面**，**複素平面**，または**ガウス** (Gauss) **平面**という．

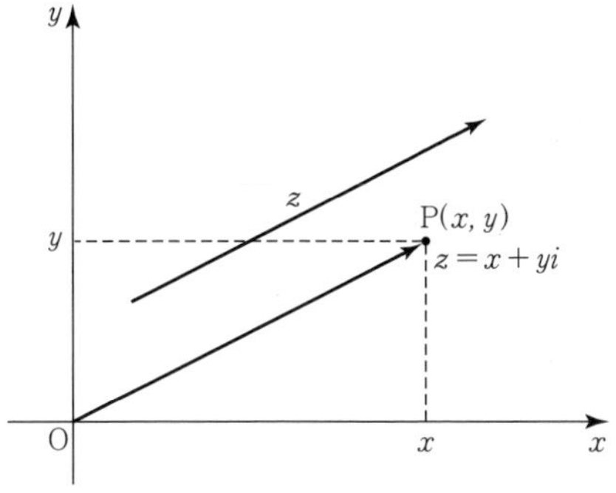

III - 1図

特に，実数 $\alpha = a + 0i$ は複素数平面の x 軸上の点 $(a, 0)$ で表示されるから，x 軸を**実軸**という．また，純虚数 $\alpha = 0 + bi$ は複素数平面の y 軸上の点 $(0, b)$ で表示されるから，y 軸を**虚軸**という．特に，複素数 $0 = 0 + 0i$ には原点 $\mathrm{O}(0, 0)$ が対応する．複素数平面上で，複素数 $z = x + yi$ を表す点を簡単に**点** z ということがある．

複素数平面上の点 P に対してベクトル $\overrightarrow{\mathrm{OP}}$ が1対1に対応するから，点 $\mathrm{P}(x, y)$ が表す複素数 $z = x + yi$ を複素数平面上のベクトル $x\boldsymbol{i} + y\boldsymbol{j}$ で表すことがある．このとき，ベクトル $x\boldsymbol{i} + y\boldsymbol{j}$ を簡単にベクトル $z = x + yi$ とよぶことがある．したがって，2つの複素数 α, β がそれぞれベクトル $\boldsymbol{A}, \boldsymbol{B}$ で表されれば，その和 $\alpha + \beta$ はベクトル $\boldsymbol{A} + \boldsymbol{B}$ で表される．

複素数 $z = x + yi$ を上の III - 1図のように点 $\mathrm{P}(x, y)$ またはベクトル $x\boldsymbol{i} +$

$y\boldsymbol{j}$ で表したとき，このベクトルの大きさすなわち線分 OP の長さを複素数 $z = x + yi$ の**絶対値**といい，記号 $|z|$ で表す．問 4 の（4）により

$$|z| = |x + yi| = \sqrt{x^2 + y^2} \qquad (z = x + yi) \tag{6}$$

$$\therefore \quad z\bar{z} = |z|^2$$

明らかに

$z = 0$ であるための必要十分条件は $|z| = 0$ である．

また，複素数 z, w について次の**三角形不等式**が成り立つ．

$$|z + w| \leqq |z| + |w|, \qquad |z - w| \geqq |z| - |w| \tag{7}$$

問 6　複素数 $z_1, z_2, \cdots, z_n$ について，次の不等式を証明せよ．

$$|z_1 + z_2 + \cdots + z_n| \leqq |z_1| + |z_2| + \cdots + |z_n|$$

2 つの複素数 z, w について，$|z - w|$ は点 z と点 w の間の距離に等しい．したがって，α が一定な複素数で，実数 r が正であれば，方程式 $|z - \alpha| = r$ を満足する点 z の全体の集合 $\{z \mid |z - \alpha| = r\}$ は複素数平面上で点 α を中心とし，半径 r の円周である．そこで，$|z - \alpha| = r$ をこの円の方程式という．また，集合 $\{z \mid |z - \alpha| \leqq r\}$ はこの円で囲まれる円板である．

極形式　　複素数 $z = x + yi$ を複素数平面上の点 $\mathrm{P}(x, y)$ で表したとき，z の絶対値は $r = \overline{\mathrm{OP}}$ に等しい．$z \neq 0$ のとき，ベクトル $\overrightarrow{\mathrm{OP}}$ と実軸の正の向きが作る角 θ を複素数 z の**偏角**といい，記号

$$\arg z = \theta$$

で表す．記号 arg は偏角を意味する argument の略である．なお

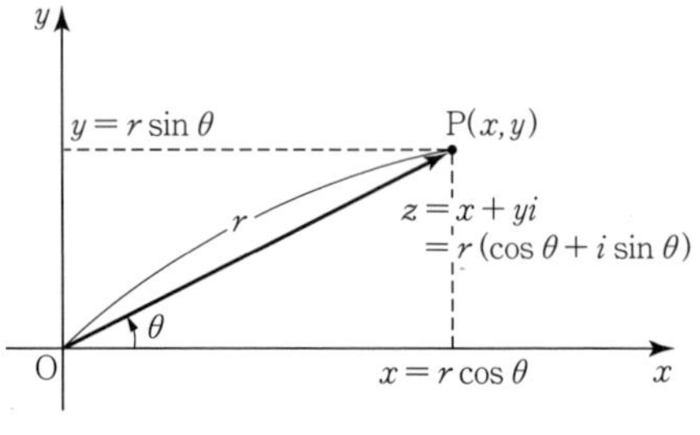

III - 2 図

偏角は一般角で測られる．

明らかに，次式が成り立つ（III - 2 図参照）．複素数 $z \neq 0$ について

$$x = r\cos\theta, \qquad y = r\sin\theta \tag{8}$$

(9) $$z = r(\cos\theta + i\sin\theta) \qquad (r > 0)$$

この (9) を複素数 z の**極形式**という．また，次式が成り立つ．

(10) $$r = |z| = \sqrt{x^2 + y^2}, \qquad \theta = \arg z = \tan^{-1}\frac{y}{x}$$

複素数 $z = r(\cos\theta + i\sin\theta) \neq 0$ について，その共役複素数は

$$\bar{z} = r(\cos\theta - i\sin\theta) = r(\cos(-\theta) + i\sin(-\theta))$$

であるから

(11) $$|\bar{z}| = |z|, \qquad \arg\bar{z} = -\arg z$$

複素数 $z = r(\cos\theta + i\sin\theta) \neq 0$, $w = \rho(\cos\varphi + i\sin\varphi) \neq 0$ について

$z = w$ となるための必要十分条件は

(12) $$\rho = r, \qquad \varphi = \theta + 2n\pi \qquad (n \text{ はある整数})$$

[証明] まず，$z = w$ とすれば，$|z| = |w|$ である．ところが，(10) によって，$|z| = r$，$|w| = \rho$．したがって，$r(\cos\theta + i\sin\theta) = \rho(\cos\varphi + i\sin\varphi)$ の両辺を $r = \rho \neq 0$ で割って

$$\cos\theta + i\sin\theta = \cos\varphi + i\sin\varphi$$

$$\therefore \quad \cos\theta = \cos\varphi, \qquad \sin\theta = \sin\varphi$$

$$\therefore \quad \varphi = \theta + 2n\pi$$

逆に，(12) が成り立っていれば，明らかに $z = w$ である． □

問 7 次の複素数の極形式を求めよ．

(1) $-\sqrt{3} + i$ (2) $2 - 2i$ (3) $-\dfrac{3}{2}i$

(4) $\dfrac{-1-\sqrt{3}i}{2}$ (5) i (6) -2

2 つの複素数 z, w について，次式が成り立つ．

(13) $$|zw| = |z||w|, \qquad \arg(zw) = \arg z + \arg w$$

(14) $$\left|\frac{z}{w}\right| = \frac{|z|}{|w|}, \qquad \arg\left(\frac{z}{w}\right) = \arg z - \arg w$$

特に

(15) $$\left|\frac{1}{w}\right| = \frac{1}{|w|}, \qquad \arg\left(\frac{1}{w}\right) = -\arg w$$

[証明] $z = r(\cos\theta + i\sin\theta)$, $w = \rho(\cos\varphi + i\sin\varphi)$ とする．

(13) の証明

$$\begin{aligned} zw &= r(\cos\theta + i\sin\theta)\rho(\cos\varphi + i\sin\varphi) \\ &= r\rho\{(\cos\theta\cos\varphi - \sin\theta\sin\varphi) \\ &\qquad + i(\sin\theta\cos\varphi + \cos\theta\sin\varphi)\} \\ &= r\rho(\cos(\theta+\varphi) + i\sin(\theta+\varphi)) \end{aligned}$$

$$\therefore \quad |zw| = |z||w|, \qquad \arg(zw) = \arg z + \arg w$$

(14) の証明　　$u = \dfrac{z}{w}$ とすれば，$z = wu$. ゆえに，(13) によって

$$|z| = |w||u|, \qquad \arg z = \arg w + \arg u$$

$$\therefore \quad |u| = \frac{|z|}{|w|}, \qquad \arg u = \arg z - \arg w$$

(15) の証明　　(14) で $z = 1$ とすればよい．　□

III - 3 図は，それぞれ $z, \dfrac{1}{z}, \bar{z}$ を表す 3 点の位置関係を図示したものである ($r = |z| > 1$ とした). ここで，上の公式 (11) と (15) を参考にされたい．

また，III - 4 図は，z と w の積 zw の作図法を示している．点 E は実数 1 を表している．点 A, B, C はそれぞれ，z, w, zw を表している．図において △OEA ∽ △OBC である．したがって，まず △OEA を作図し，これと相似な △OBC

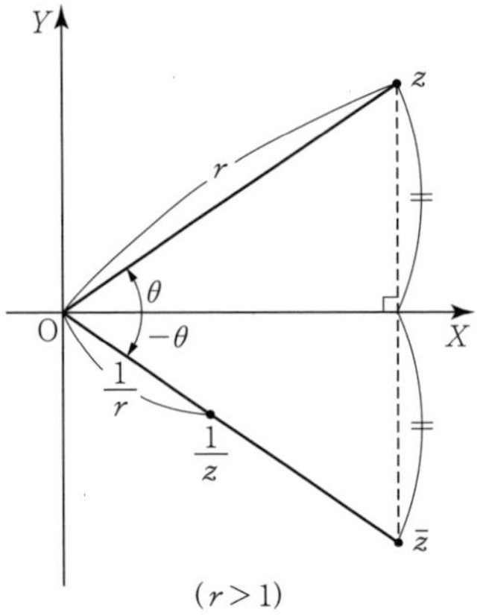

III - 3 図

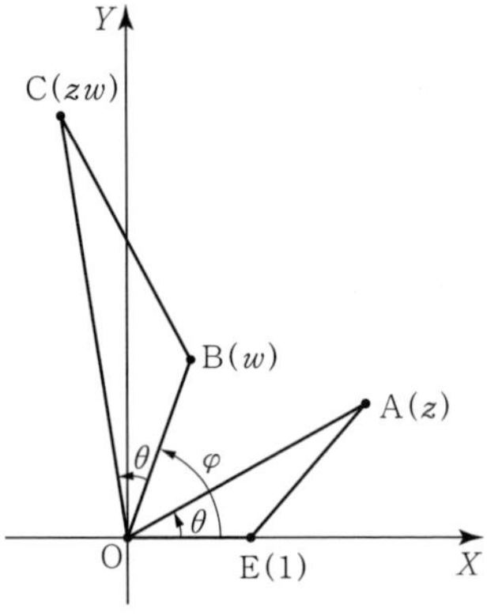

III - 4 図

を図のように作図すれば，積 zw を表す点Cが得られる．特に，$|z|=1$ の場合には，$\arg z=\theta$ とすれば，積 zw はベクトル w を角 θ だけ回転することによって得られる．したがって，特に

iw を作図するには，ベクトル w を正の向きに $90°$ 回転すればよい．

ド・モアブル（de Moivre）**の定理**とよばれる次の公式が成り立つ．

$$(16)\quad (\cos\theta+i\sin\theta)^n=\cos n\theta+i\sin n\theta \qquad (n=1,2,\cdots)$$

［証明］ 上の公式（13）で，$w=z=\cos\theta+i\sin\theta$ とすれば，$|z|=|w|=1$ であるから

$$(\cos\theta+i\sin\theta)^2=\cos 2\theta+i\sin 2\theta$$

さらに，（13）で $z=\cos\theta+i\sin\theta$，$w=z^2=\cos 2\theta+i\sin 2\theta$ とすれば

$$(\cos\theta+i\sin\theta)^3=\cos 3\theta+i\sin 3\theta$$

が得られる．以下，同様にして，（16）を証明できる．　□

例題 1　次のものを $\cos\theta$ と $\sin\theta$ で表せ．

（1）　$\sin 2\theta$，$\cos 2\theta$　　（2）　$\sin 3\theta$，$\cos 3\theta$

【解答】 ド・モアブルの定理を利用する．

（1）
$$\begin{aligned}\cos 2\theta+i\sin 2\theta&=(\cos\theta+i\sin\theta)^2\\&=(\cos^2\theta-\sin^2\theta)+i2\sin\theta\cos\theta\end{aligned}$$
$$\therefore\quad \cos 2\theta=\cos^2\theta-\sin^2\theta,\qquad \sin 2\theta=2\sin\theta\cos\theta$$

（2）
$$\begin{aligned}\cos 3\theta+i\sin 3\theta&=(\cos\theta+i\sin\theta)^3\\&=(\cos^3\theta-3\cos\theta\sin^2\theta)+i(3\cos^2\theta\sin\theta-\sin^3\theta)\end{aligned}$$
$$\therefore\quad \cos 3\theta=\cos^3\theta-3\cos\theta\sin^2\theta,\qquad \sin 3\theta=3\cos^2\theta\sin\theta-\sin^3\theta$$ ■

例題1と同じようにして，$\cos n\theta$ および $\sin n\theta$ を $\cos\theta$ と $\sin\theta$ で書き表すことができる（$n=2,3,\cdots$）．

さて，オイラーの公式（p. 48）によれば（§7（p. 161）参照）

$$e^{i\theta}=\cos\theta+i\sin\theta$$

であるから，複素数 z の極形式 $z=r(\cos\theta+i\sin\theta)$ は

$$(17)\qquad z=re^{i\theta}$$

という形に書き表せる．この書き表し方にしたがえば，公式（13）は次のようになる．

（18）　$$(re^{i\theta})(\rho e^{i\varphi}) = r\rho e^{i(\theta+\varphi)}$$

また，ド・モアブルの定理（16）は次のようになる．

（19）　$$(e^{i\theta})^n = e^{in\theta} \qquad (n = 1, 2, \cdots)$$

§2　$\boldsymbol{n}$ 乗根

複素数 z が与えられたとき，$w^n = z$ を満たす複素数 w を z の **$\boldsymbol{n}$ 乗根**という．まず，3乗根について考えよう．$z = r(\cos\theta + i\sin\theta)$（$\neq 0$）とし，$z$ の3乗根を $w = \rho(\cos\varphi + i\sin\varphi)$ とすれば，$w^3 = z$ であるから，§1の公式（13）(p. 137) によって

（1）　$$\rho^3(\cos 3\varphi + i\sin 3\varphi) = r(\cos\theta + i\sin\theta)$$

この両辺の絶対値が等しいから

（2）　$$\rho^3 = r \qquad \therefore \quad \rho = \sqrt[3]{r}$$

この（1）と（2）から

$$\cos 3\varphi + i\sin 3\varphi = \cos\theta + i\sin\theta$$

$$\therefore \quad \cos 3\varphi = \cos\theta, \qquad \sin 3\varphi = \sin\theta$$

$$\therefore \quad 3\varphi = \theta + 2n\pi \qquad (n = 0, \pm 1, \pm 2, \cdots)$$

$$\therefore \quad \varphi = \cdots,\ \frac{\theta}{3},\ \frac{\theta}{3} + \frac{2\pi}{3},\ \frac{\theta}{3} + \frac{4\pi}{3},$$
$$\frac{\theta}{3} + 2\pi,\ \left(\frac{\theta}{3} + \frac{2\pi}{3}\right) + 2\pi,\ \left(\frac{\theta}{3} + \frac{4\pi}{3}\right) + 2\pi,\ \cdots$$

したがって

（3）　$$\begin{cases} \cos\varphi = \cos\dfrac{\theta}{3},\ \cos\left(\dfrac{\theta}{3} + \dfrac{2\pi}{3}\right),\ \cos\left(\dfrac{\theta}{3} + \dfrac{4\pi}{3}\right) \\ \sin\varphi = \sin\dfrac{\theta}{3},\ \sin\left(\dfrac{\theta}{3} + \dfrac{2\pi}{3}\right),\ \sin\left(\dfrac{\theta}{3} + \dfrac{4\pi}{3}\right) \end{cases}$$

ゆえに，（2）と（3）から，次のことがわかる．

$\boldsymbol{z = r(\cos\theta + i\sin\theta)}$ **の3乗根**は3個あって

$$\sqrt[3]{r}\left(\cos\frac{\theta}{3}+i\sin\frac{\theta}{3}\right),$$

(4) $$\sqrt[3]{r}\left(\cos\left(\frac{\theta}{3}+\frac{2\pi}{3}\right)+i\sin\left(\frac{\theta}{3}+\frac{2\pi}{3}\right)\right),$$

$$\sqrt[3]{r}\left(\cos\left(\frac{\theta}{3}+\frac{4\pi}{3}\right)+i\sin\left(\frac{\theta}{3}+\frac{4\pi}{3}\right)\right)$$

である．

特に，$z=1$ のときには，$r=1$，$\theta=0$ であるから

1 の 3 乗根は次の 3 個の複素数である．

(5) $$1,\quad \omega=-\frac{1}{2}+\frac{\sqrt{3}}{2}i,\quad \omega^2=-\frac{1}{2}-\frac{\sqrt{3}}{2}i$$

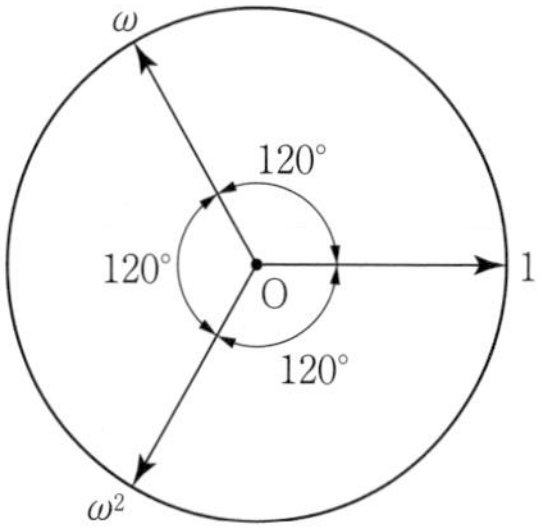

III－5 図

これらの $1, \omega, \omega^2$ は単位円（原点 O を中心とし，半径 1 の円）上に，点 $z=1$ を起点として円周を三等分するように分布している（III－5 図参照）．また，(4) と (5) から次のことがわかる．

$z=r(\cos\theta+i\sin\theta)$ の 3 乗根は 3 個あって

(6) $$w_0=\sqrt[3]{r}\left(\cos\frac{\theta}{3}+i\sin\frac{\theta}{3}\right),\quad \omega w_0,\quad \omega^2 w_0$$

である．ここで，ω は上の (5) で示した 1 の 3 乗根である．

さて，ω について，$|\omega|=1$，$\arg\omega=\dfrac{2\pi}{3}$ であるから，$|\omega^2|=1$，$\arg\omega^2=\dfrac{4\pi}{3}$ である．したがって，z の 3 乗根は原点 O を中心とし，半径 $\sqrt[3]{|z|}$ の円周上に，点 w_0 を起点として，円周を三等分するように分布している（III－6 図参照）．

問 1 (5) で与えられた 1 の 3 乗根 ω が次式を満足することを証明せよ．

$$\omega^2+\omega+1=0$$

3 乗根を求めた方法と同じようにして，複素数 z の n 乗根を求めることができて，その結果は次のようである．正の整数 n（$\geqq 2$）について

１の $\boldsymbol{n}$ 乗根は n 個あって，次の複素数である．

(7)　$1, \quad \omega = \cos\dfrac{2\pi}{n} + i\sin\dfrac{2\pi}{n},$

$$\omega^2, \ \cdots, \ \omega^{n-1}$$

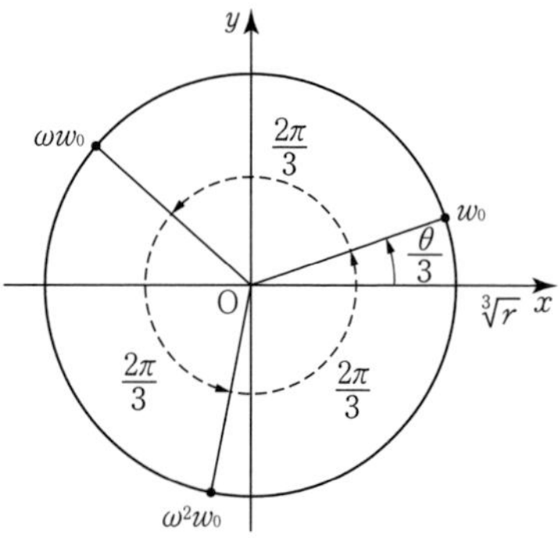

III－6 図

これらの n 乗根は単位円上に，点 $z=1$ を起点として，円周を n 等分するように分布している．上の (7) で与えられた ω は次式を満足している．

$$\omega^{n-1} + \omega^{n-2} + \cdots + \omega + 1 = 0$$

次のことが成り立つ．

$\boldsymbol{z = r(\cos\theta + i\sin\theta)}$ **の $\boldsymbol{n}$ 乗根**は n 個あって

(8)
$$w_0 = \sqrt[n]{r}\left(\cos\frac{\theta}{n} + i\sin\frac{\theta}{n}\right)$$
$$\omega w_0 = \sqrt[n]{r}\left(\cos\left(\frac{\theta}{n} + \frac{2\pi}{n}\right) + i\sin\left(\frac{\theta}{n} + \frac{2\pi}{n}\right)\right)$$
$$\omega^2 w_0 = \sqrt[n]{r}\left(\cos\left(\frac{\theta}{n} + \frac{4\pi}{n}\right) + i\sin\left(\frac{\theta}{n} + \frac{4\pi}{n}\right)\right)$$
$$\cdots\cdots\cdots\cdots\cdots$$
$$\omega^{n-1} w_0 = \sqrt[n]{r}\left(\cos\left(\frac{\theta}{n} + \frac{2(n-1)\pi}{n}\right) + \sin\left(\frac{\theta}{n} + \frac{2(n-1)\pi}{n}\right)i\right)$$

である．ここで，ω は上の (7) で与えられた，１の n 乗根である．

上式 (8) で $n=2$ とすれば，z の**平方根**（２乗根）が次のように求まる．

$z = r(\cos\theta + i\sin\theta)$ の平方根は２つあって，次の複素数である．

(9)
$$\pm\sqrt{r}\left(\cos\frac{\theta}{2} + i\sin\frac{\theta}{2}\right)$$

問２　次のものを求めよ．

(1)　i の平方根　　　　(2)　$-1+i$ の３乗根

(3)　-1 の４乗根　　　　(4)　-32 の５乗根

§3　数列・級数・極限

複素数の数列 $\{z_n\} = \{z_1, z_2, \cdots, z_n, \cdots\}$ について，番号 n が大きくなるにしたがって，z_n が一定の複素数 z_0 に限りなく接近するとき，数列 $\{z_n\}$ は z_0 に**収束する**といい，このことを

$$\lim_{n\to\infty} z_n = z_0 \qquad \text{または} \qquad z_n \to z_0 \qquad (n\to\infty)$$

と書き表す．いいかえれば，任意に（小さく）与えられた正の実数 ε に対して，正の整数 $N = N(\varepsilon)$ が決まって

$n > N$ を満足するすべての n に対して

$$|z_n - z_0| < \varepsilon$$

となるとき，数列 $\{z_n\}$ は z_0 に収束する

という．したがって，$z_n \to z_0$ $(n\to\infty)$ となるための必要十分条件は

$$|z_n - z_0| \to 0 \qquad (n\to\infty)$$

となることである（III - 7 図参照）．

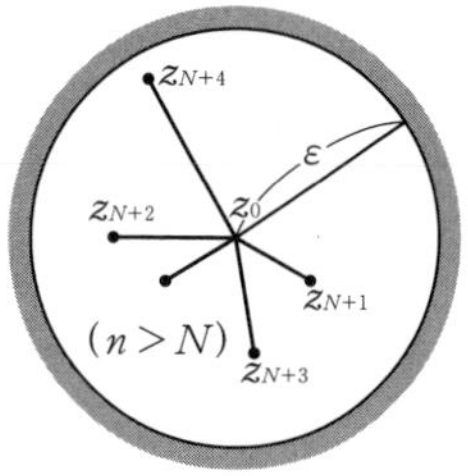

III - 7 図

数列 $\{z_n\}$ が収束しないとき，$\{z_n\}$ は**発散する**という．

次の定理が成り立つ．

> **定理 1**　数列 $\{z_n\}$ が α に収束するための必要十分条件は，$z_n = x_n + y_n i$ $(n = 1, 2, \cdots)$，$\alpha = a + bi$ として
>
> $$x_n \to a \quad (n\to\infty) \qquad \text{かつ} \qquad y_n \to b \quad (n\to\infty)$$
>
> となることである．

[証明]　$$|z_n - \alpha| = \sqrt{(x_n - a)^2 + (y_n - b)^2}$$

であるから，不等式

(1)　$$|x_n - a|, |y_n - b| \leqq |z_n - \alpha| \leqq |x_n - a| + |y_n - b|$$

が成り立つ．

まず，$z_n \to \alpha$ $(n\to\infty)$ であると仮定する．このとき，$|z_n - \alpha| \to 0$ $(n\to\infty)$ である．ゆえに，$0 \leqq |x_n - a|, |y_n - b|$ であるから，(1) の左側の不等式によって

$$|x_n - a| \to 0, \quad |y_n - b| \to 0 \quad (n \to \infty)$$

となり，したがって

$$x_n \to a \quad かつ \quad y_n \to b \quad (n \to \infty)$$

逆に，$x_n \to a$ かつ $y_n \to b$ $(n \to \infty)$ であると仮定すれば，$0 \leqq |z_n - \alpha|$ であるから，(1) の右側の不等式によって

$$|z_n - \alpha| \to 0 \quad (n \to \infty)$$

となり，したがって

$$z_n \to \alpha \quad (n \to \infty)$$ □

実数の数列の場合と同じように，次の定理が成り立つ．

定理2　$\lim_{n\to\infty} z_n = \alpha,\ \lim_{n\to\infty} w_n = \beta$ ならば

$$\lim_{n\to\infty}(z_n \pm w_n) = \alpha \pm \beta, \quad \lim_{n\to\infty}(z_n w_n) = \alpha\beta$$

$$\lim_{n\to\infty}\frac{z_n}{w_n} = \frac{\alpha}{\beta} \quad (w_n \neq 0,\ \beta \neq 0)$$

複素数平面上で1点 a を考える．また，正の数 ε が与えられたとする．このとき，$|z - a| < \varepsilon$ を満足する複素数 z の全体の作る集合は点 a を中心とし，半径 ε の円の内部 $B(a, \varepsilon)$ である．この $B(a, \varepsilon)$ を点 a の **ε-近傍**という．この記号を用いれば，$z_n \to a$ $(n \to \infty)$ となることの定義を次のように述べることができる（III－8図参照）．

任意に（小さく）与えられた正の数 ε に対して，正の整数 $N = N(\varepsilon)$ が定まり

$$n > N \quad ならば \quad z_n \in B(a, \varepsilon)$$

となるとき，$z_n \to a$ $(n \to \infty)$ である

という．

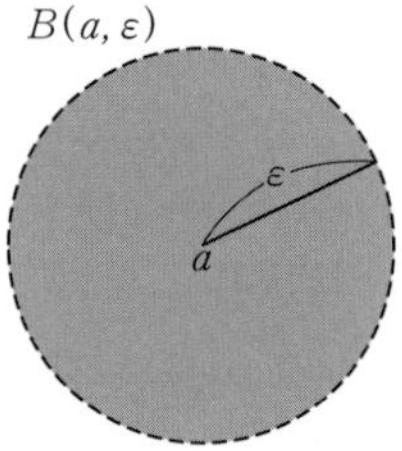

III－8図

数列 $\{z_n\}$ について

$$\lim_{n\to\infty}|z_n| = \infty$$

であるとき，$\{z_n\}$ は ∞ **に発散する**といい，このことを

$\lim_{n\to\infty} z_n = \infty$　または　$z_n \to \infty$　$(n \to \infty)$

と書き表す．いいかえれば

任意に（大きく）与えられた正の数 K に対して，正の整数 $N = N(K)$ が定まって

$n > N$　ならば　$|z_n| > K$

となるとき，$\{z_n\}$ は ∞ に発散する

という（III－9 図参照）．

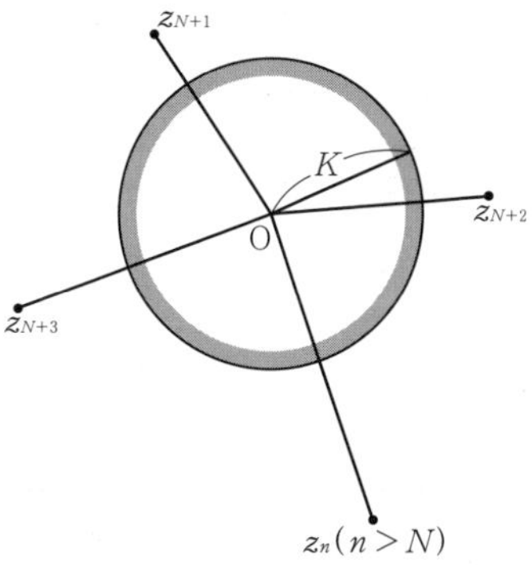

III－9 図

例題 1　数列 $\{z^n\}$ について次のことを証明せよ．

(1)　$|z| < 1$ ならば　$z^n \to 0$　$(n \to \infty)$

(2)　$|z| > 1$ ならば　$z^n \to \infty$　$(n \to \infty)$

【解答】 (1)　$|z| < 1$ であるから

$$|z^n - 0| = |z^n| = |z|^n \to 0 \quad (n \to \infty)$$

$$\therefore \quad z^n \to 0 \quad (n \to \infty)$$

(2)　$|z| > 1$ であるから

$$|z^n| = |z|^n \to \infty \quad (n \to \infty)$$

$$\therefore \quad z^n \to \infty \quad (n \to \infty)$$

■

無限個の複素数の列 $z_1, z_2, \cdots, z_n, \cdots$ を形式的に加法の記号で連結した

$$\sum_{n=1}^{\infty} z_n = z_1 + z_2 + \cdots + z_n + \cdots$$

を**無限級数**という．この無限級数を簡単に $\sum z_n$ で表すこともある．この無限級数について，その最初の n 個の項の和

$$S_n = z_1 + z_2 + \cdots + z_n$$

をその**部分和**という．部分和の作る数列 $\{S_n\}$ が収束して

$$S_n \to S \quad (n \to \infty)$$

であるとき，この**無限級数は収束して，その和は S である**といい，このことを

$$S = \sum_{n=1}^{\infty} z_n = z_1 + z_2 + \cdots + z_n + \cdots$$

と書き表す．部分和の数列 $\{S_n\}$ が発散するとき，この**無限級数は発散する**という．次の定理が成り立つ．

> **定理３** $\sum_{n=1}^{\infty} z_n = S$ となるための必要十分条件は，$z_n = x_n + y_n i$，$S = P + Qi$ として
>
> $$\sum_{n=1}^{\infty} x_n = P \qquad \text{かつ} \qquad \sum_{n=1}^{\infty} y_n = Q$$
>
> となることである．

その他，実数の無限級数に関する定理で，そのまま複素数の無限級数に対しても成り立つものが多くある．

例題２ べき級数

$$\sum_{n=0}^{\infty} z^n = 1 + z + z^2 + \cdots + z^n + \cdots$$

について，次のことを証明せよ．

(1) $|z| < 1$ ならば $\qquad \sum_{n=0}^{\infty} z^n = \frac{1}{1-z}$

(2) $|z| > 1$ ならば $\qquad \sum_{n=0}^{\infty} z^n$ は発散する．

【解答】 $\qquad S_n = 1 + z + \cdots + z^n = \frac{1-z^{n+1}}{1-z}$

(1) $|z| < 1$ ならば，例題１によって，$z^n \to 0$ $(n \to \infty)$．ゆえに，$S_n \to \frac{1}{1-z}$ $(n \to \infty)$．したがって

$$\sum_{n=0}^{\infty} z^n = \frac{1}{1-z}$$

(2) $|z| > 1$ ならば，例題１によって，$z^n \to \infty$ $(n \to \infty)$．ゆえに，$S_n \to \infty$ $(n \to \infty)$．したがって，$\sum z^n$ は発散する． ■

さて，無限級数

$$\sum z_n = z_1 + z_2 + \cdots + z_n + \cdots$$

に対して，実数の無限級数

$$\sum_{n=1}^{\infty} |z_n| = |z_1| + |z_2| + \cdots + |z_n| + \cdots$$

をその**絶対値級数**という．実数の無限級数の場合と同じ様に，次のことが成り

立つ．

無限級数 $\sum z_n$ の絶対値級数 $\sum|z_n|$ が収束すれば，$\sum z_n$ は収束する．

無限級数 $\sum z_n$ の絶対値級数 $\sum|z_n|$ が収束するとき，$\sum z_n$ は**絶対収束**するという．

§4　複素変数の関数

まず，複素数平面上の点集合（点の集合）についての用語を準備する．III-10図のように，複素数平面上に点集合 M を考える．M の周上で実線の部分は M に含まれていて，点線の部分は M に含まれていないとする．図で点 a を中心とする，十分小さい半径 $\varepsilon>0$ の近傍 $B(a,\varepsilon)$（§3（p. 144）参照）は M に含まれる．ところが，M の周上の点 b や点 c については，これらの点を中心とする，どんなに小さい半径の近傍を作っても，これは M の点と M に属さない点を同時に含む．そこで，M の点 a について，点 a を中心とする近傍 $B(a,\varepsilon)$ の半径 ε が十分小さければ，$B(a,\varepsilon)$ は M に含まれるとき，点 a を点集合 M の**内点**という．また，平面上の点 b について，どんなに小さい半径 $\varepsilon>0$ の近傍 $B(b,\varepsilon)$ を作っても，$B(b,\varepsilon)$ が M の点と M に属さない点を同時に含むとき，点 b を点集合 M の**境界点**という．III-10図からわかるように，M の境界点は M に属する場合と，M に属さない場合とがある．M の境界点全体の集合を M の**境界**といい，記号 ∂M で表す．III-10図では，∂M は M の周になっている．

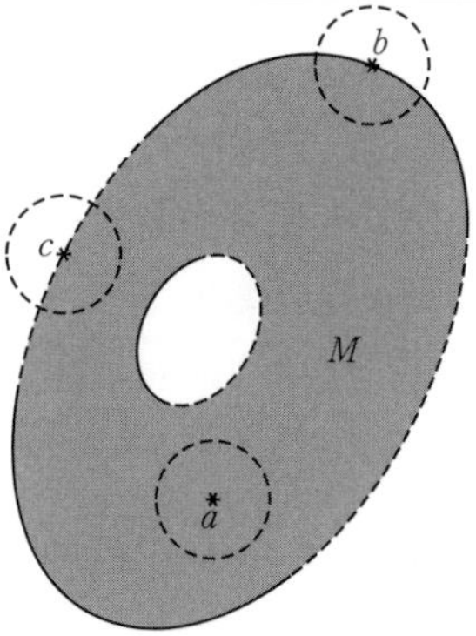

III-10図

点集合 M のすべての点が M の内点であるとき，M を**開集合**という．また，点集合 M がその境界 ∂M を含むとき，M を**閉集合**という．

点集合 M の任意の2点 a, b について，a と b を連結する連続曲線が M 内に存在するとき，M は**連結**であるという．

複素数平面上の点集合 M が連結であって，しかも開集合であるとき，M を

領域という．領域 M はその境界 ∂M を含まない．一般に領域 M の境界 ∂M は複雑な形状をもつ．しかし，この本では，境界 ∂M が有限個の滑らかな曲線（II，第 3 章，§6 (p. 93) 参照）と有限個の点から成り立っているような領域 M だけを考えることとし，単に領域といえば，このような領域を意味するものとする．1 つの領域 M とその境界 ∂M の和集合 $M \cup (\partial M)$ は閉集合であって，これを**閉領域**ということがある．以上の論述と全く同じようにして，空間内の領域を定義することができる．

領域の例には，次のようなものがある．

(a)　点 a を中心とし半径 r の円周を C とすれば，C は方程式 $|z-a|=r$ で表される．円周 C の内部を D とすれば，D は領域であり，D は不等式 $|z-a|<r$ で表される．領域 D の境界 ∂D は円周 C である．円周 C の外部を D' とすれば，D' は領域であって，D' は不等式 $|z-a|>r$ で表される．領域 D' の境界 $\partial D'$ も円周 C である．

(b)　全平面は領域である．全平面から有限個の点 $z_1, z_2, \cdots, z_k$ を除外して得られる点集合 D は領域であり，その境界 ∂D は有限個の点の集合 $\{z_1, z_2, \cdots, z_k\}$ である．また，全平面から（両端点を含む）線分 $\overline{\mathrm{AB}}$ を除外して得られる点集合 D' は領域であり，その境界 $\partial D'$ は線分 $\overline{\mathrm{AB}}$ である．

複素数 $z=x+yi$ について，x と y が互いに独立な実数の変数であるとき，z を**複素変数**という．ある領域 D 内のおのおのの $z=x+yi$ に対して 1 つの複素数 $w=u+vi$ が対応する規則が与えられたとき，w を z の**関数**といい，その**定義域**は D であるという．このとき，w の実部 u と虚部 v は (x, y) の関数であって，それぞれ $u=u(x, y)$，$v=v(x, y)$ と考えられる．この関数 w を $f(z)=u(x, y)+v(x, y)i$ で表し，$w=f(z)$ と書き表す．また，z を**独立変数**という．たとえば

$$w=f(z)=z^2 \qquad \text{について} \qquad w=(x^2-y^2)+2xyi$$

また

$$w=f(z)=\frac{1}{z} \qquad \text{について} \qquad w=\frac{x}{x^2+y^2}-\frac{y}{x^2+y^2}i$$

一般に，複素変数 z の関数 $w=f(z)=u(x,y)+v(x,y)i$ は，x と y の関数 $u(x,y)$ と $v(x,y)$ の組と同じである．複素変数に対比して，実数値をとる普通の変数を**実変数**ということがある．

独立変数 z の値を表示するのに用いられる複素数平面を **z 平面**といい，関数 $w=f(z)$ の値を表示するのに用いられる複素数平面を **w 平面**という．関数 $w=f(z)$ の変化の状況を図示するために，z 平面上に点 $z_1, z_2, \cdots$ をとり，その対応点 $w_1=f(z_1)$，$w_2=f(z_2)$，$\cdots$ を w 平面上にとって，その対応の様子を観察したり；z 平面上の曲線 C に沿って点 z が運動するにしたがって，w 平面上の対応点 $w=f(z)$ がえがく曲線 Γ を作ってみたり；z 平面上の図形 F 上を点 z が移動するにしたがって，その対応点 $w=f(z)$ がえがく図形 G を作ってみたりする（III - 11 図参照）．

関数 $w=f(z)$ について考える．独立変数 z が1つの複素数 a（この a は $w=f(z)$ の定義域内にある必要はない）と一致することなく，a に接近するとき，$w=f(z)$ の値が1つの確定した複素数 c に限りなく近づくとする．この事実を

$$\lim_{z\to a} f(z)=c \qquad \text{または} \qquad f(z)\to c \qquad (z\to a)$$

で表す．いいかえれば

任意の（小さい）正の数 ε に対して，正の数 $\delta=\delta(\varepsilon)$ が定まって

$$0<|z-a|<\delta \qquad \text{ならば} \qquad |f(z)-c|<\varepsilon$$

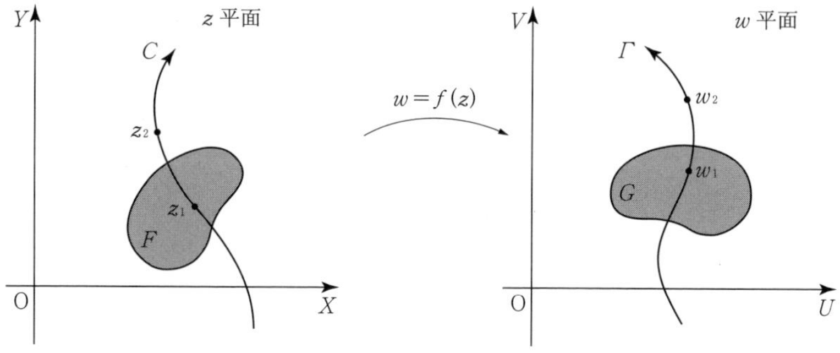

III - 11 図

となるとき，この事実を $f(x) \to c$ $(z \to a)$ と書き表す．

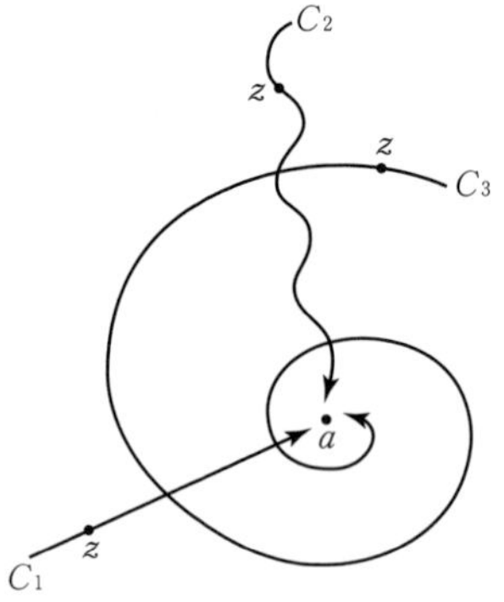

III - 12 図

注意　複素変数 z が a に接近するとは，$|z-a| \to 0$ となることであって，点 z が a に近づく経路は無数にあって，たとえば III - 12 図で点 z が曲線 $C_1, C_2, \cdots$ のいずれに沿ってでもよいが，とにかく z が a に近づくということである．したがって，$f(z) \to c$ $(z \to a)$ であるとは，点 z がどんな経路に沿ってであれ，とにかく点 a に近づけば，$f(z)$ の値が c に限りなく近づくということである．

例題 1　$f(z) = \dfrac{z}{\bar{z}}$ とする．$\lim_{z \to 0} f(z)$ は存在するか．

【解答】 z 平面上で直線 $y = mx$ に沿って，$z = x + yi$ が 0 に近づくとすれば，$f(z) = \dfrac{1+mi}{1-mi}$ であって，$f(z)$ の値は

$$\lim_{y=mx,\, x \to 0} f(z) = \frac{1+mi}{1-mi}$$

に近づく．しかし，この極限値は点 z の経路である直線の傾き m とともに変化する．したがって，$\lim_{z \to 0} f(z)$ は存在しない．　■

関数 $w = f(z)$ について，$\lim_{z \to a} |f(z)| = \infty$ であるとき，この事実を

$$\lim_{z \to a} f(z) = \infty \qquad \text{または} \qquad f(z) \to \infty \qquad (z \to a)$$

で表す．

また，z の絶対値が限りなく大きくなるとき，$f(z)$ の値が 1 つの複素数 c に限りなく接近するとき，この事実を

$$\lim_{z \to \infty} f(z) = c \qquad \text{または} \qquad f(z) \to c \qquad (z \to \infty)$$

と書き表す．

さて，関数 $w = f(z)$ の定義域 D に含まれる複素数 a に対して，極限値 $\lim_{z \to a} f(z)$ が存在して，しかも

$$\lim_{z \to a} f(z) = f(a)$$

が成り立つとき，関数 $w = f(z)$ は点 a で**連続**であるという．$w = f(z)$ が領域

D 内のすべての点で連続であるとき，$f(z)$ は領域 D で**連続**であるという．実変数の関数の場合と同じように，次のことが成り立つ．

$f(z)$ と $g(z)$ が連続ならば

$$f(z) \pm g(z), \qquad f(z)g(z), \qquad \frac{f(z)}{g(z)} \quad (g(z) \neq 0)$$

は連続である．

また，$w = f(\zeta)$ が点 $\zeta = \zeta_0$ で連続であり，$\zeta_0 = g(z_0)$ としたとき，$\zeta = g(z)$ が点 $z = z_0$ で連続であれば，合成関数 $w = f(g(z))$ は点 $z = z_0$ で連続である．

注意 関数 $w = f(z) = u(x, y) + v(x, y)i$ $(z = x + yi)$ が連続であるための必要十分条件は，2 つの関数 $u(x, y), v(x, y)$ が共に 2 つの実変数 (x, y) の連続関数であることである．

演 習 問 題 III - 1

[A]

1. 次の複素数を $a + bi$ の形で表せ．

(1) $(1 + i)^{10}$　(2) i^{17}

(3) $\left(\dfrac{1 - i}{1 + i}\right)^{10}$　(4) $\dfrac{i}{1 + i} + \dfrac{1 + i}{i}$

2. 次の複素数の極形式を求めよ．

(1) $3\sqrt{3} + 3i$　(2) $-2 - 2i$　(3) $1 - \sqrt{3}i$

(4) 5　(5) $-5i$

3. 次の複素数の 3 乗根を求めよ．

(1) $4\sqrt{2} + 4\sqrt{2}i$　(2) $\sqrt{3} - i$

4. 次の複素数を求めよ．

(1) -1 の 5 乗根　(2) i の 3 乗根　(3) i の 4 乗根

[B]

5. z 平面上で次の関係を満足する z の作る点集合をいえ．

(1) $\mathrm{Re}(z) = 1$　(2) $1 \leqq |z - 2| \leqq 2$

(3) $\mathrm{Re}(1 - z) = |z|$　(4) $z\bar{z} + (1 + i)z + (1 - i)\bar{z} + 1 = 0$

(5)　$|z-1|+|z+1|=3$　　　(6)　$|z-1| \leqq 1$

6. $F(z), G(z)$ を z の多項式とし，その係数はすべて実数であるとする．次のことを証明せよ．

(1)
$$\overline{F(z)} = F(\bar{z}), \qquad \overline{\left(\frac{F(z)}{G(z)}\right)} = \frac{F(\bar{z})}{G(\bar{z})}$$

(2)　方程式 $F(z)=0$ が解 α をもてば，$\bar{\alpha}$ もこの方程式の解である．

7.　次式を証明せよ．

(1)　$\cos 4x = \cos^4 x - 6\cos^2 x \sin^2 x + \sin^4 x$

　　$\sin 4x = 4\cos^3 x \sin x - 4\cos x \sin^3 x$

(2)　$\cos 5x = \cos^5 x - 10\cos^3 x \sin^2 x + 5\cos x \sin^4 x$

　　$\sin 5x = 5\cos^4 x \sin x - 10\cos^2 x \sin^3 x + \sin^5 x$

第２章　正則関数

§5　正則関数

複素変数 z の関数 $w = f(z)$ とその定義域の内点 a について，極限

$$\lim_{z \to a} \frac{f(z) - f(a)}{z - a} \tag{1}$$

が存在するとき，関数 $w = f(z)$ は点 a で**微分可能**であるという．この極限値を点 a における関数 $w = f(z)$ の**微分係数**といい，これを記号

$$\frac{df(a)}{dz} \qquad \text{または} \qquad f'(a)$$

で表す．

注意　実変数の関数の場合と同じ様に，z の増分 $\Delta z = z - a$ に対応する w の増分 $\Delta w = f(z) - f(a)$ を考えると，上の（1）を

$$\lim_{\Delta z \to 0} \frac{\Delta w}{\Delta z} = \lim_{\Delta z \to 0} \frac{f(a + \Delta z) - f(a)}{\Delta z}$$

と書くことができる．

ある領域 D 内のすべての点 z で関数 $w = f(z)$ が微分可能であるとき，関数 $w = f(z)$ は D で**正則**であるという．このとき，$w = f(z)$ を**正則関数**または**解析関数**という．領域 D で正則な関数 $w = f(z)$ について，D の各点 z での微分係数 $f'(z)$ は，また D で定義された関数であり，これを関数 $w = f(z)$ の**導関数**といい，記号

$$\frac{df(z)}{dz}, \qquad \frac{dw}{dz}, \qquad f'(z), \qquad w'$$

などで表す．また，点 a を中心とするある近傍 $B(a, \varepsilon)$ 内で $w = f(z)$ が正則であるとき，関数 $w = f(z)$ は**点 a で正則である**という．

実変数の関数の場合と同様に，関数 $w = f(z)$ が領域 D で正則ならば，$w = f(z)$ は D で連続である．

さらに，実変数の関数の場合と同様に，次のことが成り立つ．

$f(z)$ と $g(z)$ が正則であるならば，$f \pm g$，fg，$\dfrac{f}{g}$ $(g \neq 0)$ は正則であって

(2)
$$(f \pm g)' = f' \pm g', \qquad (fg)' = f'g + fg'$$
$$\left(\frac{f}{g}\right)' = \frac{f'g - fg'}{g^2} \qquad (g \neq 0)$$

また，$w = f(\zeta)$ と $\zeta = g(z)$ がそれぞれ点 $\zeta = g(z)$ と点 z で正則であれば，合成関数 $w = f(g(z))$ は点 z で正則であって

(3)
$$\frac{dw}{dz} = \frac{dw}{d\zeta}\frac{d\zeta}{dz}$$

例題 1　次の関数 $f(z)$ が z 平面の全域で正則であることを，$f'(z)$ を定義にしたがって求めることによって，証明せよ．

(1)　$f(z) = z$　　(2)　$f(z) = z^2$　　(3)　$f(z) = z^n$ $(n = 1, 2, \cdots)$

【解答】 (1)　$\displaystyle\lim_{\Delta z \to 0} \frac{f(z + \Delta z) - f(z)}{\Delta z} = \lim_{\Delta z \to 0} \frac{(z + \Delta z) - z}{\Delta z} = \lim_{\Delta z \to 0} 1 = 1$

(2)　$\displaystyle\lim_{\Delta z \to 0} \frac{f(z + \Delta z) - f(z)}{\Delta z} = \lim_{\Delta z \to 0} \frac{(z + \Delta z)^2 - z^2}{\Delta z} = \lim_{\Delta z \to 0} (2z + \Delta z) = 2z$

(3)　$\displaystyle\lim_{\Delta z \to 0} \frac{f(z + \Delta z) - f(z)}{\Delta z} = \lim_{\Delta z \to 0} \frac{(z + \Delta z)^n - z^n}{\Delta z}$

$$= \lim_{\Delta z \to 0} \left(nz^{n-1} + \frac{n(n-1)}{2} z^{n-2}(\Delta z) + \cdots + (\Delta z)^{n-1} \right) = nz^{n-1}$$ ■

例題 1 からわかるように，次の公式が成り立つ．

(4)
$$\frac{dz^n}{dz} = nz^{n-1} \qquad (n = 1, 2, \cdots)$$

この公式 (4) によって，次のことがわかる．

多項式 $f(z)$ は z 平面の全域で正則である．

分数式 $\dfrac{f(z)}{g(z)}$ は z 平面から方程式 $g(z) = 0$ の解 $z_1, z_2, \cdots, z_k$ を除去して得られる領域で正則である．

問 1　次の関数を微分せよ．

(1)　$z^3 - 2z + 1$　　(2)　$\dfrac{z}{z + 1}$ $(z \neq -1)$　　(3)　$(z^2 + 1)(z^3 - z + 2)$

例題 2　関数 $w = f(z) = x^2 + yi$ ($z = x + yi$) は微分可能であるかどうかを調べよ．

【解答】 $$\frac{f(z+\varDelta z) - f(z)}{\varDelta z} = \frac{\{(x+\varDelta x)^2 + (y+\varDelta y)i\} - \{x^2 + yi\}}{\varDelta x + \varDelta yi}$$
$$= \frac{2x + (\varDelta y/\varDelta x)i + \varDelta x}{1 + (\varDelta y/\varDelta x)i} \qquad (\varDelta z = \varDelta x + \varDelta yi)$$

いま，点 $z + \varDelta z$ が点 z を通り，傾き m の直線 l に沿って点 z に接近するとすれば，$\varDelta z = (1 + mi)\varDelta x$ ($\varDelta y = m\varDelta x$) であるから，上式に $\varDelta y/\varDelta x = m$ を代入して

$$\frac{f(z+\varDelta z) - f(z)}{\varDelta z} = \frac{2x + mi + \varDelta x}{1 + mi} \to \frac{2x + mi}{1 + mi} \qquad (\varDelta x \to 0)$$

となる．この極限値は $\varDelta z \to 0$ となる方向の傾き m に関係するから，極限

$$\lim_{\varDelta z \to 0} \frac{f(z+\varDelta z) - f(z)}{\varDelta z}$$

は存在しない．すなわち，この関数 $f(z)$ は微分可能ではない． ■

関数 $w = f(z)$ が領域 D で正則であるとき，D の任意の点 z で，独立変数 z の増分 $\varDelta z$ にともなう w の増分を $\varDelta w$ とすれば

(5) $$\varDelta w = f'(z)\varDelta z + \rho(z, \varDelta z)\varDelta z$$

が成り立って，$\rho(z, \varDelta z) \to 0$ ($\varDelta z \to 0$) である．したがって，$|\varDelta z|$ が十分小さければ，次の近似式が成り立つ．

(6) $$\varDelta w \fallingdotseq f'(z)\varDelta z$$

さて，z 平面上で，点 z_0 を通る 2 つの曲線 C_1, C_2 を考え，正則関数 $w = f(z)$

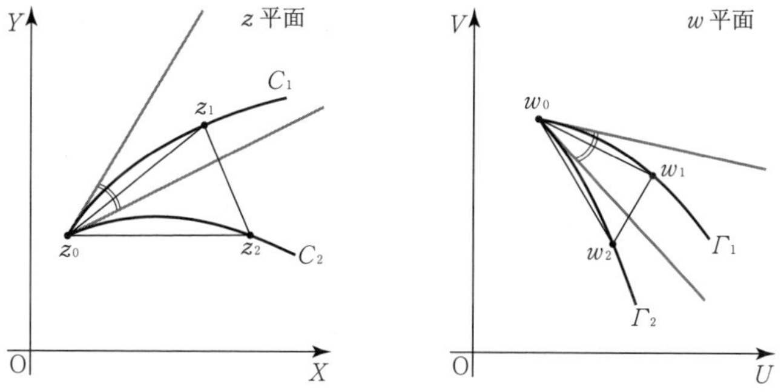

III - 13 図

によるその像をそれぞれ Γ_1, Γ_2 とすれば，Γ_1, Γ_2 は w 平面上で点 $w_0 = f(z_0)$ を通る．曲線 C_1 と C_2 の上に点 z_0 に近く，それぞれ点 z_1, z_2 をとり，$w_1 = f(z_1)$, $w_2 = f(z_2)$ とする．この w_1 と w_2 はそれぞれ曲線 Γ_1 と Γ_2 の上にあって，点 w_0 に近い．このとき，(6) によって，近似式

$$\Delta w_1 \fallingdotseq f'(z_0)\Delta z_1, \qquad \Delta w_2 \fallingdotseq f'(z_0)\Delta z_2$$

が成り立つ（前のページの III - 13 図参照）．ただし

$$\Delta z_1 = z_1 - z_0,\ \ \Delta z_2 = z_2 - z_0,\ \ \Delta w_1 = w_1 - w_0,\ \ \Delta w_2 = w_2 - w_0$$

とした．ゆえに，$c = f'(z_0) \neq 0$ とすれば

$$|\Delta w_1| \fallingdotseq |c||\Delta z_1|, \qquad |\Delta w_2| \fallingdotseq |c||\Delta z_2|$$

$$\arg \Delta w_1 \fallingdotseq \arg c + \arg \Delta z_1, \qquad \arg \Delta w_2 \fallingdotseq \arg c + \arg \Delta z_2$$

したがって，

$$\frac{|\Delta w_1|}{|\Delta w_2|} \fallingdotseq \frac{|\Delta z_1|}{|\Delta z_2|}, \qquad \arg \Delta w_1 - \arg \Delta w_2 \fallingdotseq \arg \Delta z_1 - \arg \Delta z_2$$

すなわち，三角形 $z_1 z_0 z_2$ と三角形 $w_1 w_0 w_2$ は近似的に相似である．特に，角 $z_1 z_0 z_2$ と角 $w_1 w_0 w_2$ は近似的に等しい．したがって，$\Delta z_1 \to 0$, $\Delta z_2 \to 0$ とした極限において，この 2 つの角は等しくなる．以上のことから，次の**等角写像の定理**が成り立つ．

> 領域 D で関数 $w = f(z)$ は正則であるとする．さらに，D 内の点 z_0 で $f'(z_0) \neq 0$ であるとする．このとき，点 z_0 を通る任意の 2 つの曲線 C_1, C_2 をとり，関数 $w = f(z)$ による C_1, C_2 の像をそれぞれ Γ_1, Γ_2 とする．このとき，点 z_0 における曲線 C_1 と C_2 の交角は点 $w_0 = f(z_0)$ における曲線 Γ_1 と Γ_2 の交角にその回転の向きが一致していて，しかもその大きさが等しい．

注意　上の定理は $f'(z_0) = 0$ のときは成り立つとは限らない．この定理については，III，第 5 章，§16（p. 220）を参照されたい．

問　　題

1．次の関数 w を微分せよ．

(1)　$w = z^3 + 2z$　　　　(2)　$w = (z + 2)^2(z^2 - 1)$

(3)　$w = \dfrac{z}{1-z}$　　　　(4)　$w = \left(\dfrac{z-1}{z+1}\right)^4$

§6　コーシー・リーマンの方程式

定理４　領域 D で定義された関数 $f(z) = u(x,y) + v(x,y)i$ について $u(x,y)$ と $v(x,y)$ が連続な偏導関数をもつとする．このとき，$f(z)$ が正則であるための必要十分条件は，方程式

(1)
$$\frac{\partial u}{\partial x} = \frac{\partial v}{\partial y}, \qquad \frac{\partial u}{\partial y} = -\frac{\partial v}{\partial x}$$

が成り立つことである．ここで，$z = x + yi$ とする．

この（1）を**コーシー・リーマン**（Cauchy-Riemann）**の方程式**という．

［証明］ 必要性の証明　　関数 $f(z) = u(x,y) + v(x,y)i$ が正則であるとする．このとき $\Delta z = \Delta x + \Delta yi$ として，次の極限が存在する．

(2)
$$f'(z) = \lim_{\Delta z \to 0} \frac{f(z+\Delta z) - f(z)}{\Delta z}$$

ゆえに

$$\frac{\{u(x+\Delta x, y+\Delta y) + iv(x+\Delta x, y+\Delta y)\} - \{u(x,y) + v(x,y)i\}}{\Delta x + \Delta yi}$$
$$\to f'(z) \qquad (\Delta x \to 0,\ \Delta y \to 0)$$

ここで，$\Delta z = \Delta x + \Delta yi \to 0$ とするのに，2つの経路を考える．第1の経路では，$\Delta y = 0$, $\Delta x \to 0$ とし；第2の経路では，$\Delta y \to 0$, $\Delta x = 0$ とする．

第1の経路に沿って，$\Delta z \to 0$ とすれば，極限（2）は次のようになる．

(3)
$$f'(z) = \lim_{\Delta x \to 0}\left\{\frac{u(x+\Delta x, y) - u(x,y)}{\Delta x} + i\frac{v(x+\Delta x, y) - v(x,y)}{\Delta x}\right\}$$
$$= \frac{\partial u}{\partial x} + i\frac{\partial v}{\partial x}$$

次に，第2の経路に沿って $\Delta z \to 0$ とすれば，極限（2）は次のようになる．

(4)
$$f'(z) = \lim_{\Delta y \to 0}\left\{-i\frac{u(x, y+\Delta y) - u(x,y)}{\Delta y} + \frac{v(x, y+\Delta y) - v(x,y)}{\Delta y}\right\}$$

$$= -i\frac{\partial u}{\partial y} + \frac{\partial v}{\partial y}$$

ところが，極限（2）が存在するから，極限の定義に関する注意（§4（p.150）参照）によって，上の極限値（3）と（4）は一致する．すなわち

$$\frac{\partial u}{\partial x} + i\frac{\partial v}{\partial x} = \frac{\partial v}{\partial y} - i\frac{\partial u}{\partial y}$$

$$\therefore \quad \frac{\partial u}{\partial x} = \frac{\partial v}{\partial y}, \qquad \frac{\partial u}{\partial y} = -\frac{\partial v}{\partial x}$$

これは方程式（1）である．

十分性の証明　　逆に，$f(z) = u(x, y) + v(x, y)i$ において $u(x, y)$ と $v(x, y)$ が連続な偏導関数をもち，方程式（1）が成り立つと仮定する．まず，u_x と u_y が連続であるから

$$\begin{aligned}
\Delta u &= u(x + \Delta x, y + \Delta y) - u(x, y) \\
&= \{u(x + \Delta x, y + \Delta y) - u(x, y + \Delta y)\} \\
&\qquad\qquad + \{u(x, y + \Delta y) - u(x, y)\} \\
&= (u_x + \varepsilon_1)\Delta x + (u_y + \varepsilon_2)\Delta y
\end{aligned}$$

となり，$\Delta x \to 0$，$\Delta y \to 0$ のとき $\varepsilon_1 \to 0$，$\varepsilon_2 \to 0$ である．次に，v_x と v_y が連続であるから，上と同様にして

$$\Delta v = (v_x + \varepsilon_3)\Delta x + (v_y + \varepsilon_4)\Delta y$$

となり，$\Delta x \to 0$，$\Delta y \to 0$ のとき $\varepsilon_3 \to 0$，$\varepsilon_4 \to 0$ である．さて，$w = f(z)$，$\Delta w = f(z + \Delta z) - f(z)$ とすれば

$$\begin{aligned}
\Delta w &= f(z + \Delta z) - f(z) = \Delta u + \Delta v i \\
&= (u_x + iv_x)\Delta x + (u_y + iv_y)\Delta y + \xi\Delta x + \eta\Delta y
\end{aligned}$$

であり，ここで

$$\xi = \varepsilon_1 + \varepsilon_3 i \to 0, \qquad \eta = \varepsilon_2 + \varepsilon_4 i \to 0 \qquad (\Delta x \to 0,\ \Delta y \to 0)$$

である．さて，方程式（1）を利用すれば，上式は次のようになる．

$$\begin{aligned}
\Delta w &= (u_x + iv_x)\Delta x + (-v_x + iu_x)\Delta y + \xi\Delta x + \eta\Delta y \\
&= (u_x + iv_x)(\Delta x + \Delta y i) + \xi\Delta x + \eta\Delta y \\
&= (u_x + iv_x)\Delta z + \xi\Delta x + \eta\Delta y
\end{aligned}$$

$$\therefore \quad \frac{\Delta w}{\Delta z} = \frac{\partial u}{\partial x} + i\frac{\partial v}{\partial x} + \xi\frac{\Delta x}{\Delta z} + \eta\frac{\Delta y}{\Delta z}$$

$$\therefore \quad \frac{\Delta w}{\Delta z} \to \frac{\partial u}{\partial x} + i\frac{\partial v}{\partial x} \qquad (\Delta z \to 0)$$

すなわち，関数 $w = f(z)$ は正則である． □

> **定理 5**　$w = f(z) = u(x, y) + v(x, y)i$ が正則ならば
>
> (5) $$\frac{df(z)}{dz} = \frac{\partial u}{\partial x} + i\frac{\partial v}{\partial x} = \frac{\partial v}{\partial y} - i\frac{\partial u}{\partial y}$$
>
> ここで，$z = x + yi$ である．

[証明] 定理 4 の証明の中に現れた (3) と (4) から，直ちに等式 (5) が得られる． □

例題 1　次の関数 $f(z)$ は正則であるか．$f(z)$ が正則ならば，$f'(z)$ を求めよ．ただし，$z = x + yi$ である．

(1) $f(z) = (x^2 - y^2) + 2xyi$　　(2) $f(z) = \dfrac{x}{x^2 + y^2} - \dfrac{y}{x^2 + y^2}i$

(3) $f(z) = \bar{z}$

【解答】 $f(z) = u(x, y) + v(x, y)i$ とする．また，定理 4 と定理 5 を利用する．

(1) $u = x^2 - y^2$，$v = 2xy$ であるから

$$u_x = 2x = v_y, \qquad u_y = -2y = -v_x$$

ゆえに，この $f(z)$ は正則である．したがって

$$f'(z) = u_x + iv_x = 2x + 2yi = 2z$$

実は，$f(z) = z^2$ である．

(2) $u = \dfrac{x}{x^2 + y^2}$，$v = -\dfrac{y}{x^2 + y^2}$ であるから

$$u_x = \frac{y^2 - x^2}{(x^2 + y^2)^2} = v_y, \qquad v_x = \frac{2xy}{(x^2 + y^2)^2} = -u_y$$

ゆえに，この $f(z)$ は正則である．したがって

$$f'(z) = u_x + iv_x = \frac{y^2 - x^2}{(x^2 + y^2)^2} + i\frac{2xy}{(x^2 + y^2)^2} = -\frac{1}{z^2}$$

実は，$f(z) = 1/z$ である．

(3)　$u = x,\ v = -y$ であるから

$$u_x = 1,\ v_y = -1 \qquad \therefore \quad u_x \neq v_y$$

ゆえに，この $f(z)$ は正則でない．■

2 つの実変数 x と y の関数 $F(x, y)$ が偏微分方程式

$$\frac{\partial^2 F}{\partial x^2} + \frac{\partial^2 F}{\partial y^2} = 0 \tag{6}$$

を満足するとき，$F(x, y)$ を**調和関数**という．調和関数は理工学の基礎理論で重要な役割を果たしている．

定理 4 によって，正則関数 $f(z) = u(x, y) + v(x, y)i$ $(z = x + yi)$ について

$$u_x = v_y, \qquad u_y = -v_x$$

が成り立つ．これを利用すれば，次式が得られる（III，第 3 章，§11 (p. 193) によれば，正則関数 $f(z)$ の実部，虚部は何回でも偏微分可能であるから）

$$\frac{\partial^2 u}{\partial x^2} = \frac{\partial}{\partial x}\left(\frac{\partial u}{\partial x}\right) = \frac{\partial}{\partial x}\left(\frac{\partial v}{\partial y}\right) = \frac{\partial^2 v}{\partial x \partial y}$$

$$\frac{\partial^2 u}{\partial y^2} = \frac{\partial}{\partial y}\left(\frac{\partial u}{\partial y}\right) = -\frac{\partial}{\partial y}\left(\frac{\partial v}{\partial x}\right) = -\frac{\partial^2 v}{\partial y \partial x}$$

$$\therefore \quad \frac{\partial^2 u}{\partial x^2} + \frac{\partial^2 u}{\partial y^2} = 0$$

同じようにして

$$\frac{\partial^2 v}{\partial x^2} + \frac{\partial^2 v}{\partial y^2} = 0$$

が得られる．まとめて，次の定理が成り立つ．

> **定理 6**　関数 $f(z) = u(x, y) + v(x, y)i$ が正則ならば，その実部 $u(x, y)$ と虚部 $v(x, y)$ は調和関数である．

1 つの正則関数 $f(z) = u(x, y) + v(x, y)i$ の実部 $u(x, y)$ と虚部 $v(x, y)$ は調和関数であり，これらはコーシー・リーマンの方程式 (1) を満足するから，u と v のうちの一方が与えられれば，次の例のように，その他方を求めることができる．

例題 2　$u(x, y) = x^2 - y^2$ が調和関数であることを証明し，$u(x, y)$ を実部にもつ正則関数 $f(z)$ を求めよ．

【解答】 $u_{xx} = 2,\ u_{yy} = -2$ であるから

$$u_{xx} + u_{yy} = 0$$

すなわち，$u(x, y)$ は調和関数である．

求める正則関数を $f(z) = u + vi$ とすれば，コーシー・リーマンの方程式によって

$$v_x = -u_y = 2y, \qquad v_y = u_x = 2x$$

第 1 式の両辺を積分して

$$v = 2xy + F(y)$$

ここで，$F(y)$ は y のある関数である．これを上の第 2 式に代入して

$$2x + F'(y) = 2x \qquad \therefore \quad F'(y) = 0 \qquad \therefore \quad F(y) = c$$

ここで，c はある定数である．ゆえに，$v = 2xy + c$．したがって

$$f(z) = (x^2 - y^2) + 2xyi + ci = z^2 + ci$$ ■

問　　題

1. 次の関数 $f(z)$ は正則関数であることを証明し，$f'(z)$ を求めよ．ただし，$z = x + yi$ である．

(1)　$f(z) = (2x - 3y) + (3x + 2y)i$　　(2)　$f(z) = e^x \cos y + ie^x \sin y$

2. 次の関数 w が正則になるように，一定な実数 a, b, c, d を求めよ．ただし，$z = x + yi$ である．

(1)　$w = (x + ay) + (2x + by)i$

(2)　$w = (x^2 + axy + by^2) + (cx^2 + dxy + y^2)i$

§7　基本的な正則関数

指数関数　　複素変数 $z = x + yi$ の関数

$$w = e^x \cos y + ie^x \sin y$$

を考える．関数 w の定義域は z 平面の全域である．この関数の実部は $u = e^x \cos y$ で，虚部は $v = e^x \sin y$ である．したがって

$$u_x = e^x \cos y = v_y, \qquad u_y = -e^x \sin y = -v_x$$

ゆえに，コーシー・リーマンの方程式 (p. 157) が成り立つ．したがって，w は

z 平面の全域で正則な関数である．この関数 w を**指数関数**といい，記号 $w = e^z$ で表す．すなわち

(1) $$e^z = e^x(\cos y + i \sin y) = e^x e^{iy}$$

この式（1）の右辺は e^z の極形式であるから

(2) $$|e^z| = e^x, \quad \arg e^z = y \qquad (z = x + yi)$$

さて，独立変数 z の変域を実軸 $y = 0$ に制限すれば，$e^z = e^x$ となって，これは実変数 x の指数関数である．すなわち，関数 $w = e^z$ は実変数 x の指数関数 e^x の自然な拡張であると考えられる．

次に，定理5（p. 159）によれば

(3) $$(e^z)' = u_x + v_x i = e^x \cos y + i e^x \sin y$$
$$\therefore \quad \frac{de^z}{dz} = e^z$$

また，次の**指数法則**が成り立つ．

(4) $$e^{z_1} e^{z_2} = e^{z_1 + z_2}$$

[証明] $z_1 = x_1 + y_1 i$, $z_2 = x_2 + y_2 i$ とする．まず，実数 x_1, x_2 について
$$e^{x_1} e^{x_2} = e^{x_1 + x_2}$$
が成り立つ．また，実数 y_1, y_2 について，§1の公式（13）（p. 137）により
$$e^{iy_1} e^{iy_2} = (\cos y_1 + i \sin y_1)(\cos y_2 + i \sin y_2)$$
$$= \cos(y_1 + y_2) + i \sin(y_1 + y_2)$$
$$\therefore \quad e^{iy_1} e^{iy_2} = e^{i(y_1 + y_2)}$$
上の2つの結果を利用すれば，次の変形ができる．
$$e^{z_1} e^{z_2} = (e^{x_1} e^{iy_1})(e^{x_2} e^{iy_2}) = (e^{x_1} e^{x_2})(e^{iy_1} e^{iy_2})$$
$$= e^{x_1 + x_2} e^{i(y_1 + y_2)}$$
$$\therefore \quad e^{z_1} e^{z_2} = e^{z_1 + z_2}$$ □

次のことが成り立つ．

任意の整数 n と任意の複素数 z について

(5) $$e^{z + 2n\pi i} = e^z$$

[証明] 指数法則を利用する．

$$e^{z+2n\pi i} = e^z e^{2n\pi i} = e^z(\cos 2n\pi + i\sin 2n\pi) = e^z \qquad \square$$

複素数 z_1, z_2 について

(6) $$e^{z_1} = e^{z_2} \quad \text{ならば} \quad z_2 = z_1 + 2n\pi i$$

ここで，n はある整数である．すなわち，指数関数 e^z は周期 $2\pi i$ をもつ．

[証明] $z_1 = x_1 + y_1 i,\ z_2 = x_2 + y_2 i$ とする．さて，$e^{z_1} = e^{z_2}$ であれば

$$e^{x_1}(\cos y_1 + i\sin y_1) = e^{x_2}(\cos y_2 + i\sin y_2)$$

この両辺の絶対値は等しいから

$$e^{x_1} = e^{x_2}, \quad \cos y_1 = \cos y_2, \quad \sin y_1 = \sin y_2$$

$$\therefore \quad x_1 = x_2, \quad y_1 + 2n\pi = y_2$$

$$\therefore \quad z_2 = z_1 + 2n\pi i \qquad \square$$

以上で得られたことをまとめると，次のようになる．

指数関数 $e^z = e^x(\cos y + i\sin y) \quad (z = x + yi)$

$$e^{z_1}e^{z_2} = e^{z_1+z_2}, \quad (e^z)^n = e^{nz} \quad (n = 0, \pm 1, \pm 2, \cdots)$$

指数関数は周期 $2\pi i$ をもつ．すなわち

$$e^{z_1} = e^{z_2} \iff z_2 = z_1 + 2n\pi i \quad (n\ \text{はある整数})$$

また $$\frac{de^z}{dx} = e^z$$

なお，e^z の値は決して 0 にならない．

問 1 次のことを証明せよ．

(1) $\mathrm{Re}(z) = 0$ ならば，$|e^z| = 1$ (2) $\mathrm{Re}(z) < 0$ ならば，$0 < |e^z| < 1$

(3) $\mathrm{Re}(z) > 0$ ならば，$|e^z| > 1$

問 2 $w = e^{z^2}$ について

(1) w を $u + vi$ の形に書け． (2) w' を求めよ．

指数関数 $w = e^z$ の変化状況を調べる．$z = x + yi,\ w = u + vi$ とおけば

$$u = e^x\cos y, \quad v = e^x\sin y$$

$$\therefore \quad x = \log\sqrt{u^2 + v^2}, \quad y = \tan^{-1}\frac{v}{u}$$

さて，z 平面上の虚軸に平行な直線 $x=c$（定数）の $w=e^z$ による像と，実軸に平行な直線 $y=b$（定数）の指数関数 $w=e^z$ による像を作れば，これらは w 平面上でそれぞれ

$$\text{円：}\quad u^2+v^2=e^c, \qquad \text{半直線：}\quad \frac{u}{\cos b}=\frac{v}{\sin b}>0$$

である．これを図示すれば，下の III-14 図のようになる．

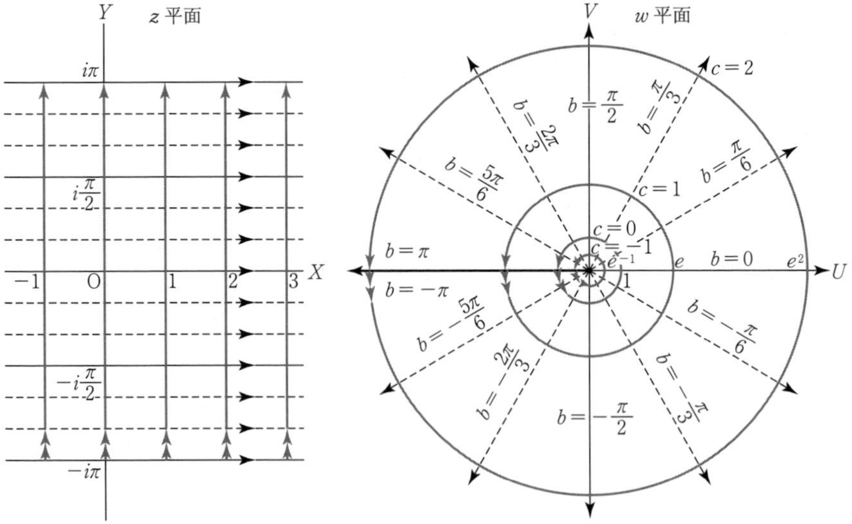

III-14 図

三角関数　　指数関数 e^z は z 平面の全域で正則であるから，e^{iz} と e^{-iz} も同様である．したがって

(7)　$$\cos z=\frac{e^{iz}+e^{-iz}}{2},\qquad \sin z=\frac{e^{iz}-e^{-iz}}{2i}$$

を定義すれば，**正弦** $\sin z$ と**余弦** $\cos z$ は z 平面の全域で正則である．さて，(7) の両式の両辺の2乗を作り，辺々加えれば，次の恒等式が得られる．

(8)　$$\sin^2 z+\cos^2 z=1$$

また，(7) から e^{iz} と e^{-iz} を求めれば

(9)　$$e^{iz}=\cos z+i\sin z,\qquad e^{-iz}=\cos z-i\sin z$$

これはオイラーの公式（p. 48）の一般化であり，（7）で定義された $\cos z$ と $\sin z$ はそれぞれ実変数 x の三角関数 $\cos x$ と $\sin x$ の一般化である．

次の**加法定理**が成り立つ．

$$\text{(10)} \qquad \begin{aligned} \cos(z_1+z_2) &= \cos z_1 \cos z_2 - \sin z_1 \sin z_2 \\ \sin(z_1+z_2) &= \sin z_1 \cos z_2 + \cos z_1 \sin z_2 \end{aligned}$$

[証明] 上の定義式（7）と（9）および指数法則を利用する．

$$\begin{aligned} \cos(z_1+z_2) &= \frac{1}{2}(e^{i(z_1+z_2)} + e^{-i(z_1+z_2)}) = \frac{1}{2}(e^{iz_1}e^{iz_2} + e^{-iz_1}e^{-iz_2}) \\ &= \frac{1}{2}\{(\cos z_1 + i\sin z_1)(\cos z_2 + i\sin z_2) \\ &\qquad + (\cos z_1 - i\sin z_1)(\cos z_2 - i\sin z_2)\} \\ &= \cos z_1 \cos z_2 - \sin z_1 \sin z_2 \end{aligned}$$

$$\begin{aligned} \sin(z_1+z_2) &= \frac{1}{2i}(e^{i(z_1+z_2)} - e^{-i(z_1+z_2)}) = \frac{1}{2i}(e^{iz_1}e^{iz_2} - e^{-iz_1}e^{-iz_2}) \\ &= \frac{1}{2i}\{(\cos z_1 + i\sin z_1)(\cos z_2 + i\sin z_2) \\ &\qquad - (\cos z_1 - i\sin z_1)(\cos z_2 - i\sin z_2)\} \\ &= \sin z_1 \cos z_2 + \cos z_1 \sin z_2 \end{aligned}$$

□

e^z は周期 $2\pi i$ をもつから，e^{iz} と e^{-iz} は周期 2π をもつ．よって

正弦 $\sin z$ と余弦 $\cos z$ は周期 2π をもつ．

最後に，定義式（7）の両式の両辺を微分すれば

$$\text{(11)} \qquad \frac{d\cos z}{dz} = -\sin z, \qquad \frac{d\sin z}{dz} = \cos z$$

が得られる．以上で得られたことをまとめれば，次のようになる．

余弦　$\cos z = \dfrac{e^{iz} + e^{-iz}}{2}$，　**正弦**　$\sin z = \dfrac{e^{iz} - e^{-iz}}{2i}$

$$e^{iz} = \cos z + i\sin z, \qquad e^{-iz} = \cos z - i\sin z$$

$$\sin^2 z + \cos^2 z = 1$$

$$\sin(z_1+z_2) = \sin z_1 \cos z_2 + \cos z_1 \sin z_2$$

$$\cos(z_1 + z_2) = \cos z_1 \cos z_2 - \sin z_1 \sin z_2$$

$\sin z$ と $\cos z$ は周期 2π をもつ．また

$$\frac{d \sin z}{dz} = \cos z, \qquad \frac{d \cos z}{dz} = -\sin z$$

問 3　次式を証明せよ．

(1)　$e^{\pm i\pi} = -1$,　$\sin(z + \pi) = -\sin z$,　$\cos(z + \pi) = -\cos z$

(2)　$\sin(-z) = -\sin z$,　$\cos(-z) = \cos z$

関数 $w = \cos z$ の変化の状況を調べる．$z = x + yi$,　$w = u + vi$ とおけば，(7) によって

$$u = \frac{e^y + e^{-y}}{2} \cos x, \qquad v = -\frac{e^y - e^{-y}}{2} \sin x$$

ゆえに，z 平面上の直線 $x = c$（定数）の $w = \cos z$ による像は，w 平面上で次の双曲線である．

双曲線：　$$\frac{u^2}{\cos^2 c} - \frac{v^2}{\sin^2 c} = 1$$

また，z 平面上の直線 $y = b$（定数）の $w = \cos z$ による像は，w 平面上の

楕円：　$$\frac{u^2}{(e^b + e^{-b})^2/4} + \frac{v^2}{(e^b - e^{-b})^2/4} = 1$$

である．これらを図示すれば，III - 15 図のようになる．

関数 $w = \sin z$ について同様に考えれば，z 平面上の直線 $x = c$ と $y = b$ に対して，w 平面上でそれぞれ

双曲線：　$$\frac{u^2}{\sin^2 c} - \frac{v^2}{\cos^2 c} = 1$$

楕円：　$$\frac{u^2}{(e^b + e^{-b})^2/4} + \frac{v^2}{(e^b - e^{-b})^2/4} = 1$$

が対応する．このことを図示するには，III - 15 図の右側の図をそのままにして，左側の図を左下の図と取り換えればよい．

実変数の三角関数の場合と同じように，次の定義をする．

$$\tan z = \frac{\sin z}{\cos z}, \quad \cot z = \frac{\cos z}{\sin z}, \quad \sec z = \frac{1}{\cos z}, \quad \mathrm{cosec}\, z = \frac{1}{\sin z}$$

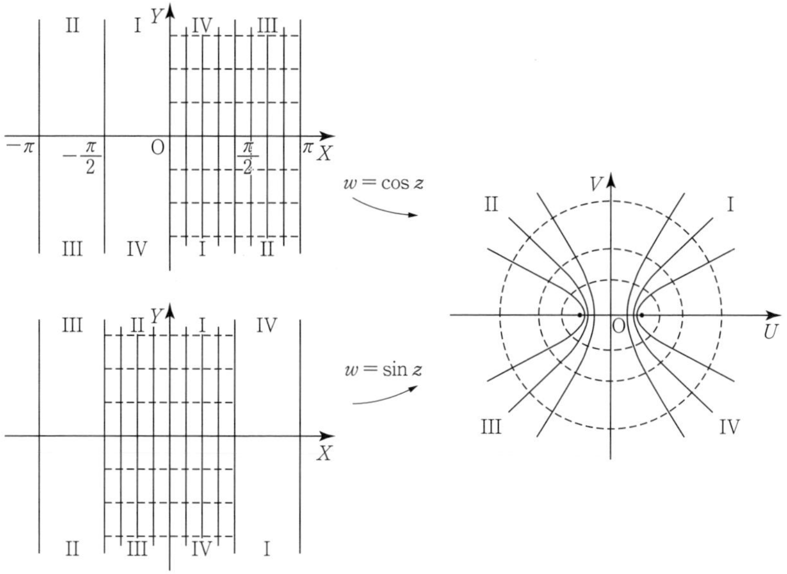

III - 15 図

これらの関数と $\sin z$, $\cos z$ を総称して**三角関数**という.

双曲線関数　関数 e^z と e^{-z} は z 平面の全域で正則であるから，関数

(12)
$$\cosh z = \frac{e^z + e^{-z}}{2}, \quad \sinh z = \frac{e^z - e^{-z}}{2}$$

を定義すれば，これらは z 平面の全域で正則である．関数 $\cosh z$, $\sinh z$ をそれぞれ**双曲線余弦**, **双曲線正弦**という．(12) の両式の両辺を 2 乗して，その差を作れば，次の恒等式が得られる．

(13)
$$\cosh^2 z - \sinh^2 z = 1$$

また，(12) の両式から e^z と e^{-z} を求めれば，次のようになる．

(14)
$$e^z = \cosh z + \sinh z, \quad e^{-z} = \cosh z - \sinh z$$

次の加法定理が成り立つ．

(15)
$$\begin{aligned} \cosh(z_1 + z_2) &= \cosh z_1 \cosh z_2 + \sinh z_1 \sinh z_2 \\ \sinh(z_1 + z_2) &= \sinh z_1 \cosh z_2 + \cosh z_1 \sinh z_2 \end{aligned}$$

[証明] 指数法則と上の公式 (14), (15) を利用する.

$$\cosh(z_1+z_2) = \frac{1}{2}(e^{z_1+z_2}+e^{-(z_1+z_2)}) = \frac{1}{2}(e^{z_1}e^{z_2}+e^{-z_1}e^{-z_2})$$

$$= \frac{1}{2}\{(\cosh z_1+\sinh z_1)(\cosh z_2+\sinh z_2)$$

$$+(\cosh z_1-\sinh z_1)(\cosh z_2-\sinh z_2)\}$$

$$= \cosh z_1\cosh z_2+\sinh z_1\sinh z_2$$

$$\sinh(z_1+z_2) = \frac{1}{2}(e^{z_1+z_2}-e^{-(z_1+z_2)}) = \frac{1}{2}(e^{z_1}e^{z_2}-e^{-z_1}e^{-z_2})$$

$$= \frac{1}{2}\{(\cosh z_1+\sinh z_1)(\cosh z_2+\sinh z_2)$$

$$-(\cosh z_1-\sinh z_1)(\cosh z_2-\sinh z_2)\}$$

$$= \sinh z_1\cosh z_2+\cosh z_1\sinh z_2$$ □

さて，定義式 (12) の両辺を微分すれば，それぞれ

(16) $$\frac{d\cosh z}{dz} = \sinh z, \qquad \frac{d\sinh z}{dz} = \cosh z$$

が得られる．以上のことをまとめれば，次のようになる．

双曲線余弦　$\cosh z = \dfrac{e^z+e^{-z}}{2}$

双曲線正弦　$\sinh z = \dfrac{e^z-e^{-z}}{2}$

$$e^z = \cosh z+\sinh z, \qquad e^{-z} = \cosh z-\sinh z$$

$$\cosh^2 z-\sinh^2 z = 1$$

$$\sinh(z_1+z_2) = \sinh z_1\cosh z_2+\cosh z_1\sinh z_2$$

$$\cosh(z_1+z_2) = \cosh z_1\cosh z_2+\sinh z_1\sinh z_2$$

$\sinh z$ と $\cosh z$ は周期 $2\pi i$ をもつ.

$$\frac{d\sinh z}{dz} = \cosh z, \qquad \frac{d\cosh z}{dz} = \sinh z$$

問 4　次式を証明せよ.

(1)　$\sinh(z+\pi i) = -\sinh z$,　$\cosh(z+\pi i) = -\cosh z$

(2) $\sinh(-z) = -\sinh z$, $\cosh(-z) = \cosh z$

三角関数と双曲線関数の関係 次の関係が成り立つ.

$$\cos(yi) = \cosh y, \qquad \sin(yi) = i\sinh y$$
(17)
$$\sin(x+yi) = \sin x\cosh y + i\cos x\sinh y$$
$$\cos(x+yi) = \cos x\cosh y - i\sin x\sinh y$$

[証明] 定義式 (7) に $z = yi$ を代入すれば，上の (17) の第1行の2つの関係が得られる．次に，これらの関係式と加法定理 (10) を利用すれば

$$\sin(x+yi) = \sin x\cos(yi) + \cos x\sin(yi) = \sin x\cosh y + i\cos x\sinh y$$
$$\cos(x+yi) = \cos x\cos(yi) - \sin x\sin(yi) = \cos x\cosh y - i\sin x\sinh y$$

□

同様に，次の関係を証明できる．

$$\cosh(yi) = \cos y, \qquad \sinh(yi) = i\sin y$$
(18)
$$\sinh(x+yi) = \sinh x\cos y + i\cosh x\sin y$$
$$\cosh(x+yi) = \cosh x\cos y + i\sinh x\sin y$$

問　題

1. 次の複素数を $a + bi$ の形に書き表せ．

(1) $e^{2+7\pi i}$ (2) $e^{3\pi i/2}$ (3) $\cos i$ (4) $\sinh(1-i)$

2. 関数 $w = e^z$ はどんな z に対しても 0 にならないことを証明せよ．

3. 次の方程式を満足する z をすべて求めよ．

(1) $\sin z = 0$ (2) $\sinh z = 0$ (3) $\cos z = 0$

§8 逆関数

正則関数 $f(z)$ が与えられたとし，方程式 $w = f(z)$ において z と w の立場を交換して得られる方程式 $z = f(w)$ を w で解くことができるとし，その解を $w = g(z)$ とする．このとき，関数 $g(z)$ を与えられた関数 $f(z)$ の**逆関数**という．以下で，べき根，対数関数，逆三角関数について述べる．

べき根　関数 $w = z^3$ の逆関数について述べる．方程式

(1)　$$w^3 = z$$

を満足する w を z の関数と考えたとき，これを**3乗根**という．さて，$z = re^{i\theta}$ $(r \geqq 0,\ 0 \leqq \theta < 2\pi)$ に対して，方程式 (1) の解は3つあって

(2)　$$w_0 = \sqrt[3]{r}e^{\frac{\theta}{3}i}, \quad w_1 = w_0 e^{\frac{2\pi}{3}i}, \quad w_2 = w_0 e^{\frac{4\pi}{3}i}$$

である（§2（p. 140）参照）．さて，w_0, w_1, w_2 の偏角はそれぞれ

$$\arg w_0 = \frac{\theta}{3}, \quad \arg w_1 = \frac{\theta}{3} + \frac{2\pi}{3}, \quad \arg w_2 = \frac{\theta}{3} + \frac{4\pi}{3}$$
$$(0 \leqq \theta < 2\pi)$$

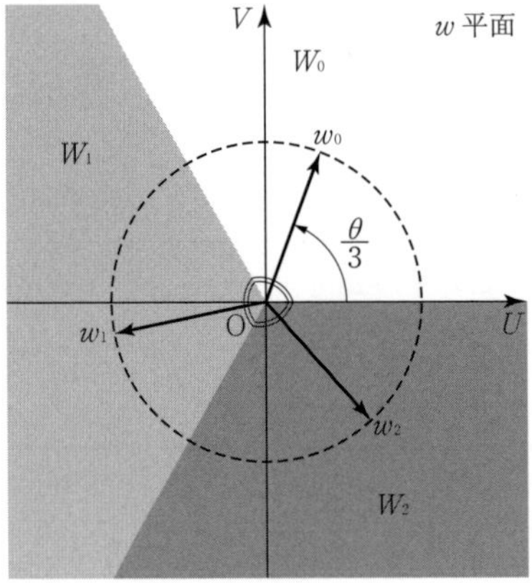

III－16図

である．したがって，w_0, w_1, w_2 はそれぞれ III－16図に示す角形の領域

$$W_0\left(0 \leqq \arg w < \frac{2\pi}{3}\right)$$
$$W_1\left(\frac{2\pi}{3} \leqq \arg w < \frac{4\pi}{3}\right)$$
$$W_2\left(\frac{4\pi}{3} \leqq \arg w < 2\pi\right)$$

内に1つずつ含まれている．

関数 z^3 の逆関数を $w = \sqrt[3]{z}$ で表せば，1つの $z \neq 0$ に対して $\sqrt[3]{z}$ の値は3個あって，w_0, w_1, w_2 であるから，$w = \sqrt[3]{z}$ は**多価関数**（**3価関数**）であるという．さて，3つの値 w_0, w_1, w_2 は z の変動にともなって変化するものであって，その値のおのおのを $w = \sqrt[3]{z}$ の**分枝**という．関数 $w = \sqrt[3]{z}$ はその3つの分岐をひとまとめにしたものであると考える．

独立変数 z の変動にともなう各分枝の変化の状況をみるために，まず III－17図のように，独立変数 z が z 平面上で原点をその内部に含まない閉曲線 C に沿って移動する場合を考える．この場合には，z の偏角 θ はいろいろ変化しても，結局もとの値にもどるから，各分枝 w_0, w_1, w_2 はそれぞれ元の値にもどる．

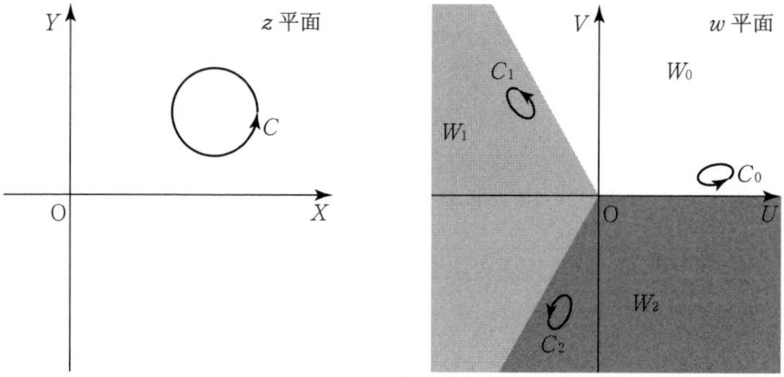

III - 17 図

こんどは，III - 18 図のように，独立変数 z が原点 O をその内部に含む閉曲線 C に沿って，原点 O のまわりを 1 周する場合を考える．z が点 $re^{i\theta_0}$ から出発して C を 1 周すれば，$z = re^{i\theta}$ の偏角 θ は θ_0 から $\theta_0 + 2\pi$ に変化する．このとき，$w_0 = \sqrt[3]{r}e^{\frac{\theta}{3}i}$ は w_1 へ，w_1 は w_2 へ，w_2 は w_0 へ移行する．このように，z が原点 O のまわりを 1 周すれば，$w = \sqrt[3]{z}$ の 3 つの分枝は互いに移りあう．この意味で，3 つの分枝 w_0, w_1, w_2 は一緒になって 1 つの関数を形成している．ここでみたように，原点 O は特別な性格をもっている．点 $z = 0$ を関数 $w = \sqrt[3]{z}$ の**分岐点**という．

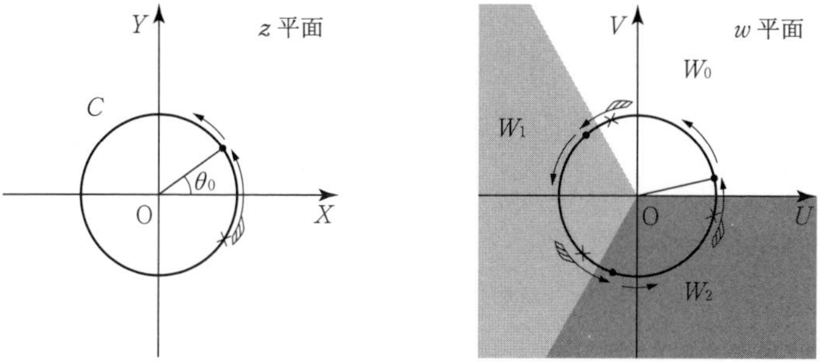

III - 18 図

実変数の関数の場合と同様に，逆関数の微分についての公式が成り立つから，点 $z = 0$ を除いて

$$\frac{d\sqrt[3]{z}}{dz}=\left(\frac{dw^3}{dw}\right)^{-1}=\frac{1}{3w^2}=\frac{1}{3(\sqrt[3]{z})^2}\qquad (w=\sqrt[3]{z},\ z\neq 0)$$

が得られる．上式の左右では，$\sqrt[3]{z}$ の同一の分枝を用いなければならない．

以上のことをまとめて，関数 z^n（$n=1,2,\cdots$）の逆関数について述べれば，次のようになる（§2（p. 142）参照）．

> 関数 z^n の逆関数を $\sqrt[n]{z}$ で表せば，その分岐点は $z=0$ であり，n 個の分枝
>
> $$w_0=\sqrt[n]{r}e^{\frac{\theta}{n}i},\ w_1=w_0e^{\frac{2\pi}{n}i},\ \cdots,\ w_{n-1}=w_0e^{\frac{2(n-1)\pi}{n}i}\qquad (z=re^{i\theta})$$
>
> （$r\geqq 0,\ 0\leqq\theta<2\pi$）がある．点 $z=0$ 以外では
>
> (3) $$\frac{d}{dz}\sqrt[n]{z}=\frac{1}{n}\frac{1}{(\sqrt[n]{z})^{n-1}}\qquad (z\neq 0)$$
>
> この（3）の左右両辺では，$\sqrt[n]{z}$ の同一の分枝を用いなければならない．

なお，平方根 $\sqrt[2]{z}$ を記号 $\sqrt{z}$ で表す．$\sqrt{z}$ について特に次のことが成り立つ（§2（p. 137 参照））．

> $\sqrt{z}$ は2つの分枝をもつ．その1つの分枝を w_0 とすれば，他の分枝は $-w_0$（$=w_0e^{i\pi}$）である．

一般に，正則関数 $f(z)$ の逆関数 $g(z)$ について，点 z が1点の a のまわりを1周するどんなに小さい単一閉曲線に沿って1周しても，$g(z)$ の値が1つの分枝から他の分枝に移るとき，点 a を $g(z)$ の**分岐点**という．

対数関数　指数関数 $w=e^z$ の逆関数を**対数関数**といい，記号 $\log z$ で表す．$z=re^{i\theta}\neq 0$（$r>0,\ 0\leqq\theta<2\pi$）とし

$$w=\log z=u+vi$$

とおけば

$$z=e^w$$

であるから

$$re^{i\theta}=e^{u+vi}=e^ue^{iv}$$

$$\therefore\quad r=e^u,\qquad e^{i\theta}=e^{iv}$$

したがって

$$u = \log r, \qquad v = \theta + 2n\pi \qquad (n = 0, \pm 1, \pm 2, \cdots)$$

ゆえに，$w = \log z$ は次のように無限個の分枝をもつ．

$$(4) \quad \begin{aligned} &\log r + \theta i,\ \log r + \theta i + 2\pi i,\ \log r + \theta i + 4\pi i,\ \cdots, \\ &\qquad \log r + \theta i + 2n\pi i,\ \cdots\cdots \\ &\qquad \log r + \theta i - 2\pi i,\ \log r + \theta i - 4\pi i,\ \cdots, \\ &\qquad \log r + \theta i - 2n\pi i,\ \cdots\cdots \end{aligned}$$

これらをまとめて，簡単に書けば

$$(5) \qquad \log z = \log|z| + i \arg z$$

となるが，この（5）では制限 $0 \leqq \arg z < 2\pi$ を取り除かなければならない．

さて，§7の公式（3）（p. 162）を利用すれば，点 $z \neq 0$ で

$$(6) \qquad \frac{d \log z}{dz} = \left(\frac{de^w}{dw}\right)^{-1} = \frac{1}{e^w} = \frac{1}{z} \qquad (w = \log z,\ z \neq 0)$$

が得られる．ゆえに，点 $z = 0$ で $w = \log z$ は微分可能ではない．また，対数関数 $w = \log z$ の**分岐点**は点 $z = 0$ である．上の（4）で示した，対数関数の分枝はIII－19図のように分布している．

さて，独立変数 z が分岐点 $z = 0$ のまわりを1周すれば，（4）で示した各分枝はその隣の分枝に移行する．

問 1　次の対数の値をすべて求めよ．

（1）　$\log 2$　　　（2）　$\log i$

問 2　$w = \log(1 + z)$ の分岐点を求めよ．

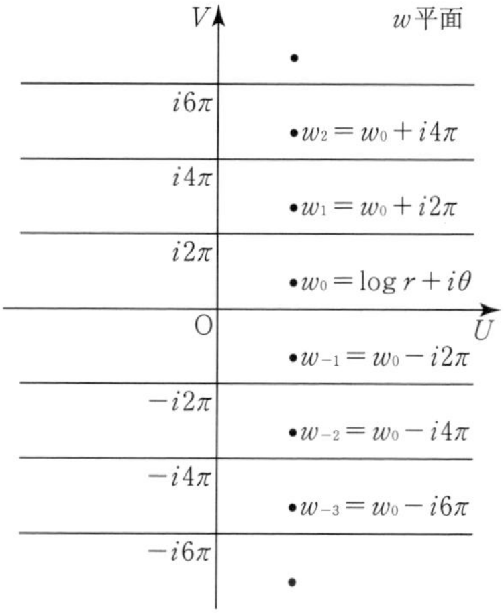

III－19図

対数関数の性質をまとめれば，次のようになる．

> **対数関数**　$\log z$ $(z \neq 0)$ は無限個の分枝
> $$\log r + \theta i + 2n\pi i \qquad (n = 0, \pm 1, \pm 2, \cdots)$$
> をもつ．ただし，$z = re^{i\theta}$ $(r > 0,\ 0 \leqq \theta < 2\pi)$ とする．$\log z$ の分岐点は点 $z = 0$ である．点 $z = 0$ 以外では
> $$\frac{d \log z}{dz} = \frac{1}{z} \qquad (z \neq 0)$$

逆三角関数　正弦 $w = \sin z$ の逆関数を $\sin^{-1} z$ で表せば

(7) $$\sin^{-1} z = \frac{1}{i} \log(iz \pm \sqrt{1 - z^2})$$

[証明] $w = \sin^{-1} z$ とすれば，$z = \sin w$ である．ゆえに

$$z = \frac{e^{iw} - e^{-iw}}{2i}$$

これを変形して

$$(e^{iw})^2 - 2iz(e^{iw}) - 1 = 0 \qquad \therefore \quad e^{iw} = iz \pm \sqrt{1 - z^2}$$

$$\therefore \quad w = \frac{1}{i} \log(iz \pm \sqrt{1 - z^2})$$ □

余弦 $w = \cos z$ の逆関数を $\cos^{-1} z$ で表せば，同様にして

(8) $$\cos^{-1} z = \frac{1}{i} \log(z \pm i\sqrt{1 - z^2})$$

が得られる．

双曲線関数 $\sinh z$ と $\cosh z$ の逆関数をそれぞれ $\sinh^{-1} z$ と $\cosh^{-1} z$ で表せば，次式が成り立つ．

(9) $$\sinh^{-1} z = \log(z \pm \sqrt{z^2 + 1})$$
$$\cosh^{-1} z = \log(z \pm \sqrt{z^2 - 1})$$

関数 $\boldsymbol{a^z}$　複素数 a について，関数 $w = a^z$ を

(10) $$a^z = e^{z \log a}$$

で定義する．すなわち

(11) $$a^z = \exp\{z(\log|a| + i \arg a + 2n\pi i)\} \qquad (n = 0, \pm 1, \pm 2, \cdots)$$

ここで，$\exp z$ を $\exp z = e^z$ で定義する．

演 習 問 題 III - 2

［A］

1. 次の関数を $u + vi$ の形で書き表せ．ただし，$z = x + yi$ とする．

（1） $z^3 + 2iz$ （2） $\dfrac{z}{3+z}$ （3） e^{2z^2}

2. 次の関数を微分せよ．

（1） $w = z^5 - 3z^2 - 1$ （2） $w = (1-z)^4(z^2+1)^3$

（3） $w = \dfrac{1+z}{1-z}$

3. $w = z^4$ について，次の問に答えよ．

（1） w を $u + vi$ の形に書き表せ．ただし，$z = x + yi$ とする．

（2） u と v がコーシー・リーマンの方程式（p. 157）を満たすことを証明せよ．

（3） §6 の公式（5）（p. 159）を利用して，w' を求めよ．

4. 次の関数 w は正則であるか．ただし，$z = x + yi$ とする．

（1） $w = \dfrac{x^2 + yi}{x^2 + y^2}$ $(z \neq 0)$ （2） $w = \sqrt{x^2+y^2}\,(x + yi)$

5. 次式を証明せよ．

（1） $\overline{e^z} = e^{\bar{z}}$ （2） $\overline{\sin z} = \sin \bar{z}$ （3） $\overline{\cos z} = \cos \bar{z}$

6. 次の関数 w が正則であることを証明し，w' を求めよ．

$$w = \frac{(x^3 + xy^2 + x) + i(x^2y + y^3 - y)}{x^2 + y^2} \qquad (z = x + yi)$$

7. 次の関数 w を $u + vi$ の形に書き表せ．ただし，$z = x + yi$ とする．

（1） $w = \tan z$ （2） $w = \tanh z$

［B］

8. 次の関数 $u = u(x, y)$ は調和関数であることを示し，u を実部にもつ正則関数 w を求めよ．

（1） $u = x^3 - 3xy^2$ （2） $u = e^x(x\cos y - y\sin y)$

9. 次式を証明せよ．ただし，n はある整数である．

$$\log(z_1 z_2) = \log z_1 + \log z_2 + 2n\pi i$$

10. 次の関数 w の分岐点を求めよ．

(1)　$w=\sqrt{z^2+1}$　　(2)　$w=\log(1+z)$

11. $\tan z$ と $\tanh z$ の逆関数をそれぞれ $\tan^{-1}z$ と $\tanh^{-1}z$ で表す．次の関数 w を微分せよ．また，その分岐点を求めよ．ただし，a は一定な複素数である．

(1)　$w=\tan^{-1}z$　　(2)　$w=\tanh^{-1}z$　　(3)　$w=\sin^{-1}z$

(4)　$w=\sinh^{-1}z$　　(5)　$w=\sqrt[3]{z-a}$

12. 次式を証明せよ．(上の **11** 参照)

(1)　$\tan^{-1}z=\dfrac{1}{2i}\log\dfrac{1+iz}{1-iz}$　　(2)　$\tanh^{-1}z=\dfrac{1}{2}\log\dfrac{1+z}{1-z}$

13. §8の公式 (10) (p. 174) を利用して，次式を証明せよ．($n=0,\pm1,\pm2,\cdots$)

(1)　$(1+i)^i=\left\{\exp\left(-\dfrac{\pi}{4}-2n\pi\right)\right\}\{\cos\log\sqrt{2}+i\sin\log\sqrt{2}\}$

(2)　$i^i=\exp\left(\dfrac{\pi}{2}+2n\pi\right)$

14. a を実数とし，$z=re^{i\theta}$ とする．次式を証明せよ．

$$z^a=\exp\{a(\log r+i\theta+2n\pi i)\}\qquad(n=0,\pm1,\pm2,\cdots)$$

15. 上の **14** を利用して，次のものの値を求めよ．

(1)　$(1+i)^{\frac{2}{3}}$　　(2)　$i^{\sqrt{2}}$　　(3)　$\sin^{-1}1$

(4)　$\cos^{-1}2$　　(5)　$\log(1-i)$

16. 正則関数 $f(z)$ と $g(z)$ について $f(a)=g(a)=0$ とする．$\displaystyle\lim_{z\to a}\frac{f'(z)}{g'(z)}$ が存在すれば，次式が成り立つことが知られている．

$$\lim_{z\to a}\frac{f(z)}{g(z)}=\lim_{z\to a}\frac{f'(z)}{g'(z)}$$

この事実を利用して，次の極限を求めよ．

(1)　$\displaystyle\lim_{z\to i}\frac{z^{10}+1}{z^6+1}$　　(2)　$\displaystyle\lim_{z\to 2i}\frac{z^2+4}{2z^2+(3-4i)z-6i}$

(3)　$\displaystyle\lim_{z\to i}\frac{z^2-2iz-1}{z^4+2z^2+1}$

17. $z=x+yi$ とすれば，$\bar{z}=x-yi$ であるから，$x=\dfrac{1}{2}(z+\bar{z})$，$y=\dfrac{1}{2i}(z-\bar{z})$ である．$F=u(x,y)+iv(x,y)$ にこれらを代入して，F を z と $\bar{z}$ の関数 $F(z,\bar{z})$ と書き表せる．次の関数 F を $F(z,\bar{z})$ の形に書き表せ．

(1)　$F=x^2-y^2+2ixy$

(2)　$F=x(x^2-3y^2)-iy(3x^2-y^2)$

(3) $F = \dfrac{2(x^2+y^2)-(x+yi)}{4(x^2+y^2)-4x+1}$

18. 上の **17** の方法にしたがって，$F = u(x, y) + iv(x, y) = F(z, \bar{z})$ について次のことを証明せよ．

(1) $\dfrac{\partial F}{\partial \bar{z}} = \dfrac{1}{2}\left(\dfrac{\partial F}{\partial x} + i\dfrac{\partial F}{\partial y}\right)$, $\dfrac{\partial F}{\partial z} = \dfrac{1}{2}\left(\dfrac{\partial F}{\partial x} - i\dfrac{\partial F}{\partial y}\right)$

(2) $\dfrac{\partial F}{\partial \bar{z}} = \dfrac{1}{2}\left[\left(\dfrac{\partial u}{\partial x} - \dfrac{\partial v}{\partial y}\right) + i\left(\dfrac{\partial v}{\partial x} + \dfrac{\partial u}{\partial y}\right)\right]$

(3) $F = u(x, y) + iv(x, y) = F(z, \bar{z})$ が正則であるための必要十分条件は

$$\frac{\partial F}{\partial \bar{z}} = 0$$

19. 上の **17** の (1), (2), (3) の関数は正則であるか（上の **18** を利用せよ）．

20. 関数 $\varphi(x, y)$ と $\psi(x, y)$ が調和関数であるとき

$$u = \frac{\partial \varphi}{\partial y} - \frac{\partial \psi}{\partial x}, \qquad v = \frac{\partial \varphi}{\partial x} + \frac{\partial \psi}{\partial y}$$

とおくと，$f(z) = u + vi$ は $z = x + yi$ の正則関数である．このことを証明せよ．

21. $f(z) = u(x, y) + iv(x, y)$ が正則関数であるとき，次式を証明せよ．ただし，$z = x + yi$ とする．

$$\begin{vmatrix} u_x & v_x \\ u_y & v_y \end{vmatrix} = |f'(z)|^2$$

22. $f(z)$ が正則関数であるとき，次式を証明せよ．ただし，$z = x + yi$ とする．

$$\left(\frac{\partial^2}{\partial x^2} + \frac{\partial^2}{\partial y^2}\right)|f(z)|^2 = 4|f'(z)|^2$$

23. 関数 $f(z)$ は正則であるとする．$|f(z)|$ が定数であれば，$f(z)$ 自身も一定である．このことを証明せよ（上の **22** を利用せよ）．

第3章　積　分

§9　複素数の関数の積分

z 平面上に点 A$(z=a)$ から点 B$(z=b)$ に至る連続曲線 C があって，C の長さは有限であるとする．さらに，曲線 C には点 A から点 B に向く向きが付けられているとする．また，C を含むある領域で連続な関数 $f(z)$ があるとする．さて，C 上に点 a から順次に $n-1$ 個の点 $z_1, z_2, \cdots, z_{n-1}$ をとって，曲線 C を n 個の小さい弧に分割し，おのおのの小さい弧の上にそれぞれ点 $\zeta_1, \zeta_2, \cdots, \zeta_n$ を任意にとる（III－20 図参照）．そこで，$z_0=a$，$z_n=b$ として，次の和を作る．

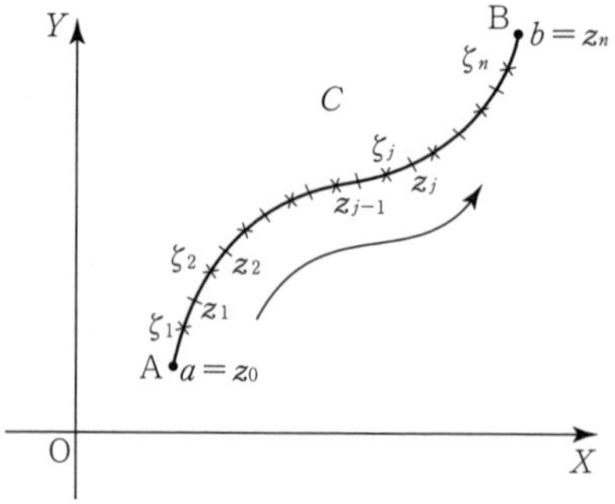

III－20 図

$$
\begin{aligned}
S_n &= \sum_{j=1}^{n} f(\zeta_j)(z_j - z_{j-1}) \qquad (1)\\
&= f(\zeta_1)(z_1 - z_0) + f(\zeta_2)(z_2 - z_1) + \cdots + f(\zeta_n)(z_n - z_{n-1})
\end{aligned}
$$

ここで，曲線 C の分割を任意の仕方で細かくする（すなわち，$n\to\infty$ とし，同時に $|z_1-z_0|, |z_2-z_1|, \cdots, |z_n-z_{n-1}|\to 0$ とする）とき，上の和 S_n はある確定した値 S に収束することが知られているが，証明を省略する．この極限値 S を，関数 $f(z)$ の曲線 C に沿っての**積分**といい，これを記号

$$
\int_C f(z)dz \qquad \text{または} \qquad \int_{AB} f(z)dz
$$

で表す．右側の式で AB は点 A から点 B に至る曲線弧 C を表す．

上の (1) で与えた和 S_n において，$\Delta z_j = z_j - z_{j-1}$（$j=1,2,\cdots,n$）とし，$\Delta z_j = \Delta x_j + i\Delta y_j$ とおき，さらに $\zeta_j = \xi_j + i\eta_j$ とおく．いま，$f(z)=u(x,y)+iv(x,y)$ とすれば，和 S_n は次のように書き表せる．

$$
S_n = \sum_{j=1}^{n} \{u(\xi_j, \eta_j) + iv(\xi_j, \eta_j)\}(\Delta x_j + i\Delta y_j)
$$

$$= \sum_{j=1}^{n} \{u(\xi_j, \eta_j)\Delta x_j - v(\xi_j, \eta_j)\Delta y_j\}$$
$$+ i \sum_{j=1}^{n} \{v(\xi_j, \eta_j)\Delta x_j + u(\xi_j, \eta_j)\Delta y_j\}$$

したがって，和 S_n の極限である積分は次のように線積分（II，第4章，§13（p. 115）参照）で書き表せる．

(2)
$$\int_C f(z)dz = \int_C (u+iv)(dx+i\,dy)$$
$$= \int_C (u\,dx - v\,dy) + i\int_C (v\,dx + u\,dy)$$

さて，曲線 C が媒介変数表示 $x = x(t)$，$y = y(t)$（$\alpha \leqq t \leqq \beta$）で表されていれば，$C$ は方程式 $z = x(t) + iy(t)$（$\alpha \leqq t \leqq \beta$）で表されているという．このとき，$z(t) = x(t) + iy(t)$ とおき，曲線 C は方程式 $z = z(t)$（$\alpha \leqq t \leqq \beta$）で表されるという．いま，関数 $x(t)$ と $y(t)$ が区間 $[\alpha, \beta]$ で連続な導関数 $x'(t)$ と $y'(t)$ をそれぞれもつとき，曲線 C は**滑らか**であるという．今後は，有限個の滑らかな曲線弧から成り立っている連続曲線だけを考えることとする．特に断わらない限り，単に曲線といえば，このような曲線を意味することにする．

さて，曲線 C の方程式が $z = z(t)$（$\alpha \leqq t \leqq \beta$）であれば，$z(t) = x(t) + iy(t)$ として，その導関数

$$\frac{dz}{dt} = \frac{dx}{dt} + i\frac{dy}{dt}$$

を z 平面上のベクトルとみなせば，このベクトル $\dfrac{dz}{dt}$ は点 $z = z(t)$ で曲線 C に接する．明らかに，次式が成り立つ．

(3)
$$\int_C f(z)dz = \int_\alpha^\beta f(z(t))\frac{dz(t)}{dt}dt$$

例題 1　次の積分を計算せよ．

(1)　$\int_C z^2 dz$　ただし，C の方程式を $z = 2t + 3ti$（$1 \leqq t \leqq 2$）とする．

(2)　$\int_C (z+1)dz$　ただし，C の方程式を $z = t + t^2 i$（$0 \leqq t \leqq 1$）とする．

【解答】(1)

$$\int_C z^2 dz = \int_1^2 (2t+3ti)^2 \frac{d(2t+3ti)}{dt} dt$$
$$= (2+3i)^3 \int_1^2 t^2 dt = -\frac{322}{3} + 21i$$

(2)

$$\int_C (z+1)dz = \int_0^1 \{(t+t^2 i)+1\} \frac{d(t+t^2 i)}{dt} dt$$
$$= \int_0^1 \{(-2t^3+t+1)+i(3t^2+2t)\}dt = 1+2i$$ ■

例題 2　点 $z=a$ を中心とし，半径 R (>0) の円に正の向きを与えて，これを C とする．次式を証明せよ．

$$\int_C \frac{1}{z-a} dz = 2\pi i$$

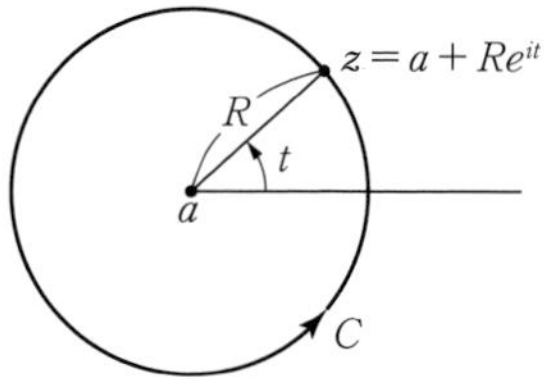

III－21 図

注意　上の例題 2 の積分の値は円 C の半径 R に無関係である．

【解答】 円 C の方程式は $z=a+Re^{it}$ ($0 \leqq t < 2\pi$) である（III－21 図参照）．ゆえに

$$\int_C \frac{1}{z-a} dz = \int_0^{2\pi} \frac{1}{Re^{it}} (iRe^{it}) dt = i \int_0^{2\pi} dt = 2\pi i$$ ■

さて，$f(z)$ と $g(z)$ が連続関数であれば，任意の曲線 C について次式が成り立つ．ただし，k は定数である．

(4)
$$\int_C \{f(z)+g(z)\}dz = \int_C f(z)dz + \int_C g(z)dz$$
$$\int_C kf(z)dz = k\int_C f(z)dz$$

C を点 A から点 B に至る曲線，C' を点 B から点 C に至る曲線とする．C と C' を連結して得られる，点 A から点 C に至る曲線を $C+C'$ で表す．また，点 A から点 B に至る曲線 C の向きを逆転して得られる，点 B から点 A に至る曲線を $-C$ で表す（III－22 図参照）．このとき，連続関数 $f(z)$ について，次式が成り立つ．

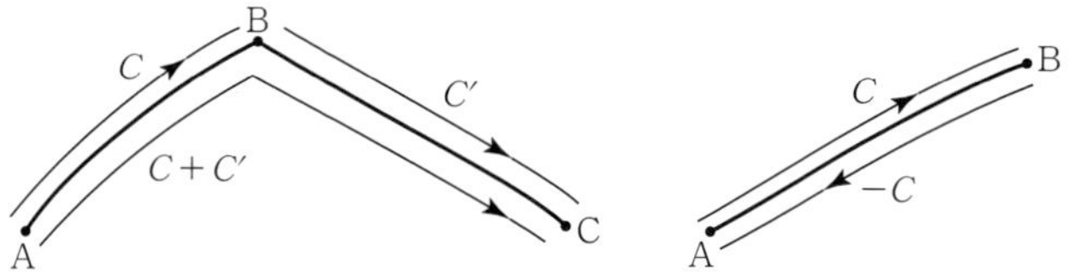

III-22 図

$$
(5)\qquad \begin{aligned}
\int_{C+C'} f(z)dz &= \int_C f(z)dz + \int_{C'} f(z)dz \\
\int_{-C} f(z)dz &= -\int_C f(z)dz
\end{aligned}
$$

定理 7 関数 $f(z)$ が連続である領域内に曲線 C があるとする．s を曲線 C の媒介変数で，しかもその弧長を表すとする．また，C 上の各点 z で $|f(z)| \leqq M$ であるとする．このとき，曲線 C の長さを L とすれば，次の不等式が成り立つ．

$$\left|\int_C f(z)dz\right| \leqq \int_C |f(z)|ds \leqq ML$$

［証明］ (1) で与えられた和 S_n の各項について

$$|f(\zeta_j)\Delta z_j| = |f(\zeta_j)||\Delta z_j| \qquad (j = 1, 2, \cdots, n)$$

$\Delta z_j = z_j - z_{j-1}$ である．また，曲線 C 上の点 z_{j-1} から点 z_j に至る弧の長さを Δs_j とすれば

$$|\Delta z_j| \leqq \Delta s_j \qquad (j = 1, 2, \cdots, n)$$

である．ゆえに，上式から

$$|f(\zeta_j)\Delta z_j| \leqq |f(\zeta_j)|\Delta s_j \qquad (j = 1, 2, \cdots, n)$$

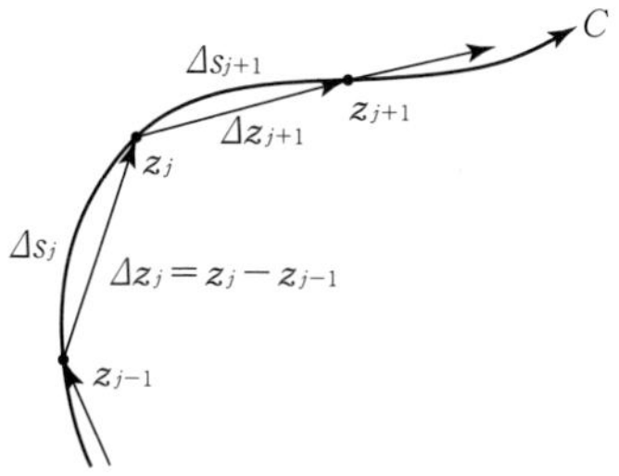

III-23 図

したがって，(1) で与えられた S_n について

$$
\begin{aligned}
|S_n| &= |f(\zeta_1)\Delta z_1 + f(\zeta_2)\Delta z_2 + \cdots + f(\zeta_n)\Delta z_n| \\
&\leqq |f(\zeta_1)\Delta z_1| + |f(\zeta_2)\Delta z_2| + \cdots + |f(\zeta_n)\Delta z_n| \\
&\leqq |f(\zeta_1)|\Delta s_1 + |f(\zeta_2)|\Delta s_2 + \cdots + |f(\zeta_n)|\Delta s_n
\end{aligned}
$$

$$\therefore \quad |S_n| \leqq \sum_{j=1}^{n} |f(\zeta_j)| \varDelta s_j$$

ここで，曲線 C の分割を任意の仕方で細かくすれば，その極限において

$$|S_n| \to \left| \int_C f(z)dz \right|, \qquad \sum_{j=1}^{n} |f(\zeta_j)| \varDelta s_j \to \int_C |f(z)| ds$$

であるから，次の不等式が成り立つ．

$$\left| \int_C f(z)dz \right| \leqq \int_C |f(z)| ds$$

次に，曲線 C 上の各点 z で $|f(z)| \leqq M$ であるから

$$\int_C |f(z)| ds \leqq M \int_C ds = ML$$

である．上の2つの不等式をまとめて，定理7の結論が得られる．　□

§10　コーシーの定理

曲線 C が自分自身と交わることがないとき，C を**単一曲線**という．単一でしかも閉じている曲線を**単一閉曲線**という（III - 24 図参照）．

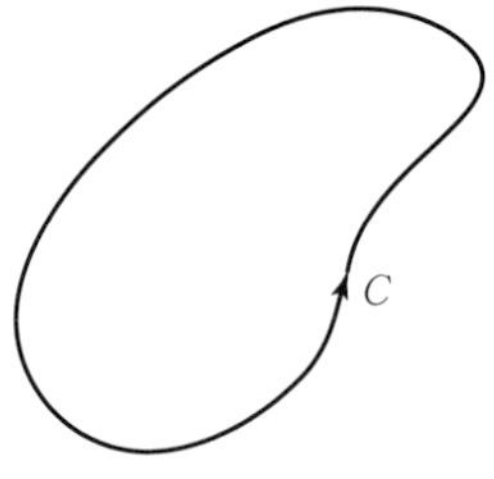

III - 24 図

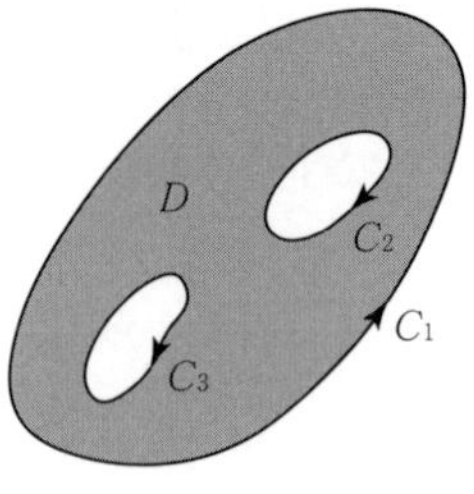

III - 25 図

今後，z 平面内で考える領域 D は，その境界が有限個の単一閉曲線 $C_1, C_2, \cdots, C_k$ から成り立っているものに限ることにする（III - 25 図参照）．このような領域 D の境界の一部である単一閉曲線 C_j に常に次のように向きを与える．すなわち，C_j に沿って人間がそれに与えられた向きに歩むとき，この人間の左手は常に D の内部にあるとする．次の**コーシー**（Cauchy）**の定理**が成り立つ．

定理 8　関数 $f(z)$ が領域 D で正則であるとする．D 内に単一閉曲線 C があって，C で囲まれた領域が D の内部にあるとする．このとき，次式が

成り立つ．

$$\int_C f(z)dz = 0$$

[証明] $f(z) = u(x, y) + iv(x, y)$ とする．§9の公式（2）（p. 179）を利用すれば

$$\int_C f(z)dz = \int_C (u\,dx - v\,dy) + i\int_C (v\,dx + u\,dy)$$

ところが，グリーンの定理（II，第4章，§15（p. 125））によれば

$$\int_C (u\,dx - v\,dy) = \iint_F \left(-\frac{\partial u}{\partial y} - \frac{\partial v}{\partial x}\right) dxdy$$

$$\int_C (v\,dx + u\,dy) = \iint_F \left(-\frac{\partial v}{\partial y} + \frac{\partial u}{\partial x}\right) dxdy$$

ここで，F は C で囲まれる領域を表す．さて，$f(z)$ は正則関数であるから，コーシー・リーマンの方程式（第2章，§6（p. 157））が成り立つ．すなわち，領域 D 内で，したがって領域 F 内で

$$\frac{\partial u}{\partial y} + \frac{\partial v}{\partial x} = 0, \qquad \frac{\partial u}{\partial x} - \frac{\partial v}{\partial y} = 0$$

が成り立つ．ゆえに

$$\int_C f(z)dz = 0$$ □

例題 1 点 $z = a$ が単一閉曲線 C の外部にあれば，次式が成り立つことを証明せよ．

$$\int_C \frac{1}{z-a} dz = 0$$

【解答】 関数 $\dfrac{1}{z-a}$ は点 $z = a$ 以外のすべての点で正則である．ゆえに，この関数は C の上およびその内部で正則である．したがって，上のコーシーの定理によって

$$\int_C \frac{1}{z-a} dz = 0$$ ■

系 1 関数 $f(z)$ は領域 D で正則であるとする．D 内に2つの単一閉曲線 C_1, C_2 があり，C_2 が C_1 の内部にあるとする．また，C_1 と C_2 は正の向

きをもつとする．さらに，C_1 と C_2 で囲まれた領域は D の内部にあるとする．このとき

$$\int_{C_1} f(z)dz = \int_{C_2} f(z)dz$$

[証明] III-26図のように，曲線 C_1 と C_2 の上にそれぞれ点AとBをとり，AとBを C_1 と C_2 で囲まれた領域内にある曲線ABで結ぶ．さて，定理8によって，III-26図の記号を用いて

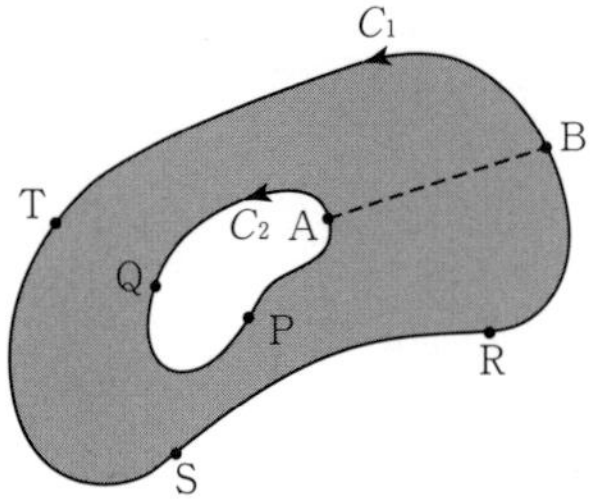

III-26図

$$\int_{\mathrm{APQABTSRBA}} f(z)dz = 0$$

この左辺の積分を次のように分解する．

$$\int_{\mathrm{APQA}} f\,dz + \int_{\mathrm{AB}} f\,dz + \int_{\mathrm{BTSRB}} f\,dz + \int_{\mathrm{BA}} f\,dz = 0$$

ところが

$$\int_{\mathrm{AB}} f\,dz = -\int_{\mathrm{BA}} f\,dz$$

$$\int_{\mathrm{APQA}} f\,dz = \int_{-C_2} f\,dz = -\int_{C_2} f\,dz, \quad \int_{\mathrm{BTSRB}} f\,dz = \int_{C_1} f\,dz$$

これらを最初の式に代入して

$$-\int_{C_2} f\,dz + \int_{C_1} f\,dz = 0 \qquad \therefore \quad \int_{C_1} f\,dz = \int_{C_2} f\,dz$$ □

例題2 点 $z=a$ が単一閉曲線 C が囲む領域 D の内部にあれば，次式が成り立つことを証明せよ．

$$\int_C \frac{1}{z-a}dz = 2\pi i$$

【解答】 点 a を中心として，十分小さい半径の円 C_1 をかけば，この円は領域 D の内部にある．C_1 にIII-27図のように向きを付ける．さて，関数 $\dfrac{1}{z-a}$ は点 $z=a$ 以外のすべての点で正則であるから，この関数は C と C_1 で囲まれる領域で正則である．ゆえに，上の系1によって

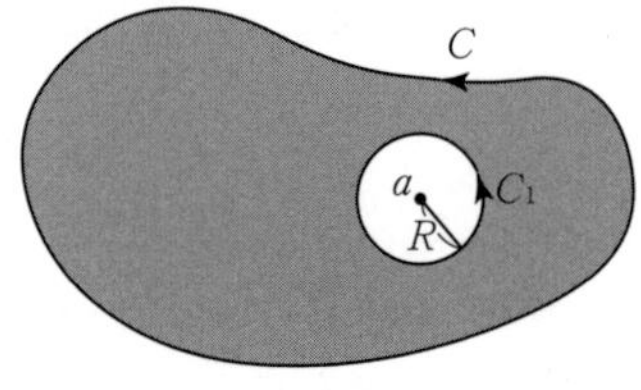

III-27図

$$\int_C \frac{1}{z-a}dz = \int_{C_1} \frac{1}{z-a}dz$$

ところが，§9 の例題 2（p. 180）によって，上式の右辺は $2\pi i$ に等しい．ゆえに

$$\int_C \frac{1}{z-a}dz = 2\pi i$$ ■

系 1 を拡張して，次のことが成り立つ．

関数 $f(z)$ が領域 D 内で正則であるとする．III - 28 図のように，D 内の単一閉曲線 C の内部に k 個の単一閉曲線 $C_1, C_2, \cdots, C_k$ があって，それぞれ III - 28 図のように向きが付けられている．さらに，$C, C_1, C_2, \cdots, C_k$ で囲まれた領域が D の内部に含まれているとする．このとき，次式が成り立つ．

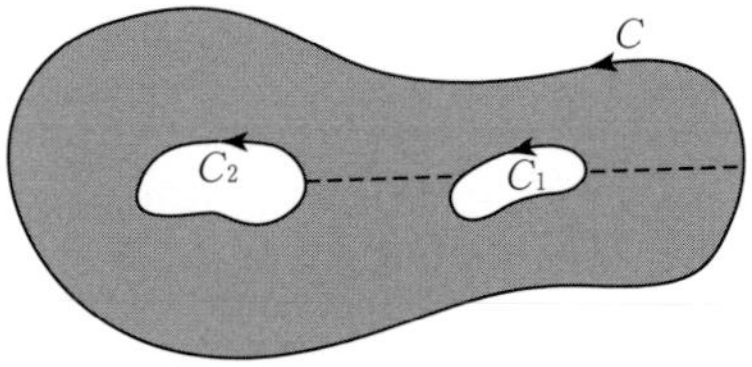

III - 28 図

(1)　$$\int_C f(z)dz = \int_{C_1} f(z)dz + \int_{C_2} f(z)dz + \cdots + \int_{C_k} f(z)dz$$

この公式 (1) を証明するためには，III - 28 図での点線のように補助の曲線を引いて，上の系 1 と同じように推論すればよい．

例題 3　点 $z=0$ を中心とし，半径 R (>1) の円 C を考え，これに正の向きを与える．次の積分を計算せよ．

$$\int_C \frac{z}{z^2+1}dz$$

【解答】　$$\frac{z}{z^2+1} = \frac{z}{(z-i)(z+i)} = \frac{1}{2}\left(\frac{1}{z-i} + \frac{1}{z+i}\right)$$

ところが，円 C の半径は $R>1$ であるから，点 $z=i$ と $z=-i$ は円 C の内部にある．ゆえに，上の例題 2 によって

$$\int_C \frac{z}{z^2+1}dz = \frac{1}{2}\int_C \frac{1}{z-i}dz + \frac{1}{2}\int_C \frac{1}{z+i}dz$$

$$= \frac{1}{2}\cdot 2\pi i + \frac{1}{2}\cdot 2\pi i = 2\pi i$$ ■

例題 4　単一閉曲線 C がある．点 $z=a$ は C 上にないとする．次のことを

証明せよ．$n = 1, 2, \cdots$ として

(1)　点 a が C の外部にあれば　$\displaystyle\int_C \frac{1}{(z-a)^n}dz = 0$

(2)　点 a が C の内部にあれば　$\displaystyle\int_C \frac{1}{(z-a)^n}dz = \begin{cases} 2\pi i & (n=1) \\ 0 & (n>1) \end{cases}$

【解答】(1)　関数 $\dfrac{1}{(z-a)^n}$ は点 $z = a$ 以外のすべての点で正則である．ゆえに，この場合には，この関数は C の上とその内部で正則である．したがって，コーシーの定理8によって

$$\int_C \frac{1}{(z-a)^n}dz = 0$$

(2)　III-27図の記号を利用する．さて，円 C_1 の方程式は $z = a + Re^{it}$ $(0 \leqq t < 2\pi)$ であるから

$$\int_{C_1} \frac{1}{(z-a)^n}dz = \int_0^{2\pi} \frac{1}{R^n e^{int}}(iRe^{it})dt$$
$$= \frac{i}{R^{n-1}}\int_0^{2\pi} e^{-i(n-1)t}dt = \begin{cases} 2\pi i & (n=1) \\ 0 & (n>1) \end{cases}$$

したがって，系1を利用して

$$\int_C \frac{1}{(z-a)^n}dz = \int_{C_1} \frac{1}{(z-a)^n}dz = \begin{cases} 2\pi i & (n=1) \\ 0 & (n>1) \end{cases}$$ ■

不定積分　関数 $f(z)$ と $F(z)$ が領域 D 内で正則であって，$F'(z) = f(z)$ が成り立つとき，$F(z)$ を $f(z)$ の**不定積分**といい，$F(z)$ を

$$F(z) = \int f(z)dz$$

で表す．$f(z)$ に対してその不定積分は無数に多くあって，2つの不定積分の差は一定な複素数である．実変数の関数の場合と同じように，基本的な関数の不定積分を求めることができて，$n = 1, 2, \cdots$ とすれば

$$\int z^n dz = \frac{1}{n+1}z^{n+1}, \quad \int \frac{1}{z}dz = \log z \qquad (z \neq 0)$$

$$\int e^z dz = e^z, \quad \int \cos z\, dz = \sin z, \quad \int \sin z\, dz = -\cos z, \quad \cdots$$

などが成り立つ．$\displaystyle\int \frac{1}{z}dz = \log z$ の右辺の $\log z$ は多価関数であるので，$\log z$

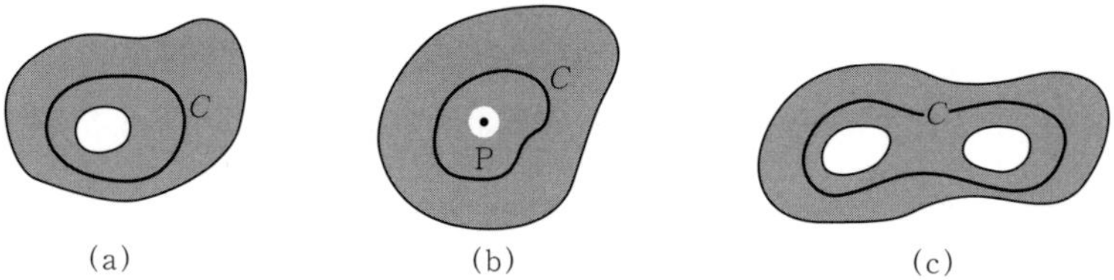

III－29図

はその分枝の1つを表すものとする．不定積分の結果，多価関数が出現するときには，常にこのように取扱うことにする．

不定積分を一般的に論ずるために，領域についての準備をする．領域 D 内にあるすべての単一閉曲線 C について，C が囲む領域が常に D に含まれているとする．このとき，領域 D は**単連結**であるという．たとえば，全平面，円の内部などは単連結な領域である．しかし，III－29図に示した領域は単連結でない．III－29図の (b) では，1点Pが除外されている．ここで，コーシーの定理8の系を追加する．

系2　関数 $f(z)$ が単連結な領域 D で正則であるとする．D 内に2点A, Bを任意にとる．C_1 と C_2 は点Aから点Bに至る任意な曲線で，しかも領域 D 内にあるとする．このとき

$$\int_{C_1} f(z)dz = \int_{C_2} f(z)dz$$

［証明］ C_1 と $-C_2$ を連結して，$C_1 - C_2$ を作れば，これは閉曲線である．まず，III－30図の左側の図のように，(D が単連結であるから) $C_1 - C_2$ が単一閉曲線である場合には，$C_1 - C_2$ の内部は D に含まれる．ゆえに，$C_1 - C_2$ の内部で $f(z)$ は正則である．ゆえに，定理8によって

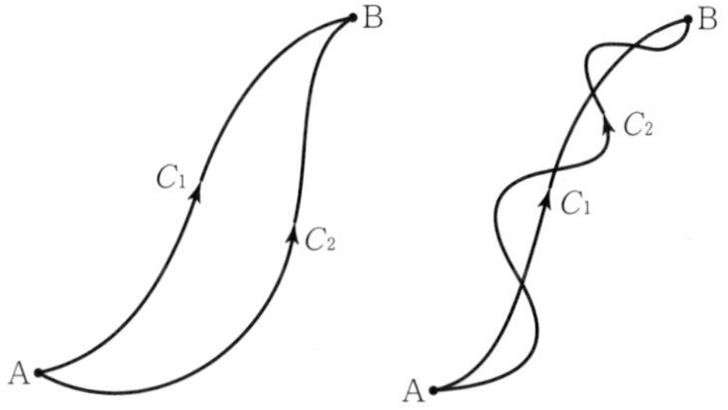

III－30図

$$\int_{C_1-C_2} f(z)dz = 0 \qquad \therefore \quad \int_{C_1} f(z)dz = \int_{C_2} f(z)dz$$

閉曲線 $C_1 - C_2$ が前のページのIII-30図の右側の図のようになる場合でも，同じ結果が得られる． □

さて，関数 $f(z)$ が**単連結な領域** D で正則であるとする．D 内の点 $z = a$ から点 $z = b$ に至り，しかも D 内にある曲線 $C_1, C_2, C_3, \cdots$ を任意にとれば，上の系2によって

$$\int_{C_1} f(z)dz = \int_{C_2} f(z)dz = \int_{C_3} f(z)dz = \cdots$$

ゆえに，$f(z)$ と D 内の2点 a, b が与えられたとき，上式の共通な値は，$f(z)$ と a, b によって定まるから，これを

$$\int_a^b f(z)dz$$

で書き表す．さて，点 a を D 内の定点とし，点 z を D 内の任意の点とすれば

(2) $$F(z) = \int_a^z f(z)dz$$

右辺は D 内で定義された変数 z の関数であるから，これを $F(z)$ で表すことができる．次の定理が成り立つ．

> **定理 9** 関数 $f(z)$ が単連結な領域 D で正則であるとする．上の (2) で定義した $F(z)$ は $f(z)$ の不定積分である．すなわち
>
> $$F'(z) = f(z)$$

[証明] 十分に近い2点 z と $z + \Delta z$ を D 内にとり，これらの2点を線分 Γ で結べば，Γ は D 内にある．C を定点 a から点 z に至り，しかも D 内にある曲線とすれば，$C + \Gamma$ は点 a から点 $z + \Delta z$ に至る曲線であって，しかも D 内にある．ゆえに

$$F(z + \Delta z) = \int_a^{z+\Delta z} f(\zeta)d\zeta, \qquad F(z) = \int_a^z f(\zeta)d\zeta$$

(3) $$F(z + \Delta z) - F(z) = \int_{C+\Gamma} f(\zeta)d\zeta - \int_C f(\zeta)d\zeta = \int_\Gamma f(\zeta)d\zeta$$

さて，線分 Γ 上に任意の点 ζ をとる．$f(z)$ が連続であるから，任意に与え

られた $\varepsilon > 0$ に対して，Γ の長さ $|\Delta z|$ を十分に小さくとれば

(4) $$|f(\zeta) - f(z)| < \varepsilon$$

となる．ゆえに，上の (3) によって

$$\begin{aligned}|\{F(z+\Delta z) - F(z)\} - f(z)\Delta z| &= \left|\int_\Gamma f(\zeta)d\zeta - \int_\Gamma f(z)d\zeta\right| \\ &= \left|\int_\Gamma (f(\zeta) - f(z))d\zeta\right| \\ &\leqq \int_\Gamma |f(\zeta) - f(z)||d\zeta|\end{aligned}$$

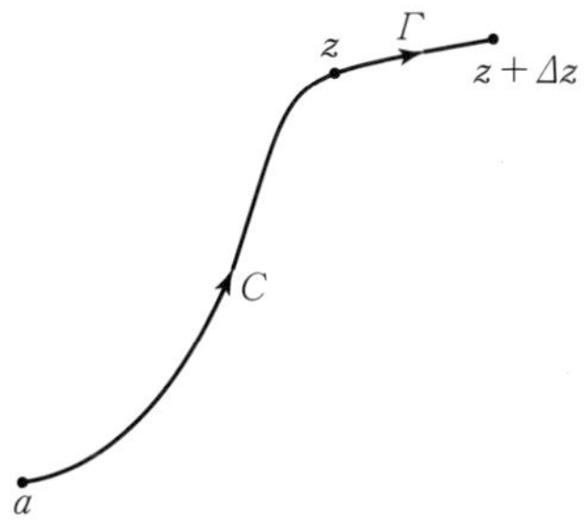

III - 31 図

ゆえに，上の (4) を利用して

$$|\{F(z+\Delta z) - F(z)\} - f(z)\Delta z| < \varepsilon|\Delta z|$$

$$\therefore \quad \left|\frac{F(z+\Delta z) - F(z)}{\Delta z} - f(z)\right| < \varepsilon$$

このことは

$$\frac{F(z+\Delta z) - F(z)}{\Delta z} \to f(z) \qquad (\Delta z \to 0)$$

であることを示している．ゆえに，$F'(z) = f(z)$．　□

関数 $f(z)$ が定理 9 の条件を満足しているとして，$f(z)$ の不定積分を任意に 1 つとって

$$G(z) = \int f(z)dz$$

とする．さて，上の系 2 によって

$$F(z) = \int_a^z f(z)dz$$

は $f(z)$ の不定積分であるから

$$F(z) = G(z) + c$$

となる．ここで，c はある一定な複素数である．さて，$F(a) = 0$ であるから，上式で $z = a$ とすれば，$c = -G(a)$ となる．したがって

$$F(z) = G(z) - G(a)$$

$$\therefore \quad \int_a^z f(z)dz = G(z) - G(a) = \Big[G(z)\Big]_a^z$$

ここで，$z = b$ とおけば，次の公式が得られる．

(5) $$\int_a^b f(z)dz = \Big[G(z)\Big]_a^b$$

ここで，$G(z)$ は $f(z)$ の任意な不定積分であり，a と b は単連結な領域 D 内の任意の点である．

例題5　次の積分を計算せよ．

(1)　関数 z^2 は全平面で正則である．　$\displaystyle\int_i^{1+i} z^2 dz$

(2)　関数 $\dfrac{1}{z^2}$ をIII－32図に示す領域 D で考えて，$\displaystyle\int_{-i}^{i} \frac{1}{z^2}dz$

ここで，D は全平面から太線で示した，実軸上の半直線 $y = 0,\ x \leqq 0$ を除外して得られる領域である．なお D は単連結である．

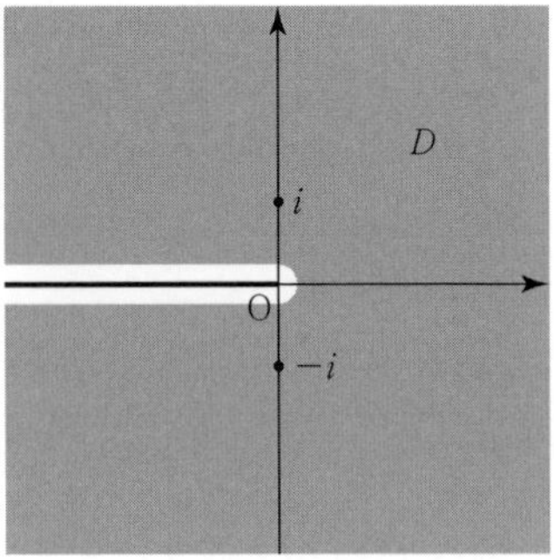

III－32図

【解答】 (1)

$$\int_i^{1+i} z^2 dz = \left[\frac{1}{3}z^3\right]_i^{1+i}$$

$$= \frac{1}{3}(1+i)^3 - \frac{1}{3}i^3 = -\frac{2}{3} + i$$

(2)

$$\int_{-i}^{i} \frac{1}{z^2}dz = \left[-\frac{1}{z}\right]_{-i}^{i} = -\frac{1}{i} + \frac{1}{-i} = 2i \quad ■$$

問　　題

1. 関数 ze^{2z} と $(z+2)e^{iz}$ は全平面で正則である．次の積分を求めよ．

(1)　$\displaystyle\int_0^1 ze^{2z}dz$　　(2)　$\displaystyle\int_0^{\pi+i} (z+2)e^{iz}dz$

2. 積分 $\displaystyle\int_C \frac{1}{1+z^2}dz$ を求めよ．ただし，C は次の曲線で正の向きをもつ．

(1)　円：$|z-i| = 1$　　(2)　円：$|z+i| = 1$　　(3)　円：$|z| = 2$

§11　コーシーの積分表示

コーシー（Cauchy）**の積分表示**とよばれる，次の公式が成り立つ．

> **定理 10**　関数 $f(z)$ が領域 D で正則であるとする．D 内に正の向きをもつ単一閉曲線 C があって，C が囲む領域が D に含まれるとする．このとき，点 $z=a$ が C の内部にあれば，次式が成り立つ．
>
> $$f(a)=\frac{1}{2\pi i}\int_C \frac{f(z)}{z-a}dz$$

[証明]　点 a を中心として，十分小さい半径 R の円 C_1 をえがけば，C_1 は C の内部に含まれる．また，C_1 に正の向きを与えるとする．このとき，関数 $\dfrac{f(z)}{z-a}$ は C と C_1 で囲まれる領域で正則であるから，定理 8 の系 1（p. 183）によって

(1)　$$\int_C \frac{f(z)}{z-a}dz=\int_{C_1}\frac{f(z)}{z-a}dz$$

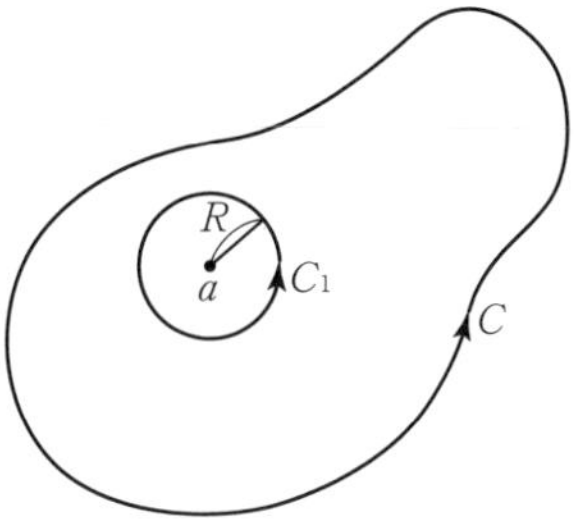

III - 33 図

そこで，上式の右辺の積分を求める．§9 の例題 2（p. 180）を利用すれば，次の計算をすることができる．

(2)　$$\int_{C_1}\frac{f(z)-f(a)}{z-a}dz=\int_{C_1}\frac{f(z)}{z-a}dz-f(a)\int_{C_1}\frac{1}{z-a}dz$$
$$=\int_{C_1}\frac{f(z)}{z-a}dz-2\pi i\,f(a)$$

さて，$f(z)$ は連続であるから，任意に与えられた $\varepsilon>0$ に対して，円 C_1 の半径 R を十分に小さくとれば，円 C_1 上の各点 z に対して

$$|f(z)-f(a)|<\varepsilon$$

が成り立つ．ゆえに，定理 7（p. 181）によって，円 C_1 上の任意の点 z に対して $|z-a|=R$ であるから，次の不等式が成り立つ．

$$\left|\int_{C_1}\frac{f(z)-f(a)}{z-a}dz\right|\leqq\int_{C_1}\frac{|f(z)-f(a)|}{|z-a|}ds\leqq\frac{\varepsilon}{R}\int_{C_1}ds=\frac{\varepsilon}{R}\cdot 2\pi R=2\pi\varepsilon$$

ここで，s は円 C_1 の弧長を表す媒介変数である．さて，正の数 ε を任意に小さ

く選べるから

$$(3) \qquad \int_{C_1} \frac{f(z)-f(a)}{z-a}dz \to 0 \qquad (R \to 0)$$

が得られる．さて，上の（1）と（2）から次式が得られる．

$$\int_C \frac{f(z)}{z-a}dz = 2\pi i f(a) + \int_{C_1} \frac{f(z)-f(a)}{z-a}dz$$

ところが，左辺は円 C_1 の半径 R に無関係であるから，$R \to 0$ としても上式の左辺は不変である．そこで，上式の両辺で $R \to 0$ とし，上の（3）を利用すれば，次式を得る．

$$\int_C \frac{f(z)}{z-a}dz = 2\pi i f(a)$$

□

例題 1　C は方程式 $|z-1|=3$ で表される円で，正の向きをもつとする．次の積分を求めよ．

（1）$\displaystyle\int_C \frac{\cos z}{z-\pi}dz$　　（2）$\displaystyle\int_C \frac{e^z}{z(z+1)}dz$

【解答】（1）点 $z=\pi$ は円 C の内部にあるから，コーシーの積分表示によって

$$\frac{1}{2\pi i}\int_C \frac{\cos z}{z-\pi}dz = \cos\pi = -1 \qquad \therefore \quad \int_C \frac{\cos z}{z-\pi}dz = -2\pi i$$

$$(2) \qquad \int_C \frac{e^z}{z(z+1)}dz = \int_C \frac{e^z}{z}dz - \int_C \frac{e^z}{z+1}dz$$

点 $z=0$ と $z=-1$ は円 C の内部にあるから，コーシーの積分表示によって，上式の右辺の各項を求めれば

$$\int_C \frac{e^z}{z(z+1)}dz = 2\pi i e^0 - 2\pi i e^{-1} = 2\pi i\left(1-\frac{1}{e}\right)$$

■

関数 $f(z)$，単一閉曲線 C，点 a について，上の定理10の条件が成り立っているとすれば

$$(4) \qquad f'(a) = \frac{1}{2\pi i}\int_C \frac{f(z)}{(z-a)^2}dz$$

［証明］ コーシーの積分表示を利用すれば，次の計算をすることができる．$|h|$ を十分小さくとって，点 $a+h$ が曲線 C の内部にあるようにする．

$$\frac{f(a+h)-f(a)}{h}=\frac{1}{2\pi ih}\int_C\left(\frac{f(z)}{z-a-h}-\frac{f(z)}{z-a}\right)dz$$
$$=\frac{1}{2\pi i}\int_C\frac{f(z)}{(z-a-h)(z-a)}dz$$

ここで，$h\to 0$ とすれば

$$f'(a)=\frac{1}{2\pi i}\int_C\frac{f(z)}{(z-a)^2}dz$$ □

上の公式（4）と全く同じ方法で，定理 10 と同じ条件のもとで次式を証明することができる．

(5)
$$f''(a)=\frac{2!}{2\pi i}\int_C\frac{f(z)}{(z-a)^3}dz$$
$$f'''(a)=\frac{3!}{2\pi i}\int_C\frac{f(z)}{(z-a)^4}dz,\qquad \cdots\cdots$$

以下同様にして，一般に次の公式が得られる．

> 定理 10 と同じ条件のもとで
>
> (6)　$$f^{(n)}(a)=\frac{n!}{2\pi i}\int_C\frac{f(z)}{(z-a)^{n+1}}dz\qquad (n=0,1,2,\cdots)$$

例題 2　正の向きをもつ単一閉曲線 C は点 $z=1$ をその内部に含むとする．次の積分を求めよ．

$$\int_C\frac{5z^2-3z+2}{(z-1)^3}dz$$

【解答】 上の公式（6）で $n=2$ の場合を利用する．

$$\int_C\frac{5z^2-3z+2}{(z-1)^3}dz=\frac{2\pi i}{2!}(5z^2-3z+2)''_{z=1}=10\pi i$$ ■

さて，領域 D で $f(z)$ が正則ならば（$f(z)$ が微分可能ならば），D 内の任意の点 $z=a$ における $f'', f''', \cdots, f^{(n)}, \cdots$ の値を公式（6）で求めることができる．すなわち，次の定理が成り立つ．

> **定理 11**　領域 D で関数 $f(z)$ が正則ならば，D 内で $f(z)$ は何回でも微分可能であり，$f^{(n)}(z)$ は D で正則である．$(n=1,2,\cdots)$

例題 3 関数 $f(z)$ が円 $C: |z-a| = R$ とその内部を含む領域で正則であるとする．また，円 C 上の各点 z で $|f(z)| \leqq M$ とする．このとき，次式を証明せよ．

$$|f^{(n)}(a)| \leqq \frac{Mn!}{R^n}$$

【解答】 前のページの公式（6）を利用する．

$$|f^{(n)}(a)| = \left|\frac{n!}{2\pi i}\int_C \frac{f(z)}{(z-a)^{n+1}}dz\right| \leqq \frac{n!}{2\pi}\int_C \frac{|f(z)|}{|z-a|^{n+1}}ds$$

ここで，s は円 C の弧長を表す媒介変数である．ところが，円 C 上の点 z に対して $|z-a| = R$, $|f(z)| \leqq M$ であるから

$$|f^{(n)}(a)| \leqq \frac{n!}{2\pi}\cdot\frac{M}{R^{n+1}}\int_C ds = \frac{n!}{2\pi}\cdot\frac{M}{R^{n+1}}\cdot 2\pi R = \frac{Mn!}{R^n}$$ ■

例題 4 次の**リュービル**（Liouville）**の定理**を証明せよ．

全平面で正則な関数 $f(z)$ が，ある正の数 M に対して $|f(z)| \leqq M$ を満足すれば（$|f(z)|$ が有界であれば），$f(z)$ は定数である．

【解答】 任意の点 z をとる．点 z を中心として任意の半径 R の円 C をかく．例題3によって，$n=1$ とすれば，$|f(z)| \leqq M$ であるから

$$0 \leqq |f'(z)| \leqq \frac{M}{R}$$

ところが，R を任意に大きく選べるから，上式で $R \to \infty$ とすれば，$|f'(z)| = 0$，すなわち $f'(z) = 0$ が得られる．また，点 z を任意に選んだから，$f(z)$ は一定である．■

定理10を次のように拡張できる．

定理 12 関数 $f(z)$ は領域 D で正則であるとする．D 内に単一閉曲線 C がある．また，C の内部に有限個の単一閉曲線 $\Gamma_1, \Gamma_2, \cdots, \Gamma_k$ があり，これらは D に含まれているとする．さらに，C と $\Gamma_1, \Gamma_2, \cdots, \Gamma_k$ で囲まれた領域 D' は D 内に含まれているとする．このとき領域 D' 内に任意に点 a をとれば，$C, \Gamma_1, \cdots, \Gamma_k$ が正の向きをもつとして，次式が成り立つ．

$$f(a) = \frac{1}{2\pi i}\int_C \frac{f(z)}{z-a}dz - \frac{1}{2\pi i}\int_{\Gamma_1} \frac{f(z)}{z-a}dz - \cdots - \frac{1}{2\pi i}\int_{\Gamma_k} \frac{f(z)}{z-a}dz$$

[証明] 話を簡単にするために，$k=1$ の場合について証明する．III - 34 図で Γ と C の上にそれぞれ点 A と B をとり，2 点 A と B を Γ と C で囲まれた領域内にある曲線 AB で結ぶ．ここで III - 34 図の記号を用いる．閉曲線 APQABRSBA とその内部は領域 D 内にあり，点 $z=a$ はこの閉曲線の内部にある．ゆえに，コーシーの積分表示によって

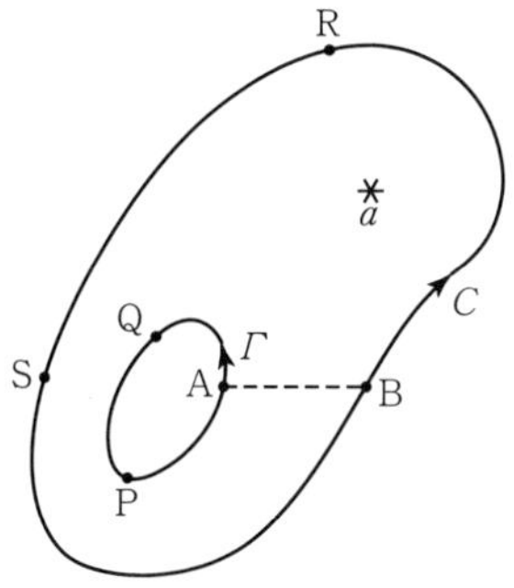

III - 34 図

$$f(a)=\frac{1}{2\pi i}\int_{\text{APQABRSBA}}\frac{f(z)}{z-a}dz$$

この式の右辺の積分を次のように分解する．

$$\int_{\text{APQABRSBA}}=\int_{\text{APQA}}+\int_{\text{AB}}+\int_{\text{BRSB}}+\int_{\text{BA}}$$
$$=-\int_{\Gamma}+\int_{\text{AB}}+\int_{C}-\int_{\text{AB}}=-\int_{\Gamma}+\int_{C}$$

したがって，上式から

$$f(a)=\frac{1}{2\pi i}\int_C\frac{f(z)}{z-a}dz-\frac{1}{2\pi i}\int_\Gamma\frac{f(z)}{z-a}dz \qquad \square$$

問　　題

1．次の積分を求めよ．ただし，C は括弧内の閉曲線であって，正の向きをもつとする．

(1) $\displaystyle\int_C\frac{e^z}{z-2}dz$　$(C:|z-2|=1)$　　(2) $\displaystyle\int_C\frac{z^2+4}{z}dz$　$(C:|z|=1)$

(3) $\displaystyle\int_C\frac{e^z}{z^5}dz$　$(C:|z|=1)$　　(4) $\displaystyle\int_C\frac{1}{z^2(z-3)}dz$　$(C:|z|=2)$

演 習 問 題 III - 3

［A］

1．C を正の向きをもつ次の単一閉曲線とする．次の積分を求めよ．

$$\int_C\frac{e^z}{z-2}dz$$

(1) $C:|z|=3$　　(2) $C:|z|=1$

2. 円：$|z|=5$ に正の向きを与えて，これを C とする．次の積分を求めよ．

$$\int_C \frac{\sin 3z}{z+\pi/2}dz$$

3. C は次の 4 点を頂点にもつ四辺形で，正の向きをもつとする．次の積分を求めよ．

$$\int_C \frac{\cos \pi z}{z^2-1}dz$$

(1) $2-i,\ 2+i,\ -2+i,\ -2-i$ (2) $-i,\ 2-i,\ 2+i,\ i$

4. 円：$|z|=3$ に正の向きを与えたものを C とする．次式を証明せよ．

$$\frac{1}{2\pi i}\int_C \frac{e^{tz}}{z^2+1}dz=\sin t$$

5. 円：$|z|=2$ に正の向きを与えたものを C とする．次の積分を求めよ．

$$\int_C \frac{e^{iz}}{z^3}dz$$

6. 円：$|z|=1$ に正の向きを与えたものを C とする．次の積分を求めよ．

(1) $\displaystyle\int_C \frac{\sin^6 z}{z-\pi/6}dz$ (2) $\displaystyle\int_C \frac{\sin^6 z}{(z-\pi/6)^3}dz$

7. 円：$|z|=3$ に正の向きを与えたものを C とする，次のものを求めよ．

$$\frac{1}{2\pi i}\int_C \frac{e^{tz}}{(z^2+1)^2}dz$$

8. 円：$|z|=4$ に正の向きを与えたものを C とする．次の積分を求めよ．

(1) $\displaystyle\int_C \frac{\sin \pi z^2+\cos \pi z^2}{(z-1)(z-2)}dz$ (2) $\displaystyle\int_C \frac{e^{2z}}{(z+1)^4}dz$ (3) $\displaystyle\int_C \frac{e^{z}}{(z^2+1)^2}dz$

[**B**]

9. 関数 $f(z)$ は領域 D で正則であるとする．D 内の点 a を中心とし，半径 R の円 C とその内部は D に含まれているとする．円 C を方程式 $z=a+Re^{i\theta}$ $(0 \leqq \theta < 2\pi)$ で表す．次式を証明せよ．

$$f(a)=\frac{1}{2\pi}\int_0^{2\pi} f(a+Re^{i\theta})d\theta$$

（この公式は，$f(a)$ は $f(z)$ の値の円 C 上での平均値に等しいことを意味する．）

10. 上の **9** の条件のもとで，次のことを証明せよ．円 C が囲む円板（周を含む）における $|f(z)|$ はその最大値を円板の周 C 上の点でとる．

11. 上の **9** の条件のもとで，次のことを証明せよ．さらに，$f(z) \neq 0$ を仮定すれば，$|f(z)|$ はその最小値を円板の周 C 上の点でとる．

12. 多項式 $f(z) = z^n + a_1 z^{n-1} + \cdots + a_{n-1}z + a_n$（$n > 1$ であり，$a_1, a_2, \cdots, a_n$ は複素数である）について，代数方程式 $f(z) = 0$ の解が存在しないと仮定すれば，$\dfrac{1}{f(z)}$ は全平面で正則である．この仮定のもとで，次のことを証明せよ．

(1)　$\displaystyle\lim_{z\to\infty}\frac{1}{f(z)} = 0$

(2)　任意な正の数 ε に対して，十分大きい正の数 R をとると

$$|z| > R \qquad \text{ならば} \qquad \left|\frac{1}{f(z)}\right| < \varepsilon$$

が成り立つ．

(3)　円板 $|z| \leqq R$ における $\left|\dfrac{1}{f(z)}\right|$ の最大値を m とすれば，任意の z に対して $\left|\dfrac{1}{f(z)}\right| < M$．ここで，$M$ は m と ε のうちの大きな方である．

(4)　$\dfrac{1}{f(z)}$ は定数である．（§11，例題 4（p. 194）を利用せよ）

注意　この (4) の結論は不合理である．ゆえに「代数方程式 $f(z) = 0$ が解をもたない」という仮定は否定される．したがって，「任意の代数方程式 $f(z) = 0$ は解をもつ」ことになる．この事実を**代数学の基本定理**という．

13. 関数 $f(z)$ は領域 D で正則であるとする．円：$|z| = R$ とその内部は D に含まれているとする．この円の内部に 1 点 $a = \rho e^{i\alpha}$（$\rho < R$）をとる．点 a はこの円 C の内部に，点 $a^* = \dfrac{R^2}{\rho}e^{i\alpha}$ はこの円 C の外部にあるから

$$f(a) = \frac{1}{2\pi i}\int_C \frac{f(z)}{z-a}dz, \qquad 0 = \frac{1}{2\pi i}\int_C \frac{f(z)}{z-a^*}dz$$

であることを利用して，次式が成り立つことを証明せよ．

$$f(\rho e^{i\alpha}) = \frac{1}{2\pi}\int_0^{2\pi} \frac{(R^2-\rho^2)f(Re^{i\theta})}{R^2 - 2R\rho\cos(\alpha-\theta) + \rho^2}d\theta$$

14. 平面上の極座標 (r, θ) を用いる．平面上の調和関数 $u(r, \theta)$ が領域 D で定義されているとする．円：$r = R$ とその内部が D に含まれているとする．この円の内部に 1 点 (ρ, α) をとる（$\rho < R$）．このとき，次式を証明せよ．

$$u(\rho, \alpha) = \frac{1}{2\pi}\int_0^{2\pi} \frac{(R^2-\rho^2)u(R,\theta)}{R^2 - 2R\rho\cos(\alpha-\theta) + \rho^2}d\theta$$

ただし，任意の調和関数 $u(x, y)$ に対して，これを実部にもつ正則関数 $f(z) = u(x, y) + iv(x, y)$（$z = x + yi$）が存在することを利用せよ．

第４章　展開・特異点・留数

§12　べき級数

実変数の場合と同じように，べき級数を考える．すなわち，a を１つの複素数として，$z-a$ のべき級数

(1)　$\sum_{n=0}^{\infty} b_n(z-a)^n = b_0 + b_1(z-a) + b_2(z-a)^2 + \cdots + b_n(z-a)^n + \cdots$

を考える．ここで，$b_0, b_1, b_2, \cdots, b_n, \cdots$ は複素数である．この級数（1）を点 a を中心とするべき級数という．（1）の左辺を簡単に $\sum b_n(z-a)^n$ と書き表すこともある．実変数の場合と同じように，次のことが成り立つ．

> べき級数（1）に対して一定な実数 R（$0 \leqq R \leqq \infty$）が存在して，条件 $|z-a| < R$ をみたすすべての複素数 z に対してべき級数（1）は絶対収束し；条件 $|z-a| > R$ をみたすすべての複素数 z に対して，べき級数（1）は発散する．

このような実数 R をべき級数（1）の**収束半径**という．$0 < R < \infty$ であるとき，円：$|z-a| = R$ をべき級数（1）の**収束円**という．なお

> べき級数（1）が点 $z = a$ でだけ収束するとき，$R = 0$ とし，
> べき級数（1）がすべての点 z で絶対収束するとき，$R = \infty$ とする．

次に，べき級数（1）の収束半径 R が $R > 0$ を満たすとき，次のこと (a), (b), (c) が成り立つことが知られている．

(a)　べき級数（1）はその収束円：$|z-a| = R$ 内のすべての点 z で項別に微分できる．すなわち，$f(z) = \sum b_n(z-a)^n$ は領域 $|z-a| < R$ で正則関数であり

$$f'(z) = \left[\sum_{n=0}^{\infty} b_n(z-a)^n\right]' = \sum_{n=0}^{\infty} b_n[(z-a)^n]'$$
$$= b_1 + 2b_2(z-a) + \cdots + nb_n(z-a)^{n-1} + \cdots$$

(b)　べき級数（1）は領域 $|z-a| < R$ 内にある任意の曲線 C について，項

別に積分できる．すなわち

$$\int_C f(z)dz = \int_C \sum_{n=0}^{\infty} b_n(z-a)^n dz = \sum_{n=0}^{\infty} b_n \int_C (z-a)^n dz$$
$$= b_0\int_C dz + b_1\int_C (z-a)dz + \cdots + b_n\int_C (z-a)^n dz + \cdots$$

(c)　領域 $|z-a| < R$ 内の任意の2点 b と z について

$$\int_b^z f(z)dz = \int_b^z \sum_{n=0}^{\infty} b_n(z-a)^n dz = \sum_{n=0}^{\infty} b_n \int_b^z (z-a)^n dz$$
$$= k + b_0(z-a)$$
$$+ \frac{b_1}{2}(z-a)^2 + \cdots + \frac{b_n}{n+1}(z-a)^{n+1} + \cdots$$

ここで，k は定数である．

実変数の場合と同じように，べき級数 (1) の収束半径 R を次式で求めることができる．

(2)
$$\frac{1}{R} = \lim_{n\to\infty}\left|\frac{b_{n+1}}{b_n}\right|, \qquad \frac{1}{R} = \lim_{n\to\infty}\sqrt[n]{|b_n|}$$

ただし，$\frac{1}{R} = 0$ のとき，$R = \infty$ とし；$\frac{1}{R} = \infty$ のとき，$R = 0$ とする．

例題 1　次のべき級数の収束半径 R を求めよ．

(1)　$1 + z + z^2 + \cdots + z^n + \cdots$

(2)　$1 + \dfrac{z}{1!} + \dfrac{z^2}{2!} + \cdots + \dfrac{z^n}{n!} + \cdots$

(3)　$\displaystyle\sum_{n=1}^{\infty} \frac{z^n}{n^2 2^n}$　　(4)　$\displaystyle\sum_{n=0}^{\infty} \frac{(z-i)^n}{3^n}$

【解答】 上の公式 (2) を利用する．

(1)　明らかに，$\dfrac{1}{R} = 1$　　$\therefore\ R = 1$

(2)　$\displaystyle\frac{1}{R} = \lim_{n\to\infty}\left[\frac{1}{(n+1)!}\Big/\frac{1}{n!}\right] = \lim_{n\to\infty}\frac{1}{n+1} = 0$　　$\therefore\ R = \infty$

(3)　$\displaystyle\frac{1}{R} = \lim_{n\to\infty}\left[\frac{1}{(n+1)^2 2^{n+1}}\Big/\frac{1}{n^2 2^n}\right] = \lim_{n\to\infty}\left(\frac{n}{n+1}\right)^2\frac{1}{2} = \frac{1}{2}$　　$\therefore\ R = 2$

(4)　$\displaystyle\frac{1}{R} = \lim_{n\to\infty}\sqrt[n]{\frac{1}{3^n}} = \frac{1}{3}$　　$\therefore\ R = 3$　■

注意　例題1の問 (3) のべき級数は，$z=2$ のとき，$\sum\frac{1}{n^2}$ となり，これは収束する．また，例題1の問 (4) のべき級数は $z=3+i$ のとき，$\sum 1^n = 1+1+1+\cdots$ となって，これは発散する．これらの例で次のことがいえる．べき級数はその収束円：$|z-a|=R$ の周上の点では収束することも，発散することもある．

負べき級数　級数

$$\sum_{n=0}^{\infty} c_n(z-a)^{-n} = c_0 + \frac{c_1}{z-a} + \frac{c_2}{(z-a)^2} + \cdots + \frac{c_n}{(z-a)^n} + \cdots \tag{3}$$

を考える．さて，$t=\dfrac{1}{z-a}$ とおけば，上の級数はべき級数

$$\sum_{n=0}^{\infty} c_n t^n = c_0 + c_1 t + c_2 t^2 + \cdots + c_n t^n + \cdots \tag{4}$$

となる．このべき級数 (4) の収束半径を R' とすれば，次のことが成り立つ．

級数 (3) は領域 $|z-a| > \dfrac{1}{R'}$ 内のすべての点 z で絶対収束する．

級数 (3) は領域 $|z-a| > \dfrac{1}{R'}$ で項別に微分，積分することができる．

したがって，$f(z) = \displaystyle\sum_{n=0}^{\infty} \frac{c_n}{(z-a)^n}$ は領域 $|z-a| > \dfrac{1}{R'}$ で正則関数である．

§13　テイラー展開・ローラン展開

定理 13　関数 $f(z)$ は領域 D で正則であるとする．D 内の任意の点 $z=a$ を中心とし，半径 R の円周とその内部が D に含まれているとする．このとき，$|z-a|<R$ を満足するすべての z に対して，$f(z)$ を次のようにべき級数に展開できる．

$$f(z) = f(a) + \frac{f'(a)}{1!}(z-a) + \frac{f''(a)}{2!}(z-a)^2 + \cdots + \frac{f^{(n)}(a)}{n!}(z-a)^n + \cdots$$

このべき級数を関数 $f(z)$ の点 a を中心とする**テイラー**（Taylor）**展開**という．また，$a=0$ のとき，上の級数は

$$f(z)=\sum_{n=0}^{\infty}\frac{f^{(n)}(0)}{n!}z^n$$

となる．これの右辺を関数 $f(z)$ の**マクローリン**（Maclaurin）**展開**という．

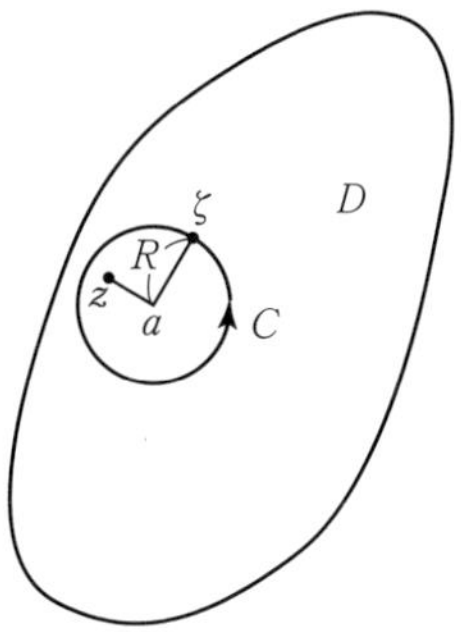

III - 35 図

［証明］ 円：$|z-a|=R$ の内部に点 z をとる．この円に正の向きを与えて，これを C で表す．コーシーの積分表示（p. 191）によって，次式が成り立つ．

(1)
$$f(z)=\frac{1}{2\pi i}\int_C \frac{f(\zeta)}{\zeta-z}d\zeta$$

ところが，(1) の右辺の積分に使った変数 ζ は円 C 上にあるから，$\left|\dfrac{z-a}{\zeta-a}\right|<1$ である．ゆえに，(1) の被積分関数について，$1/(\zeta-z)$ を次のように級数展開できる．

$$\frac{1}{\zeta-z}=\frac{1}{(\zeta-a)-(z-a)}=\frac{1}{\zeta-a}\left[1-\frac{z-a}{\zeta-a}\right]^{-1}$$
$$=\frac{1}{\zeta-a}\left[1+\frac{z-a}{\zeta-a}+\left(\frac{z-a}{\zeta-a}\right)^2+\cdots+\left(\frac{z-a}{\zeta-a}\right)^n+\cdots\right]$$

したがって

$$\frac{f(\zeta)}{\zeta-z}=\frac{f(\zeta)}{\zeta-a}+\frac{f(\zeta)}{(\zeta-a)^2}(z-a)$$
$$+\frac{f(\zeta)}{(\zeta-a)^3}(z-a)^2+\cdots+\frac{f(\zeta)}{(\zeta-a)^{n+1}}(z-a)^n+\cdots$$

これを (1) の右辺に代入して，$\zeta-a$ についての負べき級数を円 C に沿って項別に積分すれば，次式が得られる．

(2)
$$f(z)=\frac{1}{2\pi i}\int_C\frac{f(\zeta)}{\zeta-a}d\zeta+\frac{1}{2\pi i}\int_C\frac{f(\zeta)}{(\zeta-a)^2}d\zeta(z-a)+\cdots$$
$$+\frac{1}{2\pi i}\int_C\frac{f(\zeta)}{(\zeta-a)^{n+1}}d\zeta(z-a)^n+\cdots$$

ここで，第3章，§11の公式（6）（p. 193）を利用すれば

$$\frac{1}{2\pi i}\int_C \frac{f(\zeta)}{\zeta - a}d\zeta = f(a), \qquad \frac{1}{2\pi i}\int_C \frac{f(\zeta)}{(\zeta - a)^2}d\zeta = \frac{f'(a)}{1!}, \qquad \cdots$$

$$\cdots, \qquad \frac{1}{2\pi i}\int_C \frac{f(\zeta)}{(\zeta - a)^{n+1}}d\zeta = \frac{f^{(n)}(a)}{n!}, \qquad \cdots$$

を得る．これらを上式に代入すれば，定理の展開式が得られる．□

実変数の場合と同様に，基本的な関数のマクローリン展開は次のようになる．

$$e^z = 1 + \frac{z}{1!} + \frac{z^2}{2!} + \cdots + \frac{z^n}{n!} + \cdots \qquad \text{（すべての } z \text{ に対し）}$$

$$\sin z = z - \frac{z^3}{3!} + \frac{z^5}{5!} - \cdots + (-1)^n\frac{z^{2n+1}}{(2n+1)!} + \cdots$$

（すべての z に対し）

$$\cos z = 1 - \frac{z^2}{2!} + \frac{z^4}{4!} - \cdots + (-1)^n\frac{z^{2n}}{(2n)!} + \cdots$$

（すべての z に対し）

$$\frac{1}{1-z} = 1 + z + z^2 + \cdots + z^n + \cdots \qquad (|z| < 1)$$

$$\log(1+z) = z - \frac{z^2}{2!} + \frac{z^3}{3!} - \cdots + (-1)^{n-1}\frac{z^n}{n!} + \cdots \qquad (|z| < 1)$$

$$\tan^{-1}z = z - \frac{z^3}{3} + \frac{z^5}{5} - \cdots + (-1)^n\frac{z^{2n+1}}{2n+1} + \cdots \qquad (|z| < 1)$$

$$(1+z)^p = 1 + pz + \frac{p(p-1)}{2!}z^2 + \cdots + \frac{p(p-1)\cdots(p-n+1)}{n!}z^n + \cdots \qquad (|z| < 1)$$

ここで，p は一般に複素数である．なお，$\log(1+z)$ と $\tan^{-1}z$ は $z=0$ のとき 0 となる分枝を表す．また，$(1+z)^p$ は $z=0$ のとき 1 となる分枝を表す．

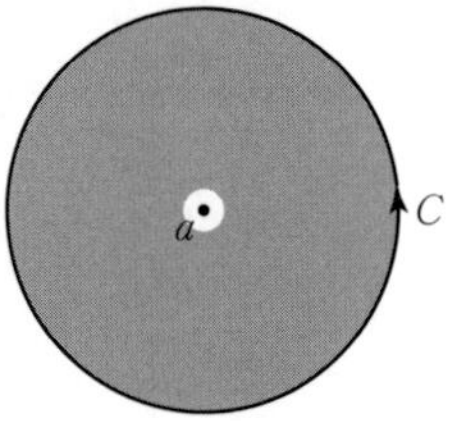

III-36 図

関数 $f(z)$ が点 $z=a$ で正則であるかどうかわからないが，a を中心とする，ある円 C の内部から中心 a

を除外して得られる領域で $f(z)$ は正則であることがわかっているとする．このような点 a を関数 $f(z)$ の**特異点**という．

定理 14 点 a は関数 $f(z)$ の特異点であるとする．くわしくいえば，点 a を中心とする円 C の内部から点 a を除外した領域 D で $f(z)$ は正則であるとする．このとき，関数 $f(z)$ は D 内の任意の点 z に対して，次のように展開できる．

$$f(z) = \sum_{n=-\infty}^{\infty} b_n(z-a)^n$$
$$= \cdots + \frac{b_{-m}}{(z-a)^m} + \cdots + \frac{b_{-1}}{z-a}$$
$$+ b_0 + b_1(z-a) + b_2(z-a)^2 + \cdots$$
$$+ b_n(z-a)^n + \cdots$$

ここで，円 C は正の向きをもち，係数 b_n は次式で与えられる．

$$b_n = \frac{1}{2\pi i}\int_C \frac{f(z)}{(z-a)^{n+1}}dz \qquad (n = 0, \pm 1, \pm 2, \cdots)$$

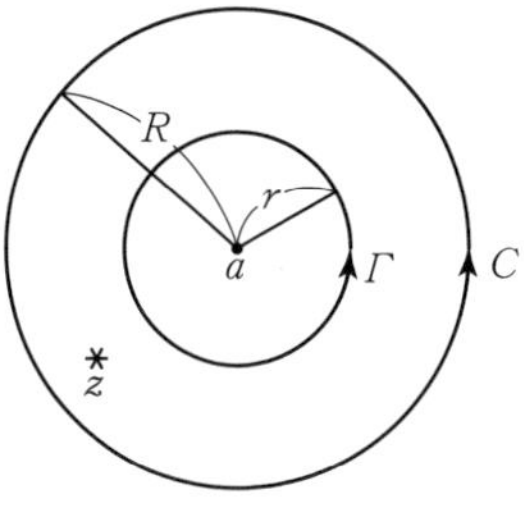

III - 37 図

この展開式を，関数 $f(z)$ の点 a を中心とする**ローラン**（Laurent）**展開**という．

[証明] 円 C の内部に，点 a と異なる点 z を任意にとる．また，点 a を中心として，十分小さい半径 r の円 Γ をかけば，点 z は円 Γ の外部にあるようにできる．なお，円 Γ には正の向きを与える．第3章，§11，定理 12（p. 194）によって

(3) $$f(z) = \frac{1}{2\pi i}\int_C \frac{f(\zeta)}{\zeta - z}d\zeta - \frac{1}{2\pi i}\int_\Gamma \frac{f(\zeta)}{\zeta - z}d\zeta$$

上式 (3) の右辺の第1項を，定理 13 の証明で示したように，$(z-a)$ のべき級数に展開することができて（(2) を参照），次式が得られる．

(4) $$\frac{1}{2\pi i}\int_C \frac{f(\zeta)}{\zeta - z}d\zeta = \sum_{n=0}^{\infty} b_n(z-a)^n$$

ただし
$$b_n = \frac{1}{2\pi i}\int_C \frac{f(\zeta)}{(\zeta - a)^{n+1}}d\zeta$$

次に，上式 (3) の右辺の第 2 項においては，積分に使った変数 ζ は円 Γ 上にあり，点 z は円 Γ の外部にあるから，$\left|\dfrac{\zeta - a}{z - a}\right| < 1$ である．したがって，(3) の右辺の第 2 項の被積分関数について，$1/(\zeta - z)$ を次のように級数展開できる．

$$\frac{1}{\zeta - z} = -\frac{1}{(z-a)-(\zeta-a)} = -\frac{1}{z-a}\left[1 - \frac{\zeta - a}{z - a}\right]^{-1}$$
$$= -\frac{1}{z-a}\left[1 + \frac{\zeta - a}{z - a} + \left(\frac{\zeta - a}{z - a}\right)^2 + \cdots + \left(\frac{\zeta - a}{z - a}\right)^k + \cdots\right]$$

これを (3) の右辺の第 2 項に代入して，項別に積分すれば，次式が得られる．

(5) $$-\frac{1}{2\pi i}\int_\Gamma \frac{f(\zeta)}{\zeta - z}d\zeta = \sum_{k=1}^{\infty} b_{-k}(z-a)^{-k}$$

ただし $$b_{-k} = \frac{1}{2\pi i}\int_\Gamma f(\zeta)(\zeta - a)^{k-1}d\zeta$$

ここで，(5) の第 2 式の右辺の積分路を C に取り換えることができる．最後に，(3) の第 1 項に (4) を，(3) の第 2 項に (5) を代入すれば求める展開式が得られる．　□

例題 1　次の関数 $f(z)$ の，括弧内の特異点を中心とするローラン展開を求めよ．

(1)　$f(z) = \dfrac{e^z}{(z-1)^2}$　　$(z = 1)$

(2)　$f(z) = z\cos\dfrac{1}{z}$　　$(z = 0)$

(3)　$f(z) = \dfrac{z}{(z+1)(z+2)}$　　$(z = -1)$

(4)　$f(z) = \dfrac{1 - \cos z}{z^2}$　　$(z = 0)$

【解答】 (1)　$z - 1 = u$ とおけば

$$f(z) = \frac{e^{1+u}}{u^2} = \frac{e}{u^2}\left(1 + \frac{u}{1!} + \frac{u^2}{2!} + \cdots + \frac{u^n}{n!} + \cdots\right)$$
$$= \frac{e}{u^2} + \frac{e}{1!u} + \frac{e}{2!} + \frac{eu}{3!} + \cdots + \frac{eu^n}{(n+2)!} + \cdots$$

$$= \frac{e}{(z-1)^2} + \frac{e}{z-1} + \frac{e}{2!} + \frac{e}{3!}(z-1) + \cdots + \frac{e}{(n+2)!}(z-1)^n + \cdots$$

(2) $f(z) = z\left(1 - \dfrac{1}{2!z^2} + \dfrac{1}{4!z^4} - \cdots + (-1)^n \dfrac{1}{(2n)!z^{2n}} + \cdots\right)$

$$= z - \frac{1}{2!z} + \frac{1}{4!z^3} - \cdots + (-1)^n \frac{1}{(2n)!z^{2n-1}} + \cdots$$

(3) $z+1=u$とおけば

$$f(z) = \frac{u-1}{u(u+1)} = \frac{u-1}{u}(1 - u + u^2 - u^3 + \cdots)$$

$$= -\frac{1}{u} + 2 - 2u + 2u^2 - 2u^3 + \cdots$$

$$= -\frac{1}{z+1} + 2 - 2(z+1) + 2(z+1)^2 - 2(z+1)^3 + \cdots$$

(4) $f(z) = \dfrac{1}{z^2}\left[1 - \left(1 - \dfrac{z^2}{2!} + \dfrac{z^4}{4!} - \dfrac{z^6}{6!} + \cdots\right)\right] = \dfrac{1}{2!} - \dfrac{z^2}{4!} + \dfrac{z^4}{6!} - \cdots$

この場合，あらためて $f(0) = \dfrac{1}{2}$ と定義すれば，$f(z)$ は点 $z=0$ で正則となる．■

問　　題

1. 次の関数 $f(z)$ の括弧内の点を中心とするテイラー展開を求めよ．

(1) $f(z) = \dfrac{1}{z-2}$ $(z=1)$ (2) $f(z) = \dfrac{1}{z(z-2)}$ $(z=1)$

2. 関数 $f(z) = \dfrac{1}{z(z+2)^3}$ の次の特異点を中心とするローラン展開を求めよ．

(1) 特異点 $z=0$ (2) 特異点 $z=-2$

§14 留 数

点 a を関数 $f(z)$ の特異点（§13 (p.203) 参照）とする．関数 $f(z)$ の特異点 a を中心とするローラン展開が，$k \geqq 1$，$b_{-k} \neq 0$ として

(1) $$f(z) = \frac{b_{-k}}{(z-a)^k} + \cdots + \frac{b_{-1}}{z-a} + b_0 + b_1(z-a) + b_2(z-a)^2 + \cdots$$

であるとき，つまり $b_{-k} \neq 0$, $b_{-k-1} = b_{-k-2} = \cdots = 0$ $(k \geqq 1)$ であるとき，この特異点 a を関数 $f(z)$ の**極**という．くわしくいえば，これを $\boldsymbol{k}$ **位の極**という．

次のことが成り立つ.

> 点 a が関数 $f(z)$ の k 位の極であれば, $(z-a)^k f(z)$ は点 a で正則である. また, $f(z)$ が点 a のある近傍で次の形
>
> (2) $$f(z) = \frac{g(z)}{(z-a)^k}$$
>
> に書き表せるとき, 点 a は $f(z)$ の k 位の極である. ただし, $g(z)$ は点 a で正則な関数である. 逆に, 点 a が $f(z)$ の k 位の極であれば, $f(z)$ は上の (2) の形に書き表せる.

これに反して, $f(z)$ の特異点 a を中心とするローラン展開の負べきの項の係数 b_{-m} のうちで0でないものが無限に多く存在する場合に, 特異点 a を $f(z)$ の**真性特異点**という.

例題 1　次の関数 $f(z)$ の括弧内の特異点の種類をいえ.

(1)　$f(z) = \dfrac{z-2}{(z^2+1)(z-1)^3}$　　$(z=i,\ z=-i,\ z=1)$

(2)　$f(z) = \sin\dfrac{1}{z}$　　$(z=0)$

【解答】 (1) $$f(z) = \frac{z-2}{(z-i)(z+i)(z-1)^3}$$

ゆえに, $(z-i)f(z)$ は点 $z=i$ で正則, $(z+i)f(z)$ は点 $z=-i$ で正則であり, $(z-1)^3 f(z)$ は点 $z=1$ で正則である. したがって, 点 $z=i$ と $z=-i$ は $f(z)$ の1位の極で, 点 $z=1$ は $f(z)$ の3位の極である.

(2) $$f(z) = \frac{1}{z} - \frac{1}{3!z^3} + \frac{1}{5!z^5} - \cdots$$

ゆえに, 点 $z=0$ は $f(z)$ の真性特異点である. ■

§13の例題1の問 (4) (p. 204) で考えた関数のように, 関数 $f(z)$ の特異点を中心とするローラン展開が負べきの項をもたないことがある. このような特異点を**除去可能な特異点**という. さて, $f(z)$ の特異点 a が除去可能であるとし, 点 a を中心とする, そのローラン展開が

$$f(z) = b_0 + b_1(z-a) + b_2(z-a)^2 + \cdots$$

であるとき，有限確定な極限値

$$\lim_{z \to a} f(z) = b_0$$

が存在する．逆に，上の極限値が有限確定ならば，特異点 a は除去可能である．除去可能な特異点 a について，あらためて $f(a) = b_0$ と定義すれば，$f(z)$ は点 a で正則となる．

例題 2 点 $z = 0$ は $f(z) = \dfrac{\sin z}{z}$ の除去可能な特異点であることを証明せよ．

【解答】 点 $z = 0$ を中心とする，$f(z)$ のローラン展開は

$$f(z) = \frac{1}{z}\left(z - \frac{z^3}{3!} + \frac{z^5}{5!} - \cdots\right) = 1 - \frac{z^2}{3!} + \frac{z^4}{5!} - \cdots$$

となる．ゆえに，特異点 $z = 0$ は除去可能である．ゆえに，次の関数 $g(z)$ は点 $z = 0$ で正則である．

$$g(z) = \begin{cases} \sin z/z & (z \neq 0) \\ 1 & (z = 0) \end{cases}$$ ■

関数 $f(z)$ の k 位の極 a を考える．領域 D は点 a を含み，D から a を除去した領域で $f(z)$ は正則であるとする．D 内に，正の向きをもち，その内部に点 a を含む単一閉曲線 C を考える．このとき

$$\text{(3)} \qquad \operatorname{Res}[f, a] = \frac{1}{2\pi i}\int_C f(z)dz$$

を $f(z)$ の特異点 a における**留数**といい，左辺の記号で表す．なお，§10，定理 8 の系 1（p. 183）によれば，(3) の右辺の値は，このような単一閉曲線 C の選び方に無関係である．

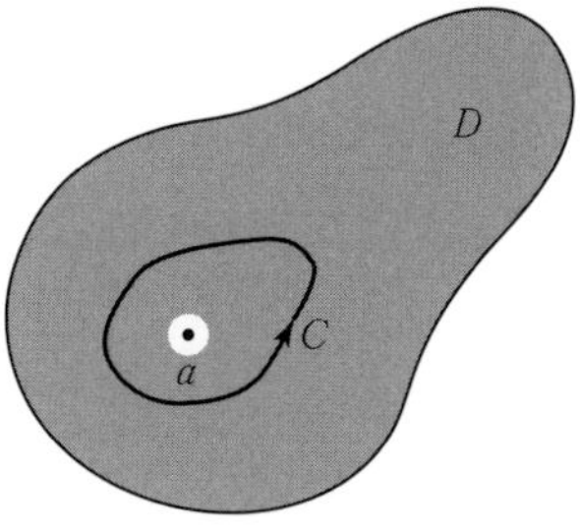

III - 38 図

形式的に，$f(z)$ が正則である点 a でも，(3) によって，$\operatorname{Res}[f, a]$ を定義すれば，§10 のコーシーの定理（p. 182）によって

$f(z)$ が点 a で正則ならば，$\operatorname{Res}[f, a] = 0$ である．

さて，k 位の極 a を中心とする $f(z)$ のローラン展開を

(4) $$f(z) = \varphi(z) + \frac{b_{-1}}{z-a} + \frac{b_{-2}}{(z-a)^2} + \cdots + \frac{b_{-k}}{(z-a)^k}$$

とする．ここで，関数 $\varphi(z)$ は点 a とその近傍で正則である．このとき，次式が成り立つ．

(5) $$\mathrm{Res}\,[f, a] = b_{-1}$$

[証明] 上式 (4) で，コーシーの定理 (p. 182) により，$\int_C \varphi(z)dz = 0$ である．上式 (4) の両辺を C に沿って積分して

$$\mathrm{Res}\,[f, a] = \sum_{j=1}^{k} \frac{b_{-j}}{2\pi i} \int_C \frac{1}{(z-a)^j} dz$$

ところが，§10 の例題 4 (p. 185) によれば

$$\int_C \frac{1}{(z-a)^j} dz = \begin{cases} 2\pi i & (j = 1) \\ 0 & (j \neq 1) \end{cases}$$

であるから，上式から (5) が得られる． □

留数の計算法について述べる．まず，関数 $f(z)$ の特異点 a が 1 位の極であるとすれば，(1) で $k = 1$ として

$$f(z) = \frac{b_{-1}}{z-a} + \varphi(z) \qquad \therefore \quad b_{-1} = (z-a)f(z) - (z-a)\varphi(z)$$

ところが，$\lim_{z \to a} \varphi(z)$ は有限確定であるから，上式と (5) から

(6) $$\mathrm{Res}\,[f, a] = \lim_{z \to a} (z-a) f(z)$$

次に，$f(z)$ の特異点 a が 2 位の極であれば，(1) で $k = 2$ として

$$f(z) = \frac{b_{-2}}{(z-a)^2} + \frac{b_{-1}}{z-a} + \varphi(z)$$

$$\therefore \quad b_{-1}(z-a) = (z-a)^2 f(z) - (z-a)^2 \varphi(z) - b_{-2}$$

両辺を微分してから，$z \to a$ とすれば

(7) $$\mathrm{Res}\,[f, a] = b_{-1} = \lim_{z \to a} \frac{d}{dz}[(z-a)^2 f(z)]$$

さらに，$f(z)$ の特異点 a が 3 位の極であれば，(1) で $k = 3$ として

$$b_{-1}(z-a)^2 = (z-a)^3 f(z) - (z-a)^3 \varphi(z) - b_{-2}(z-a) - b_{-3}$$

両辺を2回微分してから，$z \to a$ とすれば

$$\text{(8)} \qquad \mathrm{Res}[f, a] = b_{-1} = \frac{1}{2!}\lim_{z\to a}\frac{d^2}{dz^2}[(z-a)^3 f(z)]$$

上の (6), (7), (8) と同じ様にして，次式が得られる．

> 関数 $f(z)$ の特異点 a が k 位の極であれば
>
> $$\text{(9)} \qquad \mathrm{Res}[f, a] = \frac{1}{(k-1)!}\lim_{z\to a}\frac{d^{k-1}}{dz^{k-1}}[(z-a)^k f(z)] \qquad (k = 1, 2, \cdots)$$

例題 3　$f(z) = \dfrac{e^z}{(z-1)(z+3)^2}$ とする．次の留数を求めよ．

(1)　$\mathrm{Res}[f, 1]$　　(2)　$\mathrm{Res}[f, -3]$

なお，点 $z = 1$ は $f(z)$ の1位の極で，点 $z = -3$ は2位の極である．

【解答】 上の公式 (9) を利用する．

(1)　$\mathrm{Res}[f, 1] = \displaystyle\lim_{z\to 1}[(z-1)f(z)] = \lim_{z\to 1}\frac{e^z}{(z+3)^2} = \frac{e}{16}$

(2)　$\mathrm{Res}[f, -3] = \displaystyle\lim_{z\to -3}\frac{d}{dz}[(z+3)^2 f(z)] = \lim_{z\to -3}\frac{d}{dz}\left(\frac{e^z}{z-1}\right)$

$$= \lim_{z\to -3}\frac{(z-1)e^z - e^z}{(z-1)^2} = -\frac{5}{16}e^{-3}$$

■

留数定理とよばれる次の定理を証明する．

> **定理 15**　関数 $f(z)$ は領域 D で正則であるとする．D 内に単一閉曲線 C があり，C は正の向きをもつとする．さらに，曲線 C の内部では，$f(z)$ は m 個の極 $a_1, a_2, \cdots, a_m$ 以外のすべての点で正則であるとする．このとき，次式が成り立つ．
>
> $$\frac{1}{2\pi i}\int_C f(z)dz = \mathrm{Res}[f, a_1] + \mathrm{Res}[f, a_2] + \cdots + \mathrm{Res}[f, a_m]$$

[証明] 極 $a_1, a_2, \cdots, a_m$ を中心として，十分小さい半径の円 $\Gamma_1, \Gamma_2, \cdots, \Gamma_m$ をそれぞれかけば，これらの円はすべて C の内部にあって，しかも互いに交わらない．これらの円 $\Gamma_1, \Gamma_2, \cdots, \Gamma_m$ に正の向きを与える．関数 $f(z)$ は曲線 C と円

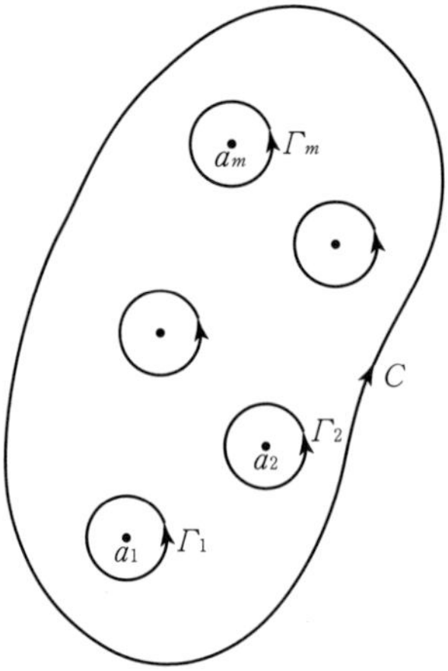

III-39 図

$\Gamma_1, \Gamma_2, \cdots, \Gamma_m$ で囲まれた領域で正則であるから，§10，定理8の系1の拡張である公式（1）（p. 185）によって，次式が成り立つ．

$$\int_C f(z)dz = \int_{\Gamma_1} f(z)dz + \int_{\Gamma_2} f(z)dz + \cdots + \int_{\Gamma_m} f(z)dz$$

ゆえに，留数の定義式 (3) を利用することによって

$$\frac{1}{2\pi i}\int_C f(z)dz = \mathrm{Res}[f, a_1] + \mathrm{Res}[f, a_2] + \cdots + \mathrm{Res}[f, a_m]$$

□

例題4　円：$|z| = 10$ に正の向きを与えて，これを C とする．次の積分を求めよ．

$$\int_C \frac{e^z}{(z-1)(z+3)^2}dz$$

【解答】 $f(z) = \dfrac{e^z}{(z-1)(z+3)^2}$ とおけば，例題3によって

$$\mathrm{Res}[f, 1] = \frac{e}{16}, \quad \mathrm{Res}[f, -3] = -\frac{5}{16}e^{-3}$$

さて，曲線 C の内部にある $f(z)$ の極は点 $z = 1$ と $z = -3$ であるから，定理15によって

$$\int_C f\,dz = 2\pi i(\mathrm{Res}[f, 1] + \mathrm{Res}[f, -3]) = \frac{\pi(e - 5e^{-3})}{8}i$$

■

問　　題

1. 次の関数について，括弧内の特異点の種類をいえ．

(1) $\dfrac{e^z}{z}$ $(z = 0)$　　(2) $\dfrac{1-\cos z}{z^2}$ $(z = 0)$　　(3) $\dfrac{1}{z(z-1)^2}$ $(z = 1)$

2. $f(z) = \dfrac{z^2}{(z-2)(z^2+1)}$ の特異点は $2, i, -i$ であり，これらは極である．これらの極における $f(z)$ の留数を求めよ．

3. 点 $z=3$ は $f(z)=\dfrac{ze^{tz}}{(z-3)^2}$ の 2 位の極である．$\mathrm{Res}[f,3]$ を求めよ．

4. 次の積分を求めよ．ただし，円：$|z|=2$ に正の向きを与えて，これを C とする．

(1) $\displaystyle\int_C \frac{z}{z+1}dz$　　(2) $\displaystyle\int_C \frac{z}{z^2+1}dz$　　(3) $\displaystyle\int_C \frac{1}{z^2(z+1)}dz$

§15　留数の応用

前節の留数定理（p. 209）を利用して，実変数の関数のある種の定積分を計算する方法を説明する．

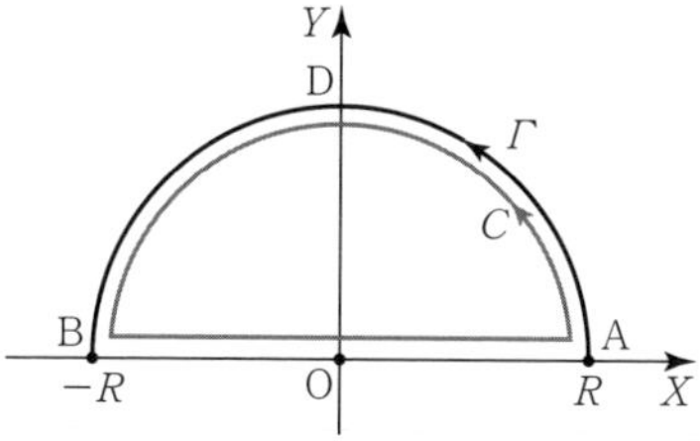

III－40 図

無限積分

$$\int_{-\infty}^{\infty} \boldsymbol{F(x)dx}$$

を取扱う．まず，準備をする．

> 関数 $f(z)$ は，$|z|=R$ のとき
>
> (1)　　$$|f(z)| \leqq \frac{M}{R^k} \qquad (k>1)$$
>
> を満たしているとする．ここで，M は定数である．このとき，Γ を III－40 図で示した半円とすれば
>
> (2)　　$$\lim_{R\to\infty}\int_\Gamma f(z)dz = 0$$

[証明] 不等式（1）を利用すれば，次の計算をすることができる．

$$\left|\int_\Gamma f(z)dz\right| \leqq \int_\Gamma |f(z)|ds \leqq \frac{M}{R^k}\pi R = \frac{\pi M}{R^{k-1}}$$

ところが，$k>1$ であるから，$\dfrac{\pi M}{R^{k-1}} \to 0$（$R\to\infty$）であって，求める（2）が得られる．ここで，$s$ は Γ の弧長を表す．　□

例題 1　次の積分を求めよ．

$$\int_0^\infty \frac{1}{x^4+1}dx$$

【解答】 $|z|=R$ とすれば

$$\left|\frac{1}{z^4+1}\right| = \frac{1}{|z^4+1|} \leqq \frac{1}{|z|^4-1} = \frac{1}{R^4-1} \leqq \frac{2}{R^4}$$

ゆえに，条件（1）が成り立つから，（2）によって

（a）
$$\lim_{R\to\infty}\int_\Gamma \frac{1}{z^4+1}dz = 0$$

さて，III－40図で半円 Γ と直径 BOA を連結して作られる単一閉曲線を C とすれば，$R>1$ のとき，$f(z)=\dfrac{1}{z^4+1}$ の特異点で C の内部にあるものは $e^{i\frac{\pi}{4}}$ と $e^{i\frac{3\pi}{4}}$ であり，これらは $f(z)$ の1位の極である．したがって

$$\mathrm{Res}\,[f, e^{i\frac{\pi}{4}}] = \lim_{z\to e^{i\pi/4}}\left[(z-e^{i\frac{\pi}{4}})\frac{1}{z^4+1}\right] = \lim_{z\to e^{i\pi/4}}\frac{1}{4z^3} = \frac{1}{4}e^{-i\frac{3\pi}{4}}$$

ここで，演習問題 III－2，**16**（p. 176）で述べた事実を利用して，上の極限を計算した．同様に，次の計算をする．

$$\mathrm{Res}\,[f, e^{i\frac{3\pi}{4}}] = \lim_{z\to e^{i3\pi/4}}\left[(z-e^{i\frac{3\pi}{4}})\frac{1}{z^4+1}\right] = \lim_{z\to e^{i3\pi/4}}\frac{1}{4z^3} = \frac{1}{4}e^{-i\frac{9\pi}{4}}$$

したがって，留数定理（p. 209）によって

$$\int_C \frac{1}{z^4+1}dz = 2\pi i\left(\frac{1}{4}e^{-i\frac{3\pi}{4}} + \frac{1}{4}e^{-i\frac{9\pi}{4}}\right) = \frac{\pi\sqrt{2}}{2}$$

ところが

$$\int_C \frac{1}{z^4+1}dz = \int_{-R}^{R}\frac{1}{x^4+1}dx + \int_\Gamma \frac{1}{z^4+1}dz = \frac{\pi\sqrt{2}}{2}$$

ここで，$R\to\infty$ とし，（a）を利用すれば

$$\int_{-\infty}^{\infty}\frac{1}{x^4+1}dx = \frac{\pi\sqrt{2}}{2} \qquad \therefore\ \int_0^{\infty}\frac{1}{x^4+1}dx = \frac{\pi\sqrt{2}}{4}$$ ■

定積分

$$\int_0^{2\pi} \boldsymbol{F(\cos\theta, \sin\theta)d\theta}$$

を取扱う．$z=e^{i\theta}$ とすれば

$$\cos\theta = \frac{1}{2}\left(z+\frac{1}{z}\right), \qquad \sin\theta = \frac{1}{2i}\left(z-\frac{1}{z}\right), \qquad d\theta = \frac{1}{iz}dz$$

であり，θ が0から 2π まで変化すれば，点 z は単位円 $C:|z|=1$ を正の向きに1周する．ゆえに，次式が得られる．

$$\int_0^{2\pi} F(\cos\theta, \sin\theta)d\theta = \int_C F\left(\frac{1}{2}\left(z+\frac{1}{z}\right),\ \frac{1}{2i}\left(z-\frac{1}{z}\right)\right)\frac{1}{iz}dz$$

右辺の積分を，留数定理（p. 209）を利用して計算する．

例題 2　$\displaystyle\int_0^{2\pi}\frac{1}{5+3\sin\theta}d\theta$ を求めよ．

【解答】 $z=e^{i\theta}$ とおけば，$\sin\theta=\dfrac{1}{2i}\left(z-\dfrac{1}{z}\right)$，$d\theta=\dfrac{1}{iz}dz$ である．ゆえに

$$\int_0^{2\pi}\frac{1}{5+3\sin\theta}d\theta=\int_C\frac{2}{3z^2+i10z-3}dz$$

ここで，C は正の向きをもつ単位円である．$f(z)=\dfrac{2}{3z^2+i10z-3}$ とおけば，$f(z)$ の極で円 C の内部にあるものは $-\dfrac{i}{3}$ であり，これは 1 位の極である．さて

$$\text{Res}\left[f,-\frac{i}{3}\right]=\lim_{z\to-i/3}\left[\left(z+\frac{i}{3}\right)f(z)\right]=\lim_{z\to-i/3}\frac{2}{3z+9i}=\frac{1}{4i}$$

ゆえに，留数定理（p. 209）によって

$$\int_0^{2\pi}\frac{1}{5+3\sin\theta}d\theta=\int_C\frac{2}{3z^2+i10z-3}dz=2\pi i\left(\frac{1}{4i}\right)=\frac{\pi}{2}$$ ■

定積分

$$\int_{-\infty}^{\infty}\boldsymbol{F(x)\cos mx\,dx},\qquad\int_{-\infty}^{\infty}\boldsymbol{F(x)\sin mx\,dx}$$

を取扱う．まず，準備をする．

> 関数 $f(z)$ は，$|z|=R$ のとき
>
> (3)　$$|f(z)|\leqq\frac{M}{R^k}\qquad(k>0)$$
>
> を満足しているとする．ここで，M はある定数である．このとき，III - 40 図（p. 211）における半円 Γ と正の数 m について
>
> (4)　$$\lim_{R\to\infty}\int_\Gamma e^{imz}f(z)dz=0$$

[証明] Γ に沿って $z=Re^{i\theta}$ とおけば，$dz=iRe^{i\theta}d\theta$．ゆえに，条件 (3) を利用して，次の計算ができる．

$$\left|\int_\Gamma e^{imz}f(z)dz\right|=\left|\int_0^{\pi}\exp(imRe^{i\theta})f(Re^{i\theta})iRe^{i\theta}d\theta\right|$$

$$\leqq\int_0^{\pi}|\exp(imRe^{i\theta})||f(Re^{i\theta})||iRe^{i\theta}|d\theta$$

$$= R\int_0^{\pi} e^{-mR\sin\theta}|f(Re^{i\theta})|d\theta \leqq \frac{M}{R^{k-1}}\int_0^{\pi} e^{-mR\sin\theta}d\theta$$

$$= \frac{2M}{R^{k-1}}\int_0^{\frac{\pi}{2}} e^{-mR\sin\theta}d\theta$$

ところが，区間 $0 \leqq \theta \leqq \dfrac{\pi}{2}$ において $\sin\theta \geqq \dfrac{2\theta}{\pi}$ であるから

$$\int_0^{\frac{\pi}{2}} e^{-mR\sin\theta}d\theta \leqq \int_0^{\frac{\pi}{2}} e^{-\frac{2mR\theta}{\pi}}d\theta = \frac{\pi}{2mR}(1-e^{-mR})$$

$$\therefore \quad \left|\int_{\Gamma} e^{imz}f(z)dz\right| \leqq \frac{\pi M}{mR^k}(1-e^{-mR})$$

さて，$k>0$ であるから，$R\to\infty$ のとき，右辺は0に収束する．したがって，(4) が得られる．　□

例題３　次の積分を求めよ．

$$\int_0^{\infty}\frac{\cos mx}{x^2+1}dx$$

【解答】 $f(z)=\dfrac{e^{imz}}{z^2+1}$ とする．III－40図 (p. 211) で，半円 Γ と直径BOAを連結して得られる単一閉曲線を C とする．$R>1$ であれば，C の内部にある関数 $f(z)$ の極は点 $z=i$ だけであり，これは1位の極である．ゆえに

$$\mathrm{Res}[f,i] = \lim_{z\to i}[(z-i)f(z)] = \frac{e^{-m}}{2i}$$

$$\therefore \quad \int_C \frac{e^{imz}}{z^2+1}dz = 2\pi i\,\mathrm{Res}[f,i] = 2\pi i\left(\frac{e^{-m}}{2i}\right) = \pi e^{-m}$$

$$\therefore \quad \int_{-R}^{R}\frac{e^{imx}}{x^2+1}dx + \int_{\Gamma}\frac{e^{imz}}{z^2+1}dz = \pi e^{-m}$$

(a)　$$\therefore \quad \int_{-\infty}^{\infty}\frac{e^{imx}}{x^2+1}dx + \lim_{R\to\infty}\int_{\Gamma}\frac{e^{imz}}{z^2+1}dz = \pi e^{-m}$$

さて，半円 Γ 上の z に対して

$$\left|\frac{1}{z^2+1}\right| \leqq \frac{1}{|z|^2-1} \leqq \frac{2}{|z|^2} = \frac{2}{R^2}$$

であるから，条件 (3) が成り立つ．ゆえに，(4) によって

$$\lim_{R\to\infty}\int_{\Gamma}\frac{e^{imz}}{z^2+1}dz = 0$$

これを (a) に代入して

$$\int_{-\infty}^{\infty} \frac{e^{imx}}{x^2+1}dx = \pi e^{-m} \qquad \therefore \quad \int_{-\infty}^{\infty} \frac{\cos mx + i \sin mx}{x^2+1}dx = \pi e^{-m}$$

ゆえに

$$\int_0^{\infty} \frac{\cos mx}{x^2+1}dx = \frac{1}{2}\int_{-\infty}^{\infty} \frac{\cos mx}{x^2+1}dx = \frac{\pi}{2}e^{-m}$$ ■

例題４　次の積分を求めよ．

$$\int_0^{\infty} \frac{\sin x}{x}dx$$

【解答】 III－41 図の単一閉曲線 ABDEFGA を C とする．関数 e^{iz}/z は C の内部に特異点をもたないから

$$\int_C \frac{e^{iz}}{z}dz = 0$$

$$\therefore \quad \int_{-R}^{-r} \frac{e^{ix}}{x}dx + \int_{\mathrm{FGA}} \frac{e^{iz}}{z}dz + \int_r^R \frac{e^{ix}}{x}dx + \int_{\mathrm{BDE}} \frac{e^{iz}}{z}dz = 0$$

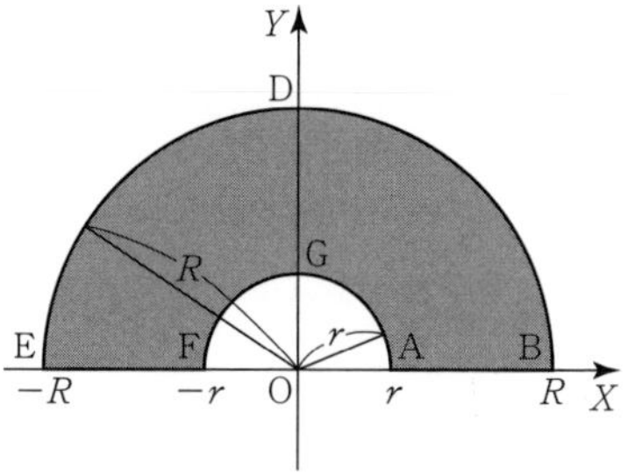

III－41 図

左辺の第１項で x の代りに $-x$ を使えば

$$\int_r^R \frac{e^{ix}-e^{-ix}}{x}dx + \int_{\mathrm{FGA}} \frac{e^{iz}}{z}dz + \int_{\mathrm{BDE}} \frac{e^{iz}}{z}dz = 0$$

(a)
$$\therefore \quad 2i\int_r^R \frac{\sin x}{x}dx = -\int_{\mathrm{FGA}} \frac{e^{iz}}{z}dz - \int_{\mathrm{BDE}} \frac{e^{iz}}{z}dz$$

ところが

$$-\int_{\mathrm{FGA}} \frac{e^{iz}}{z}dz = -\int_{\pi}^{0} \frac{\exp(ire^{i\theta})}{re^{i\theta}} ire^{i\theta}d\theta = i\int_0^{\pi} \exp(ire^{i\theta})d\theta$$

$$\to i\int_0^{\pi} d\theta = \pi i \qquad (r \to 0)$$

また，(4) によって　$\displaystyle\int_{\mathrm{BDE}} \frac{e^{iz}}{z}dz \to 0 \qquad (R \to \infty)$

したがって，(a) の両辺で $r \to 0$，$R \to \infty$ とすれば

$$2i\int_0^{\infty} \frac{\sin x}{x}dx = \pi i \qquad \therefore \quad \int_0^{\infty} \frac{\sin x}{x} = \frac{\pi}{2}$$ ■

問　　題

1. 次の定積分を求めよ．

(1) $\displaystyle\int_{-\infty}^{\infty}\frac{1}{x^2+x+1}dx$　　(2) $\displaystyle\int_0^{2\pi}\frac{1}{2+\cos\theta}d\theta$

演習問題 III - 4

［A］

1. 次の関数の括弧内の点を中心とするローラン展開を求めよ．

(1) $z^2e^{-\frac{1}{z}}$　$(z=0)$　　(2) $\dfrac{e^{2z}}{(z-1)^3}$　$(z=1)$

(3) $\dfrac{z-\sin z}{z^3}$　$(z=0)$　　(4) $(z-3)\sin\dfrac{1}{z+2}$　$(z=-2)$

2. 次の関数 $f(z)$ の極を求め，各極における $f(z)$ の留数を求めよ．

(1) $f(z)=\dfrac{2z+3}{z^2-4}$　(2) $f(z)=\dfrac{z-3}{z^3+5z^2}$　(3) $f(z)=\dfrac{e^{tz}}{(z-2)^3}$

3. 次の積分を求めよ．ただし，C は括弧内に示した閉曲線で正の向きをもつとする．

(1) $\displaystyle\int_C\frac{z}{z^3+1}dz$　$(C:|z|=2)$

(2) $\displaystyle\int_C\frac{1}{2z^2+3z-2}dz$　$(C:|z|=1)$

［B］

4. 次の関数の括弧内の点を中心とするローラン展開を求めよ．

(1) $\dfrac{1}{z^2(z-3)^2}$　$(z=3)$　　(2) $\dfrac{z^2}{(z-1)^2(z+3)}$　$(z=1)$

(3) $\dfrac{\cos z}{z-\pi}$　$(z=\pi)$

5. 次の関数 $f(z)$ の極を求め，各極における留数を求めよ．

(1) $f(z)=\dfrac{z}{(z^2+1)^2}$　　(2) $f(z)=\dfrac{z^2-2z}{(z+1)^2(z^2+4)}$

(3) $f(z)=\cot z$

6. 次の積分を求めよ．ただし，C は括弧内に示した閉曲線で正の向きをもつとする．

(1) $\displaystyle\int_C\frac{\sin z}{(z-1)^2(z^2+9)}dz$　$(C:|z|=2)$

(2) $\displaystyle\int_C \frac{4z^3 + 2z}{z^4 + z^2 + 1}dz$ $(C : |z| = 2)$

(3) $\displaystyle\int_C \frac{z^2}{(z + 1)(z + 3)}dz$ $(C : |z| = 4)$

(4) $\displaystyle\int_C \frac{ze^{tz}}{(z^2 + 1)^2}dz$ $(C : |z| = 2)$

7. 次の定積分を求めよ.

$$\int_0^{\infty} \frac{1}{(x^2 + 1)^2}dx$$

8. 次の定積分を求めよ.

$$\int_0^{2\pi} \frac{1}{(2 + \cos\theta)^2}d\theta$$

9. 次の定積分を求めよ.

(1) $\displaystyle\int_{-\infty}^{\infty} \frac{x\sin\pi x}{(x^2 + 1)^2}dx$ (2) $\displaystyle\int_{-\infty}^{\infty} \frac{\cos x}{x^2 + 4}dx$

第5章　等角写像

§16　等角写像

第2章，§5（p. 156）で次の定理を証明した．

> **定理 16**　領域 D で正則な関数 $w = f(z)$ による写像について，$f'(z) \neq 0$ を満足する点 z で交わる z 平面上の（D 内にある）2つの曲線の交角は，これらに対応する w 平面上の2つの曲線の交角に，回転の向きも含めて，等しい．

この定理16で述べた性質をもつ写像を**等角写像**という．

この定理によれば，正則関数 $w = f(z)$（$f'(z) \neq 0$ とする）によって，z 平面上で直交する2組の曲線群は w 平面上で直交する2組の曲線群に写像される．

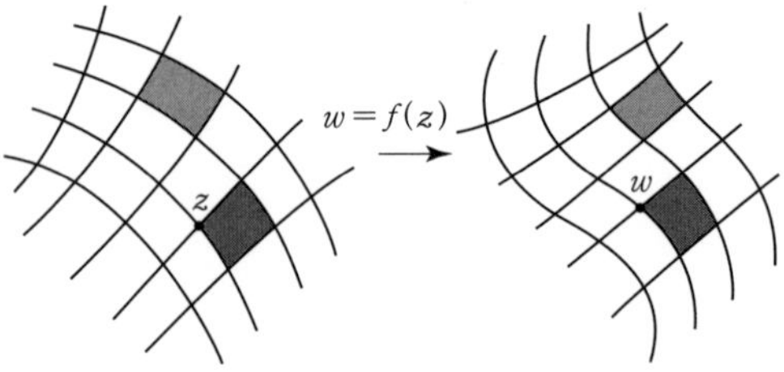

III－42図

等角写像の例を述べる．

平行移動　写像

(1)　$$w = z + a \qquad (a \text{ は複素数})$$

は，任意の点 z をベクトル a だけ平行移動して，点 w に写す．もちろん，これは等角写像である（$w' = 1 \neq 0$）．

回　転　写像

(2)　$$w = e^{i\alpha} z \qquad (\alpha \text{ は実数})$$

は，任意の点 z（$\neq 0$）を原点のまわりに角 α だけ回転して，点 w に写す．もちろん，これは等角写像である（$w' = e^{i\alpha} \neq 0$）．

回転と拡大　写像

$$w = az \qquad (a \neq 0\ は複素数) \tag{3}$$

は，$a = Ae^{i\alpha}$（A と α は実数）とすれば，任意の点 z（$\neq 0$）を原点のまわりに角 α だけ回転し，さらに原点を中心として相似率 A で相似拡大して，点 w に写す．もちろん，これは等角写像である（$w' = a \neq 0$）．

反　転　ここで，写像

$$w = \frac{1}{z} \tag{4}$$

を考える．まず，**反転**について説明する．III‐43 図の記号を使って，点 P（$\neq$ O）に対して，半直線 OP 上に $\overline{\mathrm{OR}}\cdot\overline{\mathrm{OP}} = 1$ を満足するような点 R をとり，点 P に対して点 R を対応させる写像を（単位円に関する）**反転**という．さて，上の (4) で $z = re^{i\theta}$，$w = \rho e^{i\varphi}$ とすれば，$\rho = r^{-1}$，$\varphi = -\theta$ であるから，点 z と点 w の関係は III‐43 図のようになる．したがって，写像 (4) は，点 z（$\neq 0$）に単位円に関する反転を施し，さらに実軸に関する対称写像を重ねて，z を w に写す．もちろん，これは点 $z \neq 0$ において等角写像である

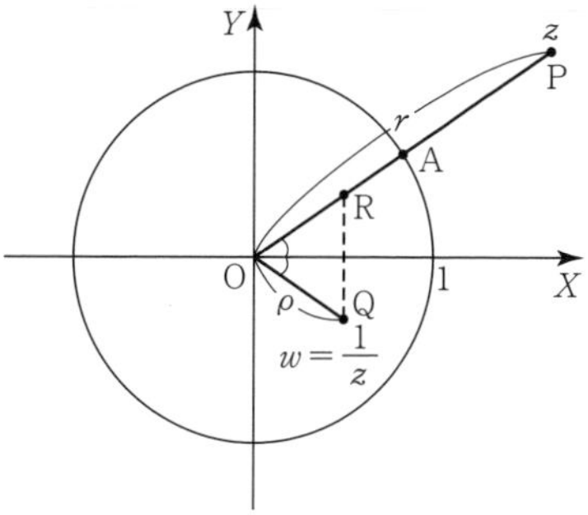

III‐43 図

（$w' = -1/z^2 \neq 0$）．なお，写像 (4) と実軸に関する対称写像は等角写像であるから，反転は等角写像であるが，反転では角の回転の向きは逆転する．また，この反転は原点 O では定義されない．

1 次分数写像　写像

$$w = \frac{az + b}{cz + d} \qquad (ad - bc \neq 0) \tag{5}$$

（a, b, c, d は複素数）を **1 次分数写像**という．写像 (5) は，$c = 0$ のとき，$w = Az + B$ の形となって，(1) と (3) の形の写像の組み合せとなる．また，$c \neq 0$ の場合には，(5) は

$$w = \frac{a}{c} + \frac{bc - ad}{c^2} w_1, \quad w_1 = \frac{1}{w_2}, \quad w_2 = z + \frac{d}{c}$$

のように分解できる．ゆえに，(5) は (1), (3) および (4) の形の等角写像の組み合せである．

話題を変更する．z 平面上で方程式

(6)
$$\alpha z\bar{z} + \beta z + \bar{\beta}\bar{z} + \gamma = 0$$

を考える．ここで，α と γ は実数で，β は複素数である．さて，$\alpha = A$，$\beta = D - Ei$，$\gamma = C$ とおき，$z = x + yi$ を (6) に代入すれば

$$A(x^2 + y^2) + 2Dx + 2Ey + C = 0$$

となる．したがって

方程式 (6) は，$\alpha \neq 0$ の場合円を表し，$\alpha = 0$ の場合直線を表す．

さて，直線を半径が無限大の円とみなし，方程式 (6) は (**広義の**) **円** (円または直線) を表すと考える．

例題 1　1次分数写像 (5) は (広義の) 円を (広義の) 円に写すことを証明せよ．

【解答】 (5) において $ad - bc \neq 0$ であるから，(5) から z を求めれば，$z = (a'w + b')/(c'w + d')$ となる．これを (6) に代入すれば

$$\alpha' w\bar{w} + \beta' w + \bar{\beta}' \,\bar{w} + \gamma' = 0$$

となって，α' と γ' は実数，β' は複素数となることが確かめられる．これは (広義の) 円の方程式である．■

例題 2　1次分数写像

(7)
$$w = e^{i\alpha}\left(\frac{z - a}{z - \bar{a}}\right)$$

について，次のことを証明せよ．ただし，α は実数，複素数 a は z 平面の上半平面上にある ($\mathrm{Im}(\alpha) > a$) とする．

(1)　点 $z = a$ は，w 平面上の点 $w = 0$ に写される．

(2)　z 平面上の実軸 ($\mathrm{Im}(z) = 0$) は，w 平面上の単位円 $|w| = 1$ に写される．

(3)　z 平面の上半平面 $\mathrm{Im}(z) > 0$ は，w 平面上の単位円の内部 $|w| < 1$ に写される．

(4)　点 $z=x$ が z 平面上で実軸に沿って $+\infty$ または $-\infty$ に発散すれば，対応点 w は w 平面上で点 $w=e^{i\alpha}$ に収束する．

【解答】(1) 明らかである．

(2)　$z=x$（実数）とすれば

$$|w|=|e^{i\alpha}|\left|\frac{x-a}{x-\bar{a}}\right|=\left|\frac{x-a}{\overline{x-a}}\right|=1$$

ゆえに，w は単位円上にある．

(3)　点 a は z 平面の上半平面にあり，点 $z=a$ に対応する点は $w=0$ であって，これは w 平面の単位円の内部にある．さらに，写像 (7) は連続である．ゆえに，問 (2) を考え合わせれば，写像 (7) は，z 平面の上半平面を w 平面の単位円の内部に写すことがわかる．

(4)　$z=x$（実数）とすれば

$$w=e^{i\alpha}\left(\frac{x-a}{x-\bar{a}}\right)=e^{i\alpha}\left(\frac{1-a/x}{1-\bar{a}/x}\right)\to e^{i\alpha}\qquad(x\to\pm\infty)$$ ■

一般に領域 D で正則な関数 $w=u(x,y)+v(x,y)i$ を考え，$w'\neq 0$ であるとする．w 平面（uv 平面）上で方程式 $u=a$（定数）で表される直線群と方程式 $v=b$（定数）で表される直線群は直交している．ゆえに，z 平面（xy 平面）上で方程式 $u(x,y)=a$ で表される曲線群と方程式 $v(x,y)=b$ で表される曲線群とは直交している．このように，正則関数 $w=u(x,y)+v(x,y)i$（$w'\neq 0$）があれば，z 平面上に直交する 2 組の曲線群 $u(x,y)=a$ と $v(x,y)=b$ が得られる．

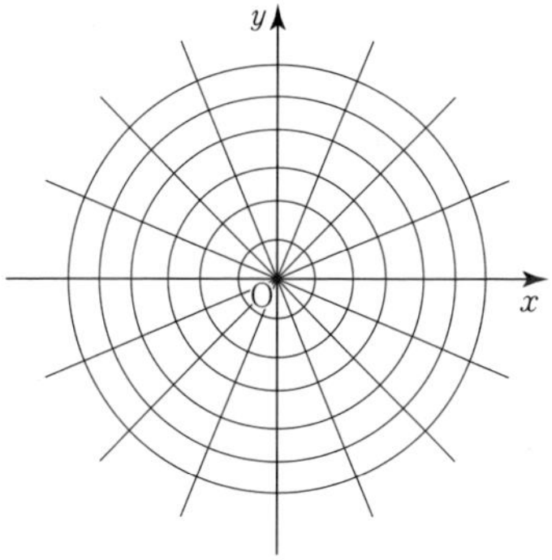

III - 44 図

たとえば，関数

$$w=\log z$$

について，$z=re^{i\theta}$，$w=u+vi$ とおけば

$$u=\log r,\qquad v=\theta$$

であると考えられる．ゆえに，z 平面上で曲線群 $u(x,y)=a$ と $v(x,y)=b$ を考えれば，これらは極座標系でそれぞれ

$$r=a',\qquad \theta=b\qquad (a'=e^{a})$$

で表される．これらの曲線群は III - 44 図の

ように，それぞれ原点を中心とする同心円群と原点から出発する放射線状の半直線群である．なお，点 $z=0$ では $w=\log z$ は定義されていないから，これらの曲線群は点 $z=0$ では例外的な状態にある．

§17　2 次元定常流

空間の直交座標 (x,y,z) について，流体の速度ベクトルの場が $\boldsymbol{V}=u(x,y,t)\boldsymbol{i}+v(x,y,t)\boldsymbol{j}$（$t$ は時間を表す）であるとき，つまり $\boldsymbol{V}$ の z 成分が 0 であり，$\boldsymbol{V}$ が各点の z 座標に無関係であるとき，この流体の運動を **2 次元流**という．このとき，空間の点 (x,y,z) における流体の状態は点 $(x,y,0)$ におけるその状態と同じであるから，xy 平面上だけで流体の状況を論ずればよい．

流体の速度ベクトルの場 $\boldsymbol{V}$ が時間 t に無関係である場合に，この流れを**定常流**という．また，2 次元定常流では，速度ベクトルはベクトル場 $\boldsymbol{V}=u(x,y)\boldsymbol{i}+v(x,y)\boldsymbol{j}$ を形成する．この節では，2 次元定常流だけを考える．

流体が非圧縮性をもつとき，$\operatorname{div}\boldsymbol{V}=0$ である．すなわち，$\boldsymbol{V}=u(x,y)\boldsymbol{i}+v(x,y)\boldsymbol{j}$ として

(1)
$$\operatorname{div}\boldsymbol{V}=\frac{\partial u}{\partial x}+\frac{\partial v}{\partial y}=0$$

流体が粘性をもたないときには，重力のような渦のない力の場の作用のもとでは，渦なし流れが出現する．したがって，渦なし流れでは $\operatorname{rot}\boldsymbol{V}=\boldsymbol{0}$ である．すなわち，$\boldsymbol{V}=u(x,y)\boldsymbol{i}+v(x,y)\boldsymbol{j}$ として

(2)
$$\operatorname{rot}\boldsymbol{V}=\left(\frac{\partial v}{\partial x}-\frac{\partial u}{\partial y}\right)\boldsymbol{k}=\boldsymbol{0}\qquad \text{すなわち}\qquad \frac{\partial v}{\partial x}-\frac{\partial u}{\partial y}=0$$

この節では，非圧縮性流体の渦なし 2 次元定常流だけを考えることにし，速度ベクトル $\boldsymbol{V}=u\boldsymbol{i}+v\boldsymbol{j}$ について，(1) と (2) が成り立つとする．さて，流体が流れている領域 D が単連結であれば，(2) が成り立っているから，$u\,dx+v\,dy$ は完全微分であり，D で定義された関数 $\phi(x,y)$ が存在して

(3)
$$u=\frac{\partial \phi}{\partial x},\qquad v=\frac{\partial \phi}{\partial y}$$

が成り立つ（I，第 2 章の定理 2 (p. 17) を参照）．このような関数 ϕ を**速度ポテンシャル**という．(1) に (3) を代入すれば

(4)
$$\frac{\partial^2\phi}{\partial x^2}+\frac{\partial^2\phi}{\partial y^2}=0$$

となるから，速度ポテンシャル ϕ は調和関数（§6（p. 160）参照）である．このとき，上の（4）によって

$$-\frac{\partial\phi}{\partial y}dx+\frac{\partial\phi}{\partial x}dy$$

は完全微分（ある関数の全微分）であり，関数 $\psi(x,y)$ が存在して，次式が成り立つことがわかる．

(5)
$$d\psi=-\frac{\partial\phi}{\partial y}dx+\frac{\partial\phi}{\partial x}dy \qquad \therefore\quad \frac{\partial\phi}{\partial x}=\frac{\partial\psi}{\partial y},\ \ \frac{\partial\phi}{\partial y}=-\frac{\partial\psi}{\partial x}$$

そこで，z 平面上の領域 D で $z=x+yi$ の関数

(6)
$$\Omega(z)=\phi(x,y)+\psi(x,y)i$$

を作れば，(5) の右側の方程式によって，$\Omega(z)$ は正則関数である．関数 $\psi(x,y)$ を**流れ関数**といい，正則関数 $\Omega(z)$ を**複素ポテンシャル**という．

さて，点 $z=x+yi$ での速度ベクトル $\boldsymbol{V}=u\boldsymbol{i}+v\boldsymbol{j}$ は，複素数

$$\overline{\Omega'(z)}=\overline{\phi_x+\psi_x i}=\overline{\phi_x-\phi_y i}=\phi_x+\phi_y i=u+vi$$

で表される．したがって

$$|\boldsymbol{V}|=|\Omega'|$$

流体の**流線**すなわち曲線 $x=x(t)$，$y=y(t)$ で

(7)
$$\frac{dx}{dt}=u(x,y),\qquad \frac{dy}{dt}=v(x,y)$$

を満足する曲線を考えれば，その各点 $z=x+yi$ で速度ベクトル $\overline{\Omega'}=u+vi$ はその点を通る流線に接している．流れ関数 $\psi(x,y)$ を流線に沿って微分すれば，(7) を利用して

$$\frac{d\psi}{dt}=\frac{\partial\psi}{\partial x}\frac{dx}{dt}+\frac{\partial\psi}{\partial y}\frac{dy}{dt}$$
$$=-vu+uv=0$$

であるから，流線に沿って $\psi(x,y)$ は一定である．したがって，流線は方程式

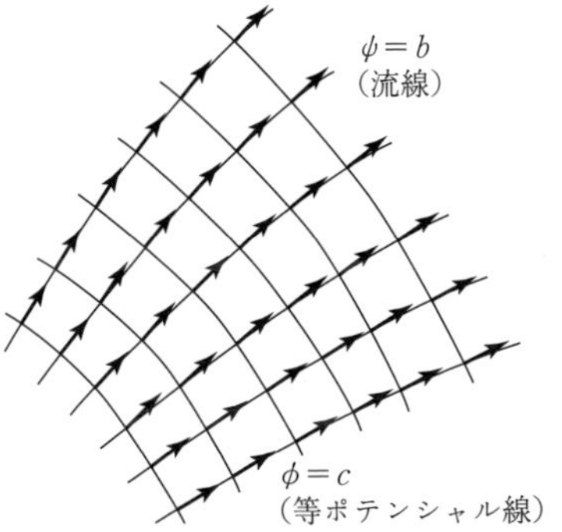

III - 45 図

(8)　　　$$\psi(x, y) = b$$

で表される．また，速度ポテンシャル ϕ を利用した方程式

(9)　　　$$\phi(x, y) = c$$

で表される曲線を**等ポテンシャル線**という．さて，複素ポテンシャル $\Omega(z) = \phi(x, y) + \psi(x, y)i$ は正則関数であるから，等角写像を与える．したがって，$\Omega'(z) \neq 0$ である点 $z = x + yi$ では流線 $\psi(x, y) = b$ と等ポテンシャル線 $\phi(x, y) = c$ は直交している．以上述べたことが，用語を適当に調整すれば，2 次元静電場でもほぼそのまま成り立つ．

例 1　複素ポテンシャルが

$$w = az \qquad (a \neq 0 \text{ は実数})$$

であるときには，$\phi = ax$, $\psi = ay$ $(z = x + yi)$ であるから，流線は $y = b$ で等ポテンシャル線は $x = c$ である．これらは，III - 46 図のように分布していて，速度ベクトルは $\overline{w}' = a$ で与えられて，至るところで一定 $a + 0i$ である．これは**一様な流れ**を表す．

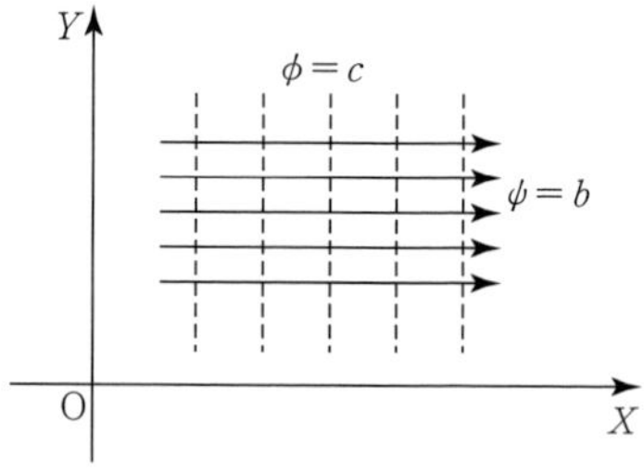

III - 46 図

例 2　複素ポテンシャルが

$$w = z^n \qquad (n \text{ は正整数})$$

であるときには，$\phi = r^n \cos n\theta$, $\psi = r^n \sin n\theta$ $(z = re^{i\theta})$ であるから，流線と等ポテンシャル線は，極座標系 (r, θ) に関して，それぞれ方程式

$$r^n \sin n\theta = b, \qquad r^n \cos n\theta = c$$

で表される．III - 47 図に示した角形の領域内部で，流線と等ポテンシャル線は図のように分布する．なお，$n = 2$ の場合には，流線は直角双曲線になる．

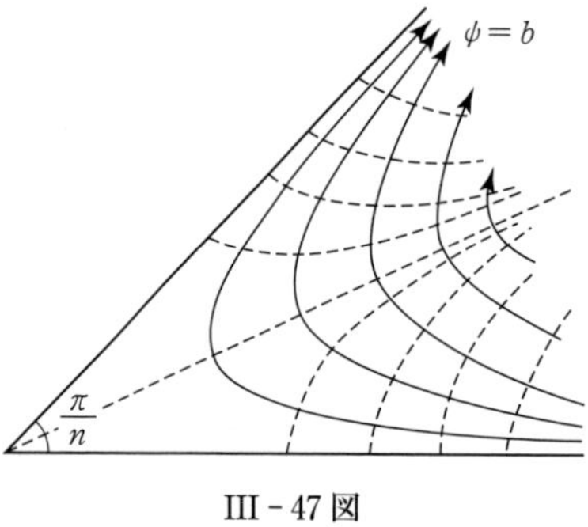

III - 47 図

例 3　複素ポテンシャルが

$$w = \sqrt{z}$$

のときには，$w^2 = z$ であるから，流線 $\psi = b$ は方程式

$$y^2 = 4b^2x + 4b^4 \qquad (z = x + yi)$$

で表される．これを図示すれば，III - 48 図のように，放物線である．

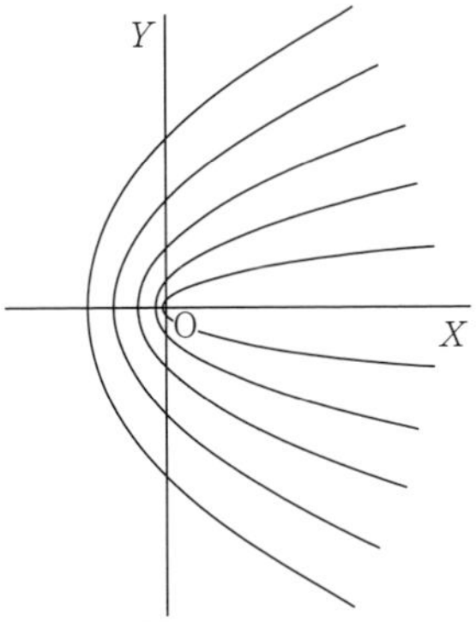

III - 48 図

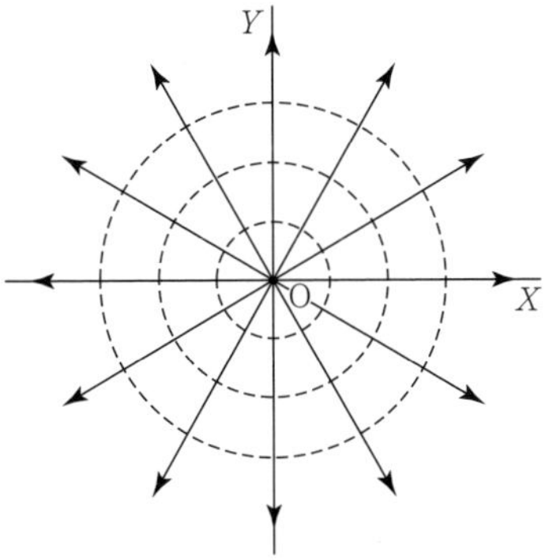

III - 49 図

例 4　複素ポテンシャルが

$$w = k \log z \qquad (k \neq 0 \text{ は実数})$$

であるときには，$\phi = k \log r$, $\psi = k\theta$ $(z = re^{i\theta})$ である．このとき，流線 $\psi = b$ は原点 O から出る放射線であって，等ポテンシャル線 $\phi = c$ は原点 O を中心とする同心円である（III - 49 図）．なお，$k > 0$ ならば，流体は原点 O から湧出している．

例 5　複素ポテンシャルが

$$w = ik \log z \qquad (k \neq 0 \text{ は実数})$$

であるときには，$\phi = -k\theta$, $\psi = k \log r$ $(z = re^{i\theta})$ であるから，流線は $k \log r = b$ で表され，これらは原点 O を中心とする同心円であり，等ポテンシャル線 $-k\theta = c$ は原点 O から出る放射線である（III - 50 図）．これは原点 O のまわりの回転流を表す．

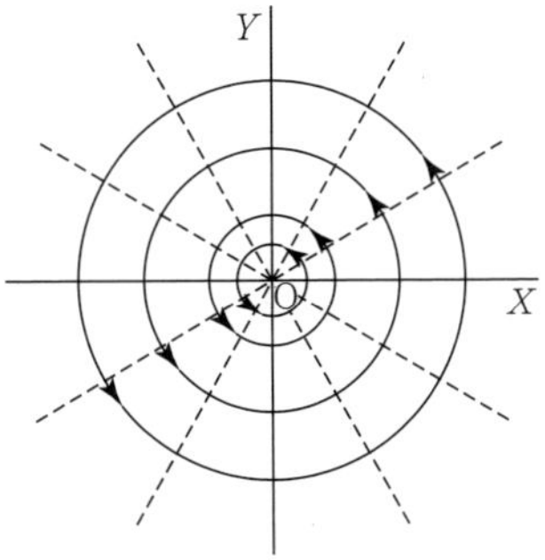

III - 50 図

例 6　複素ポテンシャルが

$$w = k \log(z - a) - k \log(z + a)$$
$$(a \neq 0,\ k \neq 0 \text{ は実数})$$

であるときには

$$\phi = k \log\left|\frac{z - a}{z + a}\right|, \qquad \psi = k \arg\left(\frac{z - a}{z + a}\right)$$

であるから，流線 $\psi = b$ は

$$\arg\left(\frac{z-a}{z+a}\right) = b'$$

である．すなわち，流線は 2 点 $z=a$ と $z=-a$ を通る円である．また，等ポテンシャル線 $\phi = c$ は

$$\left|\frac{z-a}{z+a}\right| = c'$$

であるから，2 点 $z=a$ と $z=-a$ からの距離の比が一定である点の軌跡であって，これも円である（III - 51 図参照）．

例 7　複素ポテンシャルが

$$w = z + \frac{1}{z}$$

であるときには，$z = re^{i\theta}$ として

$$\phi = r\cos\theta + \frac{\cos\theta}{r}, \qquad \psi = r\sin\theta - \frac{\sin\theta}{r}$$

である．さて，$w' = 1 - \dfrac{1}{z^2}$ であるから，速度ベクトル $\overline{w}'$ は，円：$|z|=1$ の上で

$$\overline{w}' = 2y(y - ix) \quad (z = x + yi)$$

であるから，この円に接している．また，流線 $\psi = b$ は III - 52 図のようになる．これは，無限に長い円柱のまわりの流れを表す．

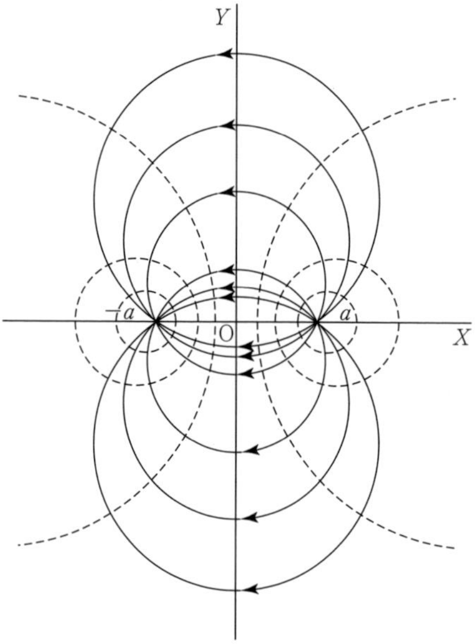

III - 51 図

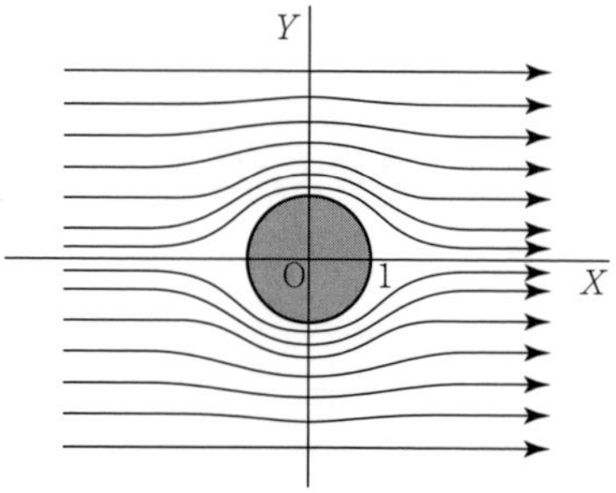

III - 52 図

問　　題

1. 次に示す各例に示した流れの速度ベクトルを求めよ.

（1） 例 3　（2） 例 4　（3） 例 5　（4） 例 6

演 習 問 題 III - 5

［A］

1. 円：$|z-1|=1$ と直線 $y=1$ は次の関数 $w=f(z)$ によってどんな曲線に写されるか.

（1） $w=2z$

（2） $w=2iz$

（3） $w=z+3i-1$

（4） $w=\dfrac{1}{z}$

2. 次の複素ポテンシャル $w=\Omega(z)$ をもつ流れの流線の方程式を求めよ.

（1） $w=\sqrt[3]{z}$

（2） $w=e^z$

［B］

3. z 平面上の点 $z=0, i, -i$ をそれぞれ w 平面上の点 $w=i, 1, 0$ に写す 1 次分数写像を求めよ.

4. z 平面上の上半平面 $\mathrm{Im}(z)>0$ を w 平面上の単位円に内部 $|w|<1$ に写し，さらに z 平面上の点 $z=i$ を w 平面上の原点 $w=0$ に写し，$\lim_{z\to\infty} w=-1$ となる 1 次分数写像を求めよ.

5. 次のことを証明せよ.

（1） z 平面上に，同一直線上にない 3 点 $\mathrm{P}_1, \mathrm{P}_2, \mathrm{P}_3$ をとる．$\angle \mathrm{P}_1\mathrm{P}_2\mathrm{P}_3$ を $\angle\alpha$ とし，$\mathrm{P}_1, \mathrm{P}_2, \mathrm{P}_3$ を表す複素数をそれぞれ z_1, z_2, z_3 とすれば

$$\angle\alpha=\arg\left(\frac{z_3-z_1}{z_3-z_2}\right)$$

（2） 3 点 z_1, z_2, z_3 が円 C 上にあれば，点 z がこの円 C 上にあるための必要十分条件は

$$\frac{z-z_1}{z-z_2} : \frac{z_3-z_1}{z_3-z_2}=A \quad (A \text{ は実数})$$

(3)　3点 z_1, z_2, z_3 が直線 l 上にあれば，点 z がこの直線 l 上にあるための必要十分条件は，上式である．

(4)　z 平面上で広義の円（p. 220 参照）の方程式は上式である．

6. 次の関数 $w = f(z)$ による，点 z_1, z_2, z_3, z_4 の像をそれぞれ w_1, w_2, w_3, w_4 とする．次式を証明せよ．

$$\frac{w_4 - w_1}{w_4 - w_2} : \frac{w_3 - w_1}{w_3 - w_2} = \frac{z_4 - z_1}{z_4 - z_2} : \frac{z_3 - z_1}{z_3 - z_2}$$

(1)　$f(z) = z + b$　　　（b は複素数）

(2)　$f(z) = az$　　　（$a \neq 0$ は複素数）

(3)　$f(z) = \dfrac{1}{z}$

(4)　$f(z) = \dfrac{az + b}{cz + d}$　　　（$ad - bc \neq 0$）

7. 上の **5** と **6** を利用して，次のことを証明せよ．

1次分数写像は（広義の）円を（広義の）円に写す．

IV フーリエ級数・ラプラス変換

第 1 章　フーリエ級数

§1　フーリエ級数

関数 $f(x)$ は x のすべての実数値に対して定義されていて，周期 2π をもつとする．まず，以下のように，形式的な考察をする．$f(x)$ が三角級数

$$(1)\quad \begin{aligned} f(x) &= \frac{a_0}{2} + \sum_{n=1}^{\infty}(a_n \cos nx + b_n \sin nx) \\ &= \frac{a_0}{2} + (a_1 \cos x + b_1 \sin x) + (a_2 \cos 2x + b_2 \sin 2x) + \cdots \\ &\qquad \cdots + (a_n \cos nx + b_n \sin nx) + \cdots \end{aligned}$$

で表されたとし，係数 $a_0, a_1, \cdots, a_n, \cdots$；$b_1, b_2, \cdots, b_n, \cdots$ と関数 $f(x)$ の関係を調べよう．そのためには，次の公式が必要である．

$$(2)\quad \begin{aligned} &\int_{-\pi}^{\pi} \cos nx \cos mx \, dx = \int_{-\pi}^{\pi} \sin nx \sin mx \, dx = \begin{cases} \pi & (n = m) \\ 0 & (n \neq m) \end{cases} \\ &\int_{-\pi}^{\pi} \sin nx \cos mx \, dx = 0 \end{aligned}$$

ここで，m と n は任意の自然数である．この公式 (2) の証明については，微分積分学の教科書を参照されたい．

さて，(1) の右辺の係数 a_n と b_n を計算するために，次の形式的な計算が許されるとしよう．まず，(1) の両辺を $-\pi$ から π まで積分すれば

$$\int_{-\pi}^{\pi} f(x) dx = \frac{a_0}{2}\int_{-\pi}^{\pi} dx + \sum_{n=1}^{\infty}\left\{a_n \int_{-\pi}^{\pi} \cos nx \, dx + b_n \int_{-\pi}^{\pi} \sin nx \, dx\right\}$$

ところが，よく知られているように

(3)
$$\int_{-\pi}^{\pi} \cos nx\,dx = \int_{-\pi}^{\pi} \sin nx\,dx = 0$$

であるから，次式が得られる．

(4)
$$a_0 = \frac{1}{\pi}\int_{-\pi}^{\pi} f(x)dx$$

次に，$m \fallingdotseq 0$ として，(1) の両辺に $\cos mx$ を掛けて，$-\pi$ から π まで積分すれば

$$\int_{-\pi}^{\pi} f(x)\cos mx\,dx = \frac{a_0}{2}\int_{-\pi}^{\pi}\cos mx\,dx + \sum_{n=1}^{\infty}\left\{a_n\int_{-\pi}^{\pi}\cos nx\cos mx\,dx + b_n\int_{-\pi}^{\pi}\sin nx\cos mx\,dx\right\}$$

ここで，(2) と (3) を利用すれば，次式が得られる．

(5)
$$a_m = \frac{1}{\pi}\int_{-\pi}^{\pi} f(x)\cos mx\,dx$$

同様に，(1) の両辺に $\sin mx$ を掛けて，$-\pi$ から π まで積分すれば

(6)
$$b_m = \frac{1}{\pi}\int_{-\pi}^{\pi} f(x)\sin mx\,dx$$

が得られる．(4), (5) および (6) をまとめて

(7)
$$a_n = \frac{1}{\pi}\int_{-\pi}^{\pi} f(x)\cos nx\,dx \qquad (n = 0, 1, 2, \cdots)$$
$$b_n = \frac{1}{\pi}\int_{-\pi}^{\pi} f(x)\sin nx\,dx \qquad (n = 1, 2, \cdots)$$

この (7) で与えられた a_n と b_n を関数 $f(x)$ の**フーリエ** (Fourier) **係数**といい，この a_n と b_n を係数にもつ三角級数 (1) を関数 $f(x)$ の**フーリエ級数**といい，この事実を

(8)
$$f(x) \sim \frac{a_0}{2} + \sum_{n=1}^{\infty}(a_n\cos nx + b_n\sin nx)$$

と書き表す．この (8) で等号を用いないで，記号 ~ を用いて，左右両辺を結んだのは，(8) の右辺の三角級数が左辺の関数 $f(x)$ に対応することを表すためである．上で述べた計算は形式的なものであって，関数項級数の項別積分など，級数の収束に関する各種の条件が満たされなければ，許されない計算をし

た．したがって，(8) の左右両辺を直ちに等号で結ぶわけにはいかない．

例題 1　次の関数 $f(x)$ のフーリエ級数を求めよ．ただし，$f(x)$ は周期 2π をもつ周期関数であるとする．

$$f(x)=\begin{cases}-1 & (-\pi \leqq x < 0,\ x=\pi)\\ +1 & (0 \leqq x < \pi)\end{cases}$$

【解答】 公式 (7) を利用する．

$$a_n=\frac{1}{\pi}\int_{-\pi}^{\pi} f(x)\cos nx\,dx=-\frac{1}{\pi}\int_{-\pi}^{0}\cos nx\,dx+\frac{1}{\pi}\int_{0}^{\pi}\cos nx\,dx=0$$

$$b_n=\frac{1}{\pi}\int_{-\pi}^{\pi} f(x)\sin nx\,dx=-\frac{1}{\pi}\int_{-\pi}^{0}\sin nx\,dx+\frac{1}{\pi}\int_{0}^{\pi}\sin nx\,dx$$

$$=\frac{2}{\pi}\int_{0}^{\pi}\sin nx\,dx=\begin{cases}0 & (n=\text{偶数})\\ \dfrac{4}{n\pi} & (n=\text{奇数})\end{cases}$$

$$\therefore\quad f(x)\sim\frac{4}{\pi}\sin x+\frac{4}{3\pi}\sin 3x+\cdots=\frac{4}{\pi}\sum_{k=1}^{\infty}\frac{\sin(2k-1)x}{2k-1}$$ ■

例題 1 の $f(x)$ のフーリエ級数の部分和

$$S_1=\frac{4}{\pi}\sin x,$$

$$S_2=S_1+\frac{4}{3\pi}\sin 3x,$$

$$S_3=S_2+\frac{4}{5\pi}\sin 5x,\cdots$$

と $f(x)$ を図示すれば，IV-1 図のようになる．

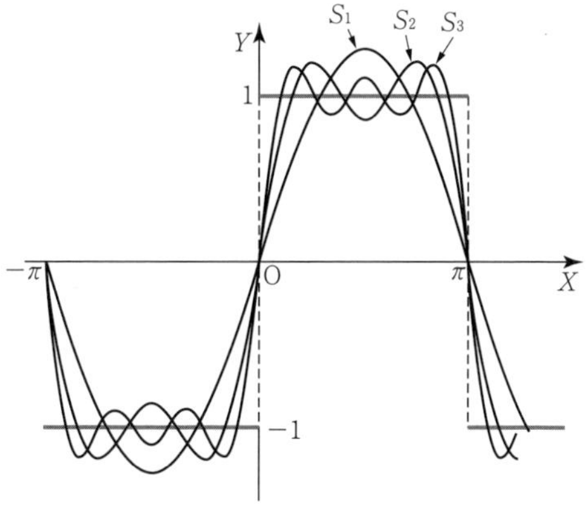

IV-1 図

例題 2　次の関数 $f(x)$ のフーリエ級数を求めよ．ただし，$f(x)$ は周期 2π をもつとする．

$$f(x)=\begin{cases}\dfrac{\pi}{2}+x & (-\pi \leqq x \leqq 0)\\ \dfrac{\pi}{2}-x & (0 \leqq x \leqq \pi)\end{cases}$$

【解答】 公式 (7) を利用する．$n \neq 0$ として

$$a_n = \frac{1}{\pi}\int_{-\pi}^{0}\left(\frac{\pi}{2}+x\right)\cos nx\,dx + \frac{1}{\pi}\int_{0}^{\pi}\left(\frac{\pi}{2}-x\right)\cos nx\,dx$$

$$= \frac{1}{\pi}\left[\left(\frac{\pi}{2}+x\right)\frac{\sin nx}{n}\right]_{-\pi}^{0} - \frac{1}{n\pi}\int_{-\pi}^{0}\sin nx\,dx + \frac{1}{\pi}\left[\left(\frac{\pi}{2}-x\right)\frac{\sin nx}{n}\right]_{0}^{\pi} + \frac{1}{n\pi}\int_{0}^{\pi}\sin nx\,dx$$

$$= \frac{2(1-\cos n\pi)}{n^2\pi} = \frac{2(1-(-1)^n)}{n^2\pi} \qquad (n=1,2,\cdots)$$

同様な計算で，$a_0 = 0$，$b_n = 0$ $(n = 1, 2, \cdots)$ が得られる，ゆえに

$$f(x) \sim \frac{4}{\pi}\cos x + \frac{4}{3^2\pi}\cos 3x + \cdots = \frac{4}{\pi}\sum_{k=1}^{\infty}\frac{\cos(2k-1)x}{(2k-1)^2}$$ ■

例題 2 の $f(x)$ のフーリエ級数の部分和 $S_1, S_2, S_3, \cdots$ と $f(x)$ を図示すれば，IV - 2 図のようになる．

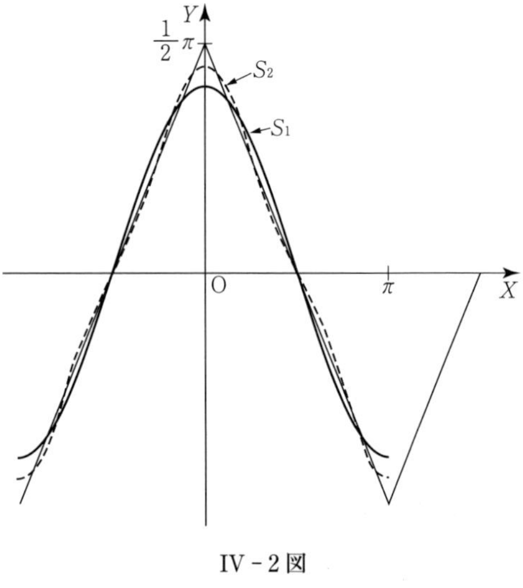

IV - 2 図

例題 1 について，$f(0) = +1$ であるが，そのフーリエ級数は $x = 0$ で 0 に収束する．すなわち，例題 1 の関数 $f(x)$ については，$x = 0$ での $f(x)$ の値とそのフーリエ級数の和とが一致していない．なお，フーリエ級数の収束については，§2 (p. 238) で述べる．

次に，関数 $f(x)$ を周期 $2L$ $(L > 0)$ をもつ周期関数とする．すなわち，$f(x + 2L) = f(x)$ であるとする．いま，新しく変数 t を，$x = \dfrac{Lt}{\pi}$ できめれば，$f\left(\dfrac{Lt}{\pi}\right)$ は周期 2π をもつ周期関数である．さて，(7) によれば $f\left(\dfrac{Lt}{\pi}\right)$ のフーリエ級数は

$$f\left(\frac{Lt}{\pi}\right) \sim \frac{a_0}{2} + \sum_{n=1}^{\infty}(a_n\cos nt + b_n\sin nt)$$

$$a_n = \frac{1}{\pi}\int_{-\pi}^{\pi} f\left(\frac{Lt}{\pi}\right)\cos nt\,dt \qquad (n = 0, 1, 2, \cdots)$$

$$b_n = \frac{1}{\pi}\int_{-\pi}^{\pi} f\left(\frac{Lt}{\pi}\right)\sin nt\,dt \qquad (n = 1, 2, \cdots)$$

となる．ここで，$t = \dfrac{\pi x}{L}$ を上式に代入すれば，次のようになる．

> $2L$ を周期にもつ関数 $f(x)$ について
>
> (9) $$f(x) \sim \frac{a_0}{2} + \sum_{n=1}^{\infty}\left(a_n \cos\frac{n\pi x}{L} + b_n \sin\frac{n\pi x}{L}\right)$$
>
> (10) $$a_n = \frac{1}{L}\int_{-L}^{L} f(x)\cos\frac{n\pi x}{L}dx \qquad (n = 0, 1, 2, \cdots)$$
> $$b_n = \frac{1}{L}\int_{-L}^{L} f(x)\sin\frac{n\pi x}{L}dx \qquad (n = 1, 2, \cdots)$$

例題３　$f(x)$ は周期 1 をもち，$f(x) = x^2$ $(0 \leqq x < 1)$ であるとする．$f(x)$ のフーリエ級数を求めよ．

【解答】 上の公式 (9) と (10) を利用する．$2L = 1$ すなわち $L = \dfrac{1}{2}$ であるから（次のページの**注意**参照）

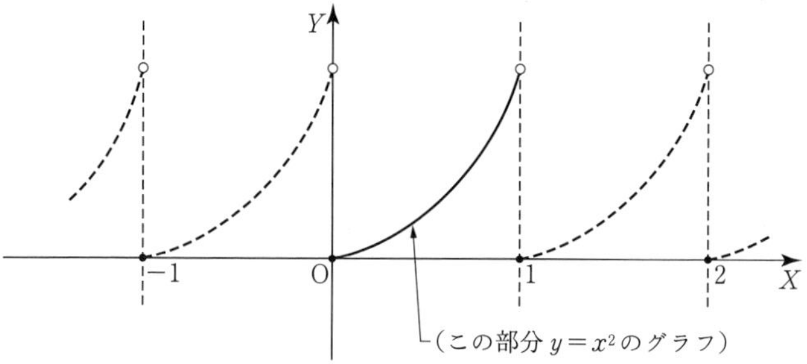

IV - 3 図

$$a_0 = \frac{1}{1/2}\int_0^1 x^2\,dx = \frac{2}{3}$$

$$a_n = \frac{1}{1/2}\int_0^1 x^2 \cos 2n\pi x\,dx$$

$$= 2\left[\frac{x^2\sin 2n\pi x}{2n\pi} + \frac{2x\cos 2n\pi x}{(2n\pi)^2} - \frac{2\sin 2n\pi x}{(2n\pi)^3}\right]_0^1 = \frac{1}{n^2\pi^2}$$

$$b_n = \frac{1}{1/2}\int_0^1 x^2 \sin 2n\pi x\, dx$$
$$= 2\left[-\frac{x^2\cos 2n\pi x}{2n\pi} + \frac{2x\sin 2n\pi x}{(2n\pi)^2} + \frac{2\cos 2n\pi x}{(2n\pi)^3}\right]_0^1 = -\frac{1}{n\pi}$$

ここで，$n = 1, 2, \cdots$．ゆえに

$$f(x) \sim \frac{1}{3} + \frac{1}{\pi^2}\left(\cos 2\pi x + \frac{1}{2^2}\cos 4\pi x + \frac{1}{3^2}\cos 6\pi x + \cdots\right)$$
$$- \frac{1}{\pi}\left(\sin 2\pi x + \frac{1}{2}\sin 4\pi x + \frac{1}{3}\sin 6\pi x + \cdots\right)$$ ■

注意　上の a_0, a_n, b_n の計算で次のことを利用した．$F(x)$ が周期 T をもてば

$$\int_0^T F(x)dx = \int_a^{T+a} F(x)dx$$

$f(x)$ を周期 $2L$ をもつ周期関数とする．まず，$f(x)$ が偶関数である場合には，公式（10）で $f(x)\sin\dfrac{n\pi x}{L}$ は奇関数であるから，$b_n = 0$ となる．また，この場合には，$f(x)\cos\dfrac{n\pi x}{L}$ は偶関数であるから

$$a_n = \frac{2}{L}\int_0^L f(x)\cos\frac{n\pi x}{L}dx$$

同様に，$f(x)$ が奇関数である場合には

$$a_n = 0, \qquad b_n = \frac{2}{L}\int_0^L f(x)\sin\frac{n\pi x}{L}dx$$

となる．まとめて

> $2L$ を周期にもつ周期関数 $f(x)$ について
>
> $f(x)$ が**偶関数**ならば，そのフーリエ級数は**余弦級数**で
>
> （11）
> $$f(x) \sim \frac{a_0}{2} + \sum_{n=1}^{\infty} a_n \cos\frac{n\pi x}{L}$$
> $$a_n = \frac{2}{L}\int_0^L f(x)\cos\frac{n\pi x}{L}dx$$
>
> $f(x)$ が**奇関数**ならば，そのフーリエ級数は**正弦級数**で
>
> （12）　$f(x) \sim \sum_{n=1}^{\infty} b_n \sin\dfrac{n\pi x}{L}, \qquad b_n = \dfrac{2}{L}\int_0^L f(x)\sin\dfrac{n\pi x}{L}dx$

有限区間で定義された関数のフーリエ級数　区間 $[-L, L]$ で定義された関数 $f(x)$ を考える．もしも $f(-L) \neq f(L)$ ならば，$x = -L$ と $x = L$ における $f(x)$ の値を $\frac{1}{2}\{f(-L+0) + f(L-0)\}$ に等しいと定義し直せば，$f(-L) = f(L)$ となる．（このように $f(x)$ を修正しても，結論は元の $f(x)$ を用いた結論と一致する．）このとき，$2L$ を周期にもつ関数 $g(x)$ で，$[-L, L]$ で $f(x)$ と一致するものが存在する．この周期関数 $g(x)$ のフーリエ級数を，与えられた関数 $f(x)$ の**フーリエ級数**という．これは公式（9）と（10）で与えられる．

区間 $[0, L]$ で定義された関数 $f(x)$ が与えられたとする．このとき，$[-L, L]$ で定義された偶関数 $F(x)$ を

$$F(x) = \begin{cases} f(x) & (0 \leqq x \leqq L) \\ f(-x) & (-L \leqq x \leqq 0) \end{cases}$$

で定義する．この $F(x)$ のフーリエ級数は余弦級数である．この余弦級数を，$[0, L]$ で与えられた関数 $f(x)$ の**余弦フーリエ級数**という．これは公式（11）で与えられる．

区間 $[0, L]$ で定義された関数 $f(x)$ が与えられたとする．このとき，$[-L, L]$ で定義された奇関数 $G(x)$ を

$$G(x) = \begin{cases} f(x) & (0 < x \leqq L) \\ -f(-x) & (-L \leqq x < 0) \end{cases} \qquad G(0) = 0$$

で定義する．この $G(x)$ のフーリエ級数は正弦級数である．この正弦級数を，$[0, L]$ で与えられた関数 $f(x)$ の**正弦フーリエ級数**という．これは公式（12）で与えられる．

最良近似としてのフーリエ級数　フーリエ級数の意味づけを1つ与える．区間 $[-\pi, \pi]$ で定義された関数 $f(x)$ について考える．$f(x)$ を三角多項式（有限個の項から成り立っている三角級数）

$$(13)\quad S_n(x) = \frac{a_0}{2} + (a_1 \cos x + b_1 \sin x) + (a_2 \cos 2x + b_2 \sin 2x) + \cdots + (a_n \cos nx + b_n \sin nx)$$

で近似することを考える．それにはいろいろの方法があるが，ここでは最小二

乗法の意味で，最も近似度の高いものを求めよう．すなわち，二乗平均誤差

(14) $$E(a_0, a_1, \cdots, a_n\,;\,b_1, \cdots, b_n) = \frac{1}{2\pi}\int_{-\pi}^{\pi}[f(x) - S_n(x)]^2 dx$$

が最小になるように，未定係数 $a_0, a_1, \cdots, a_n\,;\,b_1, \cdots, b_n$ を定めよう．この誤差 E は $a_0, a_1, \cdots, a_n\,;\,b_1, \cdots, b_n$ についての2次式であって，負にはならない．ゆえに，その最小値を与える $a_0, a_1, \cdots, a_n\,;\,b_1, \cdots, b_n$ は，次の方程式の解である．

$$\frac{\partial E}{\partial a_k} = 0, \qquad \frac{\partial E}{\partial b_k} = 0 \qquad (k = 1, 2, \cdots, n)$$

すなわち

$$\int_{-\pi}^{\pi}[f(x) - S_n(x)]\cos kx\,dx = 0, \qquad \int_{-\pi}^{\pi}[f(x) - S_n(x)]\sin kx\,dx = 0$$

ここで，公式 (2), (3) を利用すれば

$$a_k = \frac{1}{\pi}\int_{-\pi}^{\pi} f(x)\cos kx\,dx, \qquad b_k = \frac{1}{\pi}\int_{-\pi}^{\pi} f(x)\sin kx\,dx$$
$$(k = 0, 1, 2, \cdots, n)$$

が得られる．これは，$f(x)$ のフーリエ係数である．ここで注目しなければならないことは，(13) で考えた三角多項式 $S_n(x)$ の番号 n に無関係に，a_k と b_k は $f(x)$ のフーリエ係数となることである．

複素フーリエ級数　フーリエ級数を変形する．いま，関数 $f(x)$ は $[-\pi, \pi]$ で定義されているとすれば，そのフーリエ係数は (7) で与えられる．さて，オイラーの公式 (p. 48)

$$\cos nx = \frac{e^{inx} + e^{-inx}}{2}, \qquad \sin nx = \frac{e^{inx} - e^{-inx}}{2i}$$

を (7) と (8) に代入すれば

(15) $$f(x) \sim \sum_{n=-\infty}^{\infty} \alpha_n e^{inx}$$

となる．ここで，α_n は複素数であって

(16) $$\alpha_n = \frac{1}{2\pi}\int_{-\pi}^{\pi} f(x) e^{-inx} dx \qquad (n = 0, \pm 1, \pm 2, \cdots)$$

である．この (16) の右辺の無限級数を関数 $f(x)$ の**複素フーリエ級数**という．

まとめれば，区間 $[-L, L]$ で定義された関数 $f(x)$ の複素フーリエ級数は次のようになる．

$$(17)\qquad f(x) \sim \sum_{n=-\infty}^{\infty} \alpha_n e^{i\frac{n\pi x}{L}}, \qquad \alpha_n = \frac{1}{2L}\int_{-L}^{L} f(x) e^{-i\frac{n\pi x}{L}} dx$$

問　題

1. 区間 $[-5, 5]$ で定義された関数 $f(x) = \begin{cases} 0 & (-5 \leqq x < 0) \\ 3 & (0 \leqq x \leqq 5) \end{cases}$ のフーリエ係数は次のようであることを証明せよ．

$$a_0 = 3,\ \ a_n = 0\ \ (n > 0),\ \ b_n = \frac{3(1-\cos n\pi)}{n\pi} = \frac{3(1-(-1)^n)}{n\pi}$$

2. 区間 $[-2, 2]$ で定義された関数 $f(x) = x$ のフーリエ級数はつぎのようであることを証明せよ．

$$f(x) \sim \frac{4}{\pi}\left(\sin\frac{\pi x}{2} - \frac{1}{2}\sin\frac{2\pi x}{2} + \frac{1}{3}\sin\frac{3\pi x}{2} - \cdots\right)$$

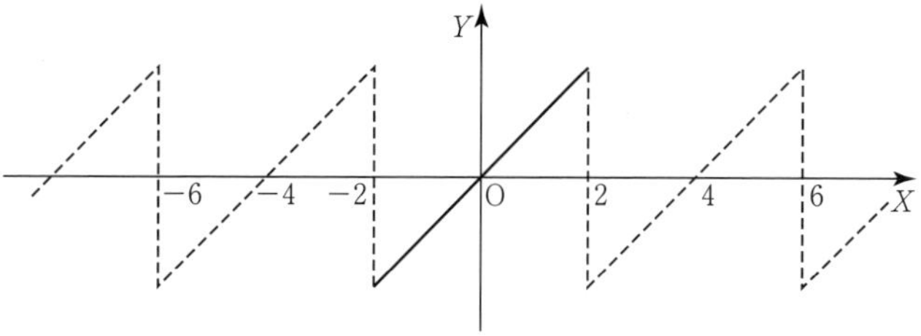

IV－4図

3. 区間 $[-\pi, \pi]$ で定義された関数 $f(x) = |\sin x|$ のフーリエ級数は次のようであることを証明せよ．

$$f(x) \sim \frac{2}{\pi} - \frac{4}{\pi}\left(\frac{\cos 2x}{2^2-1} + \frac{\cos 4x}{4^2-1} + \frac{\cos 6x}{6^2-1} + \cdots\right)$$

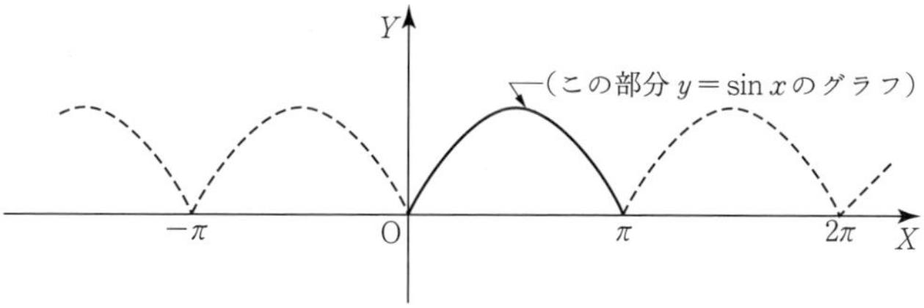

IV－5図

§2　フーリエ級数の性質

この章で取扱う関数の種類を制限して，フーリエ級数の性質をまとめることにする．有限区間 I で定義された関数 $f(x)$ が I で有限個の点 $x_1, x_2, \cdots, x_k$ を除いて連続であり，各不連続点 x_i で

$$f(x_i+0)=\lim_{t\to+0}f(x_i+t), \qquad f(x_i-0)=\lim_{t\to-0}f(x_i+t)$$

が存在し，さらに I の左，右両端点 a, b で

$$f(a+0)=\lim_{t\to+0}f(a+t), \qquad f(b-0)=\lim_{t\to+0}f(b-t)$$

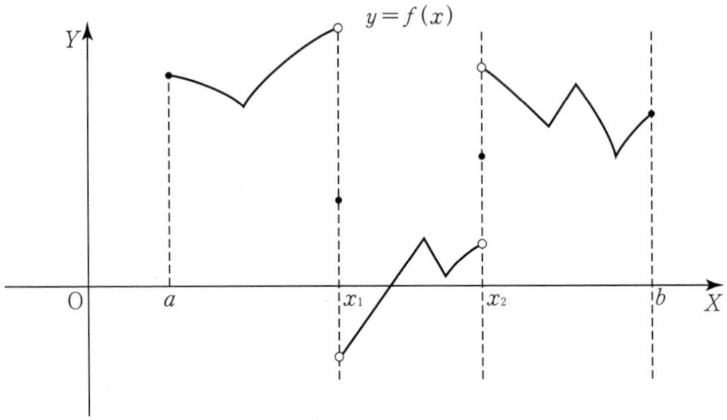

IV-6図

が存在するとする．このとき，$f(x)$ は区間 I で**区分的に連続**であるという．また，無限区間 I で定義された関数 $f(x)$ が，I に含まれる任意の有限区間で区分的に連続であるとき，$f(x)$ は I で**区分的に連続**であるという．

関数 $f(x)$ が区間 I で区分的に連続な関数であるとする．I 内の点 $x=p$ で $f(x)$ が不連続であるとき，この点における $f(x)$ の値 $f(p)$ を

(1)
$$f(p)=\frac{1}{2}\{f(p+0)+f(p-0)\}$$

と定義し直すことができる．このように，不連続点における $f(x)$ の値を変更しても，この関数は区分的に連続である．そこで，この章以後のすべての章で

考える区分的に連続な関数 $f(x)$ は，特に断わらない限り，その不連続点 p で条件（1）が成り立つように，修正されているとする．

フーリエ級数の収束について，次の定理が成り立つが，その証明を省略する．なお，この定理の証明については，V付録，§6（p. 323）を参照されたい．

> **定理 1**　$f(x)$ は周期 $2L$ をもつ周期関数で，区分的に連続であるとする．さらに，$f'(x)$ も区分的に連続であるとする．このとき，$f(x)$ のフーリエ級数は
>
> $f(x)$ が連続な点 x で，$f(x)$ に収束し，
>
> $f(x)$ が不連続な点 x で，$\dfrac{1}{2}\{f(x+0)+f(x-0)\}$ に収束する．

なお，上の定理 1 で

$f(x)$ のフーリエ級数は，$f(x)$ の不連続点を含まない任意の閉区間で一様に収束する

ことが知られている．

関数 $f(x)$ が定理 1 の条件を満足していれば，$f(x)$ とそのフーリエ級数を等号で結ぶことができて

$$f(x)=\frac{a_0}{2}+\sum_{n=1}^{\infty}\left(a_n\cos\frac{n\pi x}{L}+b_n\sin\frac{n\pi x}{L}\right)$$

となる．ここで，a_n, b_n は $f(x)$ のフーリエ係数である．この事実は条件（1）と定理 1 の結論を考え合わせれば，明らかである．

例題 1　§1 の例題 2（p. 231）と例題 3（p. 233）をそれぞれ利用して，次式を証明せよ．

（1）　$1+\dfrac{1}{3^2}+\dfrac{1}{5^2}+\cdots=\dfrac{\pi^2}{8}$　　（2）　$1+\dfrac{1}{2^2}+\dfrac{1}{3^2}+\cdots=\dfrac{\pi^2}{6}$

【解答】（1）　§1 の例題 2 の $f(x)$ は定理 1 の条件を満たしているから

$$f(x)=\frac{4}{\pi}\left(\cos x+\frac{1}{3^2}\cos 3x+\frac{1}{5^2}\cos 5x+\cdots\right)$$

この $f(x)$ は点 $x=0$ で連続であり，$f(0)=\dfrac{\pi}{2}$ であるから，上式の両辺で $x=0$ とおいて

$$\frac{\pi}{2}=\frac{4}{\pi}\left(1+\frac{1}{3^2}+\frac{1}{5^2}\cdots\right) \qquad \therefore\ 1+\frac{1}{3^2}+\frac{1}{5^2}+\cdots=\frac{\pi^2}{8}$$

(2)　§1の例題3の $f(x)$ は定理1の条件を満足しているから

$$f(x)=\frac{1}{3}+\frac{1}{\pi^2}\left(\cos 2\pi x+\frac{1}{2^2}\cos 4\pi x+\frac{1}{3^2}\cos 6\pi x+\cdots\right)$$
$$-\frac{1}{\pi}\left(\sin 2\pi x+\frac{1}{2}\sin 4\pi x+\frac{1}{3}\sin 6\pi x+\cdots\right)$$

この $f(x)$ は点 $x=0$ で不連続であるから

$$f(0)=\frac{1}{2}(f(0+0)+f(0-0))=\frac{1}{2}(0+1)=\frac{1}{2}$$

ゆえに，上式の両辺で $x=0$ とおいて

$$\frac{1}{2}=\frac{1}{3}+\frac{1}{\pi^2}\left(1+\frac{1}{2^2}+\frac{1}{3^2}+\cdots\right) \qquad \therefore\ 1+\frac{1}{2^2}+\frac{1}{3^2}+\cdots=\frac{\pi^2}{6}$$ ■

フーリエ級数の項別積分について，次の定理があるが，証明を省略する．

定理2　区間 $[-L,L]$ で区分的に連続な関数 $f(x)$ のフーリエ級数を

$$f(x)\sim\frac{a_0}{2}+\sum_{n=1}^{\infty}\left(a_n\cos\frac{n\pi x}{L}+b_n\sin\frac{n\pi x}{L}\right)$$

とすれば，$-L\leqq a,\ x\leqq L$ を満たす任意の a と x について，次式が成り立つ．

$$\begin{aligned}\int_0^x f(x)dx&=\frac{a_0}{2}\int_0^x dx\\&\quad+\sum_{n=1}^{\infty}\left(a_n\int_a^x\cos\frac{n\pi x}{L}dx+b_n\int_a^x\sin\frac{n\pi x}{L}dx\right)\\&=\frac{a_0}{2}(x-a)-\sum_{n=1}^{\infty}\frac{L}{n\pi}\left(a_n\sin\frac{n\pi a}{L}-b_n\cos\frac{n\pi a}{L}\right)\\&\quad+\sum_{n=1}^{\infty}\frac{L}{n\pi}\left(a_n\sin\frac{n\pi x}{L}-b_n\cos\frac{n\pi x}{L}\right)\end{aligned}$$

定理2で，$F(x)=\int_a^x f(x)dx-\frac{a_0}{2}(x-a)$ とおけば，$F(x)$ のフーリエ級数は次のものである．

$$F(x)=\sum_{n=1}^{\infty}\frac{L}{n\pi}\left(b_n\cos\frac{n\pi a}{L}-a_n\sin\frac{n\pi a}{L}\right)$$
$$+\sum_{n=1}^{\infty}\frac{L}{n\pi}\left(-b_n\cos\frac{n\pi x}{L}+a_n\sin\frac{n\pi x}{L}\right)$$

例題 2　§1 の問題 **2**（p. 237）を利用して，次の問に答えよ．

(1)　$f(x)=x$ $(-2\leqq x\leqq 2)$ のフーリエ級数を項別積分して，$g(x)=x^2$ $(-2\leqq x\leqq 2)$ のフーリエ級数を求めよ．

(2)　次式を証明せよ．

$$\sum_{n=1}^{\infty}\frac{(-1)^{n-1}}{n^2}=\frac{\pi^2}{12}$$

【解答】(1)　§1 の問題 **2** によって

$$f(x)=\frac{4}{\pi}\left(\sin\frac{\pi x}{2}-\frac{1}{2}\sin\frac{2\pi x}{2}+\frac{1}{3}\sin\frac{3\pi x}{2}-\cdots\right)$$

左辺を積分し，右辺を項別に積分すれば

$$x^2=2\int_0^x x\,dx=c-\frac{16}{\pi^2}\left(\cos\frac{\pi x}{2}-\frac{1}{2^2}\cos\frac{2\pi x}{2}+\frac{1}{3^2}\cos\frac{3\pi x}{2}-\cdots\right)$$

ここで
$$c=\frac{16}{\pi^2}\left(1-\frac{1}{2^2}+\frac{1}{3^2}-\cdots\right)$$

ゆえに，$g(x)$ のフーリエ級数は

$$g(x)=c-\frac{16}{\pi^2}\left(\cos\frac{\pi x}{2}-\frac{1}{2^2}\cos\frac{2\pi x}{2}+\frac{1}{3^2}\cos\frac{3\pi x}{2}-\cdots\right)$$

さて，$g(x)=x^2$ $(-2\leqq x\leqq 2)$ であるから，上式の両辺を 0 から 2 まで積分して，定数 c の値を次のように求めることができる．

$$\int_0^2 x^2dx=2c \qquad \therefore\quad c=\frac{4}{3}$$

(2)　$g(x)=x^2$ $(-2\leqq x\leqq 2)$ のフーリエ級数を上で求めた．ここで，$x=0$ とすれば

$$0=\frac{4}{3}-\frac{16}{\pi^2}\left(1-\frac{1}{2^2}+\frac{1}{3^2}-\cdots\right)$$
$$\therefore\quad \sum_{n=1}^{\infty}\frac{(-1)^{n-1}}{n^2}=\frac{4}{3}\cdot\frac{\pi^2}{16}=\frac{\pi^2}{12}$$

■

次の**パーセバル**（Parseval）**の等式**（2）が成り立つ．

> 区間 $[-L, L]$ で関数 $f(x)$ が連続で，$f'(x)$ が区分的に連続であるとする．$f(x)$ のフーリエ係数を $a_0, a_1, \cdots, a_n, \cdots$；$b_1, b_2, \cdots, b_n, \cdots$ とすれば
>
> (2) $$\frac{1}{L}\int_{-L}^{L}\{f(x)\}^2 dx = \frac{{a_0}^2}{2} + \sum_{n=1}^{\infty}({a_n}^2 + {b_n}^2)$$

[証明] 定理1によって，$f(x)$ のフーリエ級数は $f(x)$ の不連続点を除いて一様収束するから，$f(x)$ のフーリエ級数を項別に積分することができる．したがって

$$\{f(x)\}^2 = \frac{a_0}{2}f(x) + \sum_{n=1}^{\infty}\left(a_n f(x)\cos\frac{n\pi x}{L} + b_n f(x)\sin\frac{n\pi x}{L}\right)$$

の右辺も項別に積分することができる．ゆえに

$$\int_{-L}^{L}\{f(x)\}^2 dx = \frac{a_0}{2}\int_{-L}^{L}f(x)dx + \sum_{n=1}^{\infty}\left(a_n\int_{-L}^{L}f(x)\cos\frac{n\pi x}{L}dx + b_n\int_{-L}^{L}f(x)\sin\frac{n\pi x}{L}dx\right)$$

ところが，§1の公式（10）（p. 233）によって

$$a_n = \frac{1}{L}\int_{-L}^{L}f(x)\cos\frac{n\pi x}{L}dx$$

$$b_n = \frac{1}{L}\int_{-L}^{L}f(x)\sin\frac{n\pi x}{L}dx$$

これを上式の右辺に代入して，公式（2）が得られる． □

例題 3　§1の問題 **3**（p. 237）の関数

$$f(x) = |\sin x| \qquad (-\pi \leqq x \leqq \pi)$$

のフーリエ級数を利用して，次式を証明せよ．

$$\frac{1}{1^2 3^2} + \frac{1}{3^2 5^2} + \frac{1}{5^2 7^2} + \cdots = \frac{\pi^2 - 8}{16}$$

【解答】 §1の問題 **3** によって

$$f(x) = \frac{1}{2}\cdot\frac{4}{\pi} - \frac{4}{\pi}\left(\frac{\cos 2x}{2^2-1} + \frac{\cos 4x}{4^2-1} + \frac{\cos 6x}{6^2-1} + \cdots\right)$$

したがって，パーセバルの等式（2）によって

$$\frac{1}{\pi}\int_{-\pi}^{\pi}|\sin x|^2 dx = \frac{1}{2}\left(\frac{4}{\pi}\right)^2 + \left(\frac{4}{\pi}\right)^2\left(\frac{1}{2^2-1}\right)^2 + \left(\frac{4}{\pi}\right)^2\left(\frac{1}{4^2-1}\right)^2 + \left(\frac{4}{\pi}\right)^2\left(\frac{1}{6^2-1}\right)^2 + \cdots$$

$$\therefore\quad 1 = \frac{8}{\pi^2} + \frac{16}{\pi^2}\left(\frac{1}{1^2 3^2} + \frac{1}{3^2 5^2} + \frac{1}{5^2 7^2} + \cdots\right)$$

$$\therefore\quad \frac{1}{1^2 3^2} + \frac{1}{3^2 5^2} + \frac{1}{5^2 7^2} + \cdots = \frac{\pi^2 - 8}{16}$$

■

フーリエ級数の項別微分について，次の定理があるが，証明を省略する．

定理 3　周期関数 $f(x)$ が**連続**で，しかも $f'(x)$ も**連続**であって，さらに $f''(x)$ が区分的に連続であれば，$f(x)$ と $f'(x)$ のフーリエ級数はそれぞれ $f(x)$ と $f'(x)$ に収束し，$f'(x)$ のフーリエ級数は $f(x)$ のフーリエ級数を項別に微分して得られる．すなわち

$$f(x) = \frac{a_0}{2} + \sum_{n=1}^{\infty}\left(a_n \cos\frac{n\pi x}{L} + b_n \sin\frac{n\pi x}{L}\right)$$

であれば

$$f'(x) = \left(\frac{a_0}{2}\right)' + \sum_{n=1}^{\infty}\left(a_n \cos\frac{n\pi x}{L} + b_n \sin\frac{n\pi x}{L}\right)'$$
$$= \sum_{n=1}^{\infty}\frac{n\pi}{L}\left(-a_n \sin\frac{n\pi x}{L} + b_n \cos\frac{n\pi x}{L}\right)$$

さて，§1 の問題 **2**（p. 237）の関数 $f(x) = x$（$-2 \leqq x \leqq 2$）のフーリエ級数は

$$f(x) \sim \frac{4}{\pi}\left(\sin\frac{\pi x}{2} - \frac{1}{2}\sin\frac{2\pi x}{2} + \frac{1}{3}\sin\frac{3\pi x}{2} - \frac{1}{4}\sin\frac{4\pi x}{2} + \cdots\right)$$

であった．この左辺を微分し，右辺を項別微分にすることができるとすれば

$$1 \sim 2\left(\cos\frac{\pi x}{2} - \cos\frac{2\pi x}{2} + \cos\frac{3\pi x}{2} - \cos\frac{4\pi x}{2} + \cdots\right)$$

となるはずである．しかし，右辺の級数において $x = 2$ とすれば，これは収束しない．すなわち，この関数 $f(x)$ は $x = 2$ で連続でないから，$f(x)$ が定理 3 の条件を満たしていないことに注目すれば，このことを了解できるであろう．

演 習 問 題 IV - 1

[A]

1. 下の図のようなグラフをもつ関数 $f(x)$ のフーリエ級数を求めよ．

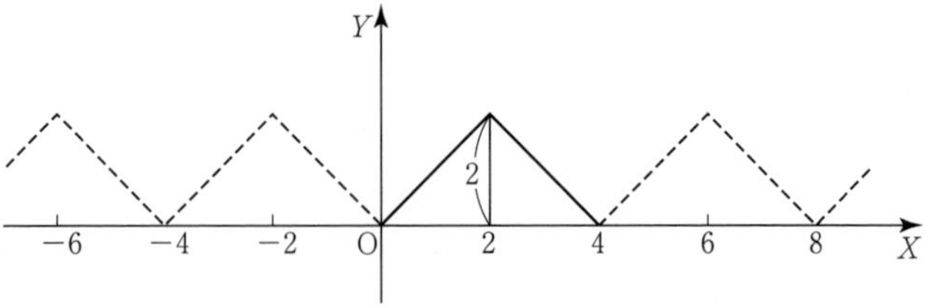

IV - 7 図

2. 区間 $[0, \pi]$ で定義された関数

$$f(x) = \begin{cases} x & \left(0 \leqq x < \dfrac{\pi}{2}\right) \\ 0 & \left(\dfrac{\pi}{2} \leqq x \leqq \pi\right) \end{cases}$$

について

(1)　$f(x)$ の正弦フーリエ級数を求めよ．

(2)　$f(x)$ の余弦フーリエ級数を求めよ．

3. 区間 $[-\pi, \pi]$ で定義された関数 $f(x) = |x|$ のフーリエ級数を求めよ．

[B]

4. 関数 $f(x)$ の複素フーリエ級数を

$$f(x) \sim \sum_{n=-\infty}^{\infty} c_n e^{inx} \qquad (-\pi < x \leqq \pi)$$

とすれば，$f(x+h)$ の複素フーリエ級数は

$$f(x+h) \sim \sum_{n=-\infty}^{\infty} (c_n e^{inh}) e^{inx} \qquad (-\pi - h < x \leqq \pi - h)$$

である．このことを証明せよ．

5. 2つの関数 $f(x), g(x)$ の複素フーリエ級数をそれぞれ

$$f(x) \sim \sum_{n=-\infty}^{\infty} c_n e^{inx}, \qquad g(x) \sim \sum_{n=-\infty}^{\infty} d_n e^{inx}$$

とする．さて

$$h(x) = \frac{1}{2\pi} \int_{-\pi}^{\pi} f(x-s) g(s) ds$$

とすれば，$h(x)$ の複素フーリエ級数は

$$h(x) \sim \sum_{n=-\infty}^{\infty} (c_n d_n) e^{inx}$$

である．このことを証明せよ．

6. 上の **5** の $h(x)$ について，次のことを証明せよ．

$$f(x) \sim \frac{a_0}{2} + \sum_{n=1}^{\infty} (a_n \cos nx + b_n \sin nx)$$

$$g(x) \sim \frac{c_0}{2} + \sum_{n=1}^{\infty} (c_n \cos nx + d_n \sin nx)$$

であって

$$h(x) \sim \frac{A_0}{2} + \sum_{n=1}^{\infty} (A_n \cos nx + B_n \sin nx)$$

ならば

$$A_0 = \frac{a_0 c_0}{4}, \qquad A_n = \frac{1}{2}(a_n c_n - b_n d_n), \qquad B_n = \frac{1}{2}(a_n d_n + b_n c_n) \qquad (n = 1, 2, \cdots)$$

である．

7. 次のようにおく．$L > 0$ として

$$\varphi_0 = \frac{1}{\sqrt{2L}}, \ \varphi_1 = \frac{1}{\sqrt{L}} \sin \frac{\pi x}{L}, \ \varphi_2 = \frac{1}{\sqrt{L}} \cos \frac{\pi x}{L}, \ \cdots$$

$$\cdots, \ \varphi_{2m-1} = \frac{1}{\sqrt{L}} \sin \frac{m\pi x}{L}, \ \varphi_{2m} = \frac{1}{\sqrt{L}} \cos \frac{m\pi x}{L}, \ \cdots$$

このとき，次のことを証明せよ．

(1)
$$\int_{-L}^{L} \varphi_j \varphi_k \, dx = \begin{cases} 1 & (j = k) \\ 0 & (j \neq k) \end{cases}$$

(2) 区間 $[-L, L]$ で定義された関数 $f(x)$ のフーリエ級数は次のようになる．

$$f(x) \sim \sum_{n=0}^{\infty} a_n \varphi_n, \qquad a_n = \int_{-L}^{L} f(x) \varphi_n(x) \, dx \qquad (n = 0, 1, \cdots)$$

(3) $f(x)$ についてパーセバルの等式は次のようになる．

$$\int_{-L}^{L} \{f(x)\}^2 dx = \sum_{n=0}^{\infty} {a_n}^2$$

第２章　フーリエ積分

§３　フーリエ積分

周期関数を無限個の三角関数

$$1,\ \cos\omega x,\ \sin\omega x,\ \cos 2\omega x,\ \sin 2\omega x,\ \cdots,\ \cos n\omega x,\ \sin n\omega x,\ \cdots$$

に係数を掛けたものの和として表そうとして，フーリエ級数の考えが発生した．これにならって，無限区間で定義されていて，周期をもたない関数 $f(x)$ を三角関数 $\cos\alpha x$ と $\sin\alpha x$ に係数を掛けたものの和の積分で表し

$$f(x) = \int_0^{\infty}\{A(\alpha)\cos\alpha x + B(\alpha)\sin\alpha x\}d\alpha$$

とすることを考えて，次に述べるフーリエ積分の考えに到達する．

フーリエ積分をフーリエ級数の極限として理解するために，次のように形式的な考察をする．さて，関数 $f(x)$ は無限区間 $(-\infty, \infty)$ で定義されていて，$\int_{-\infty}^{\infty}|f(x)|dx$ が有限確定に存在するとする．まず，この $f(x)$ の定義域を有限区間 $[-L, L]$ に制限して考え，これをフーリエ級数で表せば，この区間に属する任意の x について次式が成り立つ．

$$f(x) = \frac{a_0}{2} + \sum_{n=1}^{\infty}\left(a_n\cos\frac{n\pi x}{L} + b_n\sin\frac{n\pi x}{L}\right)$$

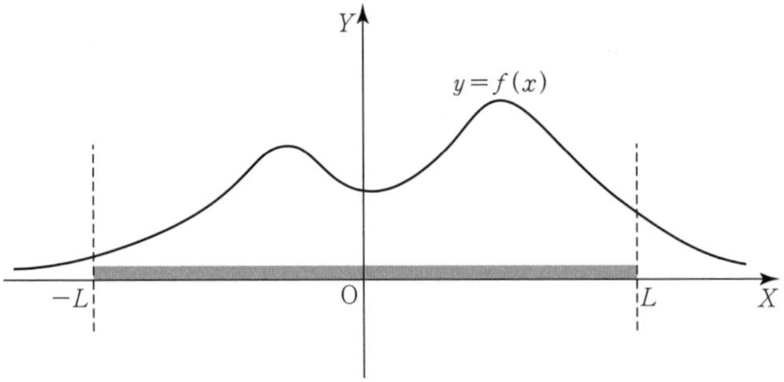

IV - 8 図

$$a_0 = \frac{1}{L}\int_{-L}^{L} f(x)dx, \qquad a_n = \frac{1}{L}\int_{-L}^{L} f(x)\cos\frac{n\pi x}{L}dx$$

$$b_n = \frac{1}{L}\int_{-L}^{L} f(x)\sin\frac{n\pi x}{L}dx \qquad\qquad (n = 1, 2, \cdots)$$

したがって，a_0, a_n, b_n の値を上の式に代入して

$$f(x) = \frac{1}{2L}\int_{-L}^{L} f(x)dx + \sum_{n=1}^{\infty}\left[\frac{1}{L}\int_{-L}^{L} f(u)\cos\frac{n\pi u}{L}du\cos\frac{n\pi x}{L} + \frac{1}{L}\int_{-L}^{L} f(u)\sin\frac{n\pi u}{L}du\sin\frac{n\pi x}{L}\right]$$

ここで，$L\to\infty$ とすれば，$\int_{-\infty}^{\infty}|f(x)|dx$ が有限確定であるから，右辺の第1項は0に収束する．いま

$$\Delta\alpha = \frac{\pi}{L}$$

とおいて，$L\to\infty$ とすれば，$\Delta\alpha\to 0$ となり，すべての x に対して，形式的に次式が得られる．

(1)　$$f(x) = \lim_{\Delta\alpha\to 0}\left[\sum_{n=1}^{\infty} A(n\Delta\alpha)\cos(n\Delta\alpha x)\Delta\alpha + \sum_{n=1}^{\infty} B(n\Delta\alpha)\sin(n\Delta\alpha x)\Delta\alpha\right]$$

ただし，右辺にある関数 $A(\alpha), B(\alpha)$ をそれぞれ

(2)　$$A(\alpha) = \frac{1}{\pi}\int_{-\infty}^{\infty} f(u)\cos\alpha u\, du, \qquad B(\alpha) = \frac{1}{\pi}\int_{-\infty}^{\infty} f(u)\sin\alpha u\, du$$

で定義する．ゆえに，(1) は形式的に次のようになる．

(3)　$$f(x) = \int_{0}^{\infty} A(\alpha)\cos\alpha x\, d\alpha + \int_{0}^{\infty} B(\alpha)\sin\alpha x\, d\alpha$$

さらに，(2) を右辺に代入すれば，(3) は次のようになる．

(4)　$$f(x) = \frac{1}{\pi}\int_{0}^{\infty}\int_{-\infty}^{\infty} f(u)\cos\alpha(x-u)dud\alpha$$

次に，複素フーリエ級数に対応するものを求めるために，次の準備的な計算をする．

$$\int_{-\infty}^{\infty}\int_{-\infty}^{\infty} f(u)e^{-i\alpha(u-x)}dud\alpha$$

$$= \int_{-\infty}^{0}\int_{-\infty}^{\infty} f(u)e^{-i\alpha(u-x)}dud\alpha + \int_{0}^{\infty}\int_{-\infty}^{\infty} f(u)e^{-i\alpha(u-x)}dud\alpha$$

$$= \int_0^\infty \int_{-\infty}^\infty f(u) e^{i\alpha(u-x)} du d\alpha + \int_0^\infty \int_{-\infty}^\infty f(u) e^{-i\alpha(u-x)} du d\alpha$$

$$= \int_0^\infty \int_{-\infty}^\infty f(u) (e^{i\alpha(u-x)} + e^{-i\alpha(u-x)}) du d\alpha$$

$$= 2\int_0^\infty \int_{-\infty}^\infty f(u) \cos \alpha(x-u) du d\alpha$$

したがって，(4) は次のようになる．

$$f(x) = \frac{1}{2\pi} \int_{-\infty}^\infty \int_{-\infty}^\infty f(u) e^{-i\alpha(u-x)} du d\alpha$$

(5) $$\therefore \quad f(x) = \frac{1}{\sqrt{2\pi}} \int_{-\infty}^\infty \left[\frac{1}{\sqrt{2\pi}} \int_{-\infty}^\infty f(u) e^{-i\alpha u} du \right] e^{i\alpha x} d\alpha$$

フーリエ級数の場合と同じように，単に対応を意味する記号 ～ を使って，以上のことをまとめると，次のようになる．

(6) $$\begin{cases} f(x) \sim \displaystyle\int_0^\infty A(\alpha) \cos \alpha x \, d\alpha + \int_0^\infty B(\alpha) \sin \alpha x \, d\alpha \\ A(\alpha) = \displaystyle\frac{1}{\pi} \int_{-\infty}^\infty f(u) \cos \alpha u \, du \\ B(\alpha) = \displaystyle\frac{1}{\pi} \int_{-\infty}^\infty f(u) \sin \alpha u \, du \end{cases}$$

(7) $$f(x) \sim \frac{1}{\pi} \int_0^\infty \int_{-\infty}^\infty f(u) \cos \alpha(x-u) du d\alpha$$

(8) $$\begin{cases} f(x) \sim \displaystyle\frac{1}{\sqrt{2\pi}} \int_{-\infty}^\infty F(\alpha) e^{i\alpha x} d\alpha \\ F(\alpha) = \displaystyle\frac{1}{\sqrt{2\pi}} \int_{-\infty}^\infty f(u) e^{-i\alpha u} du \end{cases}$$

この (6),(7) および (8) の第1式の右辺を $f(x)$ の**フーリエ積分**という．

特に，$f(x)$ が偶関数である場合には，(6) の右辺は余弦 $\cos \alpha x$ の項だけになる．$f(x)$ が奇関数である場合には，(6) の右辺は正弦 $\sin \alpha x$ の項だけになる．このことをまとめれば，次のようになる．

$f(x)$ が偶関数の場合には

(9)
$$f(x) \sim \sqrt{\frac{2}{\pi}}\int_0^\infty C(\alpha)\cos\alpha x\,d\alpha$$
$$C(\alpha) = \sqrt{\frac{2}{\pi}}\int_0^\infty f(u)\cos\alpha u\,du$$

$f(x)$ が奇関数の場合には

(10)
$$f(x) \sim \sqrt{\frac{2}{\pi}}\int_0^\infty S(\alpha)\sin\alpha x\,d\alpha$$
$$S(\alpha) = \sqrt{\frac{2}{\pi}}\int_0^\infty f(u)\sin\alpha u\,du$$

ここで導入した $C(\alpha)$ と $S(\alpha)$ をそれぞれ関数 $f(x)$ の**余弦変換**と**正弦変換**という．また，一般に (8) の第 2 式で与えられた $F(\alpha)$ を関数 $f(x)$ の**フーリエ変換**という．

§4　フーリエ積分の性質

フーリエ級数が収束するための十分条件（定理 1（p. 239）参照）とほぼ同じ条件のもとで，フーリエ積分は収束する．すなわち，次の定理が成り立つが，その証明を省略する．

定理 4　$f(x)$ が $(-\infty, \infty)$ で定義されていて，$f(x)$ と $f'(x)$ が区分的に連続であるとする．しかも無限積分 $\int_{-\infty}^{\infty}|f(x)|dx$ が有限確定であれば

$f(x)$ が連続である点 x で
$$f(x) = \frac{1}{\pi}\int_0^\infty\int_{-\infty}^\infty f(u)\cos\alpha(x-u)\,du\,d\alpha$$

$f(x)$ が不連続である点 x で
$$\frac{1}{2}\{f(x+0)+f(x-0)\} = \frac{1}{\pi}\int_0^\infty\int_{-\infty}^\infty f(u)\cos\alpha(x-u)\,du\,d\alpha$$

さて，点 x で $f(x)$ が不連続であれば，§2 で約束したように（p. 238 参照），$f(x) = \dfrac{1}{2}\{f(x+0)+f(x-0)\}$ が成り立つから，上の定理 4 は次のようになる．

関数 $f(x)$ が定理 4 の条件を満足していれば，$f(x)$ とそのフーリエ積分を等号 = で結ぶことができる．すなわち

(1)
$$f(x) = \frac{1}{\sqrt{2\pi}}\int_{-\infty}^{\infty} F(\alpha)e^{i\alpha x}\,d\alpha$$
$$F(\alpha) = \frac{1}{\sqrt{2\pi}}\int_{-\infty}^{\infty} f(u)e^{-i\alpha u}\,du$$

$f(x)$ が定理 4 の条件を満足しているとする．さらに

$f(x)$ が偶関数であれば

(2)
$$f(x) = \sqrt{\frac{2}{\pi}}\int_0^{\infty} C(\alpha)\cos\alpha x\,d\alpha$$
$$C(\alpha) = \sqrt{\frac{2}{\pi}}\int_0^{\infty} f(u)\cos\alpha u\,du$$

$f(x)$ が奇関数であれば

(3)
$$f(x) = \sqrt{\frac{2}{\pi}}\int_0^{\infty} S(\alpha)\sin\alpha x\,d\alpha$$
$$S(\alpha) = \sqrt{\frac{2}{\pi}}\int_0^{\infty} f(u)\sin\alpha u\,du$$

上の，$F(\alpha), C(\alpha), S(\alpha)$ をそれぞれ $f(x)$ のフーリエ変換，余弦変換，正弦変換とよんだが，上の (1), (2), (3) の第 1 式をそれぞれの場合の**反転公式**という．

さて，関数 $f(x)$ が区間 $[0, \infty)$ で定義されているとする．$f(x)$ の定義域を $(-\infty, \infty)$ に拡張するのに，$x < 0$ に対して $f(x) = f(-x)$ とすれば，偶関数 $f(x)$ が得られる．この新しい偶関数 $f(x)$ の余弦変換 $C(\alpha)$ をもとの $f(x)$ の**余弦変換**という．また，$[0, \infty)$ で定義された $f(x)$ の定義域を $(-\infty, \infty)$ に拡張するときに，$x < 0$ に対して $f(x) = -f(-x)$ とし，$f(0) = 0$ とすれば，奇関数 $f(x)$ が得られる．この新しい奇関数 $f(x)$ の正弦変換 $S(\alpha)$ を，もとの $f(x)$ の**正弦変換**という．

例題 1
$$f(x) = \begin{cases} 1 & (-a \leqq x \leqq a) \\ 0 & (x < -a,\ x > a) \end{cases} \qquad (a > 0)$$

について $f(x)$ のフーリエ変換 $F(\alpha)$ を求めよ.

【解答】 公式 (1) を利用する.

$$F(\alpha) = \frac{1}{\sqrt{2\pi}}\int_{-\infty}^{\infty} f(u)e^{-i\alpha u}du = \frac{1}{\sqrt{2\pi}}\int_{-a}^{a} e^{-i\alpha u}du$$

$$= -\frac{1}{\sqrt{2\pi}}\frac{1}{i\alpha}\left[e^{-i\alpha u}\right]_{-a}^{a} = \frac{1}{\sqrt{2\pi}}\cdot\frac{2}{\alpha}\cdot\frac{e^{i\alpha a}-e^{-i\alpha a}}{2i} = \sqrt{\frac{2}{\pi}}\frac{\sin\alpha a}{\alpha}$$ ■

例題 2 次の積分方程式の解 $f(x)$ を求めよ. ただし, $x \geqq 0$ とする.

$$\int_0^{\infty} f(x)\cos\alpha x\,dx = \begin{cases} 1-\alpha & (0 \leqq \alpha \leqq 1) \\ 0 & (\alpha > 1) \end{cases}$$

【解答】 $f(x)$ の余弦変換

$$C(\alpha) = \sqrt{\frac{2}{\pi}}\int_0^{\infty} f(x)\cos\alpha u\,du$$

を考えれば, 与えられた積分方程式によって

$$C(\alpha) = \begin{cases} \sqrt{\dfrac{2}{\pi}}(1-\alpha) & (0 \leqq \alpha \leqq 1) \\ 0 & (\alpha > 1) \end{cases}$$

である. ゆえに, 反転公式 (2) によって

$$f(x) = \sqrt{\frac{2}{\pi}}\int_0^{\infty} C(\alpha)\cos\alpha x\,d\alpha = \frac{2}{\pi}\int_0^{1}(1-\alpha)\cos\alpha x\,d\alpha = \frac{2(1-\cos x)}{\pi x^2}$$

■

演 習 問 題 IV - 2

[A]

1. (1) $f(x) = e^{-x}$ $(x \geqq 0)$ の正弦変換 $S(\alpha)$ と余弦変換 $C(\alpha)$ を求めよ.

(2) 次式を証明せよ.

$$\int_0^{\infty}\frac{\cos\alpha x}{\alpha^2+1}d\alpha = \int_0^{\infty}\frac{\alpha\sin\alpha x}{1+\alpha^2}d\alpha = \frac{\pi}{2}e^{-x}$$

2. §4 の例題 1 (p. 250) を利用して, 次式を証明せよ.

(1) $$\int_{-\infty}^{\infty}\frac{\sin\alpha a}{\alpha}\cos\alpha x\,d\alpha = \begin{cases} \pi & (|x| < a) \\ \dfrac{\pi}{2} & (|x| = a) \\ 0 & (|x| > a) \end{cases} \qquad (a > 0)$$

(2)　$\displaystyle\int_0^\infty \frac{\sin\alpha}{\alpha}d\alpha = \frac{\pi}{2}$

3. §4の例題2（p. 251）を利用して，次式を証明せよ．

(1)　$\displaystyle\frac{2}{\pi}\int_0^\infty \frac{1-\cos x}{x^2}\cos\alpha x\,dx = \begin{cases} 1-\alpha & (0 \leqq \alpha \leqq 1) \\ 0 & (\alpha > 1) \end{cases}$

(2)　$\displaystyle\int_0^\infty \frac{1-\cos u}{u^2}du = \frac{\pi}{2}$

4. (1)　関数

$$f(x) = \begin{cases} 1-x^2 & (|x| \leqq 1) \\ 0 & (|x| > 1) \end{cases}$$

のフーリエ変換 $F(\alpha)$ を求めよ．

(2)　次の積分を求めよ．

$$\int_0^\infty \frac{x\cos x - \sin x}{x^3}\cos\frac{x}{2}dx$$

［B］

5. 次の積分方程式の解 $f(x)$ を求めよ．

$$\int_0^\infty f(x)\sin\alpha x\,dx = \begin{cases} 1-\alpha & (0 \leqq \alpha \leqq 1) \\ 0 & (\alpha > 1) \end{cases}$$

6. 次の積分方程式について，$f(x)$ を次の (1), (2), (3) の順序で求めよ．

$$\int_{-\infty}^\infty \frac{f(u)}{(x-u)^2+a^2}du = \frac{1}{x^2+b^2} \qquad (0 < a < b)$$

(1)　$\displaystyle\frac{1}{x^2+a^2}$ のフーリエ変換は $\displaystyle\sqrt{\frac{\pi}{2}}\cdot\frac{1}{a}e^{-a\alpha}$ である．

(2)　$f(x)$ のフーリエ変換は $\displaystyle\frac{1}{\sqrt{2\pi}}\frac{a}{b}e^{-(b-a)\alpha}$ である．

(3)　$\displaystyle f(x) = \frac{(b-a)a}{b\pi\{x^2+(b-a)^2\}}$

第３章　境界値問題

§５　偏微分方程式の解法

弦の振動　平面内で振動する弦の自由振動は偏微分方程式

(1) $$\frac{\partial^2 y}{\partial t^2} = c^2 \frac{\partial^2 y}{\partial x^2} \qquad (c^2 = (\text{張力})/(\text{密度}),\ c > 0)$$

で規定される．ここに，$y = y(x, t)$ は，弦が静止しているとき，座標 x をもつ弦上の点の，時刻 t における変位である（IV－9 図参照）．この形の偏微分方程式を（1 次元の）**波動方程式**という．

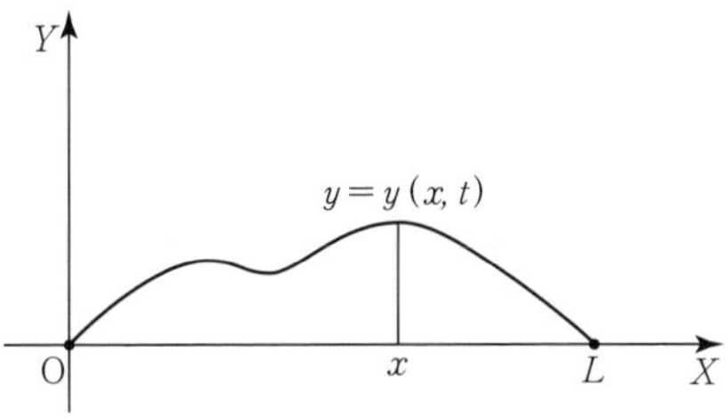

IV－9 図

変数分離法　偏微分方程式 (1) の解を求めるために，特に

(2) $$y(x, t) = X(x)T(t)$$

の形をもつ解を求めよう．ここで，$X(x)$ と $T(t)$ はそれぞれ x と t だけの未知関数である．このように，解の形が (2) であると仮定して，偏微分方程式を解く方法を**変数分離法**という．さて，(2) を偏微分方程式 (1) に代入して

$$X(x)T''(t) = c^2 X''(x)T(t)$$

(3) $$\therefore \quad \frac{T''(t)}{c^2 T(t)} = \frac{X''(x)}{X(x)}$$

が得られる．方程式 (3) の左辺は t だけの関数であり，右辺は x だけの関数である．ゆえに，(3) の両辺はある定数である．この定数を $-\lambda$ に等しいとおいて

(4) $$X''(x) + \lambda X(x) = 0$$

(5) $$T''(t) + \lambda c^2 T(t) = 0$$

が得られる．さて，(4) と (5) を解いてそれぞれ解 $X(x)$ と $T(t)$ が求められれば，$y(x, t) = X(x)T(t)$ は偏微分方程式 (1) の解である．ところが，微分方程

式（4）と（5）に現れている定数λの値は不定である．

両端固定の弦の振動　IV－9図のように両端点が固定されている弦の振動の場合には，微分方程式（4）と（5）に現れている定数λは次のように制限を受ける．いま，弦の左側の端点を原点Oとし，右側の端点の座標を$x = L$（> 0）とする（すなわち，弦の長さをLとする）．さて，未知関数$X(x)$についての微分方程式（4）の一般解は

$$\lambda > 0 \quad \text{ならば} \quad X(x) = A\cos\sqrt{\lambda}x + B\sin\sqrt{\lambda}x$$
$$\lambda = 0 \quad \text{ならば} \quad X(x) = Ax + B$$
$$\lambda < 0 \quad \text{ならば} \quad X(x) = A\cosh\sqrt{-\lambda}x + B\sinh\sqrt{-\lambda}x$$

しかし，弦の両端点は固定されているから

$$(6) \qquad y(0, t) = 0, \qquad y(L, t) = 0$$

したがって

$$(7) \qquad X(0) = 0, \qquad X(L) = 0 \qquad (L > 0)$$

が成り立たなければならない．ゆえに，この場合には，上の3種類の解のうち，第1の解だけが起こり得る．すなわち，$\lambda > 0$でなければならない．しかも，（7）の第1式によって，$A = 0$となる．すなわち，$X = B\sin\sqrt{\lambda}x$でなければならない（$B \neq 0$）．さらに，（7）の第2式によれば，$X(L) = 0$であるから，$B\sin\sqrt{\lambda}L = 0$となる．すなわち，λは制限を受けて

$$(8) \qquad \sqrt{\lambda}L = n\pi \qquad \therefore \quad \lambda = \left(\frac{n\pi}{L}\right)^2 \qquad (n = 1, 2, \cdots)$$

でなければならない．ゆえに

$$(9) \qquad X = B_n \sin\frac{n\pi x}{L} \qquad (n = 1, 2, \cdots)$$

となる．ここで，B_nは任意定数である．

次に，（8）で与えられたλを微分方程式（5）に代入すれば

$$(10) \qquad T'' + \left(\frac{n\pi c}{L}\right)^2 T = 0$$

が得られる．この（10）の一般解は

$$(11)\qquad T = a_n \cos\frac{n\pi ct}{L} + b_n \sin\frac{n\pi ct}{L}$$

である．ここで，a_n と b_n は任意定数である．上の解（9）と（11）を掛け合わせて得られる

$$(12)\qquad y_n(x,t) = C_n \sin\frac{n\pi x}{L}\cos\frac{n\pi ct}{L} + D_n \sin\frac{n\pi x}{L}\sin\frac{n\pi ct}{L} \qquad (n = 1, 2, \cdots)$$

は偏微分方程式（1）の解であって，条件（6）を満足している．ここで，C_n と D_n は任意定数である．さて，偏微分方程式（1）は線形である（すなわち，y_{tt} と y_{xx} について1次方程式である）から，そのいくつかの解の和は，また解である．したがって，（12）の形の解の和

$$(13)\qquad y(x,t) = \sum_{n=1}^{\infty}\left(C_n \sin\frac{n\pi x}{L}\cos\frac{n\pi ct}{L} + D_n \sin\frac{n\pi x}{L}\sin\frac{n\pi ct}{L}\right)$$

は偏微分方程式（1）の解であり，しかも条件（6）を満足している．しかしながら，この解（13）は未定な係数 C_n と D_n を含んでいる．これらを決定する方法を次節で述べることにする．ここで，上で得られた解（13）から次のことがわかる．

> 両端が固定された弦の振動は，基本振動数 $\nu_1 = \dfrac{\pi c}{L}\Big/2\pi = \dfrac{c}{2L}$ の振動とその整数倍の振動数 $\nu_n = n\nu_1$ の振動との合成である．

話題をかえて，波動方程式（1）をさらに一般的に取扱ってみよう．新しく変数

$$\xi = x - ct, \qquad \eta = x + ct$$

を考え，独立変数を (ξ, η) に変換する．さて

$$\frac{\partial y}{\partial x} = \frac{\partial y}{\partial \xi}\frac{\partial \xi}{\partial x} + \frac{\partial y}{\partial \eta}\frac{\partial \eta}{\partial x} = \left(\frac{\partial}{\partial \xi} + \frac{\partial}{\partial \eta}\right)y$$

$$\frac{\partial y}{\partial t} = \frac{\partial y}{\partial \xi}\frac{\partial \xi}{\partial t} + \frac{\partial y}{\partial \eta}\frac{\partial \eta}{\partial t} = c\left(-\frac{\partial}{\partial \xi} + \frac{\partial}{\partial \eta}\right)y$$

であるから

$$\frac{\partial^2 y}{\partial x^2} = \left(\frac{\partial}{\partial \xi} + \frac{\partial}{\partial \eta}\right)^2 y = \frac{\partial^2 y}{\partial \xi^2} + 2\frac{\partial^2 y}{\partial \xi \partial \eta} + \frac{\partial^2 y}{\partial \eta^2}$$

$$\frac{\partial^2 y}{\partial t^2} = c^2\left(-\frac{\partial}{\partial \xi} + \frac{\partial}{\partial \eta}\right)^2 y = c^2\left(\frac{\partial^2 y}{\partial \xi^2} - 2\frac{\partial^2 y}{\partial \xi \partial \eta} + \frac{\partial^2 y}{\partial \eta^2}\right)$$

となる．これらを（1）の両辺に代入して

$$\frac{\partial^2 y}{\partial \xi \partial \eta} = 0$$

となる．ゆえに，$f(\xi)$ と $g(\eta)$ を任意の関数として

$$y = f(\xi) + g(\eta)$$

が得られる．したがって

(14) $$y = f(x - ct) + g(x + ct)$$

が偏微分方程式（1）の解で，最も一般的なものである．

この解（14）の意味を明らかにしよう．そのために，特別な形の解

(15) $$y = f(x - ct)$$

について考える．IV - 10 図で，左側の曲線は時刻 $t = 0$ での $y = y(x, 0)$ のグラフ，すなわち $y = f(x)$ のグラフであり，右側の曲線は時刻 t（t を固定する）における $y = y(x, t) = f(x - ct)$ のグラフである．この図でわかるように，この 2 つの曲線は合同であって，左側の曲線を ct だけ右にずらせば，右側の曲線と完全に重なる．したがって，時間 t の間に左側の曲線は距離 ct だけ右に移動する．このことは，方程式（15）は右方向へ速さ c で進行する**進行波**を表すことを意味する．同様に

(16) $$y = g(x + ct)$$

は，速さ c で左方向へ進行する進行波を表す．まとめていえば，偏微分方程式 (1) の一般解 (14) は，それぞれ右と左に速さ c で進行する進行波 (15) と (16)

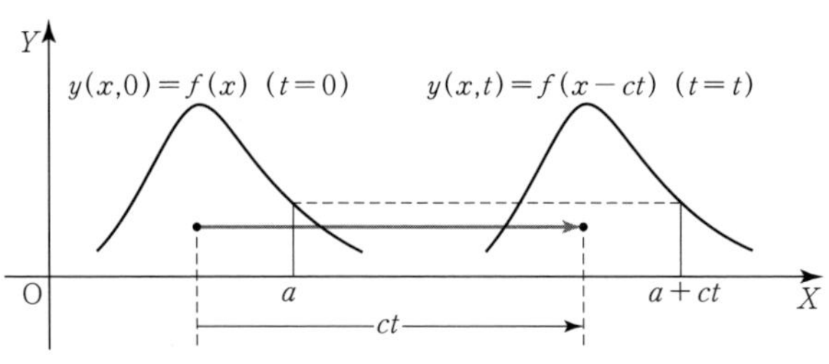

IV - 10 図

の和である．そこで，偏微分方程式（1）を**波動方程式**という．波動方程式（1）の解である進行波の速さ c を，方程式の右辺にある係数 c^2 から知ることができる．一般に解（14）で，関数 f と g はそれぞれの進行波の波形を表すものであるが，今の段階では f と g は未定であって，この解が表す進行波の波形は決定されていない．その波形を決定するためには，時刻 $t=0$ における $y(x,t)$ と $\dfrac{\partial y(x,t)}{\partial t}$ の値，すなわち，$y(x,0)$ と $\dfrac{\partial y(x,0)}{\partial t}$ を指定する必要がある．このことについては，次の節で述べることにする．

問　　題

1．次の偏微分方程式で変数を分離して，2つの常微分方程式を導け．

(1)
$$\frac{\partial y}{\partial t}=k\frac{\partial^2 y}{\partial x^2}\qquad (k>0 \text{ は定数})$$

ただし，$y=y(x,t)$．この偏微分方程式を**熱伝導の方程式**という．

(2)
$$\frac{\partial^2 z}{\partial x^2}+\frac{\partial^2 z}{\partial y^2}=0$$

ただし，$x=z(x,y)$．この偏微分方程式を**ラプラスの方程式**という．

§6　境界条件

前節で取扱った弦の振動の問題をさらに考えることにする．§5の波動方程式（1）（p. 253）の解法で，弦の両端が固定されていることを表す条件（6）（p. 254）を考え，この条件を満足する解を求めようとして，解（13）（p. 255）が得られたが，この解は未定な係数 C_n と D_n（$n=1,2,\cdots$）を含んでいる．これらの C_n と D_n を決定するために，時刻 $t=0$ における弦の形状と速度分布をそれぞれ指定する条件

(1)
$$y(x,0)=f(x),\qquad \frac{\partial y(x,0)}{\partial t}=v(x)$$

を満足する解を求める方法を考えよう．ここで，$f(x)$ と $v(x)$ は区間 $[0,L]$ で与えられた関数である．さて，§5の（13）（p. 255）で与えた解が上の条件（1）を満足しているとすれば

(2)
$$f(x)=\sum_{n=1}^{\infty}C_n\sin\frac{n\pi x}{L},\qquad v(x)=\sum_{n=1}^{\infty}\frac{n\pi c}{L}D_n\sin\frac{n\pi x}{L}$$

が成り立っていなければならない．そこで，区間 $[0, L]$ で定義されている関数 $f(x)$ と $v(x)$ の正弦フーリエ級数（p. 235 参照）をそれぞれ

$$(3) \qquad f(x) = \sum_{n=1}^{\infty} p_n \sin\frac{n\pi x}{L}, \qquad v(x) = \sum_{n=1}^{\infty} q_n \sin\frac{n\pi x}{L}$$

であるとする．上の（2）と（3）を比較すれば

$$C_n = p_n, \qquad D_n = \frac{L}{n\pi c} q_n$$

が得られる．これを §5 の（13）（p. 255）に代入して，この弦の振動を表す解は

$$(4) \qquad y(x, t) = \sum_{n=1}^{\infty}\left(p_n \sin\frac{n\pi x}{L}\cos\frac{n\pi ct}{L} + \frac{Lq_n}{n\pi c}\sin\frac{n\pi x}{L}\sin\frac{n\pi ct}{L}\right)$$

となる．これは完全に決定された解である．

この解（4）は，§5 の条件（6）（p. 254）とこの節で与えた条件（1）を同時に満足する解として，完全に決定された．すなわち，波動方程式

$$(5) \qquad \frac{\partial^2 y}{\partial t^2} = c^2\frac{\partial^2 y}{\partial x^2}$$

の解 $y = y(x, t)$ で，条件

$$(6) \qquad y(0, t) = 0,\ \ y(L, t) = 0,\ \ y(x, 0) = f(x),\ \ \frac{\partial y(x, 0)}{\partial t} = v(x)$$

を満足するものは完全に決定され，これは上の（4）で与えられる．ただし，$f(x)$ と $v(x)$ は区間 $[0, L]$ であらかじめ与えられた関数である．上の条件（6）のような条件を**境界条件**という．また，偏微分方程式（5）を境界条件（6）のもとで解けば，解（4）が得られるという．

例題 1　境界条件「$U(0, t) = 0,\ \ U(2, t) = 0,\ \ U(x, 0) = x$」のもとで，次の偏微分方程式を解け．ただし，$t \geqq 0,\ \ 0 \leqq x \leqq 2$ とする．

$$\frac{\partial U}{\partial t} = 3\frac{\partial^2 U}{\partial x^2}$$

【解答】 変数を分離して $U(x, t) = X(x)T(t)$ とおけば，与えられた偏微分方程式から，次の 2 つの常微分方程式が導かれる．ただし，μ はある定数である．

$$\text{(a)} \qquad T' + 3\mu T = 0, \qquad X'' + \mu X = 0$$

さて，上の右側の微分方程式が条件 $X(0) = X(2) = 0$（この条件は $U(0, t) = U(2, t)$

＝0から得られる）を満足する解 $X(x)$ をもつのは，$\mu>0$ の場合に限る．そこで，$\mu=\lambda^2$（$\lambda>0$）とおけば，(a) は次のようになる．

(b)
$$T'+3\lambda^2T=0,\qquad X''+\lambda^2X=0$$

これらを解いて，それぞれ次の解が得られる．

(c)
$$T=Ce^{-3\lambda^2t},\qquad X=A\cos\lambda x+B\sin\lambda x$$

さて，条件 $X(0)=0$ から，$A=0$ が得られる（$B\neq 0$）．また，条件 $X(2)=0$ から，$\sin 2\lambda=0$ となるから，λ は制限を受けて

(d)
$$2\lambda=n\pi\qquad\therefore\ \lambda=\frac{n\pi}{2}\qquad(n=1,2\cdots)$$

でなければならない．したがって，(c) と (d) から

(e)
$$U(x,t)=\sum_{n=1}^{\infty}D_n\exp\left(-\frac{3n^2\pi^2t}{4}\right)\sin\frac{n\pi x}{2}$$

を得る．ここで，D_n は未定な係数である．なお，$\exp x$ は $\exp x=e^x$ で定義される．

次に，条件 $U(x,0)=x$ を利用する．上の解 (e) で $t=0$ とおいてこの条件を利用すれば

(f)
$$x=\sum_{n=1}^{\infty}D_n\sin\frac{n\pi x}{2}\qquad(0\leqq x\leqq 2)$$

を得る．そこで，関数 $f(x)=x$（$0\leqq x\leqq 2$）を正弦フーリエ級数に展開すれば（§1の問題 **2**（p. 237）参照）

(g)
$$x=\sum_{n=1}^{\infty}(-1)^{n-1}\frac{4}{n\pi}\sin\frac{n\pi x}{2}\qquad(0\leqq x\leqq 2)$$

である．上の (f) と (g) を比較して

$$D_n=(-1)^{n-1}\frac{4}{n\pi}\qquad(n=1,2,\cdots)$$

これを (e) に代入して

$$U=(x,t)=\sum_{n=1}^{\infty}(-1)^{n-1}\frac{4}{n\pi}\exp\left(-\frac{3n^2\pi^2t}{4}\right)\sin\frac{n\pi x}{2}\qquad(t\geqq 0,\ 0\leqq x\leqq 2)$$

これが求める解である．■

例題 2　境界条件「$U(0,t)=0,\ U(x,0)=f(x),\ |U(x,t)|\leqq M$」のもとで次の偏微分方程式を解け．ただし，$t\geqq 0,\ x\geqq 0$ とし，M は正の定数であり，$f(x)$ は次式で与えられる関数であるとする．

$$\frac{\partial U}{\partial t}=\frac{\partial^2 U}{\partial x^2},\qquad f(x)=\begin{cases}1 & (0\leqq x\leqq 1)\\ 0 & (x>1)\end{cases}$$

注意　上の境界条件の中に $|U(x,t)|\leqq M$ がある．これは $U(x,t)$ が有界であることを意味する．このような条件を含む境界条件もある．

【解答】　変数を分離して，$U(x,t)=X(x)T(t)$ とおけば，与えられた偏微分方程式から次の常微分方程式が導かれる．

(a)　$$T'+\mu T=0,\qquad X''+\mu X=0$$

ここで，μ はある定数である．さて，(a) の右側の微分方程式は，$\mu\leqq 0$ ならば，$x\geqq 0$ で有界な解をもたないから，$\mu>0$ でなければならない．そこで，$\mu=\lambda^2$ $(\lambda>0)$ とおけば，(a) はそれぞれ次のようになる．

(b)　$$T'+\lambda^2 T=0,\qquad X''+\lambda^2 X=0$$

これらの微分方程式の解はそれぞれ

$$T=Ce^{-\lambda^2 t},\qquad X=A\cos\lambda x+B\sin\lambda x$$

ところが，$U(0,t)=0$ であるから，$A=0$ でなければならなくて，$B\neq 0$ である．ゆえに，$U(x,t)=X(x)T(t)$ は

$$U(x,t)=De^{-\lambda^2 t}\sin\lambda x$$

となる．したがって，$D(\lambda)$ をある関数として

(c)　$$U(x,t)=\int_0^\infty D(\lambda)e^{-\lambda^2 t}\sin\lambda x\,d\lambda$$

は与えられた偏微分方程式の解で，条件 $U(0,t)=0$, $|U(x,t)|\leqq M$ $(t\geqq 0, x\geqq 0)$ を満足している．

さらに，上で求めた解 (c) が条件 $U(x,0)=f(x)$ $(x\geqq 0)$ を満足しなければならないから

$$\int_0^\infty D(\lambda)\sin\lambda x\,d\lambda=f(x)\qquad (x\geqq 0)$$

ゆえに，フーリエ正弦変換の公式（§4，(3)（p. 250））によって

$$D(\lambda)=\frac{2}{\pi}\int_0^\infty f(x)\sin\lambda x\,dx=\frac{2}{\pi}\int_0^1\sin\lambda x\,dx=\frac{2(1-\cos\lambda)}{\pi\lambda}$$

これを上の (c) に代入して，求める解が次のように得られる．

$$U(x,t)=\frac{2}{\pi}\int_0^\infty\frac{1-\cos\lambda}{\lambda}e^{\lambda^2 t}\sin\lambda x\,d\lambda$$ ■

演 習 問 題 IV - 3

［A］

1. 次の偏微分方程式を（　）内の境界条件のもとで解け．変数分離法（§5（p. 253）参照）を利用せよ．

(1)　$3\dfrac{\partial U}{\partial x} + 2\dfrac{\partial U}{\partial y} = 0$　　$(U(x,0) = 4e^{-x})$

(2)　$\dfrac{\partial U}{\partial x} = 2\dfrac{\partial U}{\partial y} + U$　　$(U(x,0) = 3e^{-5x} + 2e^{-3x})$

(3)　$\dfrac{\partial U}{\partial t} = 3\dfrac{\partial U}{\partial x}$　　$(U(x,0) = 8e^{-2x})$

(4)　$\dfrac{\partial U}{\partial t} = 2\dfrac{\partial U}{\partial x} - 2U$　　$(U(x,0) = 10e^{-x} - 6e^{-4x})$

2. 次の偏微分方程式を（　）内の境界条件のもとで解け．

(1)　$\dfrac{\partial U}{\partial t} = 4\dfrac{\partial^2 U}{\partial x^2}$　　$(U(0,t) = U(\pi,t) = 0,\ \ U(x,0) = 2\sin 3x - 4\sin 5x)$

(2)　$\dfrac{\partial U}{\partial t} = \dfrac{\partial^2 U}{\partial x^2}$　　$\left(U_x(0,t) = 0,\ \ U(2,t) = 0,\ \ U(x,0) = 8\cos\dfrac{3\pi x}{4} - 6\cos\dfrac{9\pi x}{4}\right)$

(3)　$\dfrac{\partial U}{\partial t} + \dfrac{\partial^2 U}{\partial x^2}$　　$\left(U(0,t) = U(4,t) = 0,\ \ U(x,0) = 6\sin\dfrac{\pi x}{2} + 3\sin \pi x\right)$

［B］

3. 境界条件「$U(0,y) = U(1,y) = U(x,0) = 0,\ \ U(x,1) = a$」のもとで次のラプラスの方程式を解け．ただし，$0 \leqq x \leqq 1,\ 0 \leqq y \leqq 1$ とする．

$$\frac{\partial^2 U}{\partial x^2} + \frac{\partial^2 U}{\partial y^2} = 0$$

4. 境界条件「$U(0,t) = U(4,t) = 0,\ \ U(x,0) = 25x$」のもとで次の偏微分方程式を解け．ただし，$0 \leqq x \leqq 4,\ t \geqq 0$ とする．

$$\frac{\partial U}{\partial t} = \frac{\partial^2 U}{\partial x^2}$$

5. 境界条件「$U(0,t) = 0,\ \ U(x,0) = xe^{-x}$」のもとで次の偏微分方程式を解け．ただし，$x \geqq 0,\ t \geqq 0$ とする．ただし，$U(x,t)$ は有界であるとする．

$$\frac{\partial U}{\partial t} = 2\frac{\partial^2 U}{\partial x^2}$$

6. 境界条件「$U_x(0,t)=0,\ U(x,0)=f(x)$」のもとで次の偏微分方程式を解け．ただし，$x \geqq 0,\ t \geqq 0$ とする．ただし，$U(x,t)$ は有界であるとする．

$$\frac{\partial U}{\partial t}=\frac{\partial^2 U}{\partial x^2} \qquad \text{ここで，} \quad f(x)=\begin{cases} x & (0 \leqq x \leqq 1) \\ 0 & (x>1) \end{cases}$$

第４章　ラプラス変換

§7　ラプラス変換

無限区間 $(0, \infty)$ で定義された関数 $f(t)$ に対して，複素数 s について，積分

(1)
$$F(s) = \int_0^\infty f(t)e^{-st}dt$$

が有限確定に存在すれば，$F(s)$ を関数 $f(t)$ の**ラプラス**（Laplace）**変換**という．（1）の右辺は複素変数 s の関数であるから，これを $F(s)$ で表した．実変数 t の関数 $f(t)$ に対して複素変数 s の関数 $F(s)$ を対応させる，この演算子を記号 $\mathscr{L}$ で表し

(2)
$$\mathscr{L}f(t) = F(s)$$

とおく．この演算子 $\mathscr{L}$ を**ラプラス変換**という．

まず，準備として次のことを述べる．

$\mathrm{Re}(s) > 0$ ならば

(3)
$$\lim_{t\to\infty} t^n e^{-st} = 0 \qquad (n = 0, 1, 2, \cdots)$$

［証明］ $s = a + bi$ とすれば，仮定によって，$\mathrm{Re}(s) = a > 0$ である．さて，$t > 0$ としてよいから

$$|t^n e^{-st}| = t^n e^{-at}$$

$$\therefore \quad \lim_{t\to\infty} |t^n e^{-st}| = \lim_{t\to\infty} t^n e^{-at} = \lim_{t\to\infty} \frac{t^n}{e^{at}}$$

$$= \lim_{t\to\infty} \frac{nt^{n-1}}{ae^{at}} = \cdots = \lim_{t\to\infty} \frac{n!}{a^n e^{at}} = 0$$ □

例題 1　次式を証明せよ．

(1)　$\mathscr{L}1 = \dfrac{1}{s} \quad (\mathrm{Re}(s) > 0)$　　(2)　$\mathscr{L}t = \dfrac{1}{s^2} \quad (\mathrm{Re}(s) > 0)$

(3)　$\mathscr{L}t^n = \dfrac{n!}{s^{n+1}} \quad (\mathrm{Re}(s) > 0)$

【解答】 公式（3）を利用する．

(1)　$\mathcal{L}1 = \int_0^{\infty} 1 \cdot e^{-st} dt = \left[-\frac{1}{s} e^{-st} \right]_0^{\infty} = -\frac{1}{s} \lim_{t \to \infty} e^{-st} + \frac{1}{s} = \frac{1}{s}$

(2)　$\mathcal{L}t = \int_0^{\infty} te^{-st} dt = \left[-\frac{1}{s} te^{-st} \right]_0^{\infty} + \frac{1}{s} \int_0^{\infty} e^{-st} dt$

$$= -\frac{1}{s} \lim_{t \to \infty} te^{-st} + \frac{1}{s} \mathcal{L}1 = \frac{1}{s} \cdot \frac{1}{s} = \frac{1}{s^2}$$

(3)　n について数学的帰納法で証明する．上の問 (2) によって，$n = 1$ のときには，この問の等式 (3) は成り立っている．次に，$n = k$ のとき，この問の等式 (3) が成り立っていると仮定する．さて，公式 (3) を利用して，次の計算をする．

$$\mathcal{L}t^{k+1} = \int_0^{\infty} t^{k+1} e^{-st} dt = \left[-\frac{1}{s} t^{k+1} e^{-st} \right]_0^{\infty} + \frac{k+1}{s} \int_0^{\infty} t^k e^{-st} dt$$

$$= -\frac{1}{s} \lim_{t \to \infty} t^{k+1} e^{-st} + \frac{k+1}{s} \mathcal{L}t^k = \frac{k+1}{s} \cdot \frac{k!}{s^{k+1}} = \frac{(k+1)!}{s^{k+2}}$$

すなわち，この問の等式 (3) は $n = k + 1$ の場合にも成り立つ．したがって，この問の等式 (3) は証明された．　■

例題 2　次式を証明せよ．

(1)　$\mathcal{L}e^{at} = \dfrac{1}{s - a}$　　　　$(\mathrm{Re}(s) > a)$

(2)　$\mathcal{L} \sin \omega t = \dfrac{\omega}{s^2 + \omega^2}$　　　　$(\mathrm{Re}(s) > 0)$

(3)　$\mathcal{L} \cos \omega t = \dfrac{s}{s^2 + \omega^2}$　　　　$(\mathrm{Re}(s) > 0)$

【解答】 (1)　前ページの公式 (3) を利用する．さて，$\mathrm{Re}(s) > a$ であるから，$\mathrm{Re}(s - a) > 0$ である．ゆえに，次の計算をすることができる．

$$\mathcal{L}e^{at} = \int_0^{\infty} e^{at} e^{-st} dt = \int_0^{\infty} e^{-(s-a)t} dt$$

$$= \left[-\frac{1}{s-a} e^{-(s-a)t} \right]_0^{\infty} = -\frac{1}{s-a} \lim_{t \to \infty} e^{-(s-a)t} + \frac{1}{s-a} = \frac{1}{s-a}$$

(2), (3)　$\mathrm{Re}(s) > 0$ であるから，次の計算ができる．

$$\mathcal{L} \sin \omega t = \int_0^{\infty} (\sin \omega t) e^{-st} dt = \left[-\frac{1}{s} e^{-st} \sin \omega t \right]_0^{\infty} + \frac{\omega}{s} \int_0^{\infty} (\cos \omega t) e^{-st} dt$$

$$= -\frac{1}{s} \lim_{t \to \infty} e^{-st} \sin \omega t + \frac{\omega}{s} \mathcal{L} \cos \omega t$$

(a)
$$\therefore\quad \mathscr{L}\sin\omega t = \frac{\omega}{s}\mathscr{L}\cos\omega t$$

さらに，$\mathrm{Re}(s) > 0$ であるから，次の計算をする．

$$\mathscr{L}\cos\omega t = \int_0^\infty (\cos\omega t)e^{-st}dt = \left[-\frac{1}{s}e^{-st}\cos\omega t\right]_0^\infty - \frac{\omega}{s}\int_0^\infty (\sin\omega t)e^{-st}dt$$
$$= -\frac{1}{s}\lim_{t\to\infty} e^{-st}\cos\omega t + \frac{1}{s} - \frac{\omega}{s}\mathscr{L}\sin\omega t$$

(b)
$$\therefore\quad \mathscr{L}\cos\omega t = \frac{1}{s} - \frac{\omega}{s}\mathscr{L}\sin\omega t$$

上で得られた等式（a）と（b）から $\mathscr{L}\sin\omega t$ と $\mathscr{L}\cos\omega t$ を求めれば

$$\mathscr{L}\sin\omega t = \frac{\omega}{s^2+\omega^2},\qquad \mathscr{L}\cos\omega t = \frac{s}{s^2+\omega^2}$$ ■

問　　題

1. 次式を証明せよ．

$$\mathscr{L}\sinh\omega t = \frac{\omega}{s^2-\omega^2},\qquad \mathscr{L}\sinh\omega t = \frac{s}{s^2-\omega^2}\qquad (\mathrm{Re}(s) > |\omega|)$$

2. (1)　次式を証明せよ．

$$\mathscr{L}e^{i\omega t} = \frac{1}{s-\omega i},\qquad \mathscr{L}e^{-i\omega t} = \frac{1}{s+\omega i}\qquad (\mathrm{Re}(s) > 0)$$

(2)　上の問（1）の等式を利用して，次式を証明せよ．

$$\mathscr{L}\sin\omega t = \frac{\omega}{s^2+\omega^2},\qquad \mathscr{L}\cos\omega t = \frac{s}{s^2+\omega^2}\qquad (\mathrm{Re}(s) > 0)$$

§8　ラプラス変換の収束

関数 $f(t)$ が $(0,\infty)$ で定義されていて，十分大きくとった任意の正数 T に対して，正の数 M と γ があって

$$t > T \qquad \text{ならば} \qquad |f(t)| < Me^{\gamma t}$$

となるとする．このとき，$t\to\infty$ にともなって $f(t)$ は**指数関数的に増大する**または簡単に**指数的に増大する**という．さらに，この正の数 γ を $f(t)$ の**増大位数**という．たとえば，$f(t) = t^n$（$n > 0$）について $t^n e^{-t}\to 0$（$t\to\infty$）であるから，関数 $f(t) = t^n$ は指数的に増大し，その増大位数は 1 である．また，$f(t) = e^{at}$（$a > 0$）について，$\gamma > a$ を満たす正の数 γ に対して，$e^{at}e^{-\gamma t} =$

$e^{-(\gamma-a)t}\to 0$ $(t\to\infty)$ であるから，関数 $f(t)=e^{at}$ $(a>0)$ は指数的に増大し，その増大位数は $\gamma>a$ を満足する任意の数 γ である．ところが，$f(x)=e^{t^2}$ について，$e^{t^2}e^{-\gamma t}=e^{(t^2-\gamma t)}\to\infty$ $(t\to\infty)$ がどんな正の数 γ についても成り立つから，e^{t^2} は指数的に増大する関数でない．

> **定理 5**　区間 $(0,\infty)$ で定義された関数 $f(t)$ が区分的に連続（§2（p. 238）参照）であるとする．さらに，$f(t)$ は指数関数的に増大し，その増大位数が γ であるとする．このとき，$f(t)$ のラプラス変換 $F(s)=\mathscr{L}f(t)$ は $\mathrm{Re}(s)>\gamma$ を満足する任意の複素数 s に対して存在する．

[証明] $0<T<T'$ とする．このとき

$$\int_0^{T'} f(t)e^{-st}dt=\int_0^{T} f(t)e^{-st}dt+\int_T^{T'} f(t)e^{-st}dt$$

さて，$f(t)$ は区分的に連続であるから，右辺の第1項の積分はどんな $T>0$ に対しても存在する．仮定によって，十分大きい $T>0$ について，$|f(t)|<Me^{\gamma t}$ $(t>T)$ であるから，$\mathrm{Re}(s)=a$ とすれば

$$\left|\int_T^{T'} f(t)e^{-st}dt\right|\leqq\int_T^{T'}|f(t)e^{-st}|dt=\int_T^{T'}|f(t)|e^{-at}dt$$

$$\leqq M\int_T^{T'} e^{-(a-\gamma)t}dt=\frac{M}{a-\gamma}(e^{-(a-\gamma)T}-e^{-(a-\gamma)T'})$$

さて，$T'\to\infty$ とすれば，$\mathrm{Re}(s)=a>\gamma$ のとき，$a-\gamma>0$ であるから

(1)
$$\left|\int_T^{\infty} f(t)e^{-st}dt\right|\leqq\frac{M}{a-\gamma}e^{-(a-\gamma)T}$$

したがって，$\mathrm{Re}(s)=a>\gamma$ であるとき，$e^{-(a-\gamma)T}\to 0$ $(T\to\infty)$ である．ゆえに，T を十分に大きくとれば，上の (1) の左辺をいくらでも小さくできる．このことは，$\mathrm{Re}(s)>\gamma$ を満足する任意の複素数 s について $F(s)=\mathscr{L}f(t)$ が存在することを示している．　□

上の定理5で述べられた，$f(t)$ に対する条件は，$F(s)=\mathscr{L}f(t)$ が存在するための十分条件である．そこで，以後の各節では特に断わらない限り，ラプラス変換される関数はすべてこの条件を満足しているとし，さらに必要な回数微分できるとする．たとえば，$f(t), f'(t), \cdots, f^{(n)}(t)$ および $f(t)$ の積分などのラ

プラス変換を取扱う問題では $f(t)$ だけでなく，$f'(t), \cdots, f^{(n)}(t)$ および $f(t)$ の積分なども定理 5 の条件を満足しているとする．

> **定理 6**　区間 $(0, \infty)$ で定義された関数 $f(t)$ が定理 5 の条件を満たしているとする．$f(t)$ のラプラス変換 $F(s) = \mathscr{L}f(t)$ が $s = s_0$ で存在すれば，$\mathrm{Re}(s) > \mathrm{Re}(s_0)$ を満足する任意の複素数 s について $F(s)$ は存在する．

[証明] $g(t) = \int_0^t f(u)e^{-s_0 u}du$ とおけば，$g(t)$ は $(0, \infty)$ で連続で，$g(0) = 0$，$\lim_{t\to\infty} g(t) = F(s_0)$ である．ゆえに，$g(t)$ は $(0, \infty)$ で有界である．したがって，$g(t)$ は指数的に増大し，その増大位数は任意の正の数 ε より小さい．ゆえに，定理 5 によって，$\mathscr{L}g(t) = G(s)$ は $\mathrm{Re}(s) > 0$ となる任意の複素数 s に対して存在する．

さて，部分積分法を利用して，次の計算をする．

$$\int_0^T f(t)e^{-st}dt = \int_0^T e^{-(s-s_0)t}e^{-s_0 t}f(t)dt$$

$$= e^{-(s-s_0)T}g(T) + (s - s_0)\int_0^T e^{-(s-s_0)t}g(t)dt$$

ここで，$\mathrm{Re}(s) > \mathrm{Re}(s_0)$ とすれば，$\mathrm{Re}(s - s_0) > 0$ である．ゆえに，$T \to \infty$ において，$g(T) \to F(s_0)$ であるから，右辺の第 1 項は 0 に収束する．また，$T \to \infty$ において，第 2 項は $(s - s_0)G(s)$ に収束する．したがって，$T \to \infty$ において上式の左辺の極限値は存在し，$F(s) = \lim_{T\to\infty}\int_0^T f(t)e^{-st}dt$ は存在する．

□

定理 6 からわかったように，$f(t)$ が定理 5 の条件を満足していれば，$F(s) = \mathscr{L}f(t)$ が $s = s_0$ で存在するとき，$\mathrm{Re}(s) > \mathrm{Re}(s_0)$ となる任意の複素数 s に対して $F(s) = \mathscr{L}f(t)$ は存在する．そこで，$F(s) = \mathscr{L}f(t)$ が $\mathrm{Re}(s) > a$ となる複素数 s に対して存在するという性質をもつ実数 a の下限を α とし，α を $F(s) = \mathscr{L}f(t)$ の**収束座標**といい，複素数平面上の半平面 $\mathrm{Re}(s) > \alpha$ をその**収束域**という．たとえば，§7 の例題 1 (p. 263) と例題 2 (p. 264) でわかるように，$\mathscr{L}t^n$ の収束座標は $\alpha = 0$ で，$\mathscr{L}e^{at}$ の収束座標は $\alpha = a$ である．明らかに，$(0, \infty)$ で定義された有界な関数のラプラス変換の収束座標は $\alpha = 0$ である．し

たがって，$\mathscr{L}1, \mathscr{L}\sin\omega t, \mathscr{L}\cos\omega t$ の収束座標は $\alpha=0$ である．また，$f(t)$ が定理5の条件を満足していれば，$F(s)=\mathscr{L}f(t)$ の収束域で $F(s)$ は正則（III，第2章，§5（p. 153）参照）であることが知られているが，その証明を省略する．

§9　ラプラス変換の性質

明らかに次の公式が成り立つ．a と b が定数であれば

(1) $$\mathscr{L}(af(t)+bg(t))=a\mathscr{L}f(t)+b\mathscr{L}g(t)$$

次の公式が成り立つ．ただし，$F(s)=\mathscr{L}f(t)$ とする．

(2) $$\mathscr{L}f(at)=\frac{1}{a}F\left(\frac{s}{a}\right)$$ $(a>0)$

(3) $$\mathscr{L}[e^{at}f(t)]=F(s-a)$$

[証明]（2）の証明

$$\mathscr{L}f(at)=\int_0^\infty e^{-st}f(at)dt=\frac{1}{a}\int_0^\infty e^{-\frac{s}{a}\tau}f(\tau)d\tau=\frac{1}{a}F\left(\frac{s}{a}\right)\qquad(\tau=at)$$

（3）の証明

$$\mathscr{L}[e^{at}f(t)]=\int_0^\infty e^{-st}e^{at}f(t)dt=\int_0^\infty e^{-(s-a)t}f(t)dt=F(s-a)$$ □

例題1　次式を証明せよ．

(1) $\mathscr{L}[e^{at}t^n]=\dfrac{n!}{(s-a)^{n+1}}\qquad(n=0,1,2,\cdots)$

(2) $\mathscr{L}[e^{at}\sin\omega t]=\dfrac{\omega}{(s-a)^2+\omega^2},\qquad \mathscr{L}[e^{at}\cos\omega t]=\dfrac{s-a}{(s-a)^2+\omega^2}$

【解答】 §7の例題1（p. 263），例題2（p. 264）と上の公式（3）から，上の2つの公式が直ちに得られる． ■

$f(t)$ が**連続**ならば，$F(s)=\mathscr{L}f(t)$ として

(4) $$\mathscr{L}f'(t)=sF(s)-f(+0)$$

$f(t), f'(t), \cdots, f^{(n-1)}(t)$ が**連続**ならば，$F(s)=\mathscr{L}f(t)$ として

(5)　$\mathscr{L}f^{(n)}(t) = s^n F(s) - f(+0)s^{n-1} - f'(+0)s^{n-2} - \cdots - f^{(n-1)}(+0)$

[証明] (4) の証明

$$\mathscr{L}f'(t) = \int_0^\infty e^{-st}f'(t)dt = \left[e^{-st}f(t)\right]_0^\infty + s\int_0^\infty e^{-st}f(t)dt$$
$$= \lim_{t\to\infty} e^{-st}f(t) - f(+0) + sF(s) = sF(s) - f(+0)$$

ここで，十分大きい $t > 0$ に対して $|f(t)| < Me^{\gamma t}$ であるとすれば，$\mathrm{Re}(s) > \gamma$ ならば $\lim_{t\to\infty} e^{-st}f(t) = 0$ であることを利用した．

(5) の証明　$n = 2$ として証明する．公式 (4) を利用すれば

$$\mathscr{L}f^{(2)}(t) = s\mathscr{L}f'(t) - f'(+0)$$
$$= s\{sF(s) - f(+0)\} - f'(+0)$$
$$= s^2F(s) - f(+0)s - f'(+0)$$

□

注意　公式 (4) では $f(t)$ が連続であることが必要である．したがって，不連続点をもつ $f(t)$ については，公式 (4) を利用することはできない．たとえば，$f(t)$ が点 $t = t_0 > 0$ だけで不連続であれば，公式 (4) の代りに

$$\mathscr{L}f'(t) = sF(s) - f(+0) - \{f(t_0+0) - f(t_0-0)\}e^{-st_0}$$

が成り立つ．これは次のように証明される．

$$\mathscr{L}f'(t) = \left[e^{-st}f(t)\right]_{t=+0}^{t=t_0-0} + \left[e^{-st}f(t)\right]_{t=t_0+0}^{t=\infty} + s\int_0^\infty e^{-st}f(t)dt$$
$$= sF(s) - f(+0) - \{f(t_0+0) - f(t_0-0)\}e^{-st_0}$$

公式 (5) についても上と同様な事実に注目すべきである．

例題 2　$y = \sin\omega t$ と $y = \cos\omega t$ は，$y'' + \omega^2 y = 0$ を満足していることを利用して，$\mathscr{L}\sin\omega t$ と $\mathscr{L}\cos\omega t$ を求めよ．

【解答】 $\mathscr{L}\sin\omega t = F(s)$ とすれば，$y'' + \omega y = 0$ の両辺のラプラス変換を作り，公式 (5) を利用すれば

$$\{s^2F(s) - \omega\} + \omega^2F(s) = 0$$

ここで，$t = 0$ で $y = 0$，$y' = \omega$ となることを利用した．ゆえに

$$F(s) = \frac{\omega}{s^2 + \omega^2}$$

次に，$\mathscr{L}\cos\omega t = G(s)$ とすれば，$y'' + \omega^2 y = 0$ の両辺のラプラス変換を作り，公

式 (5) を利用すれば

$$\{s^2G(s) - s\} + \omega^2G(s) = 0$$

ここで，$t = 0$ で $y = 1$，$y' = 0$ となることを利用した．ゆえに

$$G(s) = \frac{s}{s^2 + \omega^2}$$ ■

$F(s) = \mathscr{L}f(t)$ とすれば，次の公式が成り立つ．

(6) $$\mathscr{L}\left[\int_0^t f(t)dt\right] = \frac{F(s)}{s}$$

(7) $$\mathscr{L}[t\,f(t)] = -\frac{dF(s)}{ds}$$

(8) $$\mathscr{L}\left[\frac{f(t)}{t}\right] = \int_s^\infty F(s)ds$$

[証明] (6) の証明　　部分積分法を利用する．

$$\mathscr{L}\left[\int_0^t f(t)dt\right] = \int_0^\infty e^{-st}\int_0^t f(\tau)d\tau dt$$

$$= \left[-\frac{1}{s}e^{-st}\int_0^t f(\tau)d\tau\right]_0^\infty + \frac{1}{s}\int_0^\infty e^{-st}f(t)dt = \frac{F(s)}{s}$$

(7) の証明

$$-\frac{dF(s)}{ds} = -\frac{d}{ds}\int_0^\infty e^{-st}f(t)dt = -\int_0^\infty \frac{\partial}{\partial s}\{e^{-st}f(t)\}dt$$

$$= \int_0^\infty e^{-st}\{t\,f(t)\}dt = \mathscr{L}[t\,f(t)]$$

(8) の証明

$$\int_s^\infty F(s)ds = \int_s^\infty\int_0^\infty e^{-st}f(t)dtds = \int_0^\infty\int_s^\infty e^{-st}f(t)dsdt$$

$$= \int_0^\infty\left[-e^{-st}\frac{f(t)}{t}\right]_{s=s}^{s=\infty}dt = \int_0^\infty e^{-st}\frac{f(t)}{t}dt = \mathscr{L}\left[\frac{f(t)}{t}\right]$$ □

例題 3　上の公式 (6), (7), (8) を利用して，次式を証明せよ．

(1)　$\mathscr{L}[te^{at}] = \dfrac{1}{(s-a)^2}$

(2)　$\mathscr{L}[t^ne^{at}] = \dfrac{n!}{(s-a)^{n+1}}$　　$(n = 1, 2, \cdots)$

(3)　$\mathscr{L}\left[\dfrac{\sin t}{t}\right]=\dfrac{\pi}{2}-\tan^{-1}s$

(4)　$\mathscr{L}\left[\displaystyle\int_0^t \dfrac{\sin t}{t}dt\right]=\dfrac{1}{s}\left(\dfrac{\pi}{2}-\tan^{-1}s\right)$

【解答】 (1)　公式 (7) を利用する.

$$\mathscr{L}e^{at}=\frac{1}{s-a}\qquad \therefore\quad \mathscr{L}[te^{at}]=-\frac{d}{ds}\frac{1}{s-a}=\frac{1}{(s-a)^2}$$

(2)　問 (1) の証明法を n 回繰り返せばよい.

(3)　公式 (8) を利用する.

$$\mathscr{L}\sin t=\frac{1}{s^2+1}\qquad \therefore\quad \mathscr{L}\left[\frac{\sin t}{t}\right]=\int_s^\infty \frac{1}{s^2+1}ds=\frac{\pi}{2}-\tan^{-1}s$$

(4)　公式 (6) と上の問 (3) を利用する.

$$\mathscr{L}\left[\int_0^t \frac{\sin t}{t}dt\right]=\frac{1}{s}\mathscr{L}\left[\frac{\sin t}{t}\right]=\frac{1}{s}\left(\frac{\pi}{2}-\tan^{-1}s\right)$$ ■

2つの関数 $f(t)$ と $g(t)$ が $(0,\infty)$ で定義されていて，積分

(9)　$$h(t)=\int_0^t f(\tau)g(t-\tau)d\tau$$

が存在するならば，これは $(0,\infty)$ で定義された関数である．この関数 $h(t)$ を2つの関数 $f(t)$ と $g(t)$ の**合成積**といい

(10)　$$h=f*g$$

で表す．このとき，交換則

$$f*g=g*f$$

が成り立つ．また，次の公式が成り立つ．

(11)　$$\mathscr{L}(f*g)=(\mathscr{L}f)(\mathscr{L}g)$$

［証明］

$$(\mathscr{L}f)(\mathscr{L}g)=\int_0^\infty e^{-su}f(u)du\int_0^\infty e^{-sv}g(v)dv$$
$$=\int_0^\infty\int_0^\infty e^{-s(u+v)}f(u)g(v)dudv$$

ここで，$u+v=t$，$u=\tau$ として，積分変数を (u,v) から (t,τ) に変更すれば，これはIV－11図に示した範囲 G の上の積分となり

$$(\mathscr{L}f)(\mathscr{L}g) = \iint_G e^{-st} f(\tau) g(t-\tau) dt d\tau$$
$$= \int_0^\infty e^{-st} \int_0^t f(\tau) g(t-\tau) d\tau dt$$
$$= \mathscr{L}(f * g)$$

□

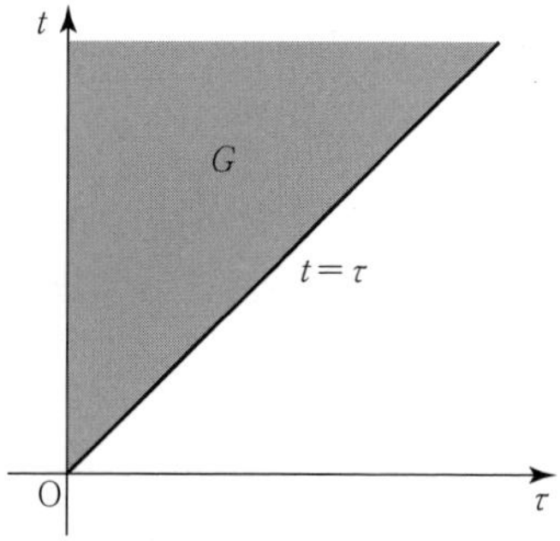

IV - 11 図

例題 4　次の関数 $f(t)$ のラプラス変換 $F(s)$ を求めよ．

(1)　$f(t) = (t^2) * (te^{-t})$

(2)　$f(t) = (e^{at} \sin \omega t) * (e^{at} \cos \omega t)$

(3)　$f(t) = (\cos t) * (\cos t)$　　(4)　$f(t) = (e^{at}) * (\sin \omega t)$

【解答】 公式（11）を利用する．

(1)　$\mathscr{L}t^2 = \dfrac{2}{s^3}$，$\mathscr{L}[te^{-t}] = -\left(\dfrac{1}{s+1}\right)' = \dfrac{1}{(s+1)^2}$　∴　$F(s) = \dfrac{2}{s^3(s+1)^2}$

(2)　$\mathscr{L}(e^{at} \sin \omega t) = \dfrac{\omega}{(s-a)^2 + \omega^2}$，$\mathscr{L}(e^{at} \cos \omega t) = \dfrac{s-a}{(s-a)^2 + \omega^2}$

$$\therefore \quad F(s) = \frac{\omega(s-a)}{((s-a)^2 + \omega^2)^2}$$

(3)　$\mathscr{L}(\cos t) = \dfrac{s}{s^2+1}$　　∴　$F(s) = \dfrac{s^2}{(s^2+1)^2}$

(4)　$\mathscr{L}e^{at} = \dfrac{1}{s-a}$，$\mathscr{L} \sin \omega t = \dfrac{\omega}{s^2 + \omega^2}$　　∴　$F(s) = \dfrac{\omega}{(s-a)(s^2+\omega^2)}$　■

問　　題

1. 次の関数 $f(t)$ のラプラス変換を求めよ．$(a \neq b)$

(1)　$3 + 2e^t$　　(2)　$e^{4t} + t - 1$　　(3)　$\sin 3t + 2\cos 2t$

(4)　$\dfrac{1 - e^t}{t}$　　(5)　$\dfrac{\cos at - \cos bt}{t}$　　(6)　$(2 + 3t)e^{-t}$

(7)　$e^{2t} \cosh 3t$　　(8)　$e^{-2t} \cos 3t$

2. 次の関数のラプラス変換を求めよ．$(a \neq 0)$

(1)　$\displaystyle\int_0^t \sin a(t-u) \cos au \, du$　　(2)　$\displaystyle\int_0^t \sinh a(t-u) \cosh au \, du$

§10　ラプラスの逆変換

区間 $(0, \infty)$ で定義された関数 $f(t)$ が区分的に連続であるとき，$f(t)$ の不連続点 $t=p$ で $f(p)=\dfrac{1}{2}\{f(p+0)+f(p-0)\}$ が成り立っているとする（§2（p. 238）参照）．次の定理が成り立つが，その証明を省略する．

> **定理 7**　区間 $(0, \infty)$ で定義され，区分的に連続であり，さらに $t\to\infty$ にともなって指数的に増大する関数 $f(t)$ と $g(t)$ について，$\mathscr{L}f(t)=\mathscr{L}g(t)$ ならば，$f(t)=g(t)$ である．

この定理 7 は次のことを意味している：定理 7 の条件を満足する関数だけを考えるとき，$F(s)=\mathscr{L}f(t)$ に対して，$F(s)$ をそのラプラス変換にもつ関数は $f(t)$ だけである．そこで，$F(s)$ に対して $F(s)=\mathscr{L}f(t)$ となる関数 $f(t)$ を求めるという問題に意味があるようになる．このような関数 $f(t)$ を $F(s)$ の**ラプラス逆変換**または単に**逆変換**といい，これを記号

$$f(t)=\mathscr{L}^{-1}F(s)$$

で表す．§7 と §8（p. 263〜268）で求めた，基本的な関数のラプラス変換 $F(s)$ とその逆変換 $f(t)=\mathscr{L}^{-1}F(s)$ を右の表のようにまとめることができる．この表を利用して，やや複雑な関数の逆変換を求めることを考える．

$F(s)$	$f(t)=\mathscr{L}^{-1}F(s)$　$(t>0)$
$\dfrac{1}{s}$	1
$\dfrac{1}{s^n}$	$\dfrac{t^{n-1}}{(n-1)!}$
$\dfrac{1}{s-a}$	e^{at}
$\dfrac{\omega}{s^2+\omega^2}$	$\sin\omega t$
$\dfrac{s}{s^2+\omega^2}$	$\cos\omega t$
$\dfrac{1}{(s-a)^n}$	$\dfrac{t^{n-1}e^{at}}{(n-1)!}$
$\dfrac{\omega}{(s-a)^2+\omega^2}$	$e^{at}\sin\omega t$
$\dfrac{s-a}{(s-a)^2+\omega^2}$	$e^{at}\cos\omega t$

例題 1　次の関数のラプラス逆変換を求めよ．

(1)　$\dfrac{1}{2s+1}$　　(2)　$\dfrac{1}{s^2-a^2}$

(3)　$\dfrac{1}{(2s-1)^2}$　　(4)　$\dfrac{s}{s^2-4s+5}$

(5) $\dfrac{1}{s(s^2+a^2)}$ $(a>0)$ (6) $\dfrac{1}{s^2(s^2+a^2)}$ $(a>0)$

【解答】 (1) $\mathcal{L}^{-1}\dfrac{1}{2s+1} = \dfrac{1}{2}\mathcal{L}^{-1}\dfrac{1}{s-(-1/2)} = \dfrac{1}{2}e^{-\frac{t}{2}}$

(2) $\mathcal{L}^{-1}\dfrac{1}{s^2-a^2} = \dfrac{1}{2a}\left(\mathcal{L}^{-1}\dfrac{1}{s-a} - \mathcal{L}^{-1}\dfrac{1}{s+a}\right) = \dfrac{1}{2a}(e^{at}-e^{-at}) = \dfrac{1}{a}\sinh at$

(3) $$\mathcal{L}^{-1}\frac{1}{(2s-1)^2} = \frac{1}{4}\mathcal{L}^{-1}\frac{1}{(s-1/2)^2} = \frac{1}{4}te^{\frac{t}{2}}$$

(4) $$\frac{s}{s^2-4s+5} = \frac{s}{(s-2)^2+1} = \frac{s-2}{(s-2)^2+1} + 2\cdot\frac{1}{(s-2)^2+1}$$

$$\therefore\ \mathcal{L}^{-1}\frac{s}{s^2-4s+5} = \mathcal{L}^{-1}\frac{s-2}{(s-2)^2+1} + 2\mathcal{L}^{-1}\frac{1}{(s-2)^2+1}$$
$$= e^{2t}\cos t + 2e^{2t}\sin t$$

(5) $$\frac{1}{s(s^2+a^2)} = \frac{1}{a^2}\left(\frac{1}{s} - \frac{s}{s^2+a^2}\right)$$

$$\therefore\ \mathcal{L}^{-1}\frac{1}{s(s^2+a^2)} = \frac{1}{a^2}\left(\mathcal{L}^{-1}\frac{1}{s} - \mathcal{L}^{-1}\frac{s}{s^2+a^2}\right) = \frac{1}{a^2}(1-\cos at)$$

(6) $$\frac{1}{s^2(s^2+a^2)} = \frac{1}{a^2}\left(\frac{1}{s^2} - \frac{1}{s^2+a^2}\right) = \frac{1}{a^2}\frac{1}{s^2} - \frac{1}{a^3}\frac{a}{s^2+a^2}$$

$$\therefore\ \mathcal{L}^{-1}\frac{1}{s^2(s^2+a^2)} = \frac{1}{a^2}\mathcal{L}^{-1}\frac{1}{s^2} - \frac{1}{a^3}\mathcal{L}^{-1}\frac{a}{s^2+a^2}$$
$$= \frac{t}{a^2} - \frac{1}{a^3}\sin at = \frac{1}{a^3}(at - \sin at)$$ ■

上の例題1の解法にあったように，分数関数 $F(s)$ の逆変換 $\mathcal{L}^{-1}F(s)$ を求めるとき，与えられた分数関数 $F(s)$ を部分分数に分解すると便利なことが多い.

例題2 次の関数のラプラス逆変換を求めよ.

(1) $\dfrac{s+1}{s(s^2+s-6)}$ (2) $\dfrac{s+2}{(s-1)^2s^3}$

【解答】 (1) $\dfrac{s+1}{s(s^2+s-6)} = \dfrac{s+1}{s(s+3)(s-2)} = -\dfrac{1}{6}\dfrac{1}{s} - \dfrac{2}{15}\dfrac{1}{s+3} + \dfrac{3}{10}\dfrac{1}{s-2}$

$$\therefore\ \mathcal{L}^{-1}\frac{s+1}{s(s^2+s-6)} = -\frac{1}{6}\mathcal{L}^{-1}\frac{1}{s} - \frac{2}{15}\mathcal{L}^{-1}\frac{1}{s+3} + \frac{3}{10}\mathcal{L}^{-1}\frac{1}{s-2}$$
$$= -\frac{1}{6} - \frac{2}{15}e^{-3t} + \frac{3}{10}e^{2t}$$

(2)
$$\frac{s+2}{(s-1)^2s^3}=\frac{3}{(s-1)^2}-\frac{8}{s-1}+\frac{2}{s^3}+\frac{5}{s^2}+\frac{8}{s}$$

$$\therefore\ \mathcal{L}^{-1}\frac{s+2}{(s-1)^2s^3}=3\mathcal{L}^{-1}\frac{1}{(s-1)^2}-8\mathcal{L}^{-1}\frac{1}{s-1}$$
$$+2\mathcal{L}^{-1}\frac{1}{s^3}+5\mathcal{L}^{-1}\frac{1}{s^2}+8\mathcal{L}^{-1}\frac{1}{s}$$
$$=3e^t-8e^t+t^2+5t+8$$ ■

さて，§9 の公式 (2),(3),(6),(7),(8) (p. 268〜270) を利用すれば，次の公式が得られる．$\mathcal{L}^{-1}F(s)=f(t)$ として

(1) $\mathcal{L}^{-1}F(s-a)=e^{at}f(t)$　　(2) $\mathcal{L}^{-1}F(as)=\dfrac{1}{a}f\left(\dfrac{t}{a}\right)$ $(a>0)$

(3) $\mathcal{L}^{-1}F^{(n)}(s)=(-t)^nf(t)$　　(4) $\mathcal{L}^{-1}\left[\displaystyle\int_s^\infty F(s)ds\right]=\dfrac{f(t)}{t}$

(5) $\mathcal{L}^{-1}\left[\dfrac{F(s)}{s}\right]=\displaystyle\int_0^t f(t)dt$

例題 3 次の関数のラプラス逆変換を求めよ．

(1) $\dfrac{1}{s(s^2+1)}$　　(2) $\dfrac{s}{(s^2+4)^2}$　　(3) $\log\dfrac{s-1}{s}$

【解答】 (1) $\mathcal{L}^{-1}\dfrac{1}{s^2+1}=\sin t$　　$\therefore\ \mathcal{L}^{-1}\dfrac{1}{s(s^2+1)}=\displaystyle\int_0^t\sin t\,dt=1-\cos t$

(2)
$$\mathcal{L}^{-1}\frac{1}{s^2+4}=\frac{1}{2}\mathcal{L}^{-1}\frac{2}{s^2+2^2}=\frac{1}{2}\sin 2t$$

$$\therefore\ \mathcal{L}^{-1}\frac{d}{ds}\left(\frac{1}{s^2+4}\right)=-\frac{t}{2}\sin 2t\qquad\therefore\ \mathcal{L}^{-1}\frac{s}{(s^2+4)^2}=\frac{t}{4}\sin 2t$$

(3) $\mathcal{L}^{-1}\left(\dfrac{1}{s-1}-\dfrac{1}{s}\right)=e^t-1$　　$\therefore\ \mathcal{L}^{-1}\left[\displaystyle\int_s^\infty\left(\dfrac{1}{s-1}-\dfrac{1}{s}\right)ds\right]=\dfrac{e^t-1}{t}$

$$\therefore\ \mathcal{L}^{-1}\log\frac{s-1}{s}=\frac{1-e^t}{t}$$ ■

問　題

1. 次の関数のラプラス逆変換を求めよ．ただし，$a\neq 0$.

(1) $\dfrac{s-1}{s(s+2)}$　　(2) $\dfrac{1}{s^2(s+a)}$　　(3) $\dfrac{1}{s(s+a)^2}$

(4)　$\dfrac{s+2}{(s+3)(s+1)^2}$　　(5)　$\dfrac{s+3}{s^2-2s+2}$　　(6)　$\dfrac{11s-12}{s(s-2)(s+3)}$

§11　定数係数線形微分方程式の解法

ラプラス変換を利用して，定数係数線形微分方程式を解く方法を考える．ここで述べる解法は演算子法の一種である．ただし，この節と次の節では独立変数を t とする．いま，話を簡単にするために，2階定数係数線形微分方程式

(1)　$$ay''+by'+cy=f(t)$$

について述べる．この微分方程式の解で初期条件

(2)　$$t=0,\quad y=y_0,\quad y'=v_0$$

を満足するものを $y(t)$ として，これを求めよう．ここで，独立変数 t を範囲 $t \geqq 0$ で考えることにする．さて

(3)　$$Y(s)=\mathscr{L}y(t)$$

とすれば，§9の公式（4),(5)（p. 268）によって

(4)　$$\mathscr{L}y'(t)=sY(s)-y_0,\quad \mathscr{L}y''(t)=s^2Y(s)-y_0s-v_0$$

さて，与えられた微分方程式（1）の両辺のラプラス変換をとれば

(5)　$$a\mathscr{L}y''+b\mathscr{L}y'+c\mathscr{L}y=F(s),\quad F(s)=\mathscr{L}f(t)$$

この（5）に（3）と（4）を代入すれば

$$a(s^2Y-y_0s-v_0)+b(sY-y_0)+cY=F(s)$$

これを Y について解いて

(6)　$$Y=\frac{(as+b)y_0+av_0}{as^2+bs+c}+\frac{F(s)}{as^2+bs+c}$$

$$\therefore\quad y=\mathscr{L}^{-1}\frac{(as+b)y_0+av_0}{as^2+bs+c}+\mathscr{L}^{-1}\frac{F(s)}{as^2+bs+c}$$

これが求める解である．

例題 1　初期条件「$t=0,\ y=0,\ y'=1$」のもとで次の2階定数係数線形微分方程式を解け．

$$y''+2y'-3y=e^t$$

【解答】 求める解を $y(t)$ とし，そのラプラス変換を $Y(s)=\mathscr{L}y(t)$ とする．与えられ

た微分方程式の両辺のラプラス変換を作れば

(a) $$\mathscr{L}y'' + 2\mathscr{L}y' - 3\mathscr{L}y = \mathscr{L}e^t = \frac{1}{s-1}$$

さて，与えられた初期条件を利用すれば，§9の公式（4),(5)（p. 268）によって

$$\mathscr{L}y = Y, \quad \mathscr{L}y' = sY, \quad \mathscr{L}y'' = s^2Y - 1$$

である．これらを上の（a）に代入して

$$(s^2Y - 1) + 2sY - 3Y = \frac{1}{s-1}$$

$$\therefore \quad Y = \frac{s}{(s^2+2s-3)(s-1)} = \frac{s}{(s-1)^2(s+3)}$$

$$= \frac{1}{4}\frac{1}{(s-1)^2} + \frac{3}{16}\frac{1}{s-1} - \frac{3}{16}\frac{1}{s+3}$$

$$\therefore \quad y = \mathscr{L}^{-1}Y = \frac{1}{4}\mathscr{L}^{-1}\frac{1}{(s-1)^2} + \frac{3}{16}\mathscr{L}^{-1}\frac{1}{s-1} - \frac{3}{16}\mathscr{L}^{-1}\frac{1}{s+3}$$

$$\therefore \quad y = \frac{1}{4}te^t + \frac{3}{16}e^t - \frac{3}{16}e^{-3t}$$ ■

例題 2　初期条件「$t=0,\ y=0,\ y'=\dfrac{1}{2}$」のもとで次の2階定数係数線形微分方程式を解け．

$$y'' + y = \sin t$$

【解答】 求める解 $y(t)$ のラプラス変換を $Y(s) = \mathscr{L}y(t)$ とする．与えられた微分方程式の両辺のラプラス変換を作れば

(a) $$\mathscr{L}y'' + \mathscr{L}y = \mathscr{L}\sin t = \frac{1}{s^2+1}$$

さて，与えられた初期条件を利用すれば，§9の公式（4),(5)（p. 268）によって

$$\mathscr{L}y = Y, \quad \mathscr{L}y'' = s^2Y - \frac{1}{2}$$

これを上の（a）に代入して

$$\left(s^2Y - \frac{1}{2}\right) + Y = \frac{1}{s^2+1} \qquad \therefore \quad Y = \frac{1}{2}\frac{1}{s^2+1} + \frac{1}{(s^2+1)^2}$$

(b) $$\therefore \quad y = \frac{1}{2}\mathscr{L}^{-1}\frac{1}{s^2+1} + \mathscr{L}^{-1}\frac{1}{(s^2+1)^2}$$

さて

(c) $$\mathscr{L}^{-1}\frac{1}{s^2+1} = \sin t$$

である．続いて，$\mathscr{L}^{-1}\dfrac{1}{(s^2+1)^2}$ を計算する．そのために，次の変形をする．

$$\frac{1}{(s^2+1)^2}=\frac{1}{s}\frac{s}{(s^2+1)^2}=\frac{1}{2s}\frac{d}{ds}\left(-\frac{1}{s^2+1}\right)$$

ゆえに，§10 の公式（3），(5)（p. 275）によって

(d)
$$\mathscr{L}^{-1}\frac{1}{(s^2+1)^2}=\frac{1}{2}\int_0^t\mathscr{L}^{-1}\left[-\frac{d}{ds}\frac{1}{s^2+1}\right]dt$$
$$=\frac{1}{2}\int_0^t t\sin t\,dt=\frac{1}{2}(\sin t-t\cos t)$$

(c) と (d) を (b) に代入すれば，求める解が次のように得られる．

$$y(t)=\sin t-\frac{t}{2}\cos t$$ ■

問　　題

1．次の微分方程式を（　）内の初期条件のもとで解け．

(1)　$y''+y=2$　　　$(t=0,\ y=1,\ y'=0)$

(2)　$y'-y=e^t$　　　$(t=0,\ y=2)$

(3)　$y''+y'+y=0$　　　$(t=0,\ y=1,\ y'=1)$

(4)　$y''+3y'+2y=0$　　　$(t=0,\ y=y_0,\ y'=v_0)$

§12　単位関数・デルタ関数

$a\geqq 0$ とし，関数 $U_a(t)$ を

(1)
$$U_a(t)=\begin{cases}0 & (0<t\leqq a)\\ 1 & (t>a)\end{cases}$$

で定義する．特に，$U_0(t)$ は前節までで扱った関数 $f(t)=1$（$t>0$）と一致していると考える．この $U_0(t)$ を簡単に $U(t)$ で表せば

(2)　　$U_a(t)=U(t-a)$

となる．そこで，$U_a(t)$ の代りに記号 $U(t-a)$ を用いることにする．この関数 $U(t-a)$ を**単位関数**という．次の公式が成り立つ．

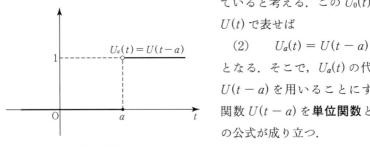

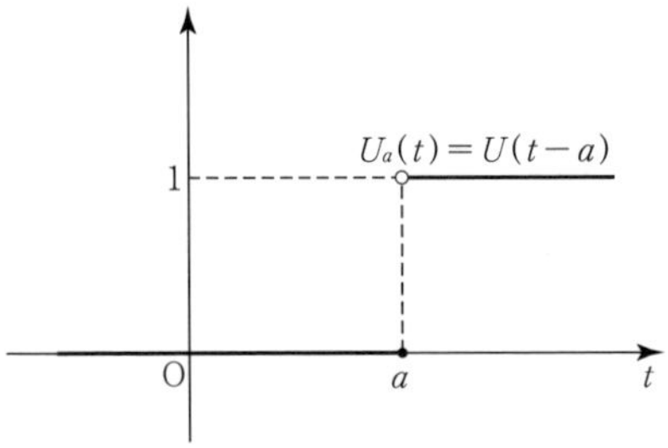

IV－12 図

(3)　$$\mathscr{L}U(t-a)=\frac{e^{-as}}{s}\qquad (\mathrm{Re}(s)>0,\ a\geqq 0)$$

[証明]

$$\mathscr{L}U(t-a)=\int_0^{\infty}e^{-st}U(t-a)dt$$
$$=\int_a^{\infty}e^{-st}dt=\frac{e^{-as}}{s}$$

□

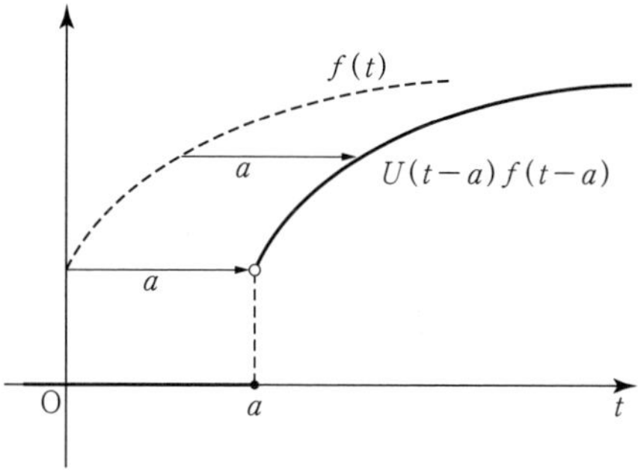

IV－13図

さて，区間 $(0,\infty)$ で定義された関数 $f(t)$ が与えられたとき，新たに関数 $f_a(t)$ を $(0,\infty)$ で次のように定義する．ただし，$a\geqq 0$ とする．

(4)　$$f_a(t)=U(t-a)f(t-a)=\begin{cases}0 & (0<t\leqq a)\\ f(t-a) & (t>a)\end{cases}$$

関数 $f(t)$ のグラフと (4) で与えられた関数 $f_a(t)$ のグラフの関係はIV－13図のようである．さて

$$\mathscr{L}f(t)=F(s)$$

とすれば，次の公式が成り立つ．

(5)　$$\mathscr{L}f_a(t)=e^{-as}F(s)$$
(6)　$$\mathscr{L}^{-1}[e^{-as}F(s)]=f_a(t)$$
$(a\geqq 0)$

[証明] (5) の証明

$$\mathscr{L}f_a(t)=\int_0^{\infty}e^{-st}U(t-a)f(t-a)dt=\int_a^{\infty}e^{-st}f(t-a)dt$$
$$=e^{-as}\int_0^{\infty}e^{-s\tau}f(\tau)d\tau\qquad(\tau=t-a)$$
$$=e^{-as}F(s)$$

また，(6) は (5) から直ちに得られる．　□

例題 1　次の関数 $f(t)$ のラプラス変換を求めよ．$(a\geqq 0)$

（1）　$f(t)=\begin{cases}0 & (0<t\leqq a)\\ \cos(t-a) & (t>a)\end{cases}$

（2）　$f(t)=\begin{cases}0 & (0<t\leqq 2)\\ (t-2)^2 & (t>2)\end{cases}$

【解答】 公式（5）を利用する．

（1）　$g(t)=\cos t$ とすれば，$f(t)=g_a(t)$ である．さて

$$\mathcal{L}g(t)=\mathcal{L}\cos t=\frac{s}{s^2+1}$$

$$\therefore\quad \mathcal{L}f(t)=\mathcal{L}g_a(t)=\frac{se^{-as}}{s^2+1}$$

（2）　$g(t)=t^2$ とすれば，$f(t)=g_2(t)$ である．さて

$$\mathcal{L}g(t)=\mathcal{L}t^2=\frac{2}{s^3}$$

$$\therefore\quad \mathcal{L}f(t)=\mathcal{L}g_2(t)=\frac{2e^{-2s}}{s^3}$$ ■

例題2　$\mathcal{L}^{-1}\dfrac{e^{-as}}{s^3}$ を求めよ．$(a\geqq 0)$

【解答】 公式（6）を利用する．さて

$$\mathcal{L}^{-1}\frac{1}{s^3}=\frac{t^2}{2}$$

$$\therefore\quad \mathcal{L}^{-1}\frac{e^{-as}}{s^3}=U(t-a)\frac{(t-a)^2}{2}=\begin{cases}0 & (0<t\leqq a)\\ \dfrac{1}{2}(t-a)^2 & (t>a)\end{cases}$$ ■

例題3　関数 $f(t)$ は周期 p をもつとする．$F(s)=\mathcal{L}f(t)$ は次式で与えられることを証明せよ．

$$F(s)=\frac{1}{1-e^{-ps}}\int_0^p e^{-st}f(t)dt$$

【解答】 まず

$$g(t)=\begin{cases}f(t) & (0<t\leqq p)\\ 0 & (t>p)\end{cases}$$

とすれば，$f(t)$ は次のように表せる．

$$f(t)=g(t)+g_p(t)+g_{2p}(t)+\cdots+g_{kp}(t)+\cdots$$

ゆえに，公式（5）を利用すれば

$$G(s) = \mathscr{L}g(t) = \int_0^\infty e^{-st}g(t)dt = \int_0^p e^{-st}f(t)dt$$

として，次式が得られる．

$$\begin{aligned} F(s) &= \mathscr{L}f(t) = \mathscr{L}g(t) + \mathscr{L}g_p(t) + \mathscr{L}g_{2p}(t) + \cdots + \mathscr{L}g_{kp}(t) + \cdots \\ &= G(s) + e^{-ps}G(s) + e^{-2ps}G(s) + \cdots + e^{-kps}G(s) + \cdots \\ &= (1 + e^{-ps} + e^{-2ps} + \cdots + e^{-kps} + \cdots)G(s) \\ &= \frac{1}{1-e^{-ps}}G(s) = \frac{1}{1-e^{-ps}}\int_0^p e^{-st}f(t)dt \end{aligned}$$ ■

例題 4 周期 2 をもつ次の関数 $f(t)$ のラプラス変換 $F(s) = \mathscr{L}f(t)$ を求めよ．

(1) $f(t) = \begin{cases} t & (0 < t \leqq 1) \\ 0 & (1 < t \leqq 2) \end{cases}$ (2) $f(t) = \begin{cases} 1 & (0 < t \leqq 1) \\ 0 & (1 < t \leqq 2) \end{cases}$

【解答】 上の例題 3 の結果を利用する．

(1) $F(s) = \dfrac{1}{1-e^{-2s}}\displaystyle\int_0^2 e^{-st}f(t)dt = \dfrac{1}{1-e^{-2s}}\displaystyle\int_0^1 e^{-st}t\,dt = \dfrac{1-e^{-s}(s+1)}{s^2(1-e^{-2s})}$

(2) $F(s) = \dfrac{1}{1-e^{-2s}}\displaystyle\int_0^2 e^{-st}f(t)dt = \dfrac{1}{1-e^{-2s}}\displaystyle\int_0^1 e^{-st}dt = \dfrac{1}{s(1+e^{-s})}$ ■

例題 5 **パルス**を表す次の関数 $h_\varepsilon(t)$ $(\varepsilon > 0)$ のラプラス変換を求めよ．

$$h_\varepsilon(t) = \begin{cases} 0 & (0 < t < a,\ a + \varepsilon < t) \\ 1 & (a \leqq t \leqq a + \varepsilon) \end{cases} \qquad (a \geqq 0)$$

【解答】 $h_\varepsilon(t) = U(t-a) - U(t-(a+\varepsilon))$ と書き表せる（IV-14 図参照）．ゆえに

$$\begin{aligned} \mathscr{L}h_\varepsilon(t) &= \mathscr{L}U(t-a) - \mathscr{L}U(t-(a+\varepsilon)) \\ &= \frac{e^{-as}}{s} - \frac{e^{-(a+\varepsilon)s}}{s} \\ &= \frac{e^{-as}}{s}(1 - e^{-\varepsilon s}) \end{aligned}$$ ■

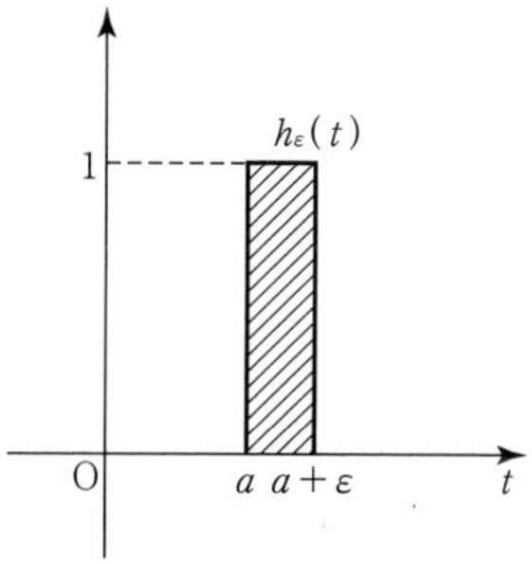

IV-14 図

この例題 5 で扱った関数 $h_\varepsilon(t)$ について

$$\mathscr{L}\left[\frac{1}{\varepsilon}h_\varepsilon(t)\right] = e^{-as}\frac{1-e^{-\varepsilon s}}{\varepsilon s}$$

が成り立つ．ここで，$\varepsilon \to 0$ とすれば

$$\lim_{\varepsilon\to 0}\mathscr{L}\left[\frac{1}{\varepsilon}h_\varepsilon(t)\right]=e^{-as}\lim_{\varepsilon\to 0}\frac{1-e^{-\varepsilon s}}{\varepsilon s}=e^{-as}\left(-\frac{de^{-\tau}}{d\tau}\right)_{\tau=0}$$

ゆえに

(7) $$\lim_{\varepsilon\to 0}\mathscr{L}\left[\frac{1}{\varepsilon}h_\varepsilon(t)\right]=e^{-as}$$

が得られる．

さて，関数 $\frac{1}{\varepsilon}h_\varepsilon(t)$ のグラフを図示すれば，IV-15図のようになる．また，IV-15図には，極限 $\varepsilon\to 0$ におけるこの関数の変化状況がえがかれている．いま，区間 $(-\infty,\infty)$ で定義されている連続関数 $f(t)$ を任意にとれば

(8) $$\int_{-\infty}^{\infty}f(t)\frac{1}{\varepsilon}h_\varepsilon(t)dt$$

$$=\frac{1}{\varepsilon}\int_a^{a+\varepsilon}f(t)dt$$

$$\to f(a)\qquad(\varepsilon\to 0)$$

である．さらに，明らかに次式が成り立つ．

(9) $$\int_{-\infty}^{\infty}\frac{1}{\varepsilon}h_\varepsilon(t)dt=1$$

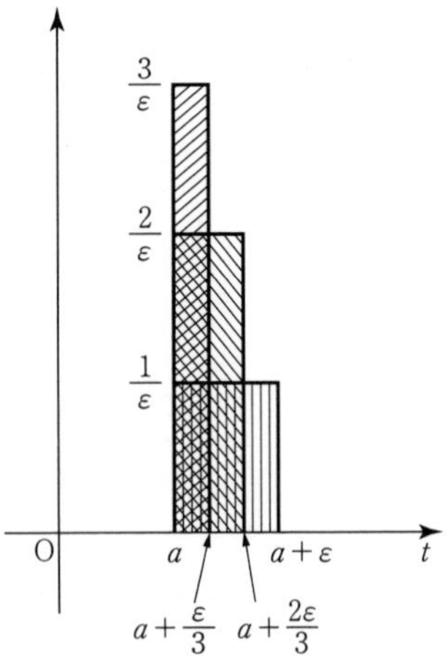

IV-15図

そこで，極限 $\varepsilon\to 0$ において関数 $\frac{1}{\varepsilon}h_\varepsilon(t)$ は極限関数に収束しないが，上の (8) と (9) を考慮に入れて，便宜上次の性質 (10), (11), (12) をもった関数のようなもの $\delta_a(t)$ を考える．すなわち，$(-\infty,\infty)$ で定義された任意の関数 $f(t)$ について

(10) $$\int_{-\infty}^{\infty}f(t)\delta_a(t)dt=f(a)$$

である．また

(11) $$t\neq a \qquad \text{ならば} \qquad \delta_a(t)=0$$

(12) $$\int_{-\infty}^{\infty}\delta_a(t)dt=1$$

そこで，$\delta_a(t)$ について

$$\lim_{\varepsilon\to 0}\frac{1}{\varepsilon}h_\varepsilon(t)=\delta_a(t)$$

が成り立つと考えられる．この $\delta_a(t)$ を点 $t=a$ における**デルタ関数**という．

さて，$\delta_0(t)$ を簡単に $\delta(t)$ で表せば

$$\delta_a(t)=\delta(t-a)$$

となるから，$\delta_a(t)$ の代りに記号 $\delta(t-a)$ を用いることにする．いま，公式 (7) を利用すれば，次の公式が得られる．

(13)　$\mathcal{L}\delta(t)=1,\quad \mathcal{L}\delta(t-a)=e^{-as}\quad (a>0)$

この（13）は，$\delta_a(t)$ の定義に現れた（10）と（11）を利用して，直接に導くこともできる．すなわち

$$\mathcal{L}\delta(t-a)=\int_0^\infty e^{-st}\delta(t-a)dt=(e^{-st})_{t=a}=e^{-as}$$

さて，公式（3）と（13）から次式が得られる．

(14)　$$\mathcal{L}\delta(t-a)=s\mathcal{L}U(t-a)$$

したがって，§9 の公式（4）（p. 268）を参照すれば，形式的に

(15)　$$\delta(t-a)=\frac{d}{dt}U(t-a)$$

が成り立つと考えられる．このデルタ関数 $\delta(t-a)$ は $t=a$ で発生する衝撃的現象を表現するのに利用される．

§13　単位関数とデルタ関数の応用

§11（p. 276）で述べたように，微分方程式

(1)　$$ay''+by'+cy=f(t)$$

の解で初期条件

(2)　$$t=0,\quad y=y_0,\quad y'=v_0$$

を満足するものを $y(t)$ とし，$Y(s)=\mathcal{L}y(t)$ とすれば

(3)　$$Y=\frac{(as+b)y_0+av_0}{as^2+bs+c}+\frac{F(s)}{as^2+bs+c},\quad F(s)=\mathcal{L}f(t)$$

であった．さて

$$Z(s) = as^2 + bs + c$$

とおけば，(3) は

(4) $$Y = \frac{A(s)}{Z(s)} + \frac{F(s)}{Z(s)}, \qquad A(s) = (as + b)y_0 + av_0$$

となる．この関数 $Z(s)$ は与えられた定数係数線形微分方程式 (1) の左辺にある微分演算子

(5) $$a\frac{d^2}{dt^2} + b\frac{d}{dt} + c$$

によって定まる関数であって，$Z(s)$ をこの微分方程式またはこの微分演算子の**インピーダンス**という．いま考えている解 $y(t)$ は

$$\mathscr{L}^{-1}\frac{A(s)}{Z(s)}, \qquad \mathscr{L}^{-1}\frac{F(s)}{Z(s)}$$

の和である．さて，$\mathscr{L}^{-1}\dfrac{A(s)}{Z(s)}$ は与えられた微分方程式 (1) の右辺に無関係であり，対応する同次方程式 $ay'' + by' + cy = 0$ の解で初期条件 (2) を満足するものである．また，$\mathscr{L}^{-1}\dfrac{F(s)}{Z(s)}$ は微分方程式 (1) の解で初期条件「$t = 0,\ y = 0,\ y' = 0$」を満足するものであり，これを微分方程式 (1) の**初期静止解**という．また，この $\mathscr{L}^{-1}\dfrac{F(s)}{Z(s)}$ を**入力関数** $f(t)$ に対する微分演算子 (5) またはインピーダンス $Z(s)$ の**応答**という．今後は，入力関数 $f(t)$ に対する $Z(s)$ の応答 $\mathscr{L}^{-1}\dfrac{F(s)}{Z(s)}$ について考えていくことにする．すなわち，初期静止解という特殊解を求める方法を考えることにする．

特に，入力関数 $f(t)$ が単位関数 $U(t)$ であるとき，$f(t) = U(t)$ に対する $Z(s)$ の応答を $Z(s)$ の**単位応答**という．さて，単位応答 $g(t)$ は，$\mathscr{L}U(t) = \dfrac{1}{s}$ であるから

(6) $$g(t) = \mathscr{L}^{-1}\frac{1}{sZ(s)}$$

であって，インピーダンス $Z(s)$ によって完全に定まる．

また，入力関数 $f(t)$ がデルタ関数 $\delta(t)$ であるとき，$f(t) = \delta(t)$ に対応する

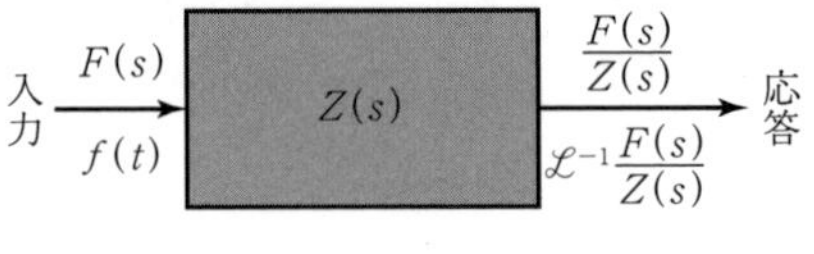

IV - 16 図

$Z(s)$ の応答を $Z(s)$ の**デルタ応答**という．デルタ応答 $h(t)$ は，$\mathscr{L}\delta(t)=1$ であるから

(7) $$h(t)=\mathscr{L}^{-1}\frac{1}{Z(s)}$$

であって，インピーダンス $Z(s)$ によって完全に定まる．

上の (6) と (7) からわかるように，§9 の公式 (4) (p. 268) によって，単位応答を $g(t)$ とし，デルタ応答を $h(t)$ とすれば

(8) $$h(t)=g'(t)$$

が成り立つ．

例題 1　次のインピーダンス $Z(s)$ の単位応答 $g(t)$ とデルタ応答 $h(t)$ を求めよ．

(1) $Z(s)=as+b \quad (a,b\neq 0)$　　(2) $Z(s)=s^2-3s+2$

【解答】 (1) $$g(t)=\mathscr{L}^{-1}\frac{1}{sZ(s)}=\mathscr{L}^{-1}\frac{1}{s(as+b)}$$

$$=\frac{1}{b}\mathscr{L}^{-1}\frac{1}{s}-\frac{1}{b}\mathscr{L}^{-1}\frac{1}{s+b/a}=\frac{1}{b}(1-e^{-\frac{bt}{a}})$$

$$h(t)=\mathscr{L}^{-1}\frac{1}{Z(s)}=\mathscr{L}^{-1}\frac{1}{as+b}=\frac{1}{a}\mathscr{L}^{-1}\frac{1}{s+b/a}=\frac{1}{a}e^{-\frac{bt}{a}}$$

(2) $$g(t)=\mathscr{L}^{-1}\frac{1}{sZ(s)}=\mathscr{L}^{-1}\frac{1}{s(s^2-3s+2)}=\mathscr{L}^{-1}\frac{1}{s(s-2)(s-1)}$$

$$=\frac{1}{2}\mathscr{L}^{-1}\frac{1}{s}-\mathscr{L}^{-1}\frac{1}{s-1}+\frac{1}{2}\mathscr{L}^{-1}\frac{1}{s-2}=\frac{1}{2}-e^t+\frac{1}{2}e^{2t}$$

$$h(t)=\mathscr{L}^{-1}\frac{1}{Z(s)}=\mathscr{L}^{-1}\frac{1}{s^2-3s+2}=\mathscr{L}^{-1}\frac{1}{(s-2)(s-1)}$$

$$=\mathscr{L}^{-1}\frac{1}{s-2}-\mathscr{L}^{-1}\frac{1}{s-1}=e^{2t}-e^t$$ ■

インピーダンス $Z(s)$ の入力関数 $f(t)$ に対する応答を $x(t)$ とすれば，$F(s)=\mathscr{L}f(t)$ として

$$x(t)=\mathscr{L}^{-1}\frac{F(s)}{Z(s)} \qquad \text{すなわち} \qquad \mathscr{L}x(t)=\frac{F(s)}{Z(s)}$$

である．これを次のように変形する．

(9) $$\mathscr{L}x(t) = \{sF(s)\}\left\{\frac{1}{sZ(s)}\right\}$$

(10) $$\mathscr{L}x(t) = \{F(s)\}\left\{\frac{1}{Z(s)}\right\}$$

(11) $$\mathscr{L}x(t) = s\{F(s)\}\left\{\frac{1}{sZ(s)}\right\}$$

さて，インピーダンス $Z(s)$ の単位応答とデルタ応答とをそれぞれ $g(t)$ と $h(t)$ とすれば，上の公式（6）と（7）によって

$$\mathscr{L}g(t) = \frac{1}{sZ(s)}, \qquad \mathscr{L}h(t) = \frac{1}{Z(s)}$$

これと§9の公式（11）（p. 271）を利用し，上の（9），(10)，(11）のそれぞれを出発点として，$x(t)$ を計算する方法を考える．まず，(9）から出発する．入力関数 $f(t)$ が**連続**であるとすれば，§9の公式（4）（p. 268）によって

$$\mathscr{L}x(t) = \{sF(s)\}\left\{\frac{1}{sZ(s)}\right\} = \{\mathscr{L}f'(t) + f(+0)\}\{\mathscr{L}g(t)\}$$
$$= \{\mathscr{L}f'(t)\}\{\mathscr{L}g(t)\} + f(+0)\mathscr{L}g(t)$$
$$\therefore \quad x(t) = f(+0)g(t) + f'(t) * g(t)$$

ゆえに，入力関数 $f(t)$ が**連続**であれば，次式が成り立つ．

(12) $$x(t) = f(+0)g(t) + \int_0^t f'(\tau)g(t-\tau)d\tau$$

次に，(10）から出発すれば，次の計算をすることができる．

$$\mathscr{L}x(t) = \{F(s)\}\left\{\frac{1}{Z(s)}\right\} = \{\mathscr{L}f(t)\}\{\mathscr{L}h(t)\} \qquad \therefore \quad x(t) = f(t) * h(t)$$

ゆえに，次式が成り立つ．

(13) $$x(t) = \int_0^t f(\tau)h(t-\tau)d\tau$$

最後に，(11）から出発して，次の計算をすることができる．

$$\mathscr{L}x(t) = s\{F(s)\}\left\{\frac{1}{sZ(s)}\right\} = s\{\mathscr{L}f(t)\}\{\mathscr{L}g(t)\}$$

$$\therefore \quad x(t) = \frac{d}{dt}[f(t) * g(t)]$$

ここで，$h(t) = f(t) * g(t)$ は連続であり，$h(0) = 0$ であることを利用した．したがって，次式が成り立つ．

(14)
$$x(t) = \frac{d}{dt}\int_0^t f(\tau)g(t-\tau)d\tau$$

上で求めた公式（12），（13），（14）によれば，インピーダンス $Z(s)$ について，単位応答 $g(t)$ またはデルタ応答 $h(t)$ がわかっていれば，任意の入力関数 $f(t)$ に対する応答 $x(t)$ を計算することができる．

例題 2　インピーダンス $Z(s) = s^2 + 1$ の単位応答 $g(t)$ および次の入力関数 $f(t)$ に対する応答 $x(t)$ を求めよ．

$$f(t) = \begin{cases} 1 + t/2 & (0 < t < 2) \\ 2 & (t \geqq 2) \end{cases}$$

【解答】 $Z(s)$ の単位応答 $g(t)$ は

$$g(t) = \mathscr{L}^{-1}\frac{1}{sZ(s)} = \mathscr{L}^{-1}\frac{1}{s(s^2+1)} = \int_0^t \sin t\,dt = 1 - \cos t$$

さて，$f(t)$ は連続であるから，公式（12）を利用する．まず

$$f'(t) = \begin{cases} 1/2 & (0 < t < 2) \\ 0 & (t \geqq 2) \end{cases}$$

である．ゆえに，公式（12）によって，次のように，$x(t)$ を計算する．

範囲 $0 < t < 2$ では

$$x(t) = (1 - \cos t) + \int_0^t \frac{1}{2}(1 - \cos(t-\tau))d\tau = 1 - \cos t + \frac{1}{2}(t - \sin t)$$

次に，範囲 $t \geqq 2$ では

$$x(t) = (1 - \cos t) + \int_0^2 \frac{1}{2}(1 - \cos(t-\tau))d\tau$$
$$= 2 - \cos t + \frac{1}{2}(\sin(t-2) - \sin t)$$

まとめて，次のようになる．

$$x(t) = \begin{cases} 1 - \cos t + \dfrac{1}{2}(t - \sin t) & (0 < t < 2) \\ 2 - \cos t + \dfrac{1}{2}(\sin(t-2) - \sin t) & (t \geqq 2) \end{cases}$$ ■

例題 3　インピーダンス $Z(s) = s^2 - 3s + 2$ について，そのデルタ応答 $h(t)$ および次の入力関数 $f(t)$ に対する応答 $x(t)$ を求めよ．

$$f(t) = \begin{cases} 0 & (0 < t < 1) \\ 1 & (1 \leqq t \leqq 2) \\ 0 & (t > 2) \end{cases}$$

【解答】 デルタ応答 $h(t)$ は

$$h(t) = \mathscr{L}^{-1}\frac{1}{Z(s)} = \mathscr{L}^{-1}\frac{1}{s^2 - 3s + 2} = \mathscr{L}^{-1}\frac{1}{s-2} - \mathscr{L}^{-1}\frac{1}{s-1} = e^{2t} - e^t$$

この入力関数 $f(t)$ は連続でないから，公式 (13) を利用する．

$$x(t) = \int_0^t f(\tau)h(t-\tau)d\tau$$

まず，範囲 $0 < t < 1$ では

$$x(t) = 0$$

次に，範囲 $1 \leqq t \leqq 2$ では

$$x(t) = \int_1^t h(t-\tau)d\tau = \frac{1}{2} + \frac{1}{2e^2}e^{2t} - \frac{1}{e}e^t$$

また，範囲 $t > 2$ では

$$x(t) = \int_1^2 h(t-\tau)d\tau = -\frac{e-1}{e^2}e^t + \frac{e^2-1}{2e^4}e^{2t}$$

まとめて，次のようになる．

$$x(t) = \begin{cases} 0 & (0 < t < 1) \\ \dfrac{1}{2} + \dfrac{1}{2e^2}e^{2t} - \dfrac{1}{e}e^t & (1 \leqq t \leqq 2) \\ -\dfrac{e-1}{e^2}e^t + \dfrac{e^2-1}{2e^4}e^{2t} & (t > 2) \end{cases}$$ ■

§14　ラプラス逆変換公式

ラプラス逆変換について次の定理が成り立つ．

定理 8　区間 $(0, \infty)$ で定義された関数 $f(t)$ と $f'(t)$ が区分的に連続であるとする．また，$\mathrm{Re}(s) > \beta$ を満足する複素数 s について $\int_0^\infty |e^{-su}f(u)|du$ が有限確定であるとする．このとき，$F(s) = \mathscr{L}f(t)$ とすれば，$\sigma > \beta$ を満足する実数 σ について，次式が成り立つ．

(1)　$$\frac{1}{2}\{f(t+0) + f(t-0)\} = \lim_{T\to\infty} \frac{1}{2\pi i}\int_{\sigma-Ti}^{\sigma+Ti} e^{st}F(s)ds$$

この定理 8 で，$f(t)$ が点 t において連続ならば，(1) は

(2)　$$f(t) = \lim_{T\to\infty} \frac{1}{2\pi i}\int_{\sigma-Ti}^{\sigma+Ti} e^{st}F(s)ds$$

となる．また，区分的に連続な関数は，その不連続点 p で $f(p) = \frac{1}{2}\{f(p+0) + f(p-0)\}$ となるように約束してあるから（§2 (p. 238) 参照），定理 8 において，上の (2) はすべての $t > 0$ に対して成り立つ．この公式 (2) を**ラプラス逆変換公式**という．この公式 (2) の右辺の積分は IV - 17 図のように，複素数平面，すなわち s 平面上で実軸上の点 σ を通り虚軸に平行な直線に下から上へ向かう向きを与えたものを C として，C に沿っての積分であると考える．また，上の公式 (2) を普通は次のように書き表す．

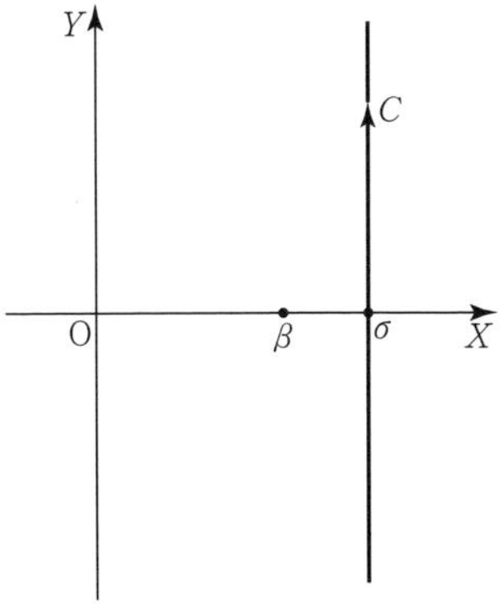

IV - 17 図

(3)　$$\mathscr{L}^{-1}F(s) = \frac{1}{2\pi i}\int_{\sigma-i\infty}^{\sigma+i\infty} e^{st}F(s)ds$$

この公式 (3) の右辺の積分を**ブロムウッチ** (Bromwich) **積分**という．

[定理 8 の証明] §4 で与えたフーリエ反転公式 (1) (p. 250) を利用する．$\sigma > \beta$ とすれば，仮定によって，$\int_0^\infty |e^{-\sigma u}f(u)|du$ は有限確定である．いま，$t \leqq 0$ に対して $f(t) = 0$ と定義し，関数 $f(t)$ の定義域を $(-\infty, \infty)$ に拡張すれば，$F(s) = \mathscr{L}f(t)$ を

$$F(s)=\int_0^{\infty}e^{-su}f(u)du=\int_{-\infty}^{\infty}e^{-i\tau u}[e^{-\sigma u}f(u)]du \qquad (s=\sigma+\tau i)$$

と書き表せる．ここで，フーリエ反転公式を利用すれば

$$\frac{1}{2}e^{-\sigma t}\{f(t+0)+f(t-0)\}=\frac{1}{2\pi}\int_{-\infty}^{\infty}e^{i\tau t}F(\sigma+\tau i)d\tau$$

$$\therefore \quad \frac{1}{2}\{f(t+0)+f(t-0)\}=\frac{1}{2\pi}\int_{-\infty}^{\infty}e^{(\sigma+\tau i)t}F(\sigma+\tau i)d\tau$$

さて，右辺の積分で，積分変数を変換して $s=\sigma+\tau i$ とすれば，次のようになる．

$$\frac{1}{2}\{f(t+0)+f(t-0)\}=\frac{1}{2\pi i}\int_{\sigma-i\infty}^{\sigma+i\infty}e^{st}F(s)ds \qquad \square$$

関数 $f(t)$ $(t>0)$ のラプラス変換を $F(s)=\mathscr{L}f(t)$ とする．複素変数 s の関数 $F(s)$ は有限個の極 $s_1, s_2, \cdots, s_k$ を除いて，複素数平面の全域で正則であるとする．また，$\sigma>\mathrm{Re}(s_1), \mathrm{Re}(s_2), \cdots, \mathrm{Re}(s_k)$ とする．さらに，点 $s=0$ を中心とする，十分大きい半径 R の円周 $|s|=R$ 上で

(4) $$|F(s)|\leqq\frac{M}{R^n} \qquad (n>1,\ M>0)$$

であるとする．このとき，次の**ラプラス逆変換公式** (5) が成り立つ．この公式は，$\mathscr{L}^{-1}F(s)$ を求めるのに有力である．

(5) $$\mathscr{L}^{-1}F(s)=\mathrm{Res}[e^{st}F(s), s_1]+\cdots+\mathrm{Res}[e^{st}F(s), s_k]$$

[証明] IV-18図のように，R を十分大きくとって，閉曲線 ABCDA が $F(s)$ の極 $s_1, s_2, \cdots, s_k$ のすべてをその内部に含むようにする．ここで，弧 BCDA は半径 R の円弧である．

さて，留数定理（III，第4章，§14（p. 209））によって

(6) $$\frac{1}{2\pi i}\int_{\mathrm{ABCDA}}e^{st}F(s)ds$$
$$=\mathrm{Res}[e^{st}F(s), s_1]+\mathrm{Res}[e^{st}F(s), s_2]+\cdots+\mathrm{Res}[e^{st}F(s), s_k]$$

ところが

(7) $$\int_{\mathrm{ABCDA}}e^{st}F(s)ds=\int_{\mathrm{AB}}e^{st}F(s)ds+\int_{\mathrm{BCDA}}e^{st}F(s)ds$$

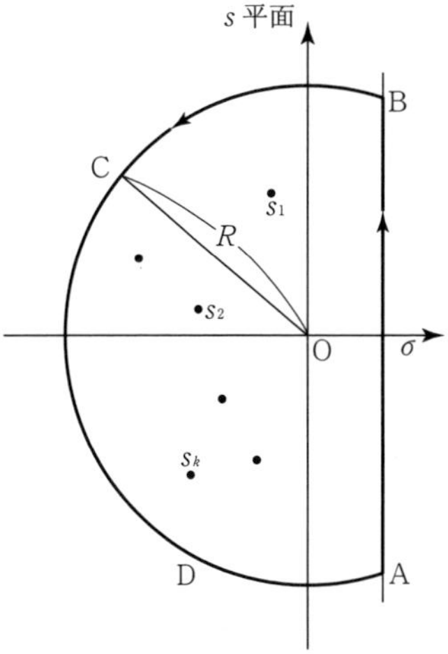

IV－18 図

である．また，R を十分大きくとれば，仮定によって円弧 BCDA 上で不等式（4）が成り立つ．ゆえに，円弧 BCDA 上の任意の s に対して不等式

$$|e^{st}F(s)| \leqq e^{\sigma t}\frac{M}{R^n} \qquad (n>1)$$

が成り立つ．なぜならば，円弧 BCDA 上の任意の s に対して $\mathrm{Re}(s) \leqq \sigma$ であるからである．ゆえに，$n-1>0$ であるから

$$\lim_{R\to\infty}\left|\int_{\mathrm{BCDA}} e^{st}F(s)ds\right| \leqq \lim_{R\to\infty}\frac{2\pi e^{\sigma t}M}{R^{n-1}} = 0$$

また

$$\lim_{R\to\infty}\int_{\mathrm{AB}} e^{st}F(s)ds = \int_{\sigma-i\infty}^{\sigma+i\infty} e^{st}F(s)ds$$

である．したがって，(3), (6), (7) を利用して，求める公式（5）が得られる．

□

例題 1　$f(t) = \mathscr{L}^{-1}\dfrac{1}{s^2(s+a)}$ を求めよ．($a \neq 0$)

【解答】 点 $s=0$ を中心とする，十分大きい半径 R の円周上で不等式

$$\left|\frac{1}{s^2(s+a)}\right| \leqq \frac{1}{R^2(R-|a|)} < \frac{1}{R^2}$$

が成り立つから，公式（4）を利用できる．さて，関数

$$G(s) = e^{st}\frac{1}{s^2(s+a)}$$

の特異点は 2 位の極 $s=0$ と 1 位の極 $s=-a$ だけである．ゆえに

$$\mathrm{Res}\,[G(s), 0] = \lim_{s\to 0}\frac{d}{ds}\left[s^2e^{st}\frac{1}{s^2(s+a)}\right] = \frac{1}{a}\left(t-\frac{1}{a}\right)$$

$$\mathrm{Res}\,[G(s), -a] = \lim_{s\to -a}\left[(s+a)e^{st}\frac{1}{s^2(s+a)}\right] = \frac{e^{-at}}{a^2}$$

したがって，公式（4）によって

$$f(t) = \mathscr{L}^{-1}\frac{1}{s^2(s+a)} = \mathrm{Res}[G(s), 0] + \mathrm{Res}[G(s), -a]$$

$$= \frac{1}{a^2}(e^{-at} + at - 1)$$

■

演 習 問 題 IV－4

［A］

1. 次の関数のラプラス変換を求めよ．$(0 < a < b)$

(1)　$e^{2t} + t + 2$　　(2)　$\cos 3t + \cosh 3t$　　(3)　$\dfrac{e^{at} - e^{bt}}{a - b}$

(4)　$t^2 \sin \omega t$　　(5)　$t^3 e^{-3t}$　　(6)　$e^{-t}\cos 2t$

(7)　$2e^{3t}\sin 4t$　　(8)　$(t+2)^2 e^t$

2. 次の関数 $f(t)$ のラプラス変換を求めよ．$(a > 0)$

$$f(t) = \begin{cases} 0 & (0 < t < 3) \\ (t-3)^2 & (t \geqq 3) \end{cases}$$

3. 次の関数のラプラス逆変換を求めよ．$(a > 0,\ a \neq b)$

(1)　$\dfrac{1}{(s+3)^2}$　　(2)　$\dfrac{2s}{4s^2 - 1}$　　(3)　$\dfrac{1}{9s^2 + 4}$

(4)　$\dfrac{1}{(s^2+1)(s^2+4)}$　　(5)　$\dfrac{1}{s^2(s-1)^2}$　　(6)　$\dfrac{1}{s^4 - a^4}$

(7)　$\dfrac{1}{s(s-a)^2}$　　(8)　$\dfrac{1}{(s+a)(s+b)^2}$　　(9)　$\dfrac{1}{s^2(s^2 - \omega^2)}$

(10)　$\dfrac{1}{(s+3)^2(s+1)^2}$

4. 次の微分方程式を（　）内の初期条件のもとで解け．ただし，独立変数は t であり，$t \geqq 0$ とする．

(1)　$y' + y = e^{-t}$　　$(t = 0,\ y = 1)$

(2)　$y'' - y' - 6y = 0$　　$(t = 0,\ y = 1,\ y' = -2)$

(3)　$y'' - 5y' + 6y = e^t$　　$(t = 0,\ y = y' = 0)$

(4)　$y'' + 2y' = \cos t$　　$(t = 0,\ y = y' = 0)$

(5)　$y''' + 4y' = t$　　$(t = 0,\ y = y' = 0,\ y'' = 1)$

5. インピーダンス $Z(s) = s^2 - 1$ の次に与える入力関数 $f(t)$ に対する応答 $x(t)$ を求めよ．

(1)　$f(t) = \begin{cases} t & (0 < t < 1) \\ 1 & (t \geqq 1) \end{cases}$　　　(2)　$f(t) = \begin{cases} t & (0 < t < 1) \\ 0 & (t \geqq 1) \end{cases}$

［B］

6. 次の連立微分方程式を初期条件「$t=0,\ x=y=0$」のもとで解け．ただし，独立変数を t （$\geqq 0$）とする．ラプラス変換を利用せよ．

(1)　$\begin{cases} x' - 2y' + 2x = 1 \\ y' + x + 5y = 2 \end{cases}$　　　(2)　$\begin{cases} x' - y' + x = t \\ x' - x + y = t^2 \end{cases}$

7. 次の関数 $F(s)$ について，$\mathscr{L}^{-1}F(s)$ を求めよ．ただし，§14（p. 290）の方法にしたがえ．

(1)　$F(s) = \dfrac{s+2}{(s-1)^2 s^3}$　　　(2)　$F(s) = \dfrac{s+2}{(s+3)(s+1)^2}$

8. 次の周期関数 $f(t)$ のラプラス変換を求めよ．ただし，$f(t)$ の周期は（　）内に示す T である．

(1)　$f(t) = \begin{cases} \sin t & (0 < t \leqq \pi) \\ 0 & (\pi < t \leqq 2\pi) \end{cases}$　　$(T = 2\pi)$

(2)　$f(t) = \begin{cases} 1 & (0 < t \leqq 1) \\ -1 & (1 < t \leqq 2) \end{cases}$　　$(T = 2)$

9. $\displaystyle\int_0^\infty e^{-x^2}dx = \frac{\sqrt{\pi}}{2}$ を利用して，次式を証明せよ．

$$\mathscr{L}\frac{1}{\sqrt{t}} = \frac{\sqrt{\pi}}{\sqrt{s}}, \qquad \mathscr{L}^{-1}\frac{1}{\sqrt{s}} = \frac{1}{\sqrt{\pi t}}$$

10. 上の **9** を利用して，次式を証明せよ．

$$\mathscr{L}^{-1}\frac{1}{\sqrt{s}\,(s-a)} = \frac{2}{\sqrt{\pi a}}e^{at}\int_0^{\sqrt{at}} e^{-x^2}dx \qquad (a \neq 0)$$

11. 次の方程式から未知関数 $y(t)$ を求めよ（両辺のラプラス変換を作れ）．

(1)　$\displaystyle\int_0^t \{\sin(t-\tau)\}y(\tau)d\tau = at^2 + bt$

(2)　$\displaystyle y(t) + \int_0^t e^{t-\tau}y(\tau)d\tau = \cos 2t$

(3)　$\displaystyle y'(t) + 5\int_0^t \{\cos 2(t-\tau)\}y(\tau)d\tau = 10,\ \ y(0) = 2$

V 付録

§1　常微分方程式の解の存在

1 階常微分方程式 $y' = f(x, y)$ の解の存在について，次の定理が成り立つ．これを**コーシー**（Cauchy）**・リプシッツ**（Lipschitz）**の定理**という．

定理 1　独立変数が x，未知関数が y である 1 階常微分方程式

(1) $$y' = f(x, y)$$

について，右辺の関数 $f(x, y)$ が xy 平面上の閉領域

(2) $$|x - a| \leqq A, \quad |y - b| \leqq B$$

において連続であり，しかもこの閉領域 (2) 内の任意の 2 点 (x, y) と (x, z) に対してリプシッツの条件

(3) $$|f(x, y) - f(x, z)| \leqq K|y - z| \qquad (K \text{ は定数})$$

を満足しているとする．このとき，微分方程式 (1) は初期条件

(4) $$y(a) = b$$

を満足する解 $y(x)$ をもつ．なお，この解 $y(x)$ は閉区間

(5) $$|x - a| \leqq A, \quad |x - a| \leqq \frac{B}{M}$$

で定義される．ここで，M は閉領域 (2) における $|f(x, y)|$ の最大値である．また，初期条件 (4) を満足する解は，区間 (5) でただ 1 つしかない．

注意　このコーシー・リプシッツの定理から，I，第 1 章，§2 の定理 1 (p. 6) を導き出すことができる．なぜならば，$f(x, y)$ が偏微分可能で，かつその偏導関数が連続ならば，平均値の定理によって，y と z の間にある適当な y_0 に対して

$$|f(x, y) - f(x, z)| = \left|\frac{\partial f(x, y_0)}{\partial y}\right| |y - z|$$

となるが，$\dfrac{\partial f(x, y)}{\partial y}$ が領域 (2) で連続ならば，その絶対値の領域 (2) における最大

値 K が存在するから

$$|f(x,y)-f(x,z)| \leqq K|y-z|$$

となり，リプシッツの条件 (3) が満たされるからである．

[定理 1 の証明] $A, B/M$ のうちの小さい方を c とすれば，区間 (5) は簡単に $|x-a| \leqq c$ と書き表せる．関数の列 $y_0(x), y_1(x), \cdots, y_n(x), \cdots$ を閉区間 $|x-a| \leqq c$ で次のように定義したい．

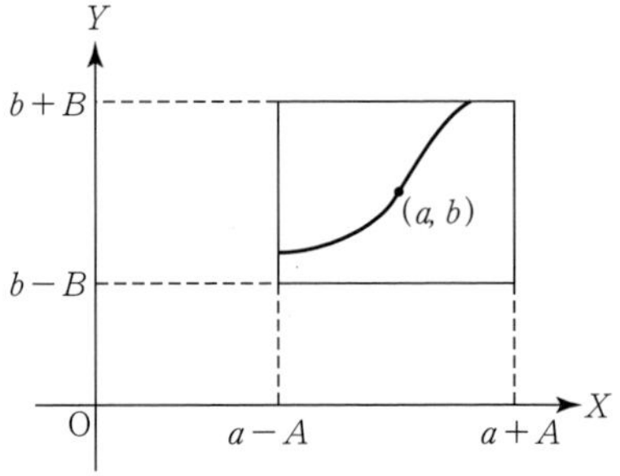

V-1 図

(i)　$y_0(x) = b$

(ii)　$y_1(x) = b + \int_a^x f(x, y_0(x))dx$

(iii)　$y_n(x)$ が定義されたら，$y_{n+1}(x)$ を次式で定義する．

$$y_{n+1}(x) = b + \int_a^x f(x, y_n(x))dx \tag{6}$$

このように，関数列 $\{y_n(x)\}$ を定義することができることを証明しなければならない．上の (6) で $y_{n+1}(x)$ が定義されるためには，$f(x, y_n(x))$ が $|x-a| \leqq c$ で定義され，かつ連続であれば十分である．そのために，区間 $|x-a| \leqq c$ で $y_n(x)$ が連続であって，$|y_n(x)-b| \leqq B$ が成り立つことを証明しよう．n についての数学的帰納法によって，このことを証明する．

まず，$y_0 = b$ は連続であり，$|y_0 - b| = 0 \leqq B$ である．そこで，y_{n-1} が $|x-a| \leqq c$ で連続であり，$|y_{n-1} - b| \leqq B$ が成り立っていると仮定する．定理の仮定によって

$$|f(x, y_{n-1})| \leqq M \qquad (|x-a| \leqq c) \tag{7}$$

ゆえに，(6) によって，y_n は $|x-a| \leqq c$ で連続であり

$$|y_n - b| = \left|\int_a^x f(x, y_{n-1})dx\right| \leqq M|x-a|$$

他方，$|x-a| \leqq c \leqq B/M$ であるから，$|y_n - b| \leqq B$．よって，$y_n(x)$ は $|x-a| \leqq c$ で連続であることが証明された．すなわち，当面の目的は達せられた．

次に，この関数列 $\{y_n(x)\}$ が，$n \to \infty$ にしたがって，1つの関数に閉区間 $|x-a| \leqq c$ で一様に収束することを証明しよう．そのために，まず

$$(8) \qquad |y_{n+1} - y_n| \leqq \frac{K^n N |x-a|^n}{n!} \qquad (n = 0, 1, 2, \cdots)$$

を証明しよう．ここで，y_0 と y_1 は $|x-a| \leqq c$ で連続であるから，閉区間 $|x-a| \leqq c$ で $|y_1 - y_0| \leqq N$ となる正の数 N が存在する．(8) でこの N を利用した．(8) を n についての数学的帰納法で証明する．$n=0$ のとき，明らかに (8) は成り立つ．いま，n が $n-1$ のとき (8) が成り立つと仮定する．(6) を利用すれば

$$|y_{n+1} - y_n| = \left| \left[b + \int_a^x f(x, y_n) dx \right] - \left[b + \int_a^x f(x, y_{n-1}) dx \right] \right|$$
$$\leqq \left| \int_a^x |f(x, y_n) - f(x, y_{n-1})| dx \right|$$

ここで，リプシッツの条件 (3) を利用すれば

$$|y_{n+1} - y_n| \leqq \left| \int_a^x K |y_n - y_{n-1}| dx \right|$$

ここで，数学的帰納法の仮定を利用して

$$|y_{n+1} - y_n| \leqq \left| \int_a^x K \frac{K^{n-1} N |x-a|^{n-1}}{(n-1)!} dx \right|$$
$$= K^n N \left| \int_a^x \frac{|x-a|^{n-1}}{(n-1)!} dx \right| = \frac{K^n N |x-a|^n}{n!}$$

すなわち，(8) は n が n のときにも成り立つことがわかった．ゆえに，数学的帰納法によって，(8) は $n = 0, 1, 2, \cdots$ に対して成り立つ．

いま証明した (8) によって，関数列

$$y_n = y_0 + (y_1 - y_0) + (y_2 - y_1) + \cdots + (y_n - y_{n-1})$$
$$= y_0 + \sum_{k=0}^{n-1} (y_{k+1} - y_k)$$

は $|x-a| \leqq c$ で一様に収束する．ゆえに，極限関数 $Y(x) = \lim_{n \to \infty} y_n(x)$ は閉区間 $|x-a| \leqq c$ で存在し，かつ $Y(x)$ は $|x-a| \leqq c$ で連続である．また，一様収束性によって，(6) で $n \to \infty$ とすれば

$$(9) \qquad Y(x) = b + \int_a^x f(x, Y(x)) dx, \qquad |x-a| \leqq c$$

が得られる．$|x-a|<c$ のとき，この両辺を x で微分することができて

$$\frac{dY}{dx}=f(x, Y(x))$$

となる．また，明らかに $Y(a)=b$ である．ゆえに，$Y(x)$ は初期条件（4）を満足する，微分方程式（1）の解である．すなわち，定理で主張する解の存在が証明された．

最後に，このような解はただ1つであることを証明しよう．さて，$Y(x)$ と $\bar{Y}(x)$ が微分方程式（1）と初期条件（4）を満足する関数であるとすれば

$$Y(x)=b+\int_a^x f(x, Y(x))dx, \qquad \bar{Y}(x)=b+\int_a^x f(x, \bar{Y}(x))dx$$

$$\therefore \quad Y(x)-\bar{Y}(x)=\int_a^x [f(x, Y(x))-f(x, \bar{Y}(x))]dx$$

さて，$Y(x)-\bar{Y}(x)$ は閉区間 $|x-a|\leqq c$ で連続であるから，$|Y(x)-\bar{Y}(x)|$ は $|x-a|\leqq c$ で最大値 G をもつ．このとき

$$(10) \qquad |Y-\bar{Y}|\leqq K^n G\frac{|x-a|^n}{n!} \qquad (n=0, 1, 2, \cdots)$$

が成り立つ．この（10）を，n についての数学的帰納法で証明しよう．さて，$n=0$ のとき，G の定義によって，（10）は成り立つ．n が $n-1$ のとき（10）が成り立つと仮定すれば，リプシッツの条件（3）によって

$$\begin{aligned}|Y-\bar{Y}| &= \left|\int_a^x [f(x, Y)-f(x, \bar{Y})]dx\right| \leqq \int_a^x K|Y-\bar{Y}|dx \\ &\leqq \left|\int_a^x K\cdot\frac{K^{n-1}G|x-a|^{n-1}}{(n-1)!}dx\right| \\ &= K^n G\frac{|x-a|^n}{n!}\end{aligned}$$

すなわち，（10）は n が n のときにも成り立つ．ゆえに，（10）は証明された．

いま，（10）で $n\to\infty$ とすれば，$Y(x)=\bar{Y}(x)$ が得られる．すなわち，解の一意性が証明された． □

注意 上の証明は，微分方程式 $y'=f(x, y)$ の解を近似する方法を与えている．すなわち，（6）の積分を順次に繰返して，$y_n(x)$ を作れば，n を大きくすると，$y_n(x)$ は解を近似する．

注意　1階微分方程式 $y' = 3y^{\frac{2}{3}}$ において，右辺の関数は $f(x, y) = 3y^{\frac{2}{3}}$ であって，この $f(x, y)$ は $x = 0$，$y = 0$ の付近では，リプシッツの条件（3）を満足していない．この微分方程式の解で，初期条件 $y(0) = 0$ を満足するものは $y = 0$ のほかに，たとえば，$y = x^3$ があるから，解の一意性が成り立たない．

上の定理1は連立常微分方程式の場合に拡張されて，次の定理2が成り立つ．しかし，その証明を省略する．

定理2　独立変数が x，未知関数が y, z である，連立常微分方程式

(11)　$$y' = f(x, y, z), \qquad z' = g(x, y, z)$$

において，右辺の関数 $f(x, y, z)$ と $g(x, y, z)$ が閉領域

(12)　$$|x - a| \leqq A,\ |y - b| \leqq B,\ |z - c| \leqq C$$

で連続であり，しかも閉領域（12）内の任意の (x, y_1, z_1) と (x, y_2, z_2) に対してリプシッツの条件

(13)　$$\begin{aligned} |f(x, y_1, z_1) - f(x, y_2, z_2)| &\leqq K\{|y_1 - y_2| + |z_1 - z_2|\} \\ |g(x, y_1, z_1) - g(x, y_2, z_2)| &\leqq K\{|y_1 - y_2| + |z_1 - z_2|\} \end{aligned}$$

（K は定数）

が成り立てば，区間

(14)　$$|x - a| \leqq \min\left(A, \frac{B}{M}, \frac{C}{N}\right)$$

で定義され，しかも初期条件

(15)　$$y(a) = b, \qquad z(a) = c$$

を満足する，連立常微分方程式（11）の解 $(y(x), z(x))$ が存在して，ただ1組だけ存在する．ただし，M と N は領域（12）におけるそれぞれ $|f|$ と $|g|$ の最大値である．

定理2の系として，次の定理が成り立つ．

定理3　2階常微分方程式

(16)　$$y'' = f(x, y, y')$$

において，右辺の関数 $f(x, y, z)$ が閉領域

(17)　$$|x - a| \leqq A,\ |y - b| \leqq B,\ |z - c| \leqq C$$

で連続であり，しかも閉領域（17）内の任意の (x, y_1, z_1)，(x, y_2, z_2) に対してリプシッツの条件

（18）　$|f(x, y_1, z_1) - f(x, y_2, z_2)| \leqq K\{|y_1 - y_2| + |z_1 - z_2|\}$

（K は定数）

を満足していれば，区間

$$|x - a| \leqq \min\left(A, \frac{B}{M}, \frac{C}{M}\right)$$

で定義され，しかも初期条件

（19）　$y(a) = b, \quad y'(a) = c$

を満足する，微分方程式（16）の解が存在して，ただ1つ存在するだけである．ただし，M は $|f(x, y, z)|$ の領域（17）における最大値である．

この定理3を証明するには，微分方程式（16）で $y' = z$ とおいて，（16）を連立微分方程式

$$y' = z, \qquad z' = f(x, y, z)$$

に書き換えて，定理2を適用して，多少工夫すればよい．

注意　定理2は，n 個の未知関数 $y_1, y_2, \cdots, y_n$ についての連立微分方程式

$$y_i' = f_i(x, y_1, y_2, \cdots, y_n) \qquad (i = 1, 2, \cdots, n)$$

に対して拡張されて，成り立つことが知られている．

定理3は，n 階常微分方程式

$$y^{(n)} = f(x, y', y'', \cdots, y^{(n-1)})$$

に対して拡張されて，成り立つことが知られている．

§2　常微分方程式のべき級数による解法

与えられた常微分方程式の解を求めるのに，「I 微分方程式」で述べた方法（これを**求積法**という）で解答が得られない場合がある．このような場合に，1つの試みとして，その解を**べき級数**の形で求める方法がある．この方法を述べるために，準備をする．

実変数 x の実数値関数 $f(x)$ が，実数 a の近傍で $(x - a)$ のべき級数に展開可能である（すなわち a に十分近い x に対して，収束する $(x - a)$ のべき級数

で $f(x)$ が表される）とき，$f(x)$ は点 $x=a$ で**解析的**であるという．$f(x)$ がその定義域の各点で解析的であるとき，$f(x)$ を**解析関数**とよぶ．独立変数が 2 個以上の場合にも，同様に解析関数を定義する．

微分方程式内に現れる関数の解析性と，その解の解析性について，次の定理があるが，その証明を省略する．

定理 4 線形微分方程式

(1) $$y^{(n)}+P_1(x)y^{(n-1)}+\cdots+P_{n-1}(x)y'+P_n(x)=X(x)$$

において，$P_1(x), P_2(x), \cdots, P_n(x)$ および $X(x)$ が点 $x=a$ で解析的であれば，その任意の解は点 $x=a$ で解析的である．

線形微分方程式 (1) で，係数 $P_1(x), P_2(x), \cdots, P_n(x)$ および $X(x)$ がすべて解析的であるような点 $x=a$ を，この線形微分方程式 (1) の**通常点**といい，そうでない点をその**特異点**という（$y^{(n)}$ の係数が 1 であることに注意する）．この言葉を使うと，定理 4 は簡単に次のようになる．

線形微分方程式の解はその通常点で解析的である．

例題 1 次の線形微分方程式の通常点 $x=0$ の近傍で，これを解け．

(2) $$(1-x^2)y''-2xy'+2y=0$$

【解答】 与えられた微分方程式は

$$y''-\frac{2x}{1-x^2}y'+\frac{2}{1-x^2}y=0$$

となるが，その係数はいずれも点 $x=0$ で解析的である．ゆえに，この微分方程式の解は点 $x=0$ で解析的であって，べき級数

(a) $$y=a_0+a_1x+a_2x^2+a_3x^3+\cdots+a_nx^n+\cdots=\sum_{n=0}^{\infty}a_nx^n$$

で表される．以下で，係数 $a_0, a_1, \cdots, a_n, \cdots$ を求めよう．(a) の両辺を微分して

$$y'=a_1+2a_2x+3a_3x^2+\cdots+na_nx^{n-1}+\cdots=\sum_{n=0}^{\infty}(n+1)a_{n+1}x^n$$

$$y''=2a_2+3\cdot2a_3x+\cdots+n(n-1)a_nx^{n-2}+\cdots=\sum_{n=0}^{\infty}(n+2)(n+1)a_{n+2}x^n$$

これらを与えられた微分方程式 (2) に代入して

$$(1-x^2)\sum_{n=0}^{\infty}(n+2)(n+1)a_{n+2}x^n - 2x\sum_{n=0}^{\infty}(n+1)a_{n+1}x^n + 2\sum_{n=0}^{\infty}a_n x^n = 0$$

同類項をまとめて

$$(2a_2+2a_0)+3\cdot 2a_3x+(4\cdot 3a_4-4a_2)x^2+(5\cdot 4a_5-5\cdot 2a_3)x^3+\cdots$$
$$+[(n+2)(n+1)a_{n+2}-(n+2)(n-1)a_n]x^n+\cdots=0$$

左辺で，各項の係数を順次に0に等しいとおいて，次式が得られる．

$$a_2=-a_0,\qquad a_3=0,\qquad a_4=\frac{1}{3}a_2,\qquad a_5=\frac{2}{4}a_3=0,\qquad \cdots$$
$$a_{n+2}=\frac{n-1}{n+1}a_n,\qquad \cdots$$

ここで，a_1 は上式に現れないが，これは任意定数である．さて，$a_3=0$ であるから

$$a_3=a_5=\cdots=a_{2m+1}=\cdots=0\qquad (m\geqq 1)$$

次に

$$a_{2m+2}=\frac{2m-1}{2m+1}a_{2m}=\frac{2m-1}{2m+1}\frac{2m-3}{2m-1}a_{2m-2}=\cdots$$
$$=\frac{2m-1}{2m+1}\frac{2m-3}{2m-1}\cdots\frac{1}{3}\cdot(-1)a_0=-\frac{1}{2m+1}a_0\qquad (m\geqq 1)$$

これらの a_n を（a）に代入して

(b) $$y=a_0\left(1-x^2-\frac{1}{3}x^4-\frac{1}{5}x^6-\cdots\right)+a_1x$$

が得られる．ここで，a_0 と a_1 は任意定数であるから，（b）は与えられた微分方程式（2）の一般解である． ■

注意 例題1で得られた解（b）は

$$y=a_0\left(1-\frac{1}{2}x\log\frac{1+x}{1-x}\right)+a_1x$$

と書き表される．しかし，一般に線形微分方程式をべき級数を利用して解いても，得られた解がよく知られた関数で書き表されるとは限らないから，一般にこのようなことは不可能である．

線形同次微分方程式

(3) $$y^{(n)}+P_1(x)y^{(n-1)}+P_2(x)y^{(n-2)}+\cdots+P_{n-1}(x)y'+P_n(x)y=0$$

が特異点 $x=a$ をもつ場合について考える．特異点 $x=a$ において

$$(x-a)P_1(x),\qquad (x-a)^2P_2(x),\qquad \cdots,\qquad (x-a)^nP_n(x)$$

がすべて解析的であるとき，点 $x=a$ を同次微分方程式 (3) の**確定特異点**という．この場合，(3) の両辺に $(x-a)^n$ を掛ければ

$$(4)\qquad (x-a)^n y^{(n)} + (x-a)^{n-1} p_1(x) y^{(n-1)} + \cdots + (x-a) p_{n-1}(x) y' + p_n(x) y = 0$$

となる．ただしここで

$$p_1(x) = (x-a)P_1(x),\ \ p_2(x) = (x-a)^2 P_2(x),\ \ \cdots,\ \ p_n(x) = (x-a)^n P_n(x)$$

は点 $x=a$ で解析的である．次の定理が成り立つが，その証明を省略する．

> **定理 5**　上の線形同次微分方程式 (4) について上で定義した $p_1(x)$, $p_2(x), \cdots, p_n(x)$ が点 $x=a$ で解析的であれば，この微分方程式 (4) は
>
> $$(5)\quad y = c_0(x-a)^\lambda + c_1(x-a)^{\lambda+1} + c_2(x-a)^{\lambda+2} + \cdots \qquad (c_0 \neq 0)$$
>
> の形の級数で表される解をもつ．

注意　定理 5 で λ は一般に複素数であって，もちろん正の整数とは限らない．しかし，ここでは λ が複素数または有理数であるような問題しか扱わないことにするから，少なくとも範囲 $x-a>0$ では解を表す級数は定まるはずである．

以下で，$n=2$ の場合に，定理 5 の解を表す級数 (5) の求め方を述べる．2 階線形同次微分方程式

$$(6)\qquad (x-a)^2 y'' + (x-a)p(x)y' + q(x)y = 0$$

において，$p(x)$ と $q(x)$ は点 $x=a$ で解析的であるとし，点 $x=a$ の近傍で

$$(7)\qquad \begin{aligned} p(x) &= p_0 + p_1(x-a) + p_2(x-a)^2 + \cdots \\ q(x) &= q_0 + q_1(x-a) + q_2(x-a)^2 + \cdots \end{aligned}$$

であるとする．ここで，$p_0, p_1, p_2, \cdots ; q_0, q_1, q_2, \cdots$ はわかっている定数である．

さて，微分方程式 (6) の解が点 $x=a$ の近傍で

$$\begin{aligned} y &= c_0(x-a)^\lambda + c_1(x-a)^{\lambda+1} + c_2(x-a)^{\lambda+2} + \cdots + c_n(x-a)^{\lambda+n} + \cdots \\ &= \sum_{n=0}^{\infty} c_n(x-a)^{\lambda+n} \end{aligned}$$

であるとする．この両辺を微分して

$$\begin{aligned} y' = \lambda c_0(x-a)^{\lambda-1} &+ (\lambda+1)c_1(x-a)^\lambda + (\lambda+2)c_2(x-a)^{\lambda+1} + \cdots \\ &+ (\lambda+n)c_n(x-a)^{\lambda+n-1} + \cdots \end{aligned}$$

$$= \sum_{n=0}^{\infty}(\lambda+n)c_n(x-a)^{\lambda+n-1}$$

$$y'' = \lambda(\lambda-1)c_0(x-a)^{\lambda-2} + (\lambda+1)\lambda c_1(x-a)^{\lambda-1} + \cdots$$
$$+ (\lambda+n)(\lambda+n-1)c_n(x-a)^{-\lambda+n-2} + \cdots$$
$$= \sum_{n=0}^{\infty}(\lambda+n)(\lambda+n-1)c_n(x-a)^{\lambda+n-2}$$

が得られる．これらを与えられた微分方程式（6）に代入して，（7）を利用すれば

$$(x-a)^2[\lambda(\lambda-1)c_0(x-a)^{\lambda-2} + (\lambda+1)\lambda c_1(x-a)^{\lambda-1} + \cdots] + (x-a)[p_0$$
$$+ p_1(x-a) + p_2(x-a)^2 + \cdots][\lambda c_0(x-a)^{\lambda-1} + (\lambda+1)c_1(x-a)^{\lambda} + \cdots]$$
$$+ [q_0 + q_1(x-a) + q_2(x-a)^2 + \cdots][c_0(x-a)^{\lambda} + c_1(x-a)^{\lambda+1} + \cdots] = 0$$

ここで，左辺の同類項をまとめて，左辺の $(x-a)^{\lambda}, (x-a)^{\lambda+1}, \cdots$ の係数を順次に 0 に等しいとおけば，次式が得られる（$c_0 \neq 0$ を利用する）．

（8）
$$[\lambda(\lambda-1) + p_0\lambda + q_0] = 0$$
$$[(\lambda+1)\lambda + p_0(\lambda+1) + q_0]c_1 + p_1\lambda c_0 + q_1 c_0 = 0$$
$$\cdots\cdots\cdots\cdots\cdots$$

（9）
$$[(\lambda+n)(\lambda+n-1) + p_0(\lambda+n) + q_0]c_n + \cdots = 0$$
$$\cdots\cdots\cdots\cdots\cdots$$

最初の方程式（8）は λ について 2 次方程式であって，その 2 根として，λ の値 λ_1, λ_2 が定まる．この（8）を**決定方程式**という．

λ の値が定まれば，上の（9）を利用して $c_1, c_2, \cdots$ が順次に定まる．詳しくいえば，c_n は（9）から定まるのであるが，（9）の左辺で連点 $\cdots$ で表した部分には $c_0, c_1, \cdots, c_{n-1}$ しか含まれていないから，（9）で c_n の係数が 0 でなければ，帰納的に c_n が決定される．この c_n の係数が 0 となる場合のことは後で考えるとして，もしも決定方程式（8）の 2 根 λ_1, λ_2 が異なっていて，λ_1 と λ_2 にそれぞれ対応する解 y_1 と y_2 が 1 次独立ならば，与えられた微分方程式（6）の一般解は $y = a_1y_1 + a_2y_2$ である（a_1, a_2 は任意定数である）．

次に，λ が決定方程式（8）の根であって，しかも（9）における c_n の係数

$$f(\lambda+n) = (\lambda+n)(\lambda+n-1) + p_0(\lambda+n) + q_0 \qquad (n \geqq 1)$$

が 0 であるとすれば（$f(\lambda)$ は決定方程式（8）の左辺である），λ と $\lambda+n$ は決定方程式（8）の 2 根である．すなわち，この場合には，決定方程式の 2 根の差が整数である．また，$\lambda+n$ は λ より大きいから，決定方程式（9）の 2 根のうち大きい方を λ_1 とすれば，$f(\lambda_1+n)$（$n \geqq 1$）は決して 0 にならないから，すべての c_n（$n \geqq 1$）を決定できる．すなわち，この λ_1 に対応する解 y_1 を決定することができる．

以上のことをまとめると，次のようになる．2 階線形微分方程式（6）について

(i)　決定方程式（8）の 2 根 λ_1, λ_2 の差が整数でないときには，上の方法で 2 つの 1 次独立な解 y_1, y_2 が求められて，一般解は $y = a_1y_1 + a_2y_2$ である．

(ii)　決定方程式（8）の 2 根の差が整数であるときには，その大きい根 λ_1 を用いて，上の方法で 1 つの解 y_1 を求めることができる．この場合，一般解を求めるのには，さらに工夫しなければならない．

続いて，例題によって，上述の解法を実行してみる．

例題 2　次の微分方程式を解け．

$$x^2y'' + \frac{1}{2}xy' + \frac{1}{4}xy = 0$$

【解答】 $x=0$ はこの微分方程式の確定特異点である．ゆえに，この微分方程式は

$$y = c_0x^\lambda + c_1x^{\lambda+1} + c_2x^{\lambda+2} + \cdots \qquad (c_0 \neq 0)$$

の形の解をもつ．この式と，これの両辺を微分して得られる式

$$y' = \lambda c_0x^{\lambda-1} + (\lambda+1)c_1x^\lambda + (\lambda+2)c_2x^{\lambda+1} + \cdots$$
$$y'' = \lambda(\lambda-1)c_0x^{\lambda-2} + (\lambda+1)\lambda c_1x^{\lambda-1} + (\lambda+2)(\lambda+1)c_2x^\lambda + \cdots$$

を与えられた微分方程式に代入して

$$x^2[\lambda(\lambda-1)c_0x^{\lambda-2} + (\lambda+1)\lambda c_1x^{\lambda-1} + (\lambda+2)(\lambda+1)c_2x^\lambda + \cdots]$$
$$+ \frac{1}{2}x[\lambda c_0x^{\lambda-1} + (\lambda+1)c_1x^\lambda + (\lambda+2)c_2x^{\lambda+1} + \cdots]$$
$$+ \frac{1}{4}x[c_0x^\lambda + c_1x^{\lambda+1} + c_2x^{\lambda+2} + \cdots] = 0$$

が得られる．したがって，左辺の同類項をまとめて，左辺の $x^\lambda, x^{\lambda+1}, \cdots$ の係数を順次

に0とおくことによって，次式が得られる．

$$\lambda(2\lambda-1)c_0=0$$

$$(\lambda+1)(2\lambda+1)c_1+\frac{1}{2}c_0=0$$

$$(\lambda+2)(2\lambda+3)c_2+\frac{1}{2}c_1=0$$

(a) ……………

$$(\lambda+n)(2\lambda+2n-1)c_n+\frac{1}{2}c_{n-1}=0$$

$$(\lambda+n+1)(2\lambda+2n+1)c_{n+1}+\frac{1}{2}c_n=0$$

……………

ここで，第1式，すなわち決定方程式から，λ が求まって

$$\lambda=0 \qquad \text{または} \qquad \lambda=\frac{1}{2}$$

(i) $\lambda=0$ のとき，(a)（第2式以下）は次のようになる．

$$1\cdot 1c_1+\frac{1}{2}c_0=0, \qquad 2\cdot 3c_2+\frac{1}{2}c_1=0$$

$$3\cdot 5c_3+\frac{1}{2}c_2=0, \qquad 4\cdot 7c_4+\frac{1}{2}c_3=0$$

……………

$$n(2n-1)c_n+\frac{1}{2}c_{n-1}=0, \ \cdots\cdots$$

ゆえに

$$c_1=-\frac{c_0}{2\cdot 1}=-\frac{c_0}{2!}, \quad c_2=-\frac{c_1}{4\cdot 3}=\frac{c_0}{4!}, \quad c_3=-\frac{c_2}{6\cdot 5}=-\frac{c_0}{6!}, \quad \cdots,$$

$$c_n=-\frac{c_{n-1}}{2n(2n-1)}=(-1)^n\frac{c_0}{(2n)!}, \ \cdots\cdots$$

したがって，この場合には，次の解が得られる．

(b) $$y=a\left[1-\frac{x}{2!}+\frac{x^2}{4!}-\frac{x^3}{6!}+\cdots+(-1)^n\frac{x^n}{(2n)!}+\cdots\right]=a\cos\sqrt{x}$$

ここで，c_0 を任意定数とみなして，$c_0=a$ とおいた．

(ii) $\lambda=\frac{1}{2}$ のとき，(a)（第2式以下）は次のようになる．

$$\frac{3}{2}\cdot 2c_1+\frac{1}{2}c_0=0, \qquad \frac{5}{2}\cdot 4c_2+\frac{1}{2}c_1=0$$

$$\frac{7}{2}\cdot 6c_3+\frac{1}{2}c_2=0,\qquad \frac{9}{2}\cdot 8c_4+\frac{1}{2}c_3=0$$

$$\cdots\cdots\cdots\cdots\cdots$$

$$\frac{2n+1}{2}\cdot 2nc_n+\frac{1}{2}c_{n-1}=0,\ \cdots\cdots$$

ゆえに

$$c_1=-\frac{c_0}{3!},\quad c_2=\frac{c_0}{5!},\quad c_3=-\frac{c_0}{7!},\quad \cdots,\quad c_n=(-1)^n\frac{c_0}{(2n+1)!},\quad \cdots$$

したがって，この場合には，次の解が得られる．

(c)　$$y=b\left[x^{\frac{1}{2}}-\frac{1}{3!}x^{\frac{3}{2}}+\frac{1}{5!}x^{\frac{5}{2}}-\cdots+(-1)^n\frac{1}{(2n+1)!}x^{\frac{2n+1}{2}}+\cdots\right]$$
$$=b\sin\sqrt{x}$$

ここで，c_0 を任意定数とみなして，$c_0=b$ とおいた．

上で求めた解（b）と（c）を用いて，求める一般解は次のようになる．

$$y=a\cos\sqrt{x}+b\sin\sqrt{x}$$ ■

例題３　次の微分方程式を解け．

$$x^2y''-(x^2+4x)y'+4y=0$$

【解答】 $x=0$ はこの微分方程式の確定特異点である．ゆえに

$$y=\sum_{n=0}^{\infty}c_nx^{\lambda+n}\qquad (c_0\neq 0)$$

の形の解をもつ．これを与えられた微分方程式に代入して

(a)　$$x^2\sum_{n=0}^{\infty}(\lambda+n)(\lambda+n-1)c_nx^{\lambda+n-2}$$
$$-(x^2+4x)\sum_{n=0}^{\infty}(\lambda+n)c_nx^{\lambda+n-1}+4\sum_{n=0}^{\infty}c_nx^{\lambda+n}=0$$

左辺の同類項を整理して，第１項の係数を０とおけば，決定方程式

$$\lambda^2+(-4-1)\lambda+4=0$$

が得られる．その根は $\lambda=4,1$ である．この２根の差は整数であるから，大きい根を用いて，$\lambda=4$ である場合だけを考える．

上の（a）で $\lambda=4$ とおき，左辺の同類項を整理して，左辺で $x^{\lambda+n}$ $(n\neq 0)$ の係数を０とおけば，次式が得られる．

$$nc_n=c_{n-1}\qquad \therefore\ c_n=\frac{1}{n!}c_0\qquad (n\neq 0)$$

したがって，$\lambda = 4$ の場合に，次の解が得られる．

$$y = ax^4\left(1 + \frac{x}{1!} + \frac{x^2}{2!} + \frac{x^3}{3!} + \cdots\right) = ax^4 e^x$$

ここで，c_0 を任意定数とみなして，$c_0 = a$ とおいた．

次に，この解 $y = ax^4e^x$ を利用して，$y = u(x)x^4e^x$ の形の解を求めよう．ここで，$u(x)$ は未知の関数である．これを与えられた微分方程式に代入して

$$xu'' + (x+4)u' = 0$$

が得られる．これを解いて

$$u' = Ax^{-4}e^{-x}, \qquad u = A\int x^{-4}e^{-x}dx + B$$

ゆえに，$y = ux^4e^x$ は

$$y = x^4e^x\left[A\int x^{-4}e^{-x}dx + B\right]$$

となり，これは求める一般解である．ここで，A と B は任意定数である． ■

§3 ルジャンドルの微分方程式

ν が定数であるとき，微分方程式

$$(x^2 - 1)\frac{d^2y}{dx^2} + 2x\frac{dy}{dx} - \nu(\nu+1)y = 0$$

を**ルジャンドル**（Legendre）の微分方程式という．これは理工学において非常に重要な微分方程式である．上の微分方程式で ν が 0 かまたは正の整数である場合を考えることにして，ν の代りに $m\ (= 0, 1, 2, \cdots)$ を用いれば，これは次のようになる．

(1) $$(x^2 - 1)y'' + 2xy' - m(m+1)y = 0$$

$x = 0$ は微分方程式 (1) の通常点（§1 (p. 301) 参照）であるから，$y = \sum_{n=0}^{\infty} c_n x^n$ の形の解を求めよう．これと導関数 $y' = \sum_{n=1}^{\infty} nc_n x^{n-1}$，$y'' = \sum_{n=2}^{\infty} n(n-1)c_n x^{n-2}$ を (1) に代入して

$$(x^2 - 1)\sum_{n=2}^{\infty} n(n-1)c_n x^{n-2} + 2x\sum_{n=1}^{\infty} nc_n x^{n-1} - m(m+1)\sum_{n=0}^{\infty} c_n x^n = 0$$

が得られる．左辺を整理して

$$\{2\cdot 1c_2 + m(m+1)c_0\} + \{3\cdot 2c_3 + (-2 + m(m+1))c_1\}x$$
$$+ \sum_{n=2}^{\infty}[(n+2)(n+1)c_{n+2} + \{-n(n-1) - 2n + m(m+1)\}c_n]x^n = 0$$

左辺の $x^0, x^1, \cdots, x^n, \cdots$ の係数を順次に 0 とおいて，次式が得られる．

$$2\cdot 1c_2 + m(m+1)c_0 = 0, \qquad 3\cdot 2c_3 + (-2 + m(m+1))c_1 = 0$$
$$(n+2)(n+1)c_{n+2} + \{-n(n-1) - 2n + m(m+1)\}c_n = 0 \qquad (n \geqq 2)$$

これから c_n を求めるために，c_0 と c_1 を任意定数と考えれば，初めの 2 式から

$$c_2 = -\frac{m(m+1)}{2\cdot 1}c_0, \qquad c_3 = -\frac{(m-1)(m+2)}{3\cdot 2}c_1$$

となる．$n \geqq 2$ については，次の漸化式が得られる．

$$c_{n+2} = -\frac{(m-n)(m+n+1)}{(n+2)(n+1)}c_n \qquad (n \geqq 2)$$

したがって，微分方程式（1）の解

$$y = c_0\left\{1 - \frac{1}{2!}m(m+1)x^2 + \frac{1}{4!}m(m-2)(m+1)(m+3)x^4 + \cdots\right\}$$
$$+ c_1\left\{x - \frac{1}{3!}(m-1)(m+2)x^3\right.$$
$$\left. + \frac{1}{5!}(m-1)(m-3)(m+2)(m+4)x^5 + \cdots\right\}$$

が得られる．ここで，c_0 と c_1 は任意定数である．さて，上の式で $c_0 = 1$，$c_1 = 0$ とすれば，解

（2）$$u(x) = 1 - \frac{1}{2!}m(m+1)x^2 + \frac{1}{4!}m(m-2)(m+1)(m+3)x^4 - \cdots$$

が得られる．また，$c_0 = 0$，$c_1 = 1$ とすれば，解

（3）$$v(x) = x - \frac{1}{3!}(m-1)(m+2)x^3$$
$$+ \frac{1}{5!}(m-1)(m-3)(m+2)(m+4)x^5 - \cdots$$

が得られる．この $u(x)$ と $v(x)$ のロンスキヤン $W(x)$（I，第 4 章，§15（p. 40）参照）を $x = 0$ で考えれば

$$W(0) = \begin{vmatrix} u(0) & v(0) \\ u'(0) & v'(0) \end{vmatrix} = \begin{vmatrix} 1 & 0 \\ 0 & 1 \end{vmatrix} = 1 \neq 0$$

であるから，解 u と v は1次独立である（I，第4章，§15（p.41）参照）．ゆえに

$$y = c_0 u(x) + c_1 v(x)$$

はルジャンドルの微分方程式（1）の一般解である．なお，(2) と (3) の右辺が多項式でないとき，このべき級数の収束半径は1である．

m が偶数のときには，$u(x)$ は m 次の多項式であり，$v(x)$ は無限級数である．m が奇数のときには，$v(x)$ は m 次の多項式であり，$u(x)$ は無限級数である．そこで

(4)
$$P_m(x) = \begin{cases} u(x)/u(1) & (m\text{ が偶数}) \\ v(x)/v(1) & (m\text{ が奇数}) \end{cases}$$

とおいて，$P_m(x)$ を**ルジャンドルの多項式**という．右辺をそれぞれ $u(1), v(1)$ で割ってあるのは，$P_m(1) = 1$ とするためである．さらに

(5)
$$Q_m(x) = \begin{cases} u(1)v(x) & (m\text{ が偶数}) \\ -v(1)u(x) & (m\text{ が奇数}) \end{cases}$$

とおく．このとき，ルジャンドルの微分方程式（1）の一般解は

$$y = aP_m(x) + bQ_m(x)$$

となる．ここで，a と b は任意定数である．

なお，小さい m に対して，(4) で定義した多項式 $P_m(x)$ は次のようになる．

$$P_0(x) = 1,\ P_1(x) = x,\ P_2(x) = \frac{1}{2}(3x^2 - 1),\ P_3(x) = \frac{1}{2}(5x^3 - 3x)$$

$$P_4(x) = \frac{1}{8}(35x^4 - 30x^2 + 3),\ P_5(x) = \frac{1}{8}(63x^5 - 70x^3 + 15x),\ \cdots$$

また，ルジャンドルの多項式は

(6)
$$P_m(x) = \frac{1}{2^m m!}\frac{d^m}{dx^m}(x^2 - 1)^m$$

で表される．これを**ロドリーグ**（Rodrigues）**の公式**という．

[証明] $z = (x^2 - 1)^m$ とおくと，$z' = 2mx(x^2 - 1)^{m-1}$．ゆえに

$$(x^2 - 1)z' = 2mxz$$

この両辺を $(m + 1)$ 回微分すると，ライプニッツの公式によって

$$(x^2-1)z^{(m+2)}+2(m+1)xz^{(m+1)}+(m+1)mz^{(m)}$$
$$=2mxz^{(m+1)}+2m(m+1)z^{(m)}$$
$$\therefore\quad (x^2-1)z^{(m+2)}+2xz^{(m+1)}-m(m+1)z^{(m)}=0$$

すなわち，$z^{(m)}$ はルジャンドルの微分方程式（1）の解である．したがって

$$z^{(m)}=aP_m(x)+bQ_m(x)$$

となる．ところが，$Q_m(x)$ は収束半径が 1 のべき級数で表されているから，$x=+1$ か $x=-1$ で $Q_m(x)$ は発散する．ところが，$P_m(x)$ と $z^{(m)}$ は多項式であるから，$x=+1$ と $x=-1$ で $z^{(m)}$ と $P_m(x)$ は有限確定な値をもつ．ゆえに，上式で $b=0$ でなければならない．したがって

(7) $$z^{(m)}=aP_m(x)$$

次に $z^{(m)}(1)$ を求めるために，次の計算をする．

$$z^{(m)}(x)=\{(x^2-1)^m\}^{(m)}=\{(x-1)^m(x+1)^m\}^{(m)}$$
$$=\{(x-1)^m\}^{(m)}(x+1)^m+m\{(x-1)^m\}^{(m-1)}\{(x+1)^m\}'$$
$$+\frac{m(m-1)}{2!}\{(x-1)^m\}^{(m-2)}\{(x+1)^m\}''+\cdots$$

ここで，$x=1$ とおくと，右辺の第 2 項以下はすべて 0 となるから

$$z^{(m)}(1)=m!2^m$$

したがって，$P_m(x)$ と $z^{(m)}/(m!2^m)$ の値は $x=1$ で一致する．ゆえに，（7）において $a=1$ である．すなわち

$$\frac{1}{m!2^m}z^{(m)}=P_m(x)$$ □

さらに，ルジャンドルの多項式は次の関係を満足している．

(8) $$\int_{-1}^{-1}P_m(x)P_n(x)dx=\begin{cases}0 & (n\neq m)\\ \dfrac{2}{2m+1} & (n=m)\end{cases}$$

これを**直交関係**という．

[証明] まず，$\{(x^2-1)^m\}^{(k)}$ は $x=1$ と $x=-1$ で 0 になることを示そう．ただし，$k=0,1,2,\cdots,m-1$ とする．ライプニッツの公式によって

$$[(x^2-1)^m]^{(k)} = [(x+1)^m(x-1)^m]^{(k)}$$
$$= [(x+1)^m]^{(k)}(x-1)^m + {}_k\mathrm{C}_1[(x+1)^m]^{(k-1)}[(x-1)^m]' + \cdots + {}_k\mathrm{C}_k(x+1)^m[(x-1)^m]^{(k)}$$

ゆえに，$k=0, 1, \cdots, m-1$ のとき，$x=1$ を代入すれば，右辺の各項が 0 となるから，$[(x^2-1)^m]^{(k)}$ は $x=1$ で 0 となる．同様に，$[(x^2-1)^m]^{(k)}$ は $x=-1$ で 0 となることがわかる．

まず，$n \neq m$ の場合に，(8)を証明しよう．$n<m$ としても一般性を失わない．

$$\int_{-1}^{1} P_m(x)P_n(x)dx = \frac{1}{m!n!2^{m+n}}\int_{-1}^{1}[(x^2-1)^m]^{(m)}[(x^2-1)^n]^{(n)}dx$$

ところが，部分積分法によって

$$\int_{-1}^{1}\{(x^2-1)^m\}^{(m)}\{(x^2-1)^n\}^{(n)}dx$$
$$= \Big[\{(x^2-1)^m\}^{(m-1)}\{(x^2-1)^n\}^{(n)}\Big]_{-1}^{1} - \int_{-1}^{1}\{(x^2-1)^m\}^{(m-1)}\{(x^2-1)^n\}^{(n+1)}dx$$

さて，最初に証明したことにより，第 1 項は 0 である．したがって，同様のことを繰り返せば

$$\int_{-1}^{1}\{(x^2-1)^m\}^{(m)}\{(x^2-1)^n\}^{(n)}dx$$
$$= -\int_{-1}^{1}\{(x^2-1)^m\}^{(m-1)}\{(x^2-1)^n\}^{(n+1)}dx = \cdots$$
$$= (-1)^m\int_{-1}^{1}(x^2-1)^m\{(x^2-1)^n\}^{(n+m)}dx$$

ところが，$(x^2-1)^n$ は $2n$ 次の多項式であるから，$n+m$（$>2n$）回微分すれば 0 となる．したがって，上の積分は 0 である．ゆえに，$n \neq m$ の場合に，(8) が成り立つ．

次に，$n=m$ の場合に，(8) を証明しよう．

$$\int_{-1}^{1}\{P_m(x)\}^2dx = \left(\frac{1}{m!2^m}\right)^2\int_{-1}^{1}\{(x^2-1)^m\}^{(m)}\{(x^2-1)^m\}^{(m)}dx$$

上の場合と同じようにして，次式が得られる．

$$\int_{-1}^{1}\{P_m(x)\}^2dx = \frac{(-1)^m}{(m!2^m)^2}\int_{-1}^{1}(x^2-1)^m\{(x^2-1)^m\}^{(2m)}dx$$

ところが，$\{(x^2-1)^m\}^{(2m)}=(2m)!$ であるから

(9)
$$\int_{-1}^{1}\{P_m(x)\}^2dx=\frac{(-1)^m(2m)!}{(m!2^m)^2}\int_{-1}^{1}(x^2-1)^m dx$$

次に

$$\begin{aligned}\int_{-1}^{1}(x^2-1)^m dx &= \int_{-1}^{1}(x+1)^m(x-1)^m dx\\ &= \left[\frac{1}{m+1}(x+1)^{m+1}(x-1)^m\right]_{-1}^{1}\\ &\qquad -\frac{m}{m+1}\int_{-1}^{1}(x+1)^{m+1}(x-1)^{m-1}dx\\ &= -\frac{m}{m+1}\int_{-1}^{1}(x+1)^{m+1}(x-1)^{m-1}dx\\ &= \cdots\\ &= \frac{(-1)^m m!}{(m+1)(m+2)\cdots(m+m)}\int_{-1}^{1}(x+1)^{2m}dx\\ &= \frac{(-1)^m(m!)^2}{(2m)!}\frac{2^{2m+1}}{2m+1}\end{aligned}$$

これを (9) に代入して

$$\int_{-1}^{1}P_m(x)dx=\frac{2}{2m+1}$$ □

例題 1　次式を証明せよ．

(1)　$2^m m!P_m(x)=\{(x+1)^m\}^{(m)}(x-1)^m+{}_m\mathrm{C}_1\{(x+1)^m\}^{(m-1)}\{(x-1)^m\}'$
$+\cdots+{}_m\mathrm{C}_m(x+1)^m\{(x-(x-1)^m\}^{(m)}$

(2)　$P_m(-1)=(-1)^m$

【解答】 (1)　$2^m m!P_m(x)=\{(x^2-1)^m\}^{(m)}=\{(x+1)^m(x-1)^m\}^{(m)}$

ここで，ライプニッツの公式を利用すれば求める結果が得られる．

(2)　上の (1) で得た等式の両辺に $x=-1$ を代入すれば

$$2^m m!P_m(-1)=(-1)^m 2^m m!$$

が得られる．ゆえに，求める $P_m(-1)=(-1)^m$ が得られる．■

例題 2　次式を証明せよ．

$$\int_{-1}^{1} x^k P_m(x)dx = 0 \qquad (k = 0, 1, \cdots, m-1)$$

【解答】 部分積分の公式を利用すれば

$$\begin{aligned}2^m m!\int_{-1}^{1} x^k P_m(x)dx &= \int_{-1}^{1} x^k\{(x^2-1)^m\}^{(m)}dx \\ &= \Big[x^k\{(x^2-1)^m\}^{(m-1)}\Big]_{-1}^{1} - k\int_{-1}^{1} x^{k-1}\{(x^2-1)^m\}^{(m-1)}dx \\ &= -k\int_{-1}^{1} x^{k-1}\{(x^2-1)^m\}^{(m-1)}dx = \cdots \\ &= (-1)^k k!\int_{-1}^{1}\{(x^2-1)^m\}^{(m-k)}dx \\ &= (-1)^k k!\Big[\{(x^2-1)^m\}^{(m-k-1)}\Big]_{-1}^{1} = 0\end{aligned}$$

■

例題 3 次のことを証明せよ．m 次の多項式 $f(x)$ は

(1) $$f(x) = a_0P_0(x) + a_1P_1(x) + \cdots + a_mP_m(x)$$

のように一意に表せる．ただし，$a_0, a_1, \cdots, a_m$ は定数である．

(2) 上式の係数は次式で与えられる．

$$a_k = \frac{2k+1}{2}\int_{-1}^{1} f(x)P_k(x)dx \qquad (k = 0, 1, \cdots, m)$$

【解答】 (1) m についての数学的帰納法で証明する．さて，$P_0(x) = 1$，$P_1(x) = x$ であるから，$f(x) = a_0 + a_1x$ であるとき，$f(x) = a_0P_0(x) + a_1P_1(x)$ と一意に表される．つまり，$m = 1$ のとき，証明しようとすることは成り立つ．

さて，$g(x)$ が k 次の多項式であるとき

(a) $$g(x) = b_0P_0(x) + b_1P_1(x) + \cdots + b_kP_k(x)$$

と一意に表されると仮定する．さて，$(k+1)$ 次の多項式 $f(x)$ を任意にとり

(b) $$f(x) = c_0 + c_1x + \cdots + c_kx^k + c_{k+1}x^{k+1} \qquad (c_{k+1} \neq 0)$$

とする．$P_m(x)$ の定義から明らかに

$$P_{k+1}(x) = \alpha_0x^{k+1} + \alpha_1x^k + \cdots + \alpha_{k+1} \qquad (\alpha_0 \neq 0)$$

が成り立つから

$$x^{k+1} = \frac{1}{\alpha_0}P_{k+1}(x) + h(x)$$

となり，$h(x)$ は k 次の多項式である．したがって，これを (b) に代入して

$$f(x) = \frac{c_{k+1}}{\alpha_0}P_{k+1}(x) + g(x)$$

となり，$g(x)$ は k 次の多項式である．ところが，仮定によって，$g(x)$ は (a) の右辺のように一意に表される．したがって

$$f(x) = a_0P_0(x) + a_1P_1(x) + \cdots + a_{k+1}P_{k+1}(x)$$

と一意に表される．ゆえに，数学的帰納法によって，問 (1) は証明された．

(2)
$$f(x) = a_0P_0(x) + a_1P_1(x) + \cdots + a_mP_m(x)$$

の両辺に $P_k(x)$ を掛けて，-1 から 1 まで積分すれば，(8) によって

$$\int_{-1}^{1} f(x)P_k(x)dx = a_k\int_{-1}^{1}\{P_k(x)\}^2dx = \frac{2}{2k+1} \qquad (k = 0, 1, \cdots, m-1)$$

$$\therefore \quad a_k = \frac{2k+1}{2}\int_{-1}^{1} f(x)P_k(x)dx$$ ■

§4　ガンマ関数

積分

(1)
$$\Gamma(t) = \int_0^\infty x^{t-1}e^{-x}dx \qquad (t > 0)$$

で定義された，変数 t の関数 $\Gamma(t)$ を**ガンマ関数**（Γ 関数）という．部分積分法によって

$$\Gamma(t) = \Big[-x^{t-1}e^{-x}\Big]_0^\infty + (t-1)\int_0^\infty x^{(t-1)-1}e^{-x}dx$$

(2)
$$\therefore \quad \Gamma(t) = (t-1)\Gamma(t-1)$$

が得られる．また，定義式 (1) によって

(3)
$$\Gamma(1) = 1$$

ゆえに，(2) と (3) によって n が正の整数ならば

(4)　$\Gamma(n+1) = n!$　　$(n = 1, 2, \cdots)$

が成り立つ．

関数 $\Gamma(t)$ は範囲 $t > 0$ 内で，定義式 (1) によって定義されたが，範囲 $-1 < t < 0$ を満たす t に対して

(5)
$$\Gamma(t) = \frac{\Gamma(t+1)}{t}$$

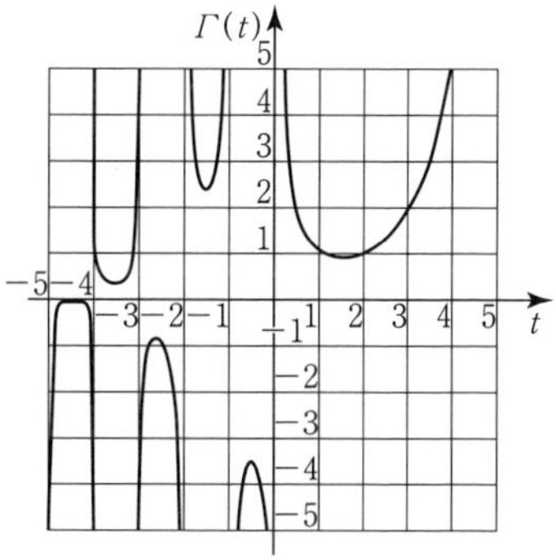

V－2図

で $\Gamma(t)$ を定義することができる．さらに，範囲 $-2<t<-1$ を満足する t に対しても，$\Gamma(t)$ を上の (5) で定義することができる．以下同様にして，0 と負の整数 $-1, -2, \cdots$ を除いて $t \leqq 0$ に対して $\Gamma(t)$ を定義することができる．このとき，公式 (2) が $t<0$, $t \neq 0, -1, -2, \cdots$ に対しても成り立つ．このように定義された，$\Gamma(t)$ のグラフはV‐2図のようになる．

特に，次の公式が成り立つ．

(6)
$$\Gamma\left(\frac{1}{2}\right) = \sqrt{\pi}$$

[証明]
$$\Gamma\left(\frac{1}{2}\right) = \int_0^\infty x^{-\frac{1}{2}} e^{x} dx = 2\int_0^\infty e^{-u^2} du \qquad (x = u^2)$$
$$= 2\cdot\frac{\sqrt{\pi}}{2} = \sqrt{\pi}$$
□

例題 1　次のものの値を求めよ．

(1)　$\Gamma(2)$　　(2)　$\Gamma(6)$　　(3)　$\dfrac{\Gamma(5)}{\Gamma(3)}$

(4)　$\Gamma\left(-\dfrac{1}{2}\right)$　　(5)　$\Gamma\left(-\dfrac{3}{2}\right)$　　(6)　$\Gamma\left(-\dfrac{5}{2}\right)$

【解答】 (1)　$\Gamma(2) = (2-1)! = 1! = 1$

(2)　$\Gamma(6) = 5! = 120$

(3)　$\dfrac{\Gamma(5)}{\Gamma(3)} = \dfrac{4!}{2!} = 12$

(4)　$$\Gamma\left(-\frac{1}{2}\right) = \frac{\Gamma\left(\frac{1}{2}\right)}{-1/2} = \frac{\sqrt{\pi}}{-1/2} = -2\sqrt{\pi}$$

(5)　$$\Gamma\left(-\frac{3}{2}\right) = \frac{\Gamma\left(-\frac{1}{2}\right)}{-3/2} = \frac{-2\sqrt{\pi}}{-3/2} = \frac{4\sqrt{\pi}}{3}$$

(6)　$$\Gamma\left(-\frac{5}{2}\right) = \frac{\Gamma\left(-\frac{3}{2}\right)}{-5/2} = \frac{4\sqrt{\pi}/3}{-5/2} = -\frac{8\sqrt{\pi}}{15}$$
■

§5　ベッセルの微分方程式

微分方程式

(1)　$$x^2y'' + xy' + (x^2 - n^2)y = 0 \qquad (n \geqq 0)$$

を**ベッセルの微分方程式**という．ここで，$n \geqq 0$ は実数である．これは理工学において非常に重要な微分方程式である．$x = 0$ はその確定特異点であるから，解の形を

$$y = c_0x^\lambda + c_1x^{\lambda+1} + c_2x^{\lambda+2} + \cdots + c_rx^{\lambda+r} + \cdots \qquad (c_0 \neq 0)$$

と仮定して，この微分方程式を解くことにする．上式とその両辺を微分して得られる式を（1）に代入すれば

$$\begin{aligned} x^2[\lambda(\lambda-1)c_0x^{\lambda-2} + (\lambda+1)\lambda c_1x^{\lambda-1} + (\lambda+2)(\lambda+1)c_2x^\lambda + \cdots \\ + (\lambda+r)(\lambda+r-1)c_rx^{\lambda+r-2} + \cdots] \\ + x[\lambda c_0x^{\lambda-1} + (\lambda+1)c_1x^\lambda + (\lambda+2)c_2x^{\lambda+1} + \cdots \\ + (\lambda+r)c_rx^{\lambda+r-1} + \cdots] \\ + (x^2 - n^2)[c_0x^\lambda + c_1x^{\lambda+1} + c_2x^{\lambda+2} + \cdots + c_rx^{\lambda+r} + \cdots] = 0 \end{aligned}$$

したがって，上式の左辺で同類項を整理して，$x^\lambda, x^{\lambda+1}, \cdots, x^{\lambda+r}, \cdots$ の係数を 0 とおいて，それぞれ次式が得られる．

$$\lambda(\lambda-1)c_0 + \lambda c_0 - n^2c_0 = 0 \qquad \therefore \quad \lambda^2 - n^2 = 0 \quad (\because \quad c_0 \neq 0)$$

$$(\lambda+1)\lambda c_1 + (\lambda+1)c_1 - n^2c_1 = 0 \qquad \therefore \quad (\lambda^2 + 2\lambda + 1 - n^2)c_1 = 0$$

$$(\lambda+2)(\lambda+1)c_2 + (\lambda+2)c_2 + c_0 - n^2c_2 = 0$$

$$\cdots\cdots\cdots\cdots\cdots$$

$$(\lambda+r)(\lambda+r-1)c_r + (\lambda+r)c_r + c_{r-2} - n^2c_r = 0$$

$$\cdots\cdots\cdots\cdots\cdots$$

まず，第 1 式である決定方程式から

$$\lambda = \pm n$$

これを第 2 次に代入して得られる方程式から

$$c_1 = 0$$

となる．

$\lambda = n$（$\geqq 0$）の場合　　上の関係式から，次の結果が得られる．

$$c_2 = -\frac{c_0}{2(2n+2)}, \quad c_4 = -\frac{c_2}{4(4n+4)}, \quad \cdots, \quad c_{2k} = -\frac{c_{2(k-1)}}{2k(2kn+2k)}, \quad \cdots$$

$$c_1 = c_3 = \cdots = c_{2k+1} = \cdots = 0$$

したがって

$$c_{2k} = (-1)^k \frac{c_0}{2^{2k}k!(n+1)(n+2)\cdots(n+k)}$$

ここで，$c_0 = 1$ とすれば，ベッセルの微分方程式（1）の解

$$(2)\qquad y_1(x) = x^n\Big[1 - \frac{x^2}{2^2(n+1)} + \frac{x^4}{2^4 2!(n+1)(n+2)} - \frac{x^6}{2^6 3!(n+1)(n+2)(n+3)} + \cdots + (-1)^k \frac{x^{2k}}{2^{2k}k!(n+1)(n+2)\cdots(n+k)} + \cdots\Big]$$

が得られる．なお，上式の右辺のべき級数の収束半径は ∞ である．

$\lambda = -n$ の場合　n（>0）が整数でないときには，上と同様にして，ベッセルの微分方程式の解

$$(3)\qquad y_2(x) = x^{-n}\Big[1 + \sum_{k=1}^{\infty} \frac{x^{2k}}{2^{2k}k!(-n+1)(-n+2)\cdots(-n+k)}\Big]$$

が得られる．

ゆえに，n（>0）が整数でなければ，ベッセルの微分方程式（1）の一般解は

$$y = c_1 y_1(x) + c_2 y_2(x)$$

である．もちろん，c_1 と c_2 は任意定数である．

しかしながら，n（>0）が整数であるときには，上の方法では，ベッセルの微分方程式（1）の解は，$y_1(x)$ しか求まっていない．

さて，ガンマ関数（§4（p. 315）参照）を利用して，上の解（2）を $2^n\Gamma(n+1)$ で割って得られる解 $J_n(x)$ を作れば，次のようになる．

$$(4)\qquad J_n(x) = \frac{x^n}{2^n\Gamma(n+1)} \sum_{k=0}^{\infty} (-1)^k \frac{x^{2k}}{2^{2k}k!(n+1)(n+2)\cdots(n+k)}$$

ここで，§4 の公式（2）（p. 315）を利用すれば，$J_n(x)$ は次のように書き表せる．

$$(5)\qquad J_n(x) = \sum_{k=0}^{\infty} \frac{(-1)^k}{\Gamma(n+k+1)\Gamma(k+1)} \left(\frac{x}{2}\right)^{n+2k}$$

n（$\geqq 0$）が整数でないとき，解（3）を $2^{-n}\Gamma(-n+1)$ で割って得られる解 $J_{-n}(x)$ を作れば，次のようになる．

(6)
$$J_{-n}(x)=\sum_{k=0}^{\infty}\frac{(-1)^k}{\Gamma(-n+k+1)\Gamma(k+1)}\left(\frac{x}{2}\right)^{-n+2k}$$

この解 (6) は解 (5) に n の代りに $-n$ を代入して得られる．しかし，$n>0$ が整数であるときには $J_{-n}(x)$ は定義されていない．そこで，記号を統一するために，自然数 n に対して

(7)
$$J_{-n}(x)=(-1)^nJ_n(x)\qquad(n=1,2,\cdots)$$

と定義する．

さて，n が負の整数でないとき，(5) で与えられた $J_n(x)$ はベッセルの微分方程式 (1) の解であって，これを**第1種のベッセル関数**または**円柱関数**という．以上のことから，次のことが成り立つ．

> ベッセルの微分方程式 (1) で，$n>0$ が整数でないとき，その一般解は
>
> (8)
> $$y=AJ_n(x)+BJ_{-n}(x)$$
>
> である．ここで，A と B は任意定数である．

ベッセルの微分方程式 (1) において n が 0 または正の整数である場合には，1次独立な解は $J_n(x)$ しか求められていない．そこで，$J_n(x)$ と1次独立な解を求めるために，(1) の解で

$$y=J_n(x)u(x)$$

の形をもつものを求めることにする．ここで，$u(x)$ は未知の関数である．$y=J_nu$ を (1) に代入して整理すれば，次の方程式が得られる．

$$\frac{u''}{u'}+\left(2\frac{J_n'}{J_n}+\frac{1}{x}\right)=0$$

これから u を求めれば

$$u(x)=c_1\int\frac{1}{xJ_n(x)^2}dx+c_2$$

ここで，c_1 と c_2 は任意定数である．したがって，ベッセルの微分方程式 (1) の一般解は次のようになる．

$$y=c_1J_n(x)\int\frac{1}{xJ_n(x)^2}dx+c_1J_n(x)\qquad(n=0,1,2,\cdots)$$

そこで，第 2 の解

(9) $$Y_n(x) = J_n(x) \int \frac{1}{xJ_n(x)^2} dx$$

を**第 2 種のベッセル関数**といい，左辺の記号で表す．したがって，次のことが成り立つ．

> ベッセルの微分方程式（1）の一般解は，$n = 0, 1, 2, \cdots$ である場合には
> $$y = c_1 J_n(x) + c_2 Y_n(x)$$
> である．

第 2 種のベッセル関数 $Y_n(x)$ は次式で表されることが知られているが，その証明を省略する．

$$Y_n(x) = J_n(x) \log x - \frac{1}{2} \sum_{k=0}^{n-1} \frac{(n-k-1)!}{k!} \left(\frac{x}{2}\right)^{2k-n} - \frac{1}{2} \sum_{k=1}^{\infty} \frac{(-1)^k}{k!(n+k)!} \left[\left(1 + \frac{1}{2} + \cdots + \frac{1}{k}\right) + \left(\frac{1}{n+1} + \cdots + \frac{1}{n+k}\right)\right] \left(\frac{x}{2}\right)^{2k+n}$$

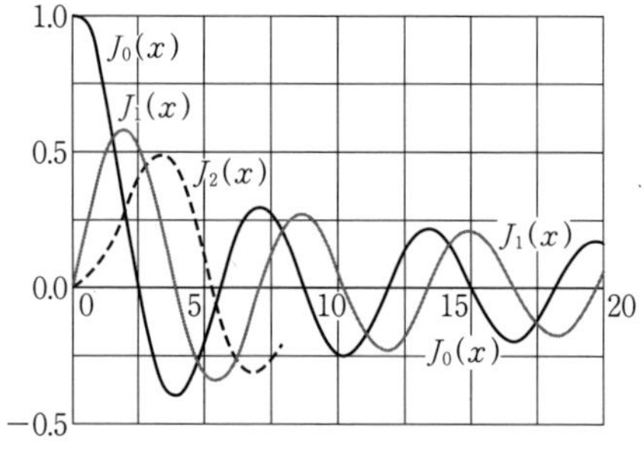

V - 3 図

例題 1　次式を証明せよ．

(1)　$J_{\frac{1}{2}}(x) = \sqrt{\dfrac{2}{\pi x}} \sin x \quad (x \geqq 0)$　　(2)　$J_{-\frac{1}{2}}(x) = \sqrt{\dfrac{2}{\pi x}} \cos x \quad (x > 0)$

【解答】 公式 (4) を利用する.

(1)
$$J_{\frac{1}{2}}(x)=\frac{\sqrt{x}}{\sqrt{2}\,\Gamma\left(1+\frac{1}{2}\right)}\left\{1-\frac{x^2}{2\cdot 3}+\frac{x^4}{2\cdot 4\cdot 3\cdot 5}-\cdots\right\}$$

ところが, $\Gamma\left(1+\frac{1}{2}\right)=\frac{1}{2}\Gamma\left(\frac{1}{2}\right)=\frac{\sqrt{\pi}}{2}$ (§4 の公式 (6) (p. 316) 参照) であるから

$$J_{\frac{1}{2}}(x)=\sqrt{\frac{2}{\pi x}}\sin x \qquad (x \geqq 0)$$

(2) 上と同様にして

$$J_{\frac{1}{2}}(x)=\sqrt{\frac{2}{x}}\frac{1}{\Gamma\left(\frac{1}{2}\right)}\left\{1-\frac{x^2}{2\cdot 1}+\frac{x^4}{2\cdot 4\cdot 1\cdot 3}-\cdots\right\}=\sqrt{\frac{2}{\pi x}}\cos x \qquad (x>0)$$

ここで, $\Gamma\left(\frac{1}{2}\right)=\sqrt{\pi}$ を利用した. ■

ベッセル関数は次の性質をもっている.

(10)
$$\frac{d}{dx}[x^n J_n(x)]=x^n J_{n-1}(x)$$
$$\frac{d}{dx}[x^{-n} J_n(x)]=-x^{-n} J_{n+1}(x)$$

[証明]
$$\frac{d}{dx}[x^n J_n(x)]=\frac{d}{dx}\left[x^n\sum_{k=0}^{\infty}\frac{(-1)^k x^{n+2k}}{2^{n+2k}\Gamma(k+1)\Gamma(n+k+1)}\right]$$
$$=\frac{d}{dx}\sum_{k=0}^{\infty}\frac{(-1)^k x^{2(n+k)}}{2^{n+2k}\Gamma(k+1)\Gamma(n+k+1)}$$
$$=\sum_{k=0}^{\infty}\frac{(-1)^k 2(n+k)x^{2(n+k)-1}}{2^{n+2k}\Gamma(k+1)\Gamma(n+k+1)}$$

ここで, $\Gamma(t+1)=t\Gamma(t)$ (p. 315) によって

$$\frac{n+k}{\Gamma(n+k+1)}=\frac{1}{\Gamma(n+k)}$$

であるから

$$\frac{d}{dx}[x^n J_n(x)]=\sum_{k=0}^{\infty}\frac{(-1)^k x^{2n+2k-1}}{2^{n+2k}\Gamma(k+1)\Gamma(n+k)}=x^n J_{n-1}(x)$$

これは (10) の第1式である. (10) の第2式も同様に証明される. □

(11)
$$\frac{d}{dx}J_n(x) = \frac{1}{2}(J_{n-1}(x) - J_{n+1}(x))$$
$$J_n(x) = \frac{x}{2n}(J_{n-1}(x) + J_{n+1}(x))$$

[証明]（10）の2つの式から

$$nx^{n-1}J_n(x) + x^nJ_n'(x) = x^nJ_{n-1}(x)$$
$$-nx^{-n-1}J_n(x) + x^{-n}J_n'(x) = -x^{-n}J_{n+1}(x)$$

これを $J_n(x)$ と $J_n'(x)$ についての連立方程式とみなして，J_n と J_n' を求めれば，（11）が得られる．　□

例題2　次式を証明せよ．

（1）　$J_{\frac{3}{2}}(x) = \sqrt{\dfrac{2}{\pi x}}\left(\dfrac{\sin x}{x} - \cos x\right)$　　　$(x \geqq 0)$

（2）　$J_{-\frac{3}{2}}(x) = -\sqrt{\dfrac{2}{\pi x}}\left(\dfrac{\cos x}{x} + \sin x\right)$　　　$(x > 0)$

【解答】（1）　公式（11）の第2式において $n = \dfrac{1}{2}$ とおけば

$$J_{\frac{1}{2}}(x) = x(J_{-\frac{1}{2}}(x) + J_{\frac{2}{3}}(x)) \qquad \therefore \quad J_{\frac{3}{2}}(x) = \frac{1}{x}J_{\frac{1}{2}} - J_{-\frac{1}{2}}$$

これに例題1の結果を代入して

$$J_{\frac{3}{2}}(x) = \sqrt{\frac{2}{\pi x}}\left(\frac{\sin x}{x} - \cos x\right)$$

（2）　公式（11）の第2式において $n = -\dfrac{1}{2}$ とおけば，同様にして証明される．

■

独立変数が x，未知関数が $y = y(x)$ である微分方程式

（12）　$x^2y'' + (1-2\alpha)xy' + \{c^2\beta^2x^{2\beta} + (\alpha^2 - \beta^2n^2)\}y = 0$　　　$(c \neq 0)$

は

（13）　$$Y = x^{\alpha}y(z), \qquad z = cx^{\beta}$$

とおけば，ベッセルの微分方程式

（14）　$$z^2\frac{d^2Y}{dz^2} + (1-2\alpha)z\frac{dY}{dz} + (z^2 - n^2)Y = 0$$

となることが確かめられる.

例題 3　次の微分方程式の一般解を求めよ.

(1)　$x^2y'' + xy' + \left(4x^2 - \dfrac{1}{4}\right)y = 0$　　(2)　$x^2y'' + xy' + \dfrac{1}{4}(x-9)y = 0$

(3)　$x^2y'' + xy' + (4x^4 - 9)y = 0$　　(4)　$xy'' - 5y' + xy = 0$

(5)　$y'' + xy = 0$　　(6)　$x^2y'' - 7xy' + x^4y = 0$

【解答】 置換 (13) を利用する.

(1)　$\alpha = 0$, $\beta = 1$, $c = 2$, $n = \dfrac{1}{2}$ である. ゆえに

$$y = aJ_{\frac{1}{2}}(2x) + bJ_{-\frac{1}{2}}(2x)$$

(2)　$\alpha = 0$, $\beta = \dfrac{1}{2}$, $c = 1$, $n = 3$ である. ゆえに

$$y = aJ_3(\sqrt{x}) + bY_3(\sqrt{x})$$

(3)　$\alpha = 0$, $\beta = 2$, $c = 1$, $n = \dfrac{3}{2}$ である. ゆえに

$$y = aJ_{\frac{3}{2}}(x^2) + bJ_{-\frac{3}{2}}(x^2)$$

(4)　$\alpha = 3$, $\beta = 1$, $c = 1$, $n = 3$ である. ゆえに

$$y = ax^3J_3(x) + bx^3Y_3(x)$$

(5)　$\alpha = \dfrac{1}{2}$, $\beta = \dfrac{3}{2}$, $c = \dfrac{2}{3}$, $n = \dfrac{1}{3}$ である. ゆえに

$$y = a\sqrt{x}\,J_{\frac{1}{3}}\left(\frac{2}{3}x^{\frac{3}{2}}\right) + b\sqrt{x}\,J_{-\frac{1}{3}}\left(\frac{2}{3}x^{\frac{3}{2}}\right)$$

(6)　$\alpha = 4$, $\beta = 2$, $c = \dfrac{1}{2}$, $n = 2$ である. ゆえに

$$y = ax^4J_2\left(\frac{1}{2}x^2\right) + bx^4Y_{-2}\left(\frac{1}{2}x^2\right)$$

■

§6　フーリエ級数の収束

IV, 第 1 章, §2 (p. 239) で述べた次の定理 6 を証明する.

> **定理 6**　$f(x)$ は区間 $[-\pi, \pi]$ で区分的に連続で, さらに $f'(x)$ も区分的に連続ならば, $f(x)$ のフーリエ級数は

$f(x)$ が連続な点では，$f(x)$ に収束し，

$f(x)$ が不連続な点では，$\frac{1}{2}[f(x+0)+f(x-0)]$ に収束する．

この定理 6 を証明するために，いくつかの準備をする．まず，次式が成り立つ．

(1) $$\frac{1}{2}+\cos t+\cos 2t+\cdots+\cos mt=\frac{\sin\left(m+\frac{1}{2}\right)t}{2\sin\frac{1}{2}t}$$

[証明] $$\cos nt\sin\frac{1}{2}t=\frac{1}{2}\left\{\sin\left(n+\frac{1}{2}\right)t-\sin\left(n-\frac{1}{2}\right)t\right\}$$

であるから，(1) の左辺に $\sin\frac{1}{2}t$ を掛けたものは次のようになる．

$$\begin{aligned}
&\sin\frac{1}{2}t\left\{\frac{1}{2}+\cos t+\cos 2t+\cdots+\cos nt\right\}\\
&=\frac{1}{2}\left[\sin\frac{t}{2}+\left(\sin\frac{3}{2}t-\sin\frac{1}{2}t\right)+\left(\sin\frac{5}{2}t-\sin\frac{3}{2}t\right)+\cdots\right.\\
&\qquad\left.+\left\{\sin\left(m+\frac{1}{2}\right)t-\sin\left(m-\frac{1}{2}\right)t\right\}\right]\\
&=\frac{1}{2}\sin\left(m+\frac{1}{2}\right)t
\end{aligned}$$

ゆえに，この両辺を $\sin\frac{1}{2}t$ で割れば，(1) が得られる． □

(1) の両辺を $-\pi$ から 0 までと，0 から π まで積分すれば，それぞれ次の関係が得られる．

(2) $$\frac{1}{\pi}\int_{-\pi}^{0}\frac{\sin\left(m+\frac{1}{2}\right)t}{2\sin\frac{1}{2}t}dt=\frac{1}{2},\qquad \frac{1}{\pi}\int_{0}^{\pi}\frac{\sin\left(m+\frac{1}{2}\right)t}{2\sin\frac{1}{2}t}dt=\frac{1}{2}$$

次のことが成り立つ．

定理 6 の条件を満足する $f(x)$ について

(3) $$\frac{{a_0}^2}{2}+\sum_{n=1}^{\infty}({a_n}^2+{b_n}^2)\leqq\frac{1}{\pi}\int_{-\pi}^{\pi}[f(x)]^2dx$$

ここで，$a_0, a_1, a_2, \cdots; b_1, b_2, \cdots$ は $f(x)$ のフーリエ係数である．

[証明]
$$S_m = \frac{a_0}{2} + \sum_{n=1}^{m}(a_n \cos nx + b_n \sin nx)$$
とおく．さて
$$\int_{-\pi}^{\pi}[f(x) - S_m(x)]^2 dx \geqq 0$$
であるから
$$2\int_{-\pi}^{\pi} f(x) S_m(x) dx - \int_{-\pi}^{\pi}[S_m(x)]^2 dx \leqq \int_{-\pi}^{\pi}[f(x)]^2 dx$$
ここで，IV，§1 の公式（2）と（7）（p. 229，230）を利用すれば，上式から
$$2\left\{\frac{{a_0}^2}{2} + \sum_{n=1}^{m}({a_n}^2 + {b_n}^2)\right\} - \left\{\frac{{a_0}^2}{2} + \sum_{n=1}^{m}({a_n}^2 + {b_n}^2)\right\} \leqq \frac{1}{\pi}\int_{-\pi}^{\pi}[f(x)]^2 dx$$
$$\therefore\quad \frac{{a_0}^2}{2} + \sum_{n=1}^{m}({a_n}^2 + {b_n}^2) \leqq \frac{1}{\pi}\int_{-\pi}^{\pi}[f(x)]^2 dx$$
が得られる．ここで，$m \to \infty$ とすれば，不等式（3）が得られる．　□

上の不等式（3）からわかるように
$$\frac{{a_0}^2}{2} + \sum_{n=1}^{\infty}({a_n}^2 + {b_n}^2)$$
は収束する．ゆえに
$$a_n \to 0, \qquad b_n \to 0 \qquad (n \to \infty)$$
したがって，次のことが証明された．

定理 6 の条件を満足する $f(x)$ について

（4）　$$\lim_{n\to\infty}\int_{-\pi}^{\pi} f(x) \sin nx\, dx = 0, \qquad \lim_{n\to\infty}\int_{-\pi}^{\pi} f(x) \cos nx\, dx = 0$$

次のことが成り立つことは，上の（4）を利用すれば，明らかである．

定理 6 の条件を満足する $f(x)$ について

（5）　$$\lim_{m\to\infty}\int_{-\pi}^{\pi} f(x) \sin\left(m + \frac{1}{2}\right)x\, dx = 0$$

$f(x)$ が周期 2π をもち，定理 6 の条件を満足すれば，$f(x)$ のフーリエ級数の部分和

$$S_m(x) = \frac{a_0}{2} + \sum_{n=1}^{m} (a_n \cos nx + b_n \sin nx)$$

は次のように表される.

$$(6) \qquad S_m(x) = \frac{1}{\pi}\int_{-\pi}^{\pi} f(t+x)\frac{\sin\left(m+\frac{1}{2}\right)t}{2\sin\frac{1}{2}t}dt$$

[証明] $a_n \cos nx + b_n \sin nx = \left\{\frac{1}{\pi}\int_{-\pi}^{\pi} f(u)\cos nu\,du\right\}\cos nx$

$$+ \left\{\frac{1}{\pi}\int_{-\pi}^{\pi} f(u)\sin nu\,du\right\}\sin nx$$

$$= \frac{1}{\pi}\int_{-\pi}^{\pi} f(u)\cos n(u-x)du$$

ゆえに

$$\begin{aligned} S_m(x) &= \frac{a_0}{2} + \sum_{n=1}^{\infty} (a_n \cos nx + b_n \sin nx) \\ &= \frac{1}{\pi}\int_{-\pi}^{\pi} \frac{1}{2} f(u)du + \frac{1}{\pi}\sum_{n=1}^{m}\int_{-\pi}^{\pi} f(u)\cos n(u-x)du \\ &= \frac{1}{\pi}\int_{-\pi}^{\pi} f(u)\left\{\frac{1}{2} + \cos(u-x)\right. \\ &\qquad \left. + \cos 2(u-x) + \cdots + \cos m(u-x)\right\}du \end{aligned}$$

ここで，(1) を利用すれば

$$S_m(x) = \frac{1}{\pi}\int_{-\pi-x}^{\pi-x} f(t+x)\frac{\sin\left(m+\frac{1}{2}\right)t}{2\sin\frac{1}{2}t}dt$$

上式の右辺の被積分関数は周期 2π をもつから，上式の右辺は証明しようとする式 (6) の右辺に等しい. □

[定理 6 の証明] 与えられた $f(x)$ のフーリエ級数の部分和を $S_m(x)$ とすれば，上の (6) によって

$$S_m(x) = \frac{1}{\pi}\int_{-\pi}^{0} f(t+x)\frac{\sin\left(m+\frac{1}{2}\right)t}{2\sin\frac{1}{2}t}dt + \frac{1}{\pi}\int_{0}^{\pi} f(t+x)\frac{\sin\left(m+\frac{1}{2}\right)t}{2\sin\frac{1}{2}t}dt$$

次に，(2) を利用すれば

$$\frac{f(x+0)+f(x-0)}{2} = \frac{1}{\pi}\int_{-\pi}^{0} f(x-0)\frac{\sin\left(m+\frac{1}{2}\right)t}{2\sin\frac{1}{2}t}dt + \frac{1}{\pi}\int_{0}^{\pi} f(x+0)\frac{\sin\left(m+\frac{1}{2}\right)t}{2\sin\frac{1}{2}t}dt$$

この 2 つの式を辺々差し引けば

$$\begin{aligned} & S_m(x) - \frac{f(x+0)+f(x-0)}{2} \\ (7)\quad & = \frac{1}{\pi}\int_{-\pi}^{0} \frac{f(t+x)-f(x-0)}{2\sin\frac{1}{2}t}\sin\left(m+\frac{1}{2}\right)t\,dt \\ & + \frac{1}{\pi}\int_{0}^{\pi} \frac{f(t+x)-f(x+0)}{2\sin\frac{1}{2}t}\sin\left(m+\frac{1}{2}\right)t\,dt \end{aligned}$$

さて，$f(x)$ が区分的に連続であるから

$$\{f(t+x)-f(x+0)\}\Big/\left\{2\sin\frac{1}{2}t\right\}$$

は，任意の正の数 ε について，区間 $\varepsilon \leqq t \leqq \pi$ で区分的に連続である．ところが

$$\begin{aligned} \lim_{t\to+0}\frac{f(t+x)-f(t+0)}{2\sin\frac{1}{2}t} &= \lim_{t\to+0}\left[\frac{f(t+x)-f(t+0)}{t}\cdot\frac{t}{2\sin\frac{1}{2}t}\right] \\ &= \lim_{t\to+0}\frac{f(t+x)-f(t+0)}{t} \end{aligned}$$

である．さて，$f'(x)$ は区分的に連続であるから

$$f'(x+0)=\lim_{t\to+0}\frac{f(t+x)-f(x+0)}{t}$$

が存在する．したがって

$$\lim_{t\to+0}\frac{f(t+x)-f(t+0)}{2\sin\dfrac{1}{2}t}=f'(x+0)$$

ゆえに，$\dfrac{f(t+x)-f(x+0)}{2\sin\dfrac{1}{2}t}$ は $0\leqq t\leqq\pi$ で区分的に連続である．したがって，（5）によって

$$\text{(8)}\qquad \lim_{m\to\infty}\int_0^{\pi}\frac{f(t+x)-f(x+0)}{2\sin\dfrac{1}{2}t}\sin\left(m+\frac{1}{2}\right)t\,dt=0$$

同じようにして

$$\text{(9)}\qquad \lim_{m\to\infty}\int_{-\pi}^{0}\frac{f(t+x)-f(x+0)}{2\sin\dfrac{1}{2}t}\sin\left(m+\frac{1}{2}\right)t\,dt=0$$

したがって，（7）に注目すれば，（8）と（9）から

$$\lim_{m\to\infty}S_m(x)=\frac{f(x+0)+f(x-0)}{2}$$

が得られる． □

問　題　略　解

I　微分方程式

第 1 章

§1　問 1 (p. 4)　(1)　$y' = y$　　(2)　$y^2 - x^2 - 2xyy' = 0$　　(3)　$y'' = 2$

(4)　$\begin{vmatrix} x^2 + y^2 & 2x & 2y \\ x + yy' & 1 & y' \\ 1 + y'^2 + yy'' & 0 & y'' \end{vmatrix} = 0$

演習問題 I - 1 (p. 9)　[A]　**1**　(1)　$y'^2 + y^2 = 1$　　(2)　$xy' + x - 2y = 0$

(3)　$x^2y'' + xy' - y = 0$　　(4)　$y'' - 2y' + y = 0$　　(5)　$y'' + y = 0$

2　(1)　$y = \dfrac{3x}{2}$　　(2)　$y = 2x + 4,\ y = 1 - x$　　(3)　$y = e^x$

(4)　$y = e^x + e^{-x} + e^{2x}$　　[B]　**3**　(1)　$yy' + x = 0$　　(2)　$y = xy' - \dfrac{1}{2}y'^2$

(3)　$y''^2 = (1 + y'^2)^3$　　**4**　$x = -\dfrac{g}{2}t^2 + v_0 t + x_0,\ v = -gt + v_0$

第 2 章

§4　問題 (p. 13)　**1**　(1)　$x^2 + y^2 = c^2$　　(2)　$y = \dfrac{2x^2}{1 + cx^2}$

(3)　$3x^4 + 4(y+1)^3 = c$　　(4)　$(x-4)y^4 = cx$　　**2**　(1)　$xy = 1$

(2)　$\dfrac{1}{y} + \dfrac{1}{4x^4} = \dfrac{5}{4}$

§5　問題 (p. 14)　**1**　(1)　$x^2 + 2xy - y^2 = c$　　(2)　$y = ce^{y/x}$

§6　問題 (p. 17)　**1**　(1)　$y = 2 + ce^{-x^2}$　　(2)　$2y = x^3 + 6x^2 - 4x\log x + cx$

(3)　$y = (x-2)^3 + c(x-2)$　　(4)　$y\sin x + 5e^{\cos x} = c$

2　(1)　$y^{-4} = -x + \dfrac{1}{4} + ce^{-4x}$　　(2)　$y^{-3} = -\dfrac{1}{2} + ce^{3x^2}$

§7　問題 (p. 19)　**1**　(1)　$2xy + 3x^2 = c$　　(2)　$\dfrac{1}{2}x^2 - \dfrac{1}{y} - xy = c$

(3)　$x^4y^3 - x^2y = c$　　(4)　$e^{3x}y - x^2 = c$　　(5)　$x\cos y + y\sin x = c$

§8　問題 (p. 22)　**1**　(1)　$\lambda = \dfrac{1}{y^2},\ \dfrac{x^2}{y} + y = c$　　(2)　$\lambda = \dfrac{1}{x^2},\ x - \dfrac{y^2}{x} = c$

(3)　$\lambda = x,\ 3x^4 + 4x^3 + 6x^2y^2 = c$　　(4)　$\lambda = \dfrac{1}{y^4},\ x^2e^y + \dfrac{x^2}{y} + \dfrac{x}{y^3} = c$

§9　問題 (p. 23)　**1**　(1)　$(y-c)(y-x-c) = 0$

(2)　$(2a\sqrt{y} - x - c)(2a\sqrt{y} + x - c) = 0$　　(3)　$(x^2y - c)(x^3y - c) = 0$

(4)　$(y-c)(y-x-c)(2y-x^2-c)(y-ce^{2x}) = 0$

§10　問題 (p. 25)　**1**　(1)　$y = cx + \dfrac{a^2}{c},\ y^2 = 4a^2x$　　(2)　$y = cx - c^2,\ y = \dfrac{x^2}{4}$

(3) $y=cx-\log c$, $y=1+\log x$ (4) $y=cx-c-c^2$, $4y=(x-1)^2$

§11 問1 (p. 27) (1) $x^2+y^2=13$ (2) $x^2+y^2=cx$ (c：定数)

問2 (1) $x^2+y^2=5$ (2) $y=3x$ (3) $xy=1$

演習問題 I-2 (p. 29) ［A］ **1** (1) $y=ce^{1/x}$ (2) $\cot y+\sec x=c$

(3) $(1+x^2)y=c(1-y^2)$ (4) $x^4y^3=ce^y$ (5) $y^2(1+x^2)=c$

2 (1) $y^3=3x^3\log x+cx^3$ (2) $(x^2+y^2)^3=cx^4$ (3) $x=ce^{-\sin(y/x)}$

(4) $(3x+y)^3(x+y)^2=c$ (5) $x^3-2y^3=cx$ (6) $\sin^{-1}\dfrac{y}{x}=\log x+c$

3 (1) $4xy=2x^2-x^4+c$ (2) $y\sin x=\log\sec x+c$

(3) $y=4x\log x+2x^3+cx$ (4) $2y=x^3+cx^3e^{1/x^2}$

(5) $y=x+\cos 2x+c\sin 2x$ **4** (1) $\dfrac{1}{y^2}=x-1+ce^{2x}$, $y=0$

(2) $\dfrac{1}{y}=1+ce^{-\cos x}$, $y=0$ (3) $\dfrac{1}{y}=\dfrac{x+2}{x-2}\{\log(x+2)+c\}$, $y=0$

5 (1) $x+y-xy=c$ (2) $ye^{x^2}-x^2=c$ (3) $x^6y^3+x^4y^5=c$

(4) $x^4+6xy+y^2-2y=c$ (5) $e^{xy^2}+x^4-y^3=c$

(6) $\dfrac{a}{3}x^3+hx^2y+bxy^2+\dfrac{g}{3}y^3=c$ (7) $\log(x^2+y^2)+\tan^{-1}\dfrac{y}{x}=c$

6 (1) $\lambda=e^{x^2}$, $(2x^2y^2+4xy+y^4)e^{x^2}=c$ (2) $\lambda=\dfrac{1}{x^2+y^2}$, $x^2+y^2=ce^{2x}$

(3) $\lambda=\dfrac{1}{y^2}$, $\dfrac{x^2}{y}+y=c$ (4) $\lambda=\dfrac{1}{x^3}$, $e^xy^2+\dfrac{2}{x}-\dfrac{y}{x^2}=c$

7 (1) $(2xy+x^2-c)(x^2+y^2-c)=0$ (2) $\{y-c(x+1)\}\{y+x\log(cx)\}=0$

(3) $(y-c)\left(y-\dfrac{1}{2}x^2-c\right)(y-ce^x)=0$ **8** (1) $\sqrt{1+x}=\sqrt{1+y}-2$

(2) $x^2+y^2=5x$ (3) $\dfrac{1}{y}=x+\log x+1$ (4) $x^4+6x^2y^2+y^4=1$

［B］ **9** (1) $y=ce^{x/k}$ (2) $x^2+y^2=2cx$ **10** (1) $y=ce^{-x/2}$

(2) $y^2=cx^3$ (3) $ny^2+x^2=c$ **11** (1) $x+y+1=ce^x$

(2) $x+2y+2=ce^y$ **12** 省略 **13** (1) $(4y-x-3)(y+2x-3)^2=c$

(2) $\log\{4y^2+(x-1)^2\}+\tan^{-1}\dfrac{2y}{x-1}=c$ (3) $x+3y+2\log(2-x-y)=c$

14 省略 **15** (1) $2x^2y^2\log y-2xy-1=cx^2y^2$ (2) $x=cye^{xy}$

16 省略 **17** (1) $\cos y=\dfrac{1}{2}\sin^2 x-\dfrac{1}{2}\sin x+\dfrac{1}{4}+ce^{-2\sin x}$

(2) $e^y=2(\sin x-\cos x)+ce^{-x}$ (3) $\dfrac{1}{\cos y}=x+1+ce^x$ **18** 省略

第3章

§12 問題 (p. 33) **1** (1) $y=Ae^{ax}+B$ (2) $y=\dfrac{1}{15}(2x+A)^{5/2}+Bx+C$

§13 問題 (p. 36) **1** (1) $y=Ae^x+Be^{-x}+6$

(2) $y=Ae^x+Be^{-x}+3x^2+Cx+D$ (3) $y=Ae^x+Be^{-x}+6x+C$

§14 問題 (p. 37) **1** (1) $y=x^2+A\log x+B$ (2) $y=Ax^4+Bx^2+Cx+D$

(3) $e^y = Ae^x + Be^{-x}$ (4) $y + \dfrac{1}{2}y^2 = Ax + B$

演習問題 I-3 (p. 37) [A] **1** (1) $y = Ae^{-5x/2} + Bx^2 + Cx + D$

(2) $y = Ae^{x/a} + Be^{-x/a} + Cx + D$ (3) $y = Ax^5 + Bx^2 + Cx + D$

[B] **2** $y = e^{x^2 + Ax + B}$ **3** $y = Ax^B$ **4** $\dfrac{y}{x} = \log\dfrac{x}{1 - Ax} + B$

第4章

§17 問題 (p. 52) **1** (1) $y = c_1e^{3x} + c_2e^{-5x}$ (2) $y = c_1 + c_2e^x + c_3e^{-2x}$

(3) $y = c_1e^{-3x} + c_2xe^{-3x}$ (4) $y = c_1 + c_2e^{2x} + c_3xe^{2x} + c_4x^2e^{2x}$

(5) $y = c_1\cos 5x + c_2\sin 5x$

§19 問1 (p. 57) (1) $y = x + 2$ (2) $y = -\dfrac{x}{2} - \dfrac{1}{4}$ (3) $y = \dfrac{x^2}{12} - \dfrac{5x}{36}$

問2 (1) $y = -\dfrac{x}{4} + \dfrac{1}{4} + Ae^{-2x} + Be^{-x} + Ce^{2x}$

(2) $y = -x^3 - 3x^2 - 6x - 6 + Ae^x$

(3) $y = x^2 + x + Ae^{-x} + Be^{x/2}\cos\dfrac{\sqrt{3}}{2}x + Ce^{x/2}\sin\dfrac{\sqrt{3}}{2}x$

問3 (p. 58) (1) $y = \dfrac{1}{2}e^{3x} + Ae^{2x} + Be^x$

(2) $y = -\dfrac{1}{12}e^x + Ae^{-2x} + Be^{5x}$ **問4** (1) $y = -\dfrac{1}{8}e^{2x}$ (2) $y = \dfrac{1}{5}xe^{6x}$

(3) $y = 2e^{3x}$ (4) $y = e^x$

問5 (p. 61) (1) $y = \dfrac{1}{20}(3\sin 2x - \cos 2x) + Ae^{-x} + Be^{-2x}$

(2) $y = \dfrac{1}{10}(\cos x - 3\sin x) + Ae^x + Be^{2x}$ **問6** (1) $y = \cos 2x$

(2) $y = -\dfrac{1}{4}x\cos 2x$ **問7** (p. 62) (1) $y = \dfrac{1}{2}(x + 1)e^{-2x}$

(2) $y = \dfrac{1}{10}e^{4x}(\cos x - \sin x)$ **問8** (p. 62) (1) $y = \dfrac{1}{3}xe^{2x} - \dfrac{4}{9}e^{2x} + \dfrac{1}{2}xe^x$

(2) $y = \dfrac{1}{2}xe^x + \dfrac{1}{2}xe^{-x}$

§20 問題 (p. 65) **1** $x = c_1e^t + c_2e^{-5t} - \dfrac{6}{7}e^{2t},\ y = -c_1e^t + c_2e^{-5t} + \dfrac{8}{7}e^{2t}$

演習問題 I-4 (p. 65) [A] **1** (1) $y = c_1e^{2x} + c_2e^{-3x}$ (2) $y = c_1 + c_2e^{4x} + c_3e^{-3x}$

(3) $y = c_1e^{2x} + c_2e^{-x} + c_3e^{-3x}$ (4) $y = c_1e^x + c_2xe^x + c_3x^2e^x$

(5) $y = c_1e^{2x} + c_2e^{-2x} + c_3e^{-3x} + c_4xe^{-3x}$ (6) $y = e^{-x}(c_1 + c_2x + c_3x^2) + c_4e^{4x}$

(7) $y = e^x(c_1\cos 3x + c_2\sin 3x)$ (8) $y = c_1 + c_2\cos 2x + c_3\sin 2x$

(9) $y = e^{-x}(c_1\cos\sqrt{2}x + c_2\sin\sqrt{2}x) + e^{x/2}\left(c_3\cos\dfrac{\sqrt{3}}{2}x + c_4\sin\dfrac{\sqrt{3}}{2}x\right)$

(10) $y = c_1e^{2x} + c_2e^{-2x} + c_3\cos 3x + c_4\sin 3x$

(11) $y = e^x\{(c_1 + c_2x)\cos 2x + (c_3 + c_4x)\sin 2x\}$ **2** (1) $y = c_1e^x + c_2e^{2x} - xe^x$

(2) $y = c_1e^x + c_2e^{-2x} + c_3xe^{-2x} - \dfrac{1}{18}(x^3 + x^2)e^{-2x}$

(3) $y = c_1e^x + c_2e^{2x} + \dfrac{1}{12}e^{5x}$ (4) $y = c_1e^{-x} + c_2e^{-4x} - \dfrac{x}{2} + \dfrac{11}{8}$

(5) $y = c_1 e^x + c_2 e^{2x} + c_3 x e^{2x} + \dfrac{1}{2} x^2 e^{2x}$　(6) $y = c_1 e^x + c_2 e^{-x} + (x^2 - x) e^x$

(7) $y = c_1 \cos 2x + c_2 \sin 2x + \dfrac{1}{4} x \sin 2x - \dfrac{1}{12} \cos 4x$

(8) $y = c_1 e^x + c_2 e^{-x} + \dfrac{1}{2} + \dfrac{1}{10} \cos 2x$　**3** (1) $\dfrac{1}{18} e^{4x} - \dfrac{3}{2} e^{2x} + \dfrac{3}{2}$

(2) $\dfrac{1}{2} x^2 e^{2x} + 2x e^x - \dfrac{1}{6} e^{-x}$　(3) $\dfrac{1}{3} x^2 + \dfrac{2}{9} x - \dfrac{25}{27}$

[B] **4** (1) $x = c_1 e^{-5t} + c_2 e^{-t/3} + \dfrac{1}{65}(8 \sin t + \cos t)$,

$y = -\dfrac{4}{3} c_1 e^{-5t} + c_2 e^{-t/3} + \dfrac{1}{130}(61 \sin t - 33 \cos t)$

(2) $x = c_1 \cos 4t + c_2 \sin 4t + c_3 \cos t + c_4 \sin t$,

$y = c_2 \cos 4t - c_1 \sin 4t - c_4 \cos t + c_3 \sin t$

(3) $x = \dfrac{3}{4} - \dfrac{3}{2} c_1 e^{-4t/5}$, $y = 1 - 6 c_1 e^{-4t/5} + c_2 e^{-t}$, $z = -\dfrac{1}{2} + c_1 e^{-4t/5}$

5, 6 省略　**7** (1) 省略　(2) $-x^3$　**8** 省略

9 (1) $-\dfrac{30x - 7}{200} \cos 2x - \dfrac{5x - 12}{100} \sin 2x$　(2) $-\dfrac{28x + 39}{784} e^{-3x}$

10 (1) $y = ax^2 + \dfrac{b}{x^2}$　(2) $y = ax^3 + bx^2$　(3) $y = a + \dfrac{b}{x^2} + cx^2$

II　ベクトル解析

第1章

§1　問1, 問2, 問3 (p. 71) 省略　**問題** (p. 74) **1** (1) $11\boldsymbol{i} - 8\boldsymbol{k}$　(2) $\sqrt{93}$

(3) $(1/\sqrt{59},\ 3/\sqrt{59},\ -7/\sqrt{59})$　**2** $(x_2 - x_1)\boldsymbol{i} + (y_2 - y_1)\boldsymbol{j} + (z_2 - z_1)\boldsymbol{k}$

§2　問1 (p. 76) 省略　**問題** (p. 77) **1** (1) 4　(2) $|\boldsymbol{A}| = 3$, $|\boldsymbol{B}| = 7$

(3) $\cos\theta = 4/21$　**2** 5

§3　問題 (p. 82) **1** (1) $-7\boldsymbol{i} - 7\boldsymbol{j} - 7\boldsymbol{k}$　(2) $-35\boldsymbol{i} - 35\boldsymbol{j} - 35\boldsymbol{k}$　**2** $2\sqrt{2}$

演習問題 II - 1 (p. 82) [A] **1** (1) -1　(2) $|\boldsymbol{A}| = \sqrt{3}$, $|\boldsymbol{B}| = \sqrt{33}$　(3) -30

2 (1) $15\boldsymbol{i} - 10\boldsymbol{j} + 30\boldsymbol{k}$　(2) 35　(3) $\pm\left(\dfrac{3}{7}\boldsymbol{i} - \dfrac{2}{7}\boldsymbol{j} + \dfrac{6}{7}\boldsymbol{k}\right)$　**3** 2, -1

4, 5 省略　[B] **6, 7, 8, 9** 省略

第2章

§4　問題 (p. 88) **1** (1) $\boldsymbol{A}' = 10u\boldsymbol{i} + \boldsymbol{j} - 3u^2\boldsymbol{k}$, $\boldsymbol{B}' = \cos u\,\boldsymbol{i} + \sin u\,\boldsymbol{j}$

(2) $(5u^2 - 1)\cos u + 11u \sin u$

(3) $(u^3 \sin u - 3u^2 \cos u)\boldsymbol{i} - (u^2 \sin u + u^3 \cos u)\boldsymbol{j} + (-11u \cos u + (5u^2 - 1)\sin u)\boldsymbol{k}$

(4) $6u^5 + 100u^2 + 2u$　**2** (1) $2rr'\boldsymbol{r} + r^2\boldsymbol{r}' + (\boldsymbol{a}\cdot\boldsymbol{r}')\boldsymbol{b}$　(2) $2\boldsymbol{r}\cdot\boldsymbol{r}' - \dfrac{2\boldsymbol{r}\cdot\boldsymbol{r}'}{(\boldsymbol{r}\cdot\boldsymbol{r})^2}$

(3) $\dfrac{\boldsymbol{r}'}{\boldsymbol{r}\cdot\boldsymbol{r} + \boldsymbol{a}\cdot\boldsymbol{a}} - \dfrac{2\boldsymbol{r}\cdot\boldsymbol{r}'(\boldsymbol{r} + \boldsymbol{a})}{(\boldsymbol{r}\cdot\boldsymbol{r} + \boldsymbol{a}\cdot\boldsymbol{a})^2}$　**3** 省略

§5 問題（p. 89）**1**（1）$u\boldsymbol{i}+u^2\boldsymbol{j}+u^3\boldsymbol{k}$　（2）$\sin u\,\boldsymbol{p}+\tan u\,\boldsymbol{q}$　（3）$3\boldsymbol{i}+2\boldsymbol{j}$
（4）$\dfrac{\pi}{4}\boldsymbol{p}+\dfrac{\pi}{2}\boldsymbol{q}$

演習問題 II‐2（p. 89）［A］**1**（1）$\boldsymbol{A}_u=\boldsymbol{i}+2u\boldsymbol{k}$, $\boldsymbol{A}_v=\boldsymbol{j}+2v\boldsymbol{k}$, $\boldsymbol{A}_{uu}=2\boldsymbol{k}$,
$\boldsymbol{A}_{uv}=\boldsymbol{0}$, $\boldsymbol{A}_{vv}=2\boldsymbol{k}$
（2）$\boldsymbol{A}_u=-v\sin uv\,\boldsymbol{i}+(3v-4u)\boldsymbol{j}-3\boldsymbol{k}$, $\boldsymbol{A}_v=-u\sin uv\,\boldsymbol{i}+3u\boldsymbol{j}-2\boldsymbol{k}$,
$\boldsymbol{A}_{uu}=-v^2\cos uv\,\boldsymbol{i}-4\boldsymbol{j}$, $\boldsymbol{A}_{uv}=-(uv\cos uv+\sin uv)\boldsymbol{i}+3\boldsymbol{j}$, $\boldsymbol{A}_{vv}=-u^2\cos uv\,\boldsymbol{i}$
2（1）$\dfrac{1}{3}\boldsymbol{i}-\dfrac{1}{2}\boldsymbol{j}+2\boldsymbol{k}$　（2）$-\dfrac{13}{6}$　（3）$-\dfrac{5}{3}\boldsymbol{i}-\dfrac{41}{12}\boldsymbol{j}-\dfrac{1}{2}\boldsymbol{k}$　**3** 省略
4 $\boldsymbol{r}=-3(\cos 2t-1)\boldsymbol{i}+2(\sin 2t-2t)\boldsymbol{j}+\dfrac{8}{3}t^2\boldsymbol{k}$　［B］**5, 6, 7, 8, 9** 省略

第3章

§6 問題（p. 96）**1** $\boldsymbol{t}=\dfrac{1}{\sqrt{2}}\left(\dfrac{1-t^2}{1+t^2}\boldsymbol{i}+\dfrac{2t}{1+t^2}\boldsymbol{j}+\boldsymbol{k}\right)$, $\boldsymbol{n}=-\dfrac{2t}{1+t^2}\boldsymbol{i}+\dfrac{1-t^2}{1+t^2}\boldsymbol{j}$

§7 問題（p. 99）**1** $\boldsymbol{v}=-a\dfrac{d\theta}{dt}(\sin\theta\,\boldsymbol{i}-\cos\theta\,\boldsymbol{j})$, $\boldsymbol{a}=-a\left(\dfrac{d^2\theta}{dt^2}\sin\theta+\left(\dfrac{d\theta}{dt}\right)^2\cos\theta\right)\boldsymbol{i}$
$+a\left(\left(\dfrac{d^2\theta}{dt^2}\right)\cos\theta-\left(\dfrac{d\theta}{dt}\right)^2\sin\theta\right)\boldsymbol{j}$, $a_t=a\dfrac{d^2\theta}{dt^2}$, $a_n=a\left(\dfrac{d\theta}{dt}\right)^2$
2 $t=0$ で, $\boldsymbol{v}=-\boldsymbol{i}+2\boldsymbol{k}$, $\boldsymbol{a}=\boldsymbol{i}-2\boldsymbol{j}$, $a_t=-\dfrac{1}{\sqrt{5}}$, $a_n=\sqrt{\dfrac{24}{5}}$

演習問題 II‐3（p. 102）［A］**1** $\boldsymbol{t}=\dfrac{1}{2t^2+1}(\boldsymbol{i}+2t\boldsymbol{j}+2t^2\boldsymbol{k})$,
$\boldsymbol{n}=\dfrac{1}{2t^2+1}(-2t\boldsymbol{i}+(2t^2-1)\boldsymbol{j}+2t\boldsymbol{k})$　**2** $4\sqrt{2}ab$
3（1）$\boldsymbol{n}=-\dfrac{1}{\sqrt{1+4u^2+4v^2}}(2u\boldsymbol{i}+2v\boldsymbol{j}-\boldsymbol{k})$, $dS=\sqrt{1+4u^2+4v^2}\,dudv$
（2）$\boldsymbol{n}=\dfrac{1}{\sqrt{u^2+\varphi'^2}}(\varphi'\sin v\,\boldsymbol{i}-\varphi'\cos v\,\boldsymbol{j}+u\boldsymbol{k})$, $dS=\sqrt{u^2+\varphi'^2}\,dudv$
4 $\varphi(t)=at+b$　**5** 省略　［B］**6** 省略　**7**（1）$\boldsymbol{r}=-\dfrac{1}{2}gt^2\boldsymbol{k}+\boldsymbol{v}_0t+\boldsymbol{r}_0$
（2）$r=a\cos\omega t+b\sin\omega t$　**8, 9, 10** 省略

第4章

§10 問題（p. 109）**1**（1）$(2xyz+4z^2)\boldsymbol{i}+x^2z\boldsymbol{j}+(x^2y+12x^2z^2)\boldsymbol{k}$　（2）-7
2, 3 省略

§11 問題（p. 112）**1**（1）$4xz-2xyz+6yz$　（2）$6z+8y-2z^3-6y^2z$
（3）$(6y-12x^2z)\boldsymbol{i}+(6x+12y^2)\boldsymbol{j}-4x^3\boldsymbol{k}$　**2, 3** 省略

§12 問題（p. 115）**1**（1）$2z\boldsymbol{i}+x\boldsymbol{j}-4xy\boldsymbol{k}$　（2）$-4x\boldsymbol{i}+2(y+2)\boldsymbol{j}+\boldsymbol{k}$
2（1）$\boldsymbol{0}$　（2）$\boldsymbol{0}$

演習問題 II‐4（p. 131）［A］**1**（1）$(4z^3-6xyz)\boldsymbol{i}-3x^2z\boldsymbol{j}+(12xz^2-3x^2y)\boldsymbol{k}$
（2）$-6yz+24xz$　**2**（1）$3yz^2+6xy^2-x^2y$　（2）$6x\boldsymbol{i}-z\boldsymbol{j}-y\boldsymbol{k}$
（3）$(18x^2yz^2-x^2y+x^2y^2z)+(3x^2-yz)(3yz^2+6xy^2-x^2y)$

(4) $18x^2yz^2 - 2xy^3z + x^2y^2z$ **3** (1) $y\boldsymbol{i} + (4xz - 3z^3)\boldsymbol{j}$

(2) $(3x^3z^4 + 2x^2y^2z)\boldsymbol{i} + (6x^3yz^2 - 9x^2yz^4)\boldsymbol{j} - 2(xy^2z^2 + x^3z^3)\boldsymbol{k}$

(3) $(9z^2 - 4x)\boldsymbol{i} + (4z - 1)\boldsymbol{k}$ **4** (1) $3r\boldsymbol{r}$ (2) $(2 - r)e^{-r}\boldsymbol{r}$ **5** 省略

[B] **6, 7, 8, 9, 10, 11** 省略

III 複素数の関数

第1章

§1 問1 (p. 134) (1) $11 + 2i$ (2) $-2 - 14i$ (3) $26 + 8i$ (4) $1 - i$

(5) $-i,\ 1,\ i,\ -1$ **問2, 問3, 問4** 省略 **問5** (p. 135) (1) 純虚数

(2) 純虚数 (3) 実数 **問6** (p. 136) 省略

問7 (p. 137) (1) $2\left(\cos\frac{5\pi}{6} + i\sin\frac{5\pi}{6}\right)$ (2) $2\sqrt{2}\left(\cos\frac{\pi}{4} - i\sin\frac{\pi}{4}\right)$

(3) $\frac{3}{2}\left(\cos\frac{\pi}{2} - i\sin\frac{\pi}{2}\right)$ (4) $\cos\frac{2\pi}{3} - i\sin\frac{2\pi}{3}$ (5) $\cos\frac{\pi}{2} + i\sin\frac{\pi}{2}$

(6) $2(\cos\pi + i\sin\pi)$

§2 問1 (p. 141) 省略 **問2** (p. 142) (1) $\pm\frac{1}{\sqrt{2}}(1 + i)$

(2) $\sqrt[6]{2}\left(\cos\frac{\pi}{4} + i\sin\frac{\pi}{4}\right),\ \sqrt[6]{2}\left(\cos\frac{11\pi}{12} + i\sin\frac{11\pi}{12}\right),\ \sqrt[6]{2}\left(\cos\frac{19\pi}{12} + i\sin\frac{19\pi}{12}\right)$

(3) $\frac{1}{\sqrt{2}}(1 + i),\ \frac{1}{\sqrt{2}}(-1 + i),\ \frac{1}{\sqrt{2}}(-1 - i),\ \frac{1}{\sqrt{2}}(1 - i)$

(4) $2\left(\cos\frac{\pi}{5} + i\sin\frac{\pi}{5}\right),\ 2\left(\cos\frac{3\pi}{5} + i\sin\frac{3\pi}{5}\right),\ 2(\cos\pi + i\sin\pi) = -2,$

$2\left(\cos\frac{7\pi}{5} + i\sin\frac{7\pi}{5}\right),\ 2\left(\cos\frac{9\pi}{5} + i\sin\frac{9\pi}{5}\right)$

演習問題 III-1 (p. 151) [A] **1** (1) $32i$ (2) i (3) -1 (4) $\frac{3}{2} - \frac{1}{2}i$

2 (1) $6\left(\cos\frac{\pi}{6} + i\sin\frac{\pi}{6}\right)$ (2) $2\sqrt{2}\left(\cos\frac{5\pi}{4} + i\sin\frac{5\pi}{4}\right)$

(3) $2\left(\cos\frac{5\pi}{3} + i\sin\frac{5\pi}{3}\right)$ (4) $5(\cos 0 + i\sin 0)$ (5) $5\left(\cos\frac{3\pi}{2} + i\sin\frac{3\pi}{2}\right)$

3 (1) $2\left(\cos\frac{\pi}{12} + i\sin\frac{\pi}{12}\right),\ 2\left(\cos\frac{3\pi}{4} + i\sin\frac{3\pi}{4}\right) = -\sqrt{2} + \sqrt{2}i,$

$2\left(\cos\frac{17\pi}{12} + i\sin\frac{17\pi}{12}\right)$

(2) $\sqrt[3]{2}\left(\cos\frac{\pi}{18} - i\sin\frac{\pi}{18}\right),\ \sqrt[3]{2}\left(\cos\frac{11\pi}{18} + i\sin\frac{11\pi}{18}\right),\ \sqrt[3]{2}\left(\cos\frac{23\pi}{18} + i\sin\frac{23\pi}{18}\right)$

4 (1) $\cos\frac{\pi}{5} + i\sin\frac{\pi}{5},\ \cos\frac{3\pi}{5} + i\sin\frac{3\pi}{5},\ \cos\pi + i\sin\pi = -1,$

$\cos\frac{7\pi}{5} + i\sin\frac{7\pi}{5},\ \cos\frac{9\pi}{5} + i\sin\frac{9\pi}{5}$ (2) $\frac{1}{2}(\sqrt{3} + i),\ -i,\ \frac{1}{2}(-\sqrt{3} + i)$

(3) $\cos\frac{\pi}{8}+i\sin\frac{\pi}{8}$, $\cos\frac{5\pi}{8}+i\sin\frac{5\pi}{8}$, $\cos\frac{9\pi}{8}+i\sin\frac{9\pi}{8}$, $\cos\frac{13\pi}{8}+i\sin\frac{13\pi}{8}$

[B] **5** (1) 直線 $x=1$

(2) 円 $(x-1)^2+y^2=1$ と円 $(x-1)^2+y^2=4$ の間にある範囲で，境界を含む

(3) 放物線 $y^2=-2x+1$ (4) 円 $x^2+y^2+2x-2y+1=0$

(5) 原点が中心の長径 3，短径 $\sqrt{5}$ の楕円

(6) 点 $z=1$ を中心とし，半径 1 の円とその内部 **6, 7** 省略

第2章

§5 問 1 (p. 154) (1) $3z^2-2$ (2) $\dfrac{1}{(z+1)^2}$

(3) $2z(z^3-z+2)+(z^2+1)(3z^2-1)$ **問題** (p. 156) **1** (1) $w'=3z^2+2$

(2) $w'=2(z+2)(z^2-1)+2z(z+2)^2$ (3) $w'=\dfrac{1}{(1-z)^2}$

(4) $w'=\dfrac{8(z-1)^3}{(z+1)^5}$

§6 問題 (p. 161) **1** (1) $f'=2+3i$ (2) $f'=f$ **2** (1) $a=-2,\ b=1$

(2) $a=2,\ b=-1,\ c=-1,\ d=2$

§7 問 1 (p. 163) 省略 **問 2** (1) $w=e^{x^2-y^2}(\cos 2xy+i\sin 2xy)$

(2) $w'=2ze^{z^2}$ **問 3** (p. 166) 省略 **問 4** (p. 168) 省略

問題 (p. 169) **1** (1) $-e^2$ (2) $-i$ (3) $\cosh 1$

(4) $\sinh 1\cos 1+i\cosh 1\sin 1$ **2** 省略 **3** (1) $n\pi$ $(n=0,\pm1,\pm2,\cdots)$

(2) $n\pi i$ $(n=0,\pm1,\pm2,\cdots)$ (3) $n\pi\pm\dfrac{\pi}{2}$ $(n=0,\pm1,\pm2,\cdots)$

§8 問 1 (p. 173) (1) $\log 2+2n\pi i$ $(n=0,\pm1,\pm2,\cdots)$

(2) $\left(\dfrac{\pi}{2}+2n\pi\right)i$ $(n=0,\pm1,\pm2,\cdots)$ **問 2** $z=-1$

演習問題 III - 2 (p. 175) [A] **1** (1) $(x^3-3xy^2-2y)+i(3x^2y-y^3+2x)$

(2) $\dfrac{x^2+y^2+3x}{(x+3)^2+y^2}+i\dfrac{3y}{(x+3)^2+y^2}$ (3) $e^{2(x^2-y^2)}\cos 4xy+ie^{2(x^2-y^2)}\sin 4xy$

2 (1) $w'=5z^4-6z$ (2) $w'=-4(1-z)^3(z^2+1)^3+6z(1-z)^4(z^2+1)^2$

(3) $w'=\dfrac{2}{(1-z)^2}$ **3** (1) $w=(x^4-6x^2y^2+y^4)+i(-4xy^3+4x^3y)$

(2) 省略 (3) $w'=4\{(x^3-3xy^2)+i(-y^3+3x^2y)\}$

4 (1) 正則でない (2) 正則でない **5** 省略

6 $w'=\dfrac{x^4+2x^2y^2+y^4-x^2+y^2}{(x^2+y^2)^2}+i\dfrac{2xy}{(x^2+y^2)^2}=1-\dfrac{1}{z^2}$

7 (1) $\dfrac{\tan x\,\mathrm{sech}^2 y}{1+\tan^2 x\tanh^2 y}+i\dfrac{\sec^2 x\tanh y}{1+\tan^2 x\tanh^2 y}$

(2) $\dfrac{\tanh x\sec^2 y}{1+\tanh^2 x\tan^2 y}+i\dfrac{\mathrm{sech}^2 x\tan y}{1+\tanh^2 x\tan^2 y}$ [B] **8** (1) $w=z^3+c$

(2) $w=ze^z+c$ **9** 省略 **10** (1) $\pm i$ (2) -1

11 (1) $w' = \dfrac{1}{1+z^2}$，分岐点は $\pm i$ (2) $w' = \dfrac{1}{1-z^2}$，分岐点は ± 1

(3) $w' = \dfrac{1}{\sqrt{1-z^2}}$，分岐点は ± 1 (4) $w' = \dfrac{1}{\sqrt{1+z^2}}$，分岐点は $\pm i$

(5) $w' = \dfrac{1}{3}\dfrac{1}{(\sqrt[3]{z-a})^2}$，分岐点は a **12, 13, 14** 省略

15 (1) $\sqrt[3]{2}(\sqrt{3}+i)/2,\ -\sqrt[3]{2}(\sqrt{3}-i)/2,\ -i\sqrt[3]{2}$

(2) $\cos\sqrt{2}\left(\dfrac{1}{2}+2n\right)\pi + i\sin\sqrt{2}\left(\dfrac{1}{2}+2n\right)\pi$ $(n = 0, \pm 1, \pm 2, \cdots)$

(3) $\dfrac{\pi}{2} + 2n\pi$ $(n = 0, \pm 1, \pm 2, \cdots)$ (4) $2n\pi - i\log(2 \pm \sqrt{3})$ $(n = 0, \pm 1, \pm 2, \cdots)$

(5) $\log\sqrt{2} + i\left(-\dfrac{\pi}{4} + 2n\pi\right)$ $(n = 0, \pm 1, \pm 2, \cdots)$ **16** (1) $\dfrac{5}{3}$

(2) $\dfrac{16+12i}{25}$ (3) $-\dfrac{1}{4}$ **17** (1) $F = z^2$ (2) $F = \bar{z}^3$

(3) $F = \dfrac{z}{2z-1}$ **18** 省略 **19** (1) 正則 (2) 正則でない (3) 正則

20, 21, 22, 23 省略

第3章

§10 問題 (p. 190) **1** (1) $\dfrac{1}{4}(e^2+1)$ (2) $-\dfrac{2}{e} - 1 + i\left(2 + \dfrac{\pi}{e} + \dfrac{2}{e}\right)$

2 (1) π (2) $-\pi$ (3) 0

§11 問題 (p. 195) **1** (1) $2\pi e^2 i$ (2) $8\pi i$ (3) $\dfrac{\pi}{12}i$ (4) $-\dfrac{2\pi}{9}i$

演習問題 III-3 (p. 195) ［A］ **1** (1) $2\pi e^2 i$ (2) 0 **2** $2\pi i$ **3** (1) 0

(2) $-\pi i$ **4** 省略 **5** $-\pi i$ **6** (1) $\dfrac{\pi}{32}i$ (2) $\dfrac{21\pi}{16}i$

7 $\dfrac{1}{2}(\sin t - t\cos t)$ **8** (1) $4\pi i$ (2) $\dfrac{8\pi}{3}e^{-2}i$ (3) $\pi(\sin 1 - \cos 1)i$

［B］ **9, 10, 11, 12, 13, 14** 省略

第4章

§13 問題 (p. 205) **1** (1) $-1 - (z-1) - (z-1)^2 - \cdots - (z-1)^n - \cdots$

(2) $-1 - (z-1)^2 - (z-1)^4 - \cdots - (z-1)^{2n} - \cdots$

2 (1) $\dfrac{1}{8z} - \dfrac{3}{16} + \dfrac{3z}{16} + \cdots + (-1)^n \dfrac{(n+2)!}{2^{n+4}n!}z^{n-1} + \cdots$

(2) $-\dfrac{1}{2}\dfrac{1}{(z+2)^3} - \dfrac{1}{4}\dfrac{1}{(z+2)^2} - \dfrac{1}{8}\dfrac{1}{z+2} - \dfrac{1}{16} - \dfrac{1}{32}(z+2) - \dfrac{1}{64}(z+2)^2 - \cdots$

§14 問題 (p. 210) **1** (1) 1位の極 (2) 除去可能な特異点 (3) 2位の極

2 $\mathrm{Res}[f, 2] = \dfrac{4}{5}$, $\mathrm{Res}[f, i] = \dfrac{1}{10} - \dfrac{i}{5}$, $\mathrm{Res}[f, -i] = \dfrac{1}{10} + \dfrac{i}{5}$ **3** $(1+3t)e^{3t}$

4 (1) $2\pi i$ (2) $2\pi i$ (3) 0

§15 問題 (p. 216) **1** (1) $\dfrac{2\pi}{\sqrt{3}}$ (2) $\dfrac{2\pi}{\sqrt{3}}$

演習問題 III - 4 (p. 216) ［A］ **1** (1) $z^2 - \frac{1}{1!}z + \frac{1}{2!} - \frac{1}{3!}\frac{1}{z} + \frac{1}{4!}\frac{1}{z^2} - \cdots$

(2) $\frac{e^2}{(z-1)^3} + \frac{2e^2}{(z-1)^2} + \frac{2e^2}{z-1} + \frac{4e^2}{3} + \frac{2e^2}{3}(z-1) + \cdots$

(3) $\frac{1}{3!} - \frac{z^2}{5!} + \frac{z^4}{7!} - \cdots$

(4) $1 - \frac{5}{z+2} - \frac{1}{6(z+2)^2} + \frac{5}{6(z+2)^3} + \frac{1}{120(z+2)^4} - \cdots$

2 (1) 極は $z = 2, -2$. $\mathrm{Res}[f, 2] = \frac{7}{4}$, $\mathrm{Res}[f, -2] = \frac{1}{4}$

(2) 極は $z = 0, -5$. $\mathrm{Res}[f, 0] = \frac{8}{25}$, $\mathrm{Res}[f, -5] = -\frac{8}{25}$

(3) 極は $z = 2$. $\mathrm{Res}[f, 2] = \frac{t^2}{2}e^{2t}$ **3** (1) 0 (2) $\frac{2\pi}{5}i$

［B］ **4** (1) $\frac{1}{9(z-3)^2} - \frac{2}{27(z-3)} + \frac{1}{27} - \frac{1}{243}(z-3) + \cdots$

(2) $\frac{1}{4}\frac{1}{(z-1)^2} + \frac{7}{16(z-1)} + \frac{9}{4^3} - \frac{9}{4^4}(z-1) + \frac{9}{4^5}(z-1)^2 - \cdots$

(3) $-\frac{1}{z-\pi} + \frac{z-\pi}{2!} - \frac{(z-\pi)^3}{4!} + \cdots$

5 (1) 極は $z = i, -i$. $\mathrm{Res}[f, i] = 0$, $\mathrm{Res}[f, -i] = 0$

(2) 極は $z = -1, 2i, -2i$. $\mathrm{Res}[f, -1] = -\frac{14}{25}$, $\mathrm{Res}[f, 2i] = \frac{7+i}{25}$,
$\mathrm{Res}[f, -2i] = \frac{7-i}{25}$ (3) 極は $z = k\pi$ ($k = 0, \pm 1, \pm 2, \cdots$). $\mathrm{Res}[f, k\pi] = 1$

6 (1) $2\pi(0.1\cos 1 - 0.02\sin 1)i$ (2) $8\pi i$ (3) $-8\pi i$ (4) $i\pi t\sin t$

7 $\frac{\pi}{4}$ **8** $\frac{4\pi}{3\sqrt{3}}$ **9** (1) $-i\pi e^{-2\pi}$ (2) $\frac{\pi}{2}e^{-2}$

第5章

§17 問題 (p. 227) **1** (1) $\frac{1}{2\sqrt{r}}\left(\cos\frac{\theta}{2}\boldsymbol{i} + \sin\frac{\theta}{2}\boldsymbol{j}\right)$ (2) $\frac{k}{x^2+y^2}(x\boldsymbol{i} + y\boldsymbol{j})$

(3) $\frac{k}{x^2+y^2}(y\boldsymbol{i} - x\boldsymbol{j})$

(4) $k\left(\frac{x-a}{(x-a)^2+y^2} - \frac{x+a}{(x+a)^2+y^2}\right)\boldsymbol{i} + k\left(\frac{y}{(x-a)^2+y^2} - \frac{y}{(x+a)^2+y^2}\right)\boldsymbol{j}$

演習問題 III - 5 (p. 227) ［A］ **1** (1) $|w-2| = 2,\ v = 2$

(2) $|w-2i| = 2,\ u = -2$ (3) $|w-3i| = 1,\ v = 4$

(4) $|w-1| = |w|,\ \left|w - \frac{i}{2}\right| = \frac{1}{2}$ **2** (1) $\sqrt[3]{r}\sin\frac{\theta}{3} = b$ (2) $e^x\sin y = b$

［B］ **3** $w = -i\left(\frac{z+1}{z-1}\right)$ **4** $w = \frac{i-z}{i+z}$ **5, 6, 7** 省略

IV フーリエ級数・ラプラス変換

第1章

§1 問題 (p. 237) **1, 2, 3** 省略

演習問題 IV - 1 (p. 244) ［A］ **1** $1-\dfrac{8}{\pi^2}\left(\cos\dfrac{\pi x}{2}+\dfrac{1}{3^2}\cos\dfrac{3\pi x}{2}+\dfrac{1}{5^2}\cos\dfrac{5\pi x}{2}+\cdots\right)$

2 (1) $\dfrac{1}{\pi}\sum_{n=1}^{\infty}\left(\dfrac{2}{n^2}\sin\dfrac{n\pi}{2}-\dfrac{\pi}{n}\cos\dfrac{n\pi}{2}\right)\sin nx$

(2) $\dfrac{\pi}{8}+\dfrac{1}{\pi}\sum_{n=1}^{\infty}\left(\dfrac{2}{n^2}\cos\dfrac{n\pi}{2}+\dfrac{\pi}{n}\sin\dfrac{n\pi}{2}-\dfrac{2}{n^2}\right)\cos nx$

3 $\dfrac{\pi}{2}-\dfrac{4}{\pi}\left(\cos x+\dfrac{1}{3^2}\cos 3x+\dfrac{1}{5^2}\cos 5x+\cdots\right)$ ［B］ **4, 5, 6, 7** 省略

第2章

演習問題 IV - 2 (p. 251) ［A］ **1** (1) $S(\alpha)=\sqrt{\dfrac{2}{\pi}}\dfrac{\alpha}{\alpha^2+1}$, $C(\alpha)=\sqrt{\dfrac{2}{\pi}}\dfrac{1}{\alpha^2+1}$

(2) 省略 **2, 3** 省略 **4** (1) $F(\alpha)=\dfrac{2\sqrt{2}}{\sqrt{\pi}\,\alpha^3}(\sin\alpha-\alpha\cos\alpha)$ (2) $\dfrac{3\pi}{16}$

［B］ **5** $f(x)=\dfrac{2(x-\sin x)}{\pi x^2}$ **6** 省略

第3章

§5 問題 (p. 257)

1 (1) $y=X(x)T(t)$ とおけば, $kX''+\lambda X=0$, $T'+\lambda T=0$ (λ は定数)

(2) $z=X(x)Y(y)$ とおけば, $X''+\lambda X=0$, $Y''-\lambda Y=0$ (λ は定数)

演習問題 IV - 3 (p. 261) ［A］ **1** (1) $U=4\exp\left(\dfrac{3y-2x}{2}\right)$

(2) $U=3e^{-5x-3y}+2e^{-3x-2y}$ (3) $U=8e^{-2x-6t}$ (4) $U=10e^{-x-3t}-6e^{-4x-6t}$

2 (1) $U=2e^{-36t}\sin 3x-4e^{-100t}\sin 5x$

(2) $U=8\exp\left(-\dfrac{9\pi^2}{16}\right)\cos\dfrac{3\pi x}{4}-6\exp\left(-\dfrac{81\pi^2 t}{16}\right)\cos\dfrac{9\pi x}{4}$

(3) $U=6\exp\left(-\dfrac{\pi^2 t}{4}\right)\sin\dfrac{\pi x}{2}+3\exp(-\pi^2 t)\sin\pi x$

［B］ **3** $U=\dfrac{2a}{\pi}\sum_{n=1}^{\infty}\dfrac{1-\cos n\pi}{n\sinh n\pi}\sin n\pi x\sinh n\pi y$

4 $U=-\dfrac{200}{\pi}\sum_{n=1}^{\infty}\dfrac{\cos n\pi}{n}\exp\left(-\dfrac{n^2\pi^2 t}{8}\right)\sin\dfrac{n\pi x}{4}$

5 $U=\dfrac{4}{\pi}\int_0^{\infty}\dfrac{\lambda}{(\lambda^2+1)^2}e^{-2\lambda^2 t}\sin\lambda t\,d\lambda\cdot\dfrac{2}{\pi}\int_0^{\infty}\dfrac{\lambda e^{-\lambda^2 t}\sin\lambda x}{\lambda^2+1}d\lambda$

6 $U=\dfrac{2}{\pi}\int_0^{\infty}\left(\dfrac{\sin\lambda}{\lambda}+\dfrac{\cos\lambda-1}{\lambda^2}\right)e^{-\lambda^2 t}\cos\lambda x\,d\lambda$

第4章

§7 問題（p. 265） **1, 2** 省略

§9 問題（p. 272） **1** (1) $\dfrac{3}{s}+\dfrac{2}{s-1}$ (2) $\dfrac{1}{s-4}+\dfrac{1}{s^2}-\dfrac{1}{s}$

(3) $\dfrac{3}{s^2+9}+\dfrac{2s}{s^2+4}$ (4) $\displaystyle\int_s^\infty\left(\frac{1}{s}-\frac{1}{s-1}\right)ds=\log\frac{s}{s-1}$

(5) $\displaystyle\int_0^\infty\left(\frac{s}{s^2+a^2}-\frac{s}{s^2+b^2}\right)ds=\frac{1}{2}\log\frac{s^2+b^2}{s^2+a^2}$

(6) $\dfrac{2}{s+1}-3\dfrac{d}{ds}\left(\dfrac{1}{s+1}\right)=\dfrac{2}{s+1}+\dfrac{3}{(s+1)^2}$ (7) $\dfrac{s-2}{(s-2)^2-9}$

(8) $\dfrac{s+2}{(s+2)^2+9}$ **2** (1) $\dfrac{as}{(s^2+a^2)^2}$ (2) $\dfrac{as}{(s^2-a^2)^2}$

§10 問題（p. 275） **1** (1) $\dfrac{3}{2}e^{-2t}-\dfrac{1}{2}$ (2) $\dfrac{1}{a^2}(e^{-at}+at-1)$

(3) $\dfrac{1}{a^2}(1-(1+at)e^{-at})$ (4) $\left(\dfrac{1}{4}+\dfrac{t}{2}\right)e^{-t}-\dfrac{1}{4}e^{-3t}$ (5) $e^t\cos t+4e^t\sin t$

(6) $2+e^{2t}-3e^{-3t}$

§11 問題（p. 278） **1** (1) $y=-\cos t+2$ (2) $y=(t+2)e^t$

(3) $y=e^{-t/2}\left(\cos\dfrac{\sqrt{3}}{2}t+\sqrt{3}\sin\dfrac{\sqrt{3}}{2}t\right)$ (4) $y=(2y_0+v_0)e^{-t}-(y_0+v_0)e^{-2t}$

演習問題 IV - 4（p. 292） ［A］ **1** (1) $\dfrac{1}{s-2}+\dfrac{1}{s^2}+\dfrac{2}{s}$ (2) $\dfrac{s}{s^2+9}+\dfrac{s}{s^2-9}$

(3) $\dfrac{1}{(s-a)(s-b)}$ (4) $\dfrac{2\omega(3s^2-\omega^2)}{(s^2+\omega^2)^3}$ (5) $\dfrac{6}{(s+3)^4}$ (6) $\dfrac{s+1}{s^2+2s+5}$

(7) $\dfrac{8}{s^2-6s+25}$ (8) $\dfrac{4s^2-4s+2}{(s-1)^3}$ **2** $\dfrac{2e^{-3s}}{s^3}$ **3** (1) te^{-3t}

(2) $\dfrac{1}{4}(e^{t/2}+e^{-t/2})$ (3) $\dfrac{1}{6}\sin\dfrac{2t}{3}$ (4) $\dfrac{1}{3}\sin t-\dfrac{1}{6}\sin 2t$

(5) $t+2+(t-2)e^t$ (6) $\dfrac{1}{2a^3}(\sinh at-\sin at)$ (7) $\dfrac{1}{a^2}(1+(at-1)e^{at})$

(8) $\dfrac{1}{(a-b)^2}[e^{-at}+\{(a-b)t-1\}e^{-bt}]$ (9) $\dfrac{1}{\omega^3}(\sinh\omega t-\omega t)$

(10) $\dfrac{t}{4}e^{-t}-\dfrac{t}{4}e^{-3t}$ **4** (1) $y=(t+1)e^{-t}$ (2) $y=e^{-2t}$

(3) $y=\dfrac{1}{2}(e^{3t}-2e^{2t}+e^t)$ (4) $y=\dfrac{1}{5}(-\cos t+2\sin t+e^{-2t})$

(5) $y=\dfrac{3}{10}(1-\cos 2t)+\dfrac{t^2}{8}$

5 (1) $x(t)=\begin{cases}\dfrac{1}{2}e^t-\dfrac{1}{2}e^{-t}-t & (0<t<1)\\[2ex] \dfrac{1}{2}\left(1-\dfrac{1}{e}\right)e^t+\dfrac{1}{2}(e-1)e^{-t}-1 & (t\geqq 1)\end{cases}$

(2) $x(t)=\begin{cases}\dfrac{1}{2}e^t-\dfrac{1}{2}e^{-t}-t & (0<t<1)\\[2ex] \left(\dfrac{1}{2}-\dfrac{1}{e}\right)e^t-\dfrac{1}{2}e^{-t} & (t\geqq 1)\end{cases}$

［B］ **6** (1) $x = \frac{3}{4} - \frac{2}{3}e^{-3t} + \frac{1}{12}e^{-4t}$, $y = \frac{1}{4} - \frac{1}{3}e^{-3t} - \frac{1}{12}e^{-4t}$

(2) $x = -3\sin t + 3t$, $y = -3\sin t + 3\cos t + t^2 + 3t - 3$

7 (1) $t^2 + 5t + 8 + (3t - 8)e^t$ (2) $-\frac{1}{4}e^{-3t} + \left(\frac{t}{2} + \frac{1}{4}\right)e^{-t}$

8 (1) $\frac{1}{(1 - e^{-\pi s})(s^2 + 1)}$ (2) $\frac{1}{s}\tanh\frac{s}{2}$ **9, 10** 省略

11 (1) $y = at^2 + bt + 2a + b\delta(t)$ (2) $y = \cos 2t - \frac{1}{2}\sin 2t$

(3) $y = \frac{40}{9}t + \frac{8}{9} + \frac{50}{27}\sin 3t + \frac{10}{9}\cos 3t$

索　　引

ク

ケ

コ

サ

シ

ス

フ

ヘ

ホ

マ　ミ　ム

メ

ユ

ヨ

ラ

リ

ル

レ

ロ

著者略歴

矢野　健太郎（やの　けんたろう）

1912 年（明治 45 年）東京生まれ．東京大学理学部数学科卒業．東京大学講師，同助教授，プリンストン高等研究所研究員，東京工業大学教授などを歴任．理学博士．1993 年逝去．専門は微分幾何学．

石原　繁（いしはら　しげる）

1922 年（大正 11 年）東京生まれ．東北大学理学部数学科卒業．東京学芸大学助教授，東京工業大学助教授，同教授，日本大学教授などを歴任．理学博士．2006 年逝去．専門は微分幾何学．

新装版　**解析学概論**

1965 年 9 月 20 日　第 1 版発行
1981 年 2 月 1 日　修正第 32 版発行
1982 年 1 月 25 日　新版第 34 版発行
2019 年 7 月 25 日　第 65 版 10 刷発行
2020 年 2 月 1 日　新装第 1 版 1 刷発行
2022 年 2 月 10 日　新装第 2 版 1 刷発行
2023 年 3 月 20 日　新装第 2 版 2 刷発行

検印
省略

定価はカバーに表示してあります．

著作者　矢野健太郎
　　　　石原　繁
発行者　吉野和浩
発行所　東京都千代田区四番町 8-1
　　　　電　話 03-3262-9166（代）
　　　　郵便番号 102-0081
　　　　株式会社　裳華房
印刷所　株式会社　精興社
製本所　牧製本印刷株式会社

一般社団法人
自然科学書協会会員

ISBN 978-4-7853-1584-9